广 视 角 · 全 方 位 · 多 品 种

GREEN BOOK

生态文明绿皮书
GREEN BOOK
OF ECO-CIVILIZATION

# 中国省域生态文明建设评价报告
## （ECI 2010）

ANNUAL REPORT
ON CHINA'S PROVINCIAL
ECO-CIVILIZATION INDEX
(ECI 2010)

北京林业大学生态文明研究中心
生态文明建设评价（ECCI）课题组
严 耕 林 震 杨志华 等／著

社会科学文献出版社
SOCIAL SCIENCES ACADEMIC PRESS (CHINA)

# 法 律 声 明

"皮书系列"（含蓝皮书、绿皮书、黄皮书）为社会科学文献出版社按年份出版的品牌图书。社会科学文献出版社拥有该系列图书的专有出版权和网络传播权，其LOGO（ ）与"经济蓝皮书"、"社会蓝皮书"等皮书名称已在中华人民共和国工商行政管理总局商标局登记注册，社会科学文献出版社合法拥有其商标专用权，任何复制、模仿或以其他方式侵害（ ）和"经济蓝皮书"、"社会蓝皮书"等皮书名称商标专有权及其外观设计的行为均属于侵权行为，社会科学文献出版社将采取法律手段追究其法律责任，维护合法权益。

欢迎社会各界人士对侵犯社会科学文献出版社上述权利的违法行为进行举报。电话：010-59367121。

社会科学文献出版社

法律顾问：北京市大成律师事务所

# 生态文明建设评价（ECCI）课题组

**组　　长**　严　耕

**副组长**　林　震　杨志华

**成　　员**　刘　洋　樊阳程　张秀芹　吴明红　黄军辉
　　　　　　吴守蓉　杨冬梅

国家林业公益性行业科研专项
（项目编号 200804003）

# 主要编撰者简介

**严　耕**　哲学学士、管理学博士。北京林业大学生态文明研究中心常务副主任，北京林业大学人文社会科学学院院长、教授、博士研究生导师，科技哲学学科和林业史学科带头人。北京市高等教育学会马克思主义原理研究会会长，中国自然辩证法研究会环境哲学专业委员会副理事长。两次入选"北京市新世纪社会科学理论人才百人工程"，2002年获"宝钢优秀教师奖"，2007年被评为"全国模范教师"。

长期从事科技发展对社会影响的研究，2000年前主要研究领域是系统哲学与网络文化，2000年以后主要研究生态文明及其建设。在读硕士研究生期间即与导师合作出版专著《系统哲学》，其后独立撰写或与他人合作出版的学术专著主要有：《网络伦理》、《终极市场——网络经济的来临》、《网络悖论》、《网络的意识形态功能》、《生态文明的理论与系统建构》等。主编的著作主要有：《思潮与思考——现代西方思潮资料辑》、《透视网络时代丛书》（共4部）、《孩子上网错了吗》、《生态文明丛书》（共12部）、《中国生态文明建设的理论与实践》、《生态文明理论构建与文化资源》等。在《哲学研究》、《中国行政管理》等国家级学术刊物上发表论文数十篇。

# 中文摘要

生态文明是与自然和谐双赢的文明，生态文明建设则是通过对传统工业文明弊端的反思，转变不合时宜的思想观念，调整相应的政策法规，引导人们改变不合理的生产方式、生活方式，发展绿色科技，在增进社会福祉的同时，实现生态健康、环境良好、资源节约，逐步化解文明与自然的冲突，确保社会的可持续发展。

中国要实现可持续发展，建设生态文明是必由之路；而构建生态文明建设的评价体系，必将对我国的生态文明建设发挥促进作用。本书选择各省域为评价对象，对 2005~2008 年各省域生态文明建设的状况作综合性评价。这在我国尚属首次。

综合水平评价结果显示，北京、海南、上海、天津、福建、浙江、四川等省份在综合排名上位置领先，山西、甘肃、宁夏、贵州、内蒙古等省份的排名相对靠后；进步率分析结果显示，各省生态文明建设整体水平大多呈现进步态势，但生态活力退步的省份较多，仍有一半以上省份的环境质量出现不同程度的下降，这说明我国的经济社会发展与生态环境之间的矛盾比较尖锐，然而多数省份在协调程度方面进步明显，这预示着经过一段时间的发展，中国有望进入经济社会发展与生态环境改善的双赢局面；类型分析显示，目前我国各省域生态文明建设状况分为六种类型，分别是社会发达型、均衡发展型、生态优势型、相对均衡型、环境优势型和低度均衡型，不同类型的省份各有自己的优势，也存在某些方面的问题，不能盲目乐观，也不可妄自菲薄。

与以往的可持续发展评价体系和地方性生态文明评价指标不同，本项评价的突出特点在于：一是采用国家有关部门发布的权威数据，在此基础上对各省份进行排名并作深度分析；二是对生态和环境进行了区分，突出生态系统活力在生态文明建设中的基础性地位，并从生态活力、环境质量、社会发展和协调程度四个方面对指标体系进行了划分；三是把协调程度作为评价的一个重要方面，包括生态、资源和环境之间的协调，以及生态、环境、资源与经济之间的协调。

# Abstract

Ecological civilization (eco-civilization) is the harmony of nature and civilization. The construction of eco-civilization is based on the reflection of traditional industrial civilization. It means that people should change their outdated mind. Accordingly, policies should be adjusted, unreasonable ways of production and lifestyle should be changed, green technology should be developed, and social welfare should be promoted. Meanwhile, it also means a sound ecological environment and a resource-saving society. Eco-civilization construction will resolve the conflict between nature and civilization step by step, to ensure the sustainable development of society.

In order to realize sustainable development, China has to construct ecological civilization. The studies on Eco-Civilization Construction Indices (ECCI) will facilitate the eco-civilization construction in China. It is the first time that a comprehensive evaluation has been made in China, which is to assess the construction level of 31 provinces from 2005 to 2008.

Rank of Eco-Civilization Index (ECI) scores shows that several provinces including Beijing, Hainan, Shanghai, Tianjin, Fujian, Zhejiang, Sichuan keep ahead, and other provinces like Shanxi, Gansu, Ningxia, Guizhou, Inner Mongolia are ranking behind temporarily. Rate of annual progress analysis shows that, the whole levels of eco-civilization construction of most provinces keep progress. However, at the secondary index level, many provinces degenerated in ecological condition; over 50% provinces degenerated in environment quality, which means that there are some sharp contradictions between economic development and environment. Meanwhile, most provinces keep progress in degree of harmony. It indicates that China will have an economy and ecology win-win situation in the near future. Type analysis shows there are six types of eco-civilization construction in China, which are social developed, development balanced, ecological condition superior, relatively-balanced, environment quality superior and low-balanced. Each type has advantages and disadvantages, so complacency or inferiority is not proper.

Highlights of this research are as follows. First, all data have authoritative resources. That provides an objective basis for calculating the ECI scores of 31 provinces, ranking and deep analysis. Second, ECCI is composed of ecological condition, environmental quality, social development and degree of harmony. It distinguishes ecology from environment, emphasizes that ecological condition is the base of eco-civilization construction. Third, the research points out that the degree of harmony is very important in two aspects. One is the harmony between ecology, resource and environment; and the other is the harmony between ecology, environment, resource and economy.

# 目　录

# 第三部分　各省生态文明建设分析

皮书数据库阅读**使用指南**

# CONTENTS

# Part Ⅲ    Type Analysis of Eco-Civilization Construction

# 前　言

对我国各省份生态文明建设状况进行量化评价，是一项富有挑战性的工作。回想当初，2008 年得到这项研究任务的时候，尽管已经对生态文明的理论和实践做过一些研究，但我们内心仍然感到惶恐和不安。两年多来，课题组走过许多弯路，碰到过诸多似乎难以克服的障碍，但我们始终坚信，天道酬勤，成功的大门是虚掩着的。时至今日，那些艰苦的日子变成了幸福的怀念，曾经的柳暗花明所带来的快乐历久而弥新。本书的面世，标志着课题组终于可以与社会和学界全面分享来之不易的研究成果了。

按照国际通行的做法，为了彰显独特性和持续性，本项研究简称 ECCI（Eco-Civilization Construction Indices），即生态文明建设评价指标体系，由这个体系得出的分数简称 ECI（Eco-Civilization Index），亦即生态文明指数，都是由其英文词首字母构成的。需要注意的是，ECCI 表示我们研究提出的评价生态文明建设水平的整个系统，而 ECI 则是由 ECCI 得出的分数及分析结果，两者虽然只差一个字母，含义却完全不同。本书是应用 ECCI 首次对我国各省份生态文明建设作综合性定量评价的探索。

本书由三部分构成。依照绿皮书的规范格式，第一部分是总报告，汇集了 ECCI 的主要结论。总报告首先对 2005～2008 年各省份的生态文明建设做出综合评价，形成了四个年度的 ECI 排行榜。截止年份之所以为 2008 年，主要是受限于权威数据发布时间的相对滞后，对于 2009 年及以后的情况，随着新数据的发布和研究的深入，课题组将对评价指标和评价方法进行必要的调整，每年向社会公布最新评价结果。

综合评价由四个二级指标构成，它们是生态活力、环境质量、社会发展和协调程度，综合得分就是由这四个方面的得分经权重处理后相加而来。综合得分固然重要，但若仅停留于此，难免有笼统宽泛之弊。为了让社会能更细致地了解各省的具体情况，总报告还分别公布了四年间各省生态活力、环境质量、社会发展和协调程度的得分和省际排名。由此可以看出，综合得分的高低，并不说明一切，总分较高的省份也存在薄弱环节，总分较低的省份亦不乏领先全国的亮点。

之后是对各省份的生态文明建设进步率的分析。社会一般关心各省份的得分排行榜，但各省份生态文明建设的进步率其实更值得重视。这是因为，由于缺乏生态文明建设具体指标的明确目标值，无论是各省份生态文明建设的总分，还是其二级指标的分数，都只能采用相对评价的算法。相对评价法虽然是目前唯一可行的办法，但必须承认，这不是理想的算法，只是一个退而求其次的权宜之计。进步率分析则完全不同，它是对原始数据历年变动状况进行统计后得出的，其结果显示了各省份生态文明建设的实际变化。显然，进步率分析对于了解各省份生态文明建设的发展趋势更具有参考和研究的价值。

总报告还划分了六个生态文明建设状况的类型。课题组以 2005～2008 年的数据为基础，根据四个核心考察领域的二级指标得分所属的等级，以及四个指标之间的相关性，采用聚类分析的方法，对各省份进行了类型分析，得出了我国各省份目前生态文明建设的六种类型，它们分别是社会发达型、均衡发展型、生态优势型、相对均衡型、环境优势型和低度均衡型。也就是说，各省在四个二级指标方面得分的不同，意味着分属于不同的生态文明建设类型。这种类型划分的意义在于，它可以帮助各个省份定位自己的生态文明建设类型，并就某些具体方面与同类型省份相互参照，明确自身的优势和弱点，明确努力方向。

第二部分是本书的核心内容，总报告的所有结论以及第三部分对各省的具体分析，都以此为理论基础和依据。概而言之，在这一部分中，要解决三个核心问题：生态文明及其建设的内涵、生态文明建设评价指标体系的构成以及生态文明建设中各要素的关系。

关于生态文明和生态文明建设的内涵，尽管学界和社会各界众说纷纭，但随着生态文明建设的不断深入，呈现出越来越多的共同点，这为课题组寻找公约数、提出在实践中较为可行的概念提供了条件。课题组认为，简言之，生态文明是自然与文明和谐双赢的文明，生态文明建设就是通过对传统工业文明弊端的反思，转变不合时宜的思想观念，调整相应的政策法规，引导人们改变不合理的生产方式、生活方式，发展绿色科技，在增进社会福祉的同时，实现生态健康、环境良好、资源节约，化解文明与自然的冲突，确保社会的可持续发展。这部分的探讨比较理论化，却不是无关紧要的闲篇，而是 ECCI 的基石。我们承认并肯定学界对于生态文明的那些深奥而宏远的理论探索的价值，可课题组的首要任务是要对生态文明作实际评价，因而只好把对生态文明和生态文明建设的理解，限制在更具现实性和可操作性的范围内。

　　生态文明建设评价指标体系（ECCI）是研究课题的核心成果，集中体现了本项研究的基调和特色。如何构建和确定该体系是本项研究的最艰难困苦之处。难就难在，必须在现有的权威统计数据与生态文明建设之间找到契合点，保证生态文明建设评价的科学性与可行性的统一。摆在我们面前的，一边是生态文明建设的应有之义，即在理论上应该得到评估的诸方面或要素，必须保证其全面性、完整性和准确性；另一边是看上去支离破碎、难以连缀成篇的统计数据，它们是在建设生态文明的任务提出不久、社会尚未达成明确共识、专门而系统的统计工作尚未开展的情况下形成的。课题组能够得到的，或者是生态文明的局部数据，难当全面评价生态文明建设的重任；或者是服务于其他目的、似乎与生态文明建设不搭界的"潜伏数据"。课题组要在表面上似无关联的两方面之间寻找和建立逻辑关系，将它们糅合起来，达到互为表里、彼此支撑的效果，其困难程度可想而知。在研究初期，费尽心思地提出种种尝试性框架，几经推敲，又推倒重来，一无所有地重新开始，是课题组工作的常态。一旦经过数十位专家反复论证，框架逐步稳定下来之后，我们都如释重负，顿觉云开雾散，那些庞杂零散的数据收集和分析都了令人兴奋的发现之旅。

　　在相关性分析部分，数据及计算较多，容易给人造成沉闷的感觉，但如果能够透过表面枯燥乏味的数据，把握其中的逻辑，领会分析的主旨，相信终将引人入胜。除了检验指标体系的合理性以外，相关性分析的大部分内容，是探寻各级各类指标在ECCI中的意义及相互关系。这里的许多结果，既出人意料，又合情合理。譬如，与ECI相关性最高的二级指标，既不是生态活力，也不是社会发展，而是协调程度。这个无意中的发现，倒是与生态文明的核心要义不谋而合。至于大家普遍关心的环境质量，竟然与ECI关联度最低，甚至与社会发展和协调程度存在一定的排斥关系。个中缘由，书中一一作了比较仔细的梳理。相关性分析的主要目的是发现规律性的东西，为各省份生态文明建设实践提供建议。综合2005年至2008年的情况，三级指标中，与ECI相关度较高的指标，集中在单位GDP能耗、水土流失率、城市生活垃圾无害化率、农药施用强度、建成区绿化覆盖率、森林覆盖率等约十个指标上，这指明了我国生态文明建设的紧迫任务。由于数据不足，目前定量的相关性计算还是一次性的线性分析，未能展开更复杂的非线性计算，所以，诸如"拐点"这类反映趋势好转或是逆转的论述，只是理论上的推测和假设，还称不上严格意义上的统计学分析。相信这个遗憾一定会随着研究的持续推进得到弥补。

本书的第三部分篇幅最大，依生态文明建设的六大类型，对 31 个省份进行了逐一分析。我们充分理解各省份之间自然禀赋、社会发展及功能定位互不相同，也力图分析各省份的实际困难、未来计划和对其他地区的贡献，并努力学习和发掘各省份的成功经验。可以看出，我们在指标设计中已经考虑到了区域性差别，具体指标的选取也兼顾了东西南北间的平衡，避免偏向特定地区。不过，既然是各省份间的比较和评价，就必然要本着客观公正的态度，既指出强项，也挑明弱项。课题组之所以不揣冒昧，是因为本项研究的最终目的是为各省的生态文明建设提供力所能及的帮助，如果某些论断不够客观或者有失公允，那是我们知识视野或分析能力的局限造成的。课题组衷心欢迎各种意见和建议，特别是批评性意见。作为生态文明的研究者，没有比与祖国的生态文明建设一同进步更令人欣慰的事情了。

需要特别说明的是，本项研究受到国家林业公益性行业科研专项经费的资助，项目名称为"生态文明建设的评价体系与信息系统技术研究"（项目编号：200804003）。在项目的设立和研究过程中，得到了国家林业局及其科技司的大力支持。国家林业局贾治邦局长曾亲笔批示，对课题组的研究表示肯定。林业局科技司一直关注着我们的研究进展，多次听取课题组的工作汇报，以令人难忘的尊重学术的态度，让我们在自由的学术气氛中一试身手。他们对生态文明建设的高度重视，使我们深受感动，成为鞭策我们克服困难、不断前进的动力。作为本项目主要承担单位的北京林业大学，汇聚了众多生态和环保专家，为课题组提供了持续不断的智力支援。两年来，各有关方面 50 余位专家、学者为课题组的研究提供了有益的指导和宝贵的意见，我们在此一并表示衷心感谢。

# 第一部分
# 中国省域生态文明
# 建设评价总报告

PART I GENERAL REPORT ON CHINA'S PROVINCIAL ECO – CIVILIZATION CONSTRUCTION INDICES（ECCI）

党的十七大把建设生态文明作为全面建设小康社会的目标之一，并明确提出，到 2020 年，"基本形成节约能源资源和保护生态环境的产业结构、增长方式、消费模式。循环经济形成较大规模，可再生能源比重显著上升。主要污染物排放得到有效控制，生态环境质量明显改善。生态文明观念在全社会牢固树立"。这是首次把建设生态文明写入党的政治报告，使生态文明成为我国现代化建设中与物质文明、政治文明、精神文明相并列的重要组成部分，意味着建设生态文明已经成为科学发展观的应有之义。

为使我国各省份（未含港澳台地区，下同）的生态文明建设有一个明确的目标方向和尽可能客观的评价体系，北京林业大学生态文明研究中心课题组2008 年承担了国家林业局林业公益性行业科研专项经费资助项目——"生态文明建设的评价体系与信息系统技术研究"，探索构建中国生态文明建设评价指标体系（Eco-Civilization Construction Indices，ECCI），并根据 ECCI 及相应的算法，计算得出生态文明指数（Eco-Civilization Index，ECI）。经过反复论证，课题组选择以各省份为 ECCI 研究的突破口，以 2005 年为起点，对各省 2005~2008 年的生态文明建设状况进行综合评价。2009 年及以后，随着数据丰度的日益提升和理论研究的逐步深入，课题组将与时俱进，对评价指标和评价方法进行必要的调整，并根据国家发布的权威数据，每年向社会公布最新的中国省域生态文明建设评价结果。

与以往的可持续发展评价体系和地方性生态文明评价指标不同，本研究的突出特点在于：一是采用国家有关部门发布的权威数据，在此基础上对各省进行排名并作深度分析；二是对生态和环境进行了区分，突出生态系统活力在生态文明建设中的基础性地位，并从生态活力、环境质量、社会发展和协调程度四个方面对指标体系进行了划分；三是把协调程度作为评价的一个重要方面，包括生态、资源和环境之间的协调，以及生态、环境、资源与经济之间的协调。

# 一  各省评价结果

中国省域生态文明建设评价指标体系是建立在"总指标—考察领域—具体指标"三层评价指标体系框架基础上，包括生态活力、环境质量、社会发展和协调程度四大核心考察领域，并据此选取和设立表现各考察领域不同侧面的建设水平、具有显示度和数据支撑的具体指标，以引导生态文明建设目标的实现。

中国省域生态文明建设评价指标体系采用相对评价法，评价结果中的各项分数只是相对得分。各省生态文明指数排名仅说明该省份当年的生态文明建设水平在全国的相对位置，并非表示该省生态文明建设水平的绝对高低。各省每年生态文明指数排名的变化，既可能是因为该省在过去一年中生态文明建设力度、整体水平的变化，也可能是因为其他省份整体水平的相对变化。各省的生态文明指数有别，排名先后不同，总体而言，全国生态文明建设任重道远。

## 1. 生态文明指数（ECI）评价结果

依照中国省域生态文明建设评价指标体系，课题组尝试对各省 2005～2008 年的生态文明建设情况进行了综合评价，各省的生态文明指数评价结果及排名情况，如表 1 所示。

根据相对评价算法，每项三级指标的得分，是将当年各省该项指标的原始数据划分为 6 等，按第一等 6 分、第二等 5 分……第六等 1 分得出的。由所属各项三级指标的得分经加权处理后相加，形成二级指标的得分。至于 ECI 总分，是按生态活力（30%）、环境质量（20%）、社会发展（20%）、协调程度（30%）

表1　2005～2008 年各省生态文明指数评价结果及其排名

单位：分

| 排　名 | 省　份 | 2008 年 ECI | 省　份 | 2007 年 ECI | 省　份 | 2006 年 ECI | 省　份 | 2005 年 ECI |
|---|---|---|---|---|---|---|---|---|
| 1 | 北　京 | 85.24 | 北　京 | 86.79 | 北　京 | 91.31 | 北　京 | 85.14 |
| 2 | 浙　江 | 82.05 | 海　南 | 83.07 | 上　海 | 80.36 | 天　津 | 83.52 |
| 3 | 海　南 | 81.10 | 浙　江 | 78.77 | 天　津 | 80.27 | 海　南 | 81.45 |
| 4 | 广　东 | 78.29 | 天　津 | 78.42 | 广　东 | 79.96 | 福　建 | 81.37 |
| 5 | 福　建 | 78.11 | 上　海 | 77.31 | 福　建 | 78.93 | 广　东 | 80.54 |
| 6 | 四　川 | 76.83 | 福　建 | 77.21 | 海　南 | 78.59 | 浙　江 | 79.60 |
| 7 | 上　海 | 76.75 | 四　川 | 76.79 | 江　苏 | 77.73 | 上　海 | 77.61 |
| 8 | 天　津 | 75.36 | 广　东 | 76.70 | 重　庆 | 76.94 | 江　苏 | 77.46 |
| 9 | 吉　林 | 75.05 | 江　西 | 74.40 | 浙　江 | 76.70 | 吉　林 | 75.89 |
| 10 | 重　庆 | 74.88 | 广　西 | 74.33 | 四　川 | 74.79 | 辽　宁 | 75.83 |
| 11 | 江　苏 | 74.20 | 江　苏 | 74.20 | 辽　宁 | 74.58 | 西　藏 | 73.34 |
| 12 | 江　西 | 73.50 | 吉　林 | 73.87 | 吉　林 | 71.89 | 四　川 | 70.69 |
| 13 | 广　西 | 73.38 | 重　庆 | 72.36 | 江　西 | 71.07 | 云　南 | 70.07 |
| 14 | 辽　宁 | 72.43 | 西　藏 | 71.49 | 山　东 | 70.87 | 广　西 | 69.99 |
| 15 | 黑龙江 | 72.31 | 湖　南 | 71.41 | 广　西 | 70.30 | 重　庆 | 69.88 |
| 16 | 湖　南 | 70.47 | 云　南 | 70.57 | 陕　西 | 70.16 | 湖　北 | 69.47 |
| 17 | 云　南 | 70.45 | 辽　宁 | 70.56 | 湖　南 | 70.04 | 江　西 | 68.53 |
| 18 | 西　藏 | 70.24 | 安　徽 | 70.52 | 西　藏 | 68.02 | 山　东 | 68.31 |
| 19 | 山　东 | 69.71 | 山　东 | 70.51 | 黑龙江 | 67.42 | 黑龙江 | 67.46 |
| 20 | 陕　西 | 69.06 | 黑龙江 | 70.19 | 湖　北 | 67.05 | 湖　南 | 66.89 |
| 21 | 安　徽 | 68.59 | 湖　北 | 67.30 | 河　北 | 65.49 | 河　南 | 64.74 |
| 22 | 湖　北 | 67.50 | 陕　西 | 66.98 | 云　南 | 65.20 | 青　海 | 64.26 |
| 23 | 河　南 | 65.71 | 河　南 | 65.95 | 安　徽 | 64.14 | 安　徽 | 64.17 |
| 24 | 内蒙古 | 65.47 | 青　海 | 64.39 | 青　海 | 62.51 | 陕　西 | 63.72 |
| 25 | 青　海 | 65.13 | 贵　州 | 63.52 | 新　疆 | 62.40 | 新　疆 | 62.38 |
| 26 | 河　北 | 63.51 | 河　北 | 63.37 | 河　南 | 61.99 | 河　北 | 62.19 |
| 27 | 贵　州 | 62.85 | 新　疆 | 60.82 | 宁　夏 | 61.14 | 内蒙古 | 60.14 |
| 28 | 新　疆 | 62.67 | 内蒙古 | 60.33 | 甘　肃 | 60.43 | 贵　州 | 59.18 |
| 29 | 山　西 | 62.06 | 山　西 | 59.68 | 贵　州 | 60.12 | 甘　肃 | 58.64 |
| 30 | 宁　夏 | 59.29 | 甘　肃 | 56.91 | 内蒙古 | 59.71 | 宁　夏 | 55.57 |
| 31 | 甘　肃 | 57.07 | 宁　夏 | 56.36 | 山　西 | 56.92 | 山　西 | 54.48 |

的权重相加而成。这意味着，如果某省 20 项三级指标的原始数据均名列全国第一，其生态文明指数是 120 分，而不是 100 分；反之，如果某省全部指标均名列全国倒数第一，其生态文明指数则是 20 分，不是 0 分。

2005～2008 年的 ECI 显示，全国生态文明指数的最高分分别为 85.14、91.31、86.79、85.24 分，最低分分别为 54.48、56.92、56.36、57.07 分。综合四年的评价结果可以发现，北京、浙江、海南、广东、福建、四川、上海、天津、吉林、重庆、江苏、江西等省份整体评价排名靠前，内蒙古、河北、宁夏、贵州、新疆、山西、甘肃等省份整体评价排名相对靠后，广西、辽宁、黑龙江、湖南、云南、西藏、山东、陕西、安徽、湖北、河南、青海等省份整体评价排名居中等。

生态文明指数排名靠前的省份，有些省份是由于社会发展程度高，其经济总量和人均国内生产总值居全国前列，经济规模较大，并且对城镇化、教育发展、农村改水等各项社会事业投入力度较大，现代化程度较高，而且其产业结构已开始转型升级，正向较高程度的协调发展方向迈进；另一些省份则是由于生态环境较好，生物资源的生产力水平较高，生态资源基础雄厚。

生态文明指数排名靠后的省份，大部分位居内陆，相对而言，尚不具备发展经济的地理优势。而且有的省份是农业大省或者能源大省，不仅其产业结构不太合理，而且其现代化程度也不高，与此同时，其生态环境比较脆弱，面临的压力较大。

在排名中等的省份中，一些省份在四个领域的建设均居全国中等水平，各个方面的发展相对均衡，而其优势不够突出；另一些省份虽然环境质量得分较高，但由于工业化程度较低，生态比较脆弱，致使其生态文明建设的整体水平也位居全国中等。

**2. 生态活力评价结果**

在生态文明建设中，生态活力、环境质量、社会发展和协调程度的状况都十分重要，它们组成了生态文明建设评价的四个领域，成为 ECCI 的四个二级指标。为便于各省份进一步了解自身的优势和不足，我们评价得出了各省份在四个二级指标方面的排名。

2005～2008 年各省的生态活力评价结果及排名情况，如表 2、表 3 所示。

结果显示，2005～2008 年，生态活力的最高分分别为 26.77、27.69、28.62、28.62 分，最低分分别为 15.69、16.15、17.54、17.54 分。其中，江西、海南、广东、吉林、黑龙江、四川、浙江、福建、湖南、辽宁等省份在近四年的生态活力评价中得分排名相对靠前，而内蒙古、宁夏、新疆、贵州、河北、山西、甘肃等省份生态活力得分排名靠后，广西、云南、陕西、安徽、湖北、北京、重庆、上

表 2　2007～2008 年各省生态活力评价结果及其排名

| 排　名 | 省　份 | 2008 年生态活力 | 排　名 | 省　份 | 2007 年生态活力 |
|---|---|---|---|---|---|
| 1 | 江　西 | 28.62 | 1 | 江　西 | 28.62 |
| 2 | 海　南 | 26.31 | 2 | 四　川 | 27.69 |
| 2 | 广　东 | 26.31 | 3 | 海　南 | 26.31 |
| 2 | 吉　林 | 26.31 | 3 | 吉　林 | 26.31 |
| 2 | 黑龙江 | 26.31 | 5 | 浙　江 | 24.92 |
| 6 | 四　川 | 25.85 | 5 | 福　建 | 24.92 |
| 7 | 浙　江 | 24.92 | 7 | 广　东 | 24.46 |
| 7 | 福　建 | 24.92 | 7 | 湖　南 | 24.46 |
| 9 | 湖　南 | 24.46 | 7 | 云　南 | 24.46 |
| 10 | 辽　宁 | 24.00 | 7 | 黑龙江 | 24.46 |
| 11 | 广　西 | 22.62 | 11 | 辽　宁 | 24.00 |
| 11 | 云　南 | 22.62 | 12 | 广　西 | 22.62 |
| 13 | 陕　西 | 22.15 | 13 | 安　徽 | 22.15 |
| 13 | 安　徽 | 22.15 | 13 | 湖　北 | 22.15 |
| 13 | 湖　北 | 22.15 | 13 | 陕　西 | 22.15 |
| 16 | 北　京 | 21.69 | 16 | 北　京 | 21.69 |
| 16 | 重　庆 | 21.69 | 17 | 上　海 | 21.23 |
| 18 | 上　海 | 20.31 | 18 | 天　津 | 20.31 |
| 18 | 天　津 | 20.31 | 18 | 贵　州 | 20.31 |
| 20 | 西　藏 | 19.85 | 20 | 重　庆 | 19.85 |
| 20 | 山　东 | 19.85 | 20 | 西　藏 | 19.85 |
| 20 | 河　南 | 19.85 | 20 | 山　东 | 19.85 |
| 20 | 内蒙古 | 19.85 | 20 | 河　南 | 19.85 |
| 24 | 江　苏 | 19.38 | 24 | 江　苏 | 19.38 |
| 24 | 青　海 | 19.38 | 24 | 青　海 | 19.38 |
| 24 | 宁　夏 | 19.38 | 24 | 新　疆 | 19.38 |
| 24 | 新　疆 | 19.38 | 27 | 河　北 | 18.00 |
| 28 | 贵　州 | 18.46 | 27 | 内蒙古 | 18.00 |
| 29 | 河　北 | 18.00 | 27 | 山　西 | 18.00 |
| 29 | 山　西 | 18.00 | 30 | 宁　夏 | 17.54 |
| 31 | 甘　肃 | 17.54 | 30 | 甘　肃 | 17.54 |

表3　2005～2006年各省生态活力评价结果及其排名

| 排　名 | 省　份 | 2006年生态活力 | 排　名 | 省　份 | 2005年生态活力 |
|---|---|---|---|---|---|
| 1 | 四　川 | 27.69 | 1 | 福　建 | 26.77 |
| 2 | 海　南 | 26.31 | 2 | 吉　林 | 25.85 |
| 3 | 北　京 | 25.38 | 2 | 辽　宁 | 25.85 |
| 4 | 福　建 | 24.92 | 2 | 四　川 | 25.85 |
| 5 | 广　东 | 24.46 | 5 | 海　南 | 24.46 |
| 5 | 江　西 | 24.46 | 5 | 广　东 | 24.46 |
| 7 | 辽　宁 | 24.00 | 5 | 江　西 | 24.46 |
| 7 | 吉　林 | 24.00 | 8 | 天　津 | 23.08 |
| 7 | 黑龙江 | 24.00 | 9 | 浙　江 | 22.62 |
| 10 | 浙　江 | 22.62 | 10 | 湖　北 | 22.15 |
| 11 | 陕　西 | 22.15 | 10 | 黑龙江 | 22.15 |
| 11 | 湖　南 | 22.15 | 10 | 湖　南 | 22.15 |
| 11 | 湖　北 | 22.15 | 13 | 山　东 | 21.69 |
| 14 | 天　津 | 21.23 | 14 | 江　苏 | 21.23 |
| 14 | 上　海 | 21.23 | 14 | 新　疆 | 21.23 |
| 14 | 甘　肃 | 21.23 | 14 | 甘　肃 | 21.23 |
| 17 | 广　西 | 20.31 | 17 | 北　京 | 20.77 |
| 17 | 云　南 | 20.31 | 18 | 云　南 | 20.31 |
| 19 | 山　东 | 19.85 | 18 | 广　西 | 20.31 |
| 19 | 西　藏 | 19.85 | 18 | 陕　西 | 20.31 |
| 21 | 江　苏 | 19.38 | 21 | 西　藏 | 19.85 |
| 21 | 青　海 | 19.38 | 21 | 河　南 | 19.85 |
| 21 | 新　疆 | 19.38 | 21 | 内蒙古 | 19.85 |
| 24 | 重　庆 | 18.00 | 24 | 上　海 | 19.38 |
| 24 | 河　北 | 18.00 | 24 | 青　海 | 19.38 |
| 24 | 河　南 | 18.00 | 26 | 重　庆 | 18.00 |
| 24 | 贵　州 | 18.00 | 26 | 河　北 | 18.00 |
| 24 | 内蒙古 | 18.00 | 26 | 贵　州 | 18.00 |
| 24 | 山　西 | 18.00 | 26 | 山　西 | 18.00 |
| 30 | 宁　夏 | 17.54 | 30 | 安　徽 | 16.15 |
| 31 | 安　徽 | 16.15 | 31 | 宁　夏 | 15.69 |

海、天津、西藏、山东、河南、内蒙古、江苏、青海等省份生态活力评价得分排名则居中等。

　　生态活力得分排名靠前的省份，均生物资源丰富，其森林覆盖率、建成区绿化覆盖率等相对较高。而生态活力得分排名相对靠后的省份，普遍森林资源少，水资源匮乏。生态活力得分排名位居中间的省份较多，而且导致生态活力当下状况的原因较复杂。有些省份虽然具备有利的气候条件，然而在工业化过程中，因人口压力以及对自然资源的过度开发等，致使生态遭到了较严重的破坏；有些省份则是历史的原因，其生态基础原本就比较脆弱。

**3. 环境质量评价结果**

2005～2008年，各省份的环境质量评价结果及排名情况，如表4、表5所示。

表4　2007～2008年各省环境质量评价结果及其排名

| 排　名 | 省　份 | 2008年环境质量 | 排　名 | 省　份 | 2007年环境质量 |
|---|---|---|---|---|---|
| 1 | 西　藏 | 18.40 | 1 | 西　藏 | 19.20 |
| 2 | 海　南 | 16.80 | 2 | 海　南 | 17.60 |
| 2 | 广　西 | 16.80 | 2 | 广　西 | 17.60 |
| 4 | 四　川 | 16.00 | 4 | 四　川 | 16.00 |
| 4 | 青　海 | 16.00 | 4 | 青　海 | 16.00 |
| 6 | 云　南 | 15.20 | 6 | 云　南 | 15.20 |
| 6 | 贵　州 | 15.20 | 6 | 贵　州 | 15.20 |
| 8 | 北　京 | 14.40 | 8 | 福　建 | 14.40 |
| 8 | 福　建 | 14.40 | 8 | 广　东 | 14.40 |
| 8 | 吉　林 | 14.40 | 8 | 江　西 | 14.40 |
| 8 | 重　庆 | 14.40 | 8 | 吉　林 | 14.40 |
| 12 | 广　东 | 13.60 | 8 | 重　庆 | 14.40 |
| 12 | 天　津 | 13.60 | 13 | 北　京 | 13.60 |
| 12 | 江　苏 | 13.60 | 13 | 天　津 | 13.60 |
| 12 | 河　南 | 13.60 | 13 | 江　苏 | 13.60 |
| 12 | 新　疆 | 13.60 | 13 | 河　南 | 13.60 |
| 17 | 江　西 | 12.80 | 13 | 新　疆 | 13.60 |
| 17 | 黑龙江 | 12.80 | 18 | 湖　南 | 12.80 |
| 17 | 湖　南 | 12.80 | 18 | 辽　宁 | 12.80 |
| 17 | 内蒙古 | 12.80 | 18 | 安　徽 | 12.80 |
| 21 | 辽　宁 | 12.00 | 18 | 黑龙江 | 12.80 |
| 21 | 陕　西 | 12.00 | 18 | 内蒙古 | 12.80 |
| 21 | 甘　肃 | 12.00 | 23 | 浙　江 | 12.00 |
| 24 | 浙　江 | 11.20 | 23 | 山　东 | 12.00 |
| 24 | 山　东 | 11.20 | 23 | 陕　西 | 12.00 |
| 24 | 湖　北 | 11.20 | 23 | 河　北 | 12.00 |
| 24 | 河　北 | 11.20 | 23 | 甘　肃 | 12.00 |
| 24 | 山　西 | 11.20 | 23 | 上　海 | 12.00 |
| 24 | 上　海 | 11.20 | 29 | 湖　北 | 11.20 |
| 30 | 安　徽 | 10.40 | 30 | 山　西 | 10.40 |
| 31 | 宁　夏 | 9.60 | 31 | 宁　夏 | 9.60 |

表5 2005～2006 年各省环境质量评价结果及其排名

| 排　名 | 省　份 | 2006 年环境质量 | 排　名 | 省　份 | 2005 年环境质量 |
|---|---|---|---|---|---|
| 1 | 西　藏 | 19.20 | 1 | 西　藏 | 19.20 |
| 2 | 海　南 | 18.40 | 2 | 海　南 | 18.40 |
| 3 | 广　西 | 17.60 | 3 | 广　西 | 17.60 |
| 4 | 青　海 | 16.00 | 4 | 云　南 | 15.20 |
| 5 | 江　西 | 15.20 | 4 | 青　海 | 15.20 |
| 5 | 云　南 | 15.20 | 4 | 贵　州 | 15.20 |
| 5 | 贵　州 | 15.20 | 7 | 福　建 | 14.40 |
| 8 | 广　东 | 14.40 | 7 | 广　东 | 14.40 |
| 8 | 福　建 | 14.40 | 7 | 吉　林 | 14.40 |
| 8 | 吉　林 | 14.40 | 10 | 重　庆 | 14.00 |
| 11 | 重　庆 | 14.00 | 11 | 江　苏 | 13.60 |
| 12 | 江　苏 | 13.60 | 11 | 江　西 | 13.60 |
| 12 | 安　徽 | 13.60 | 11 | 河　南 | 13.60 |
| 12 | 新　疆 | 13.60 | 11 | 安　徽 | 13.60 |
| 12 | 河　南 | 13.60 | 15 | 四　川 | 13.20 |
| 16 | 四　川 | 13.20 | 16 | 北　京 | 12.80 |
| 17 | 天　津 | 12.80 | 16 | 天　津 | 12.80 |
| 17 | 湖　南 | 12.80 | 16 | 湖　北 | 12.80 |
| 17 | 内蒙古 | 12.80 | 16 | 黑龙江 | 12.80 |
| 20 | 北　京 | 12.00 | 16 | 内蒙古 | 12.80 |
| 20 | 浙　江 | 12.00 | 21 | 上　海 | 12.00 |
| 20 | 陕　西 | 12.00 | 21 | 浙　江 | 12.00 |
| 20 | 湖　北 | 12.00 | 21 | 湖　南 | 12.00 |
| 20 | 河　北 | 12.00 | 21 | 陕　西 | 12.00 |
| 20 | 上　海 | 12.00 | 21 | 新　疆 | 12.00 |
| 26 | 辽　宁 | 11.20 | 21 | 河　北 | 12.00 |
| 26 | 黑龙江 | 11.20 | 21 | 甘　肃 | 12.00 |
| 26 | 甘　肃 | 11.20 | 28 | 宁　夏 | 11.20 |
| 26 | 宁　夏 | 11.20 | 28 | 辽　宁 | 11.20 |
| 30 | 山　东 | 10.40 | 30 | 山　东 | 9.60 |
| 31 | 山　西 | 8.80 | 31 | 山　西 | 8.80 |

各省环境质量评价结果显示，2005～2008年，环境质量的最高分分别为19.20、19.20、19.20、18.40分，最低分分别为8.80、8.80、9.60、9.60分。西藏、海南、广西、四川、青海、云南、贵州等省份环境质量得分排名靠前，甘肃、山东、河北、山西、宁夏等省份环境质量排名相对靠后，北京、福建、吉林、重庆、广东、天津、江苏、河南、新疆、江西、黑龙江、湖南、内蒙古、辽宁、陕西、浙江、湖北、安徽、上海等省份位居全国中等水平。

环境质量得分排名靠前的省份，主要是由于人口密度较小，地表水体质量和环境空气质量相对较好。环境质量得分较低的省份，多是农业大省和能源大省，由于产业层次偏低，导致对当地环境的破坏。环境质量得分中等的省份分为两类：一类是在过去的发展中对环境造成了较大破坏，后来经过产业结构调整，环境治理的投入力度加大，从而使环境质量得以改善，达到中等水平；另一类是环境遭受的破坏程度较小，在环境方面虽无大的治理投入，然而其依然处在中等水平。

**4. 社会发展评价结果**

2005～2008年，各省社会发展评价结果及排名情况，如表6、表7所示。

结果显示，2005～2008年，社会发展的最高分分别为23.29、23.29、21.41、21.41分，最低分分别为9.41、9.41、11.53、11.53分。北京、上海、浙江、广东、天津、江苏等省份社会发展得分排名靠前，江西、陕西、河北、甘肃、四川、新疆、河南等省份社会发展排名相对靠后，西藏、海南、福建、辽宁、重庆、山东、吉林、黑龙江、宁夏、贵州、山西、广西、内蒙古、安徽、云南、湖北、青海、湖南等省份评价结果排名中等。

**5. 协调程度评价结果**

2005～2008年，各省份的协调程度评价结果及排名情况，如表8、表9所示。

结果显示，2005～2008年，协调程度的最高分分别为29.06、30.63、30.09、27.81分，最低分分别为12.47、12.39、14.13、14.59分。值得注意的是，最高得分与最低得分之间的差距较大，然而已经显现出缩小的态势。综合四年的协调程度评价结果，浙江、北京、江苏、上海、天津、山东、重庆、福建、海南等省份的协调程度排名靠前，新疆、青海、宁夏、西藏、贵州、甘肃等省份协调程度得分较低，安徽、四川、陕西、广东、辽宁、河北、湖南、湖北、河南、广西、吉林、云南、内蒙古、黑龙江、山西、江西等省份排名中等。

表6　2007～2008年各省社会发展评价结果及其排名

| 排　名 | 省　份 | 2008年社会发展 | 排　名 | 省　份 | 2007年社会发展 |
|---|---|---|---|---|---|
| 1 | 北　京 | 21.41 | 1 | 北　京 | 21.41 |
| 2 | 上　海 | 20.00 | 2 | 上　海 | 20.00 |
| 3 | 浙　江 | 18.12 | 3 | 天　津 | 18.35 |
| 4 | 广　东 | 16.47 | 4 | 浙　江 | 18.12 |
| 4 | 天　津 | 16.47 | 5 | 广　东 | 16.47 |
| 6 | 江　苏 | 15.76 | 6 | 江　苏 | 15.76 |
| 7 | 西　藏 | 15.65 | 7 | 西　藏 | 15.65 |
| 8 | 海　南 | 15.29 | 8 | 海　南 | 15.29 |
| 9 | 福　建 | 15.06 | 9 | 福　建 | 15.06 |
| 9 | 辽　宁 | 15.06 | 10 | 重　庆 | 14.82 |
| 11 | 重　庆 | 14.82 | 11 | 山　东 | 14.12 |
| 12 | 山　东 | 14.12 | 12 | 吉　林 | 13.88 |
| 13 | 吉　林 | 13.88 | 12 | 辽　宁 | 13.88 |
| 13 | 黑龙江 | 13.88 | 12 | 黑龙江 | 13.88 |
| 13 | 宁　夏 | 13.88 | 12 | 贵　州 | 13.88 |
| 13 | 贵　州 | 13.88 | 12 | 宁　夏 | 13.88 |
| 17 | 山　西 | 13.65 | 17 | 青　海 | 13.65 |
| 18 | 广　西 | 13.41 | 17 | 山　西 | 13.65 |
| 18 | 内蒙古 | 13.41 | 19 | 云　南 | 13.18 |
| 20 | 安　徽 | 13.18 | 19 | 安　徽 | 13.18 |
| 21 | 江　西 | 12.94 | 21 | 湖　南 | 12.94 |
| 21 | 云　南 | 12.94 | 21 | 湖　北 | 12.94 |
| 21 | 陕　西 | 12.94 | 21 | 河　北 | 12.94 |
| 21 | 湖　北 | 12.94 | 24 | 陕　西 | 12.71 |
| 21 | 河　北 | 12.94 | 24 | 新　疆 | 12.71 |
| 21 | 甘　肃 | 12.94 | 26 | 广　西 | 12.47 |
| 27 | 四　川 | 12.71 | 27 | 内蒙古 | 12.24 |
| 27 | 青　海 | 12.71 | 28 | 江　西 | 12.00 |
| 29 | 新　疆 | 12.47 | 28 | 甘　肃 | 12.00 |
| 30 | 湖　南 | 12.00 | 30 | 四　川 | 11.76 |
| 31 | 河　南 | 11.53 | 31 | 河　南 | 11.53 |

表7　2005～2006年各省社会发展评价结果及其排名

| 排　名 | 省　份 | 2006年社会发展 | 排　名 | 省　份 | 2005年社会发展 |
|---|---|---|---|---|---|
| 1 | 北　京 | 23.29 | 1 | 北　京 | 23.29 |
| 2 | 上　海 | 21.88 | 2 | 上　海 | 21.88 |
| 3 | 天　津 | 18.59 | 3 | 天　津 | 18.59 |
| 4 | 浙　江 | 18.35 | 3 | 广　东 | 18.59 |
| 5 | 广　东 | 17.88 | 5 | 浙　江 | 18.35 |
| 6 | 重　庆 | 17.65 | 6 | 西　藏 | 16.59 |
| 7 | 西　藏 | 16.59 | 7 | 辽　宁 | 16.24 |
| 8 | 福　建 | 16.24 | 8 | 吉　林 | 16.00 |
| 8 | 辽　宁 | 16.24 | 9 | 重　庆 | 15.76 |
| 10 | 江　苏 | 16.00 | 10 | 海　南 | 15.53 |
| 10 | 吉　林 | 16.00 | 11 | 福　建 | 15.29 |
| 12 | 宁　夏 | 14.82 | 12 | 江　苏 | 14.82 |
| 13 | 海　南 | 14.59 | 13 | 云　南 | 14.35 |
| 14 | 湖　北 | 14.12 | 14 | 湖　北 | 14.12 |
| 14 | 云　南 | 14.12 | 14 | 安　徽 | 14.12 |
| 14 | 安　徽 | 14.12 | 16 | 湖　南 | 13.88 |
| 17 | 湖　南 | 13.88 | 16 | 宁　夏 | 13.88 |
| 17 | 新　疆 | 13.88 | 18 | 广　西 | 13.65 |
| 17 | 贵　州 | 13.88 | 18 | 青　海 | 13.65 |
| 20 | 山　东 | 13.41 | 18 | 陕　西 | 13.65 |
| 20 | 广　西 | 13.41 | 18 | 新　疆 | 13.65 |
| 22 | 黑龙江 | 13.18 | 22 | 黑龙江 | 13.18 |
| 23 | 甘　肃 | 12.94 | 22 | 内蒙古 | 13.18 |
| 23 | 山　西 | 12.94 | 24 | 四　川 | 12.94 |
| 25 | 四　川 | 12.71 | 24 | 贵　州 | 12.94 |
| 25 | 陕　西 | 12.71 | 24 | 甘　肃 | 12.94 |
| 25 | 青　海 | 12.71 | 24 | 山　西 | 12.94 |
| 28 | 内蒙古 | 12.24 | 28 | 山　东 | 12.47 |
| 29 | 江　西 | 12.00 | 29 | 河　北 | 12.00 |
| 29 | 河　北 | 12.00 | 30 | 江　西 | 11.06 |
| 31 | 河　南 | 9.41 | 31 | 河　南 | 9.41 |

表8　2007～2008 年各省协调程度评价结果及其排名

| 排　名 | 省　份 | 2008 年协调程度 | 排　名 | 省　份 | 2007 年协调程度 |
|---|---|---|---|---|---|
| 1 | 浙　江 | 27.81 | 1 | 北　京 | 30.09 |
| 2 | 北　京 | 27.73 | 2 | 天　津 | 26.16 |
| 3 | 江　苏 | 25.45 | 3 | 江　苏 | 25.45 |
| 4 | 上　海 | 25.25 | 4 | 山　东 | 24.55 |
| 5 | 天　津 | 24.98 | 5 | 上　海 | 24.07 |
| 6 | 山　东 | 24.55 | 6 | 海　南 | 23.87 |
| 7 | 重　庆 | 23.97 | 7 | 浙　江 | 23.73 |
| 8 | 福　建 | 23.73 | 8 | 重　庆 | 23.29 |
| 9 | 安　徽 | 22.86 | 9 | 福　建 | 22.82 |
| 10 | 海　南 | 22.70 | 10 | 安　徽 | 22.39 |
| 11 | 四　川 | 22.28 | 11 | 广　西 | 21.65 |
| 12 | 陕　西 | 21.97 | 12 | 广　东 | 21.37 |
| 13 | 广　东 | 21.91 | 13 | 四　川 | 21.34 |
| 14 | 辽　宁 | 21.37 | 14 | 湖　南 | 21.21 |
| 14 | 河　北 | 21.37 | 15 | 湖　北 | 21.01 |
| 16 | 湖　南 | 21.21 | 16 | 河　南 | 20.97 |
| 16 | 湖　北 | 21.21 | 17 | 河　北 | 20.43 |
| 18 | 河　南 | 20.74 | 18 | 陕　西 | 20.12 |
| 19 | 广　西 | 20.56 | 19 | 辽　宁 | 19.88 |
| 20 | 吉　林 | 20.46 | 20 | 江　西 | 19.38 |
| 21 | 云　南 | 19.69 | 21 | 吉　林 | 19.28 |
| 22 | 内蒙古 | 19.41 | 22 | 黑龙江 | 19.05 |
| 23 | 黑龙江 | 19.32 | 23 | 云　南 | 17.73 |
| 24 | 山　西 | 19.21 | 24 | 山　西 | 17.64 |
| 25 | 江　西 | 19.14 | 25 | 内蒙古 | 17.29 |
| 26 | 新　疆 | 17.22 | 26 | 西　藏 | 16.80 |
| 27 | 青　海 | 17.04 | 27 | 甘　肃 | 15.37 |
| 28 | 宁　夏 | 16.43 | 28 | 青　海 | 15.36 |
| 29 | 西　藏 | 16.34 | 29 | 宁　夏 | 15.34 |
| 30 | 贵　州 | 15.30 | 30 | 新　疆 | 15.13 |
| 31 | 甘　肃 | 14.59 | 31 | 贵　州 | 14.13 |

表9  2005～2006年各省协调程度评价结果及其排名

| 排　名 | 省　份 | 2006年协调程度 | 排　名 | 省　份 | 2005年协调程度 |
|---|---|---|---|---|---|
| 1 | 北　京 | 30.63 | 1 | 天　津 | 29.06 |
| 2 | 江　苏 | 28.75 | 2 | 北　京 | 28.28 |
| 3 | 天　津 | 27.65 | 3 | 江　苏 | 27.81 |
| 4 | 重　庆 | 27.29 | 4 | 浙　江 | 26.63 |
| 5 | 山　东 | 27.21 | 5 | 福　建 | 24.91 |
| 6 | 上　海 | 25.25 | 6 | 山　东 | 24.55 |
| 7 | 浙　江 | 23.73 | 7 | 上　海 | 24.34 |
| 8 | 河　北 | 23.49 | 8 | 广　东 | 23.09 |
| 9 | 福　建 | 23.37 | 9 | 海　南 | 23.06 |
| 10 | 陕　西 | 23.30 | 10 | 辽　宁 | 22.55 |
| 11 | 广　东 | 23.22 | 11 | 重　庆 | 22.12 |
| 12 | 辽　宁 | 23.14 | 12 | 河　南 | 21.88 |
| 13 | 湖　南 | 21.21 | 13 | 湖　北 | 20.40 |
| 14 | 四　川 | 21.19 | 14 | 安　徽 | 20.30 |
| 15 | 河　南 | 20.97 | 15 | 云　南 | 20.21 |
| 16 | 安　徽 | 20.27 | 16 | 河　北 | 20.19 |
| 17 | 江　西 | 19.41 | 17 | 吉　林 | 19.65 |
| 18 | 海　南 | 19.29 | 18 | 江　西 | 19.41 |
| 19 | 黑龙江 | 19.05 | 19 | 黑龙江 | 19.33 |
| 20 | 广　西 | 18.98 | 20 | 湖　南 | 18.86 |
| 21 | 湖　北 | 18.78 | 21 | 四　川 | 18.71 |
| 22 | 宁　夏 | 17.58 | 22 | 广　西 | 18.44 |
| 23 | 吉　林 | 17.49 | 23 | 陕　西 | 17.76 |
| 24 | 山　西 | 17.18 | 24 | 西　藏 | 17.71 |
| 25 | 内蒙古 | 16.67 | 25 | 青　海 | 16.03 |
| 26 | 云　南 | 15.57 | 26 | 新　疆 | 15.50 |
| 27 | 新　疆 | 15.53 | 27 | 宁　夏 | 14.79 |
| 28 | 甘　肃 | 15.06 | 28 | 山　西 | 14.74 |
| 29 | 青　海 | 14.42 | 29 | 内蒙古 | 14.32 |
| 30 | 贵　州 | 13.04 | 30 | 贵　州 | 13.04 |
| 31 | 西　藏 | 12.39 | 31 | 甘　肃 | 12.47 |

协调程度得分较高的省份，多数产业结构较合理，且有较高的生产设备和技术，使自然资源和能源的使用方面保持高效，在工业废水、废气以及固体废物的排放方面标准较高。除此之外，用于环境污染治理的投资比例也比较高。得分排名相对靠后的省份，不仅产业结构不够理想，而且在生产设备和技术方面无明显优势，也没有充足的资金用于环境污染的治理。在排名中等的省份中，情况各有不同，一些省份的经济增长与生态环境的冲突开始得到部分缓解，另一些省份则是由于经济发展程度较低，对生态与环境的压力不太大。

# 二　评价方法

权威的数据和科学的评价方法是确保评价结果可靠、可信的必要前提。中国省域生态文明建设评价指标体系（ECCI）采用的原始数据，均由国家权威部门发布。各省的生态文明指数（ECI）及排名，是在权威的原始数据基础上，通过目前的评价体系及相应算法计算得出的。

### 1. 指标体系设计

生态文明建设涉及的领域广泛，对其进行定量评价具有很大难度。对制度层面和观念层面建设的评价，更加难以量化。不仅如此，在这两个领域中，还缺乏大量有效的权威数据。然而，制度层面和观念层面的建设，归根到底要体现到器物和行为层面上来，而对这些领域的评价是可以在实践中检验的。因此，课题组将通过对器物和行为部分的分析评价，完成对生态文明建设的总体状况评价。

为了实现政策引导之目的，ECCI坚持目标导向的设计思路：首先，明确生态文明建设四个方面的目标：生态充满活力，环境质量优良，社会事业发达，各方高度协调；其次，设立具体指标，以具体实现四个方面的目标。按照多指标综合评价法的要求，ECCI采用了层次分析法（AHP）。首先，将生态文明建设评价指标体系分解为四个核心考察领域：生态活力、环境质量、社会发展、协调程度；其次，选取和设立能表现各个考察领域不同侧面的建设水平、具有显示度和数据支撑的若干具体指标，构建一个包括"总指标—考察领域—具体指标"的评价指标体系框架。

在以往的实践和理论研究当中，存在着把生态与环境相混淆的情况。然而，生态与环境是两个不同的概念。生态是各种生命支撑系统、各种生物之间物质循环、能量流动和信息交流形成的统一整体，人类及其活动只不过是生态系统的一个组成部分。而环境，一般被认为只是人类赖以生存的物质条件，专指生态系统中直接支撑人类活动的部分。在现实生活中，环境与人类生存和发展密切相关，因而容易引起人们关注。与之相比，生态则指的是更大范围的对象，通常同人的关联不是直接、当下的，往往容易被忽视。况且，环境的改进并不一定意味着生态的好转。比如，不管在国内还是国外，都存在"局部环境好转，整体生态恶化"的状况。这些都表明，生态和环境不是等同的，有必要把生态与环境区别开来。

在生态活力方面，森林、湿地、海洋（湖泊）贡献较大。其中，森林是最大的陆地生态系统，对涵养水源、净化空气、固化土壤、维持生物多样性都具有至关重要的作用，而且森林在各省都有所分布，因而，森林覆盖率是一个较理想的评价指标。建成区绿化状况可以作为衡量城市生态活力的重要标准，可与森林覆盖率相并列，作为衡量生态活力的第二个指标。然而，由于我国大多数省份属内陆省份，且湖泊的省际分布不均衡，所以海洋（湖泊）类的指标无法客观衡量各省的实际生态活力状况，这里不予选取。还有，湿地虽被称为"地球之肾"，在自然界的水分和化学物质循环中发挥着重要作用，并具有调节水循环和维护生物多样性的基本生态功能，但在我国目前的统计系统内，重要湿地被作为自然保护区加以保护，其统计数据已包含在自然保护区统计之内，被自然保护区的有效保护指标所涵盖，这里不再单列。森林、湿地、荒漠、野生动植物保护等各类自然保护区的设立和建设，对于保存基因库的相对完整性，维护生物多样性，保障生态安全，都发挥着重要作用。基于这些理由，本课题组选取森林覆盖率、建成区绿化覆盖率和自然保护区的有效保护三个指标，以此来衡量生态活力。

生态文明建设，不仅需要改善小的生活环境，而且需要改善大的自然环境。对自然环境质量的评价，主要可从水、气、土三种基本的环境要素进行衡量。我国目前按省份发布的水质数据仅针对地表水，所以只能用地表水体质量来衡量各省水质的好坏；我国目前并没有统计和发布农村的空气质量状况，这里只能以城市环境空气质量为代表来评价各省的空气质量；国土资源部虽已开始测量和评价各省土地质量状况，然而还没有持续性地向社会公布，故本指标体系暂时以水土流失率和农药施用强度来评价土地质量的好坏。综合地表水体质量、环境空气质量和土地质量状况，将可以基本上反映各个省份自然环境质量的好坏。

　　社会发展是生态文明建设的应有之义。社会发展领域的评价是生态文明建设评价的重要组成部分。当然，这里要强调的是，社会发展不应以生态环境破坏为代价，而应是在良好的生态环境基础上发展，并且社会发展应反过来又有益于生态环境的改善，两者的互动应是良性的。为了加强在社会发展方面的政策引导性，避免 GDP 崇拜，这一领域将在参照人类发展指数（HDI）的基础上，综合产业结构、城市化、农村福利共享与发展等方面的状况来评价。这里选取了人均 GDP、人均预期寿命、教育经费占 GDP 比例、服务业产值占 GDP 比例、城镇化率以及农村改水率六个评价指标。

　　生态文明应是和谐发展的文明，其建设关键在于如何实现协调发展。本指标体系最具创新性的部分，就是对协调程度领域进行量化评价。协调程度被分成生态、资源、环境协调度，以及生态、环境、资源与经济协调度两个方面。在第一方面，主要考察废气、废水、废渣等环境破坏物质转化为再生资源或无害化处理的状况，因此选择了工业固体废物综合利用率、工业污水达标排放率、城市生活垃圾无害化率这三个指标，以体现生态与环境、资源之间的协调关系；在第二方面，主要考察各省份经济发展的生态环境成本，如能耗、水耗和污染物排放，以及经济发展对生态环境的反哺状况，如投入多大成本来治理生态环境。因此，选择单位 GDP 能耗、单位 GDP 水耗、单位 GDP 二氧化硫排放量，以及环境污染治理投资占 GDP 比重四个指标，大体上可以体现经济与生态、环境、资源之间的协调关系。在生态文明建设的四个领域中，协调程度部分所包含的指标数量最多，这表明，它在生态文明建设中具有非常重要的意义。

　　在强调环境建设和社会发展的基础上，重视较大尺度的生态系统和自然环境，强调生态好转与环境改善、资源利用之间的协调发展和良性互动，强调经济发展与生态、环境、资源之间的协调可持续性，设立指标对协调发展进行量化评价，是 ECCI 体系框架的最大特色。这不仅符合生态文明建设的要求，也在一定程度上弥补了以往类似评价指标体系的不足。

　　课题组研究了不少国际协议和国际组织的规程，以及国内的有关政策和法规，从中归纳总结出体现生态文明建设内涵的指标，在遵循统计学原理基础上，根据现实情况，并采纳专家意见，最终选取设立了 20 项指标，并确立了指标权重。其中，15 项为正指标，即数据值越大，得分越高；其余 5 项为逆指标，分别是水土流失率、农药施用强度、单位 GDP 能耗，单位 GDP 水耗以及单位 GDP

二氧化硫排放量，即它们的原始数值越大，得分越低。

受权威数据缺失或不足的限制，一些重要的指标暂时未能纳入 ECCI。比如，在生态活力方面，因没有权威数据支撑，只好暂时放弃生物多样性指标和海洋过度捕捞程度指标；在环境质量方面，在土地质量、水体质量以及空气质量方面，迄今都没有全面而详实的数据，这里只好或者以点代面，或者采用间接衡量的方法进行评价；在社会进步方面，基尼系数虽是表现社会公平程度的重要指标，然而欠缺国家权威部门发布的数据；在协调程度评价方面，单位 GDP 二氧化碳排放量指标比单位 GDP 二氧化硫排放量指标更具代表性，并且二氧化碳排放也是国际国内更关注的问题，可惜目前还没有各省的全面数据，也只好不采用这个指标。

根据上述思路和原则，课题组设计了如下的生态文明建设评价指标体系，如表 10 所示。

**表 10　生态文明建设评价指标体系（ECCI)**

| 一级指标 | 二级指标 | | 三级指标 |
|---|---|---|---|
| 生态文明指数（ECI） | 生态活力 | | 森林覆盖率 |
| | | | 建成区绿化覆盖率 |
| | | | 自然保护区的有效保护 |
| | 环境质量 | | 地表水体质量 |
| | | | 环境空气质量 |
| | | | 水土流失率 |
| | | | 农药施用强度 |
| | 社会发展 | | 人均 GDP |
| | | | 服务业产值占 GDP 比例 |
| | | | 城镇化率 |
| | | | 人均预期寿命 |
| | | | 教育经费占 GDP 比例 |
| | | | 农村改水率 |
| | 协调程度 | 生态、资源、环境协调度 | 工业固体废物综合利用率 |
| | | | 工业污水达标排放率 |
| | | | 城市生活垃圾无害化率 |
| | | 生态、环境、资源与经济协调度 | 环境污染治理投资占 GDP 比重 |
| | | | 单位 GDP 能耗 |
| | | | 单位 GDP 水耗 |
| | | | 单位 GDP 二氧化硫排放量 |

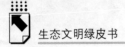

### 2. 数据处理方法

为了全面、客观地反映生态文明建设的状况和水平，我们需要从多个方面进行评价，反映不同侧面，并最终将各方面得分作和，以反映各省生态文明建设的整体状况。这要求 ECCI 采取多指标综合评价法，在统计方法上，需要进行无量纲化处理。

生态文明建设是一个渐进的过程，因此，为所有指标确定目标值较困难。因而，ECCI 采取了相对评价方法。在统计方法上，要求按照正态分布确定等级分，在等级分的基础上进行加权计算。为了克服相对评价方法的不足，本书采取了在各指标原始数据基础上，进行国际数据比较和逐年进步率分析。

由于本书所选取数据的多样性，以及数据间的差异性，各组数据间的离散度超出通常的研究样本，一些数据间的极值差甚至达到数千倍。这种大量化的差异数据，使得简单的算术平均分析会受到较大的影响，而由于在计算中有可能导致误差的进一步扩大，一般的数据分析方式也不适用。要得到客观准确的统计分析，就不能对任一数据进行单独处理，而是需要统一算法。因此，本书在进行比较分析时，将原始数据标准化，采用统一的 $Z$ 分数（标准分数）处理方式。

在国家统一发布的数据中，存在一些缺失值，需要采取相应的统计方法进行处理。对于某年份全国各省都缺乏的指标数据，采取用前一年的数据代替；对于只有个别省份缺失的数据，则用当年其余省份该指标的平均等级分代替。

在本项研究的各个三级指标中，一些指标的差值巨大。这些极大（小）值通常是某些省份的个别现象，代表性并不强，却使得整个数据的离散度加大，并呈现单一偏态，标准差和平均数的位置也将出现相应的偏化，对整个数据分布产生了相当大的影响。为了真实表现出数据的分布特性，平衡数据整体，将这些极端值剔除（大于 2.5 个标准差，总出现概率小于 2%）。在最后的标准分数赋值中，再给予其相应的最高（最低）值 6 分（1 分）。

各级指标的权重，采用专家意见法（Delphi Method）确定。先将尚未赋权的所有指标交由约 50 位相关学科的专家，由他们依据专业背景和个人偏好独立赋予权重。再把专家们的意见进行整理，将各项指标所得的最高、最低及平均值反馈给他们，供他们参考并再次赋值。几经反复，专家们的看法逐渐达成了一致。

## 三　年度进步率分析

与生态文明指数的相对评价算法不同，生态文明建设年度进步率是以三级指标的原始数据为基础，正指标用后一年的数据除以前一年的数据（逆指标用前一年的数据除以后一年的数据），减去1，再乘以100%来计算出每项三级指标的年度进步率；二级指标的年度进步率是由它所包含的三级指标的进步率之和除以相应的三级指标项数得出；总进步率则是由所有二级指标的进步率之和除以相应的二级指标项目数得出。计算结果数据为正值代表生态文明建设整体情况有进步，负值则代表生态文明建设情况有退步。

　　生态文明指数排名只是省际相对比较的结果，对各省的生态文明建设仅具有参考价值。生态文明建设年度进步率则是对各省生态文明建设情况实际变化的客观反映，如果以切实推进生态文明建设为目标，促进生态文明建设进步比提升生态文明指数排名更为重要。

### 1. 总进步率分析

　　2005～2008年，各省生态文明建设进步率计算结果显示，除个别省份外，全国大部分省份的生态文明建设整体水平都有所进步，这预示着我国生态文明建设整体情况正朝着好的方向发展。2005～2008年各省生态文明建设的进步态势，如图1、图2、图3所示。

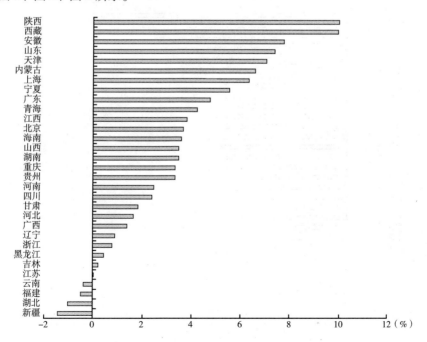

**图1　2005～2006年生态文明建设进步态势**

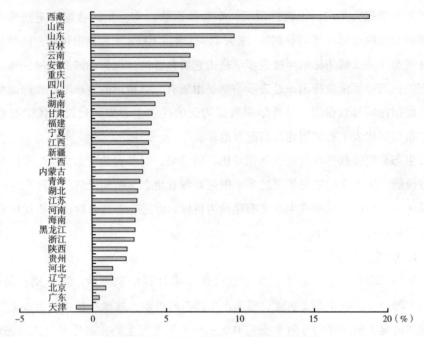

**图 2　2006～2007 年生态文明建设进步态势**

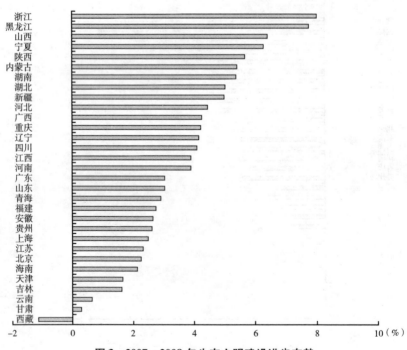

**图 3　2007～2008 年生态文明建设进步态势**

2005～2008 年各省生态文明建设整体进步的态势表明，虽然我国各省的生态文明建设起点并不相同，自然条件、社会发展水平也各有差异，但只要提高认识、采取正确的措施，促进生态文明建设取得进步是可以实现的。

生态文明建设进步率的排名及其具体的进步率，如表 11 所示。

**表 11  2005～2008 年各省生态文明建设进步率及其排名**

单位：%

| 排  名 | 省  份 | 2007～2008 年进步率 | 省  份 | 2006～2007 年进步率 | 省  份 | 2005～2006 年进步率 |
|---|---|---|---|---|---|---|
| 1 | 浙 江 | 8.03 | 西 藏 | 18.79 | 陕 西 | 10.00 |
| 2 | 黑龙江 | 7.76 | 山 西 | 13.02 | 西 藏 | 9.97 |
| 3 | 山 西 | 6.39 | 山 东 | 9.67 | 安 徽 | 7.77 |
| 4 | 宁 夏 | 6.27 | 吉 林 | 6.94 | 山 东 | 7.39 |
| 5 | 陕 西 | 5.68 | 云 南 | 6.67 | 天 津 | 7.04 |
| 6 | 内蒙古 | 5.42 | 安 徽 | 6.37 | 内蒙古 | 6.59 |
| 7 | 湖 南 | 5.38 | 重 庆 | 5.86 | 上 海 | 6.33 |
| 8 | 湖 北 | 5.02 | 四 川 | 5.34 | 宁 夏 | 5.55 |
| 9 | 新 疆 | 5.00 | 上 海 | 4.93 | 广 东 | 4.77 |
| 10 | 河 北 | 4.46 | 湖 南 | 4.25 | 青 海 | 4.23 |
| 11 | 广 西 | 4.27 | 甘 肃 | 4.09 | 江 西 | 3.81 |
| 12 | 重 庆 | 4.23 | 福 建 | 4.00 | 北 京 | 3.66 |
| 13 | 辽 宁 | 4.17 | 宁 夏 | 3.89 | 海 南 | 3.60 |
| 14 | 四 川 | 4.09 | 江 西 | 3.84 | 山 西 | 3.48 |
| 15 | 江 西 | 3.91 | 新 疆 | 3.79 | 湖 南 | 3.47 |
| 16 | 河 南 | 3.90 | 广 西 | 3.48 | 重 庆 | 3.34 |
| 17 | 广 东 | 3.05 | 内蒙古 | 3.41 | 贵 州 | 3.34 |
| 18 | 山 东 | 3.04 | 青 海 | 3.21 | 河 南 | 2.48 |
| 19 | 青 海 | 2.92 | 湖 北 | 3.11 | 四 川 | 2.39 |
| 20 | 福 建 | 2.75 | 江 苏 | 3.05 | 甘 肃 | 1.82 |
| 21 | 安 徽 | 2.66 | 河 南 | 2.98 | 河 北 | 1.63 |
| 22 | 贵 州 | 2.61 | 海 南 | 2.86 | 广 西 | 1.37 |
| 23 | 上 海 | 2.49 | 黑龙江 | 2.86 | 辽 宁 | 0.88 |
| 24 | 江 苏 | 2.34 | 浙 江 | 2.80 | 浙 江 | 0.76 |
| 25 | 北 京 | 2.27 | 陕 西 | 2.33 | 黑龙江 | 0.44 |
| 26 | 海 南 | 2.14 | 贵 州 | 2.32 | 吉 林 | 0.22 |
| 27 | 天 津 | 1.64 | 河 北 | 1.38 | 江 苏 | 0.04 |
| 28 | 吉 林 | 1.64 | 辽 宁 | 1.36 | 云 南 | -0.39 |
| 29 | 云 南 | 0.62 | 北 京 | 0.93 | 福 建 | -0.51 |
| 30 | 甘 肃 | 0.28 | 广 东 | 0.44 | 湖 北 | -1.03 |
| 31 | 西 藏 | -1.13 | 天 津 | -1.13 | 新 疆 | -1.43 |

进一步分析发现，2005～2008年生态文明建设整体进步率较大的省份，在社会发展的同时，都加大了环境污染治理以及节能减排的力度，积极调整完善产业结构，以与民生切实相关的生态环境问题为抓手，提高建成区绿化覆盖率、农村改水率、城市生活垃圾无害化率、工业固体废物综合利用率，改善地表水体质量，降低单位GDP水耗、单位GDP二氧化硫排放量等，实现了生态文明建设整体水平的大幅提高。而2005～2008年退步的省份，则是由于对环境污染治理的投资力度有所降低，造成了这些地区的城市生活垃圾无害化率、农村改水率下降，地表水体质量没有得到持续改善，最终导致了这些省份生态文明建设整体水平的退步。

**2. 生态活力进步率分析**

2005～2008年各省生态活力进步率计算显示，全国大部分省份的生态活力水平都有所进步，反映了我国植树造林、天然林保护、生物多样性保护等各项生态工程的实施取得了一定成效。2005～2008年各省生态活力进步态势，如图4、图5、图6所示。

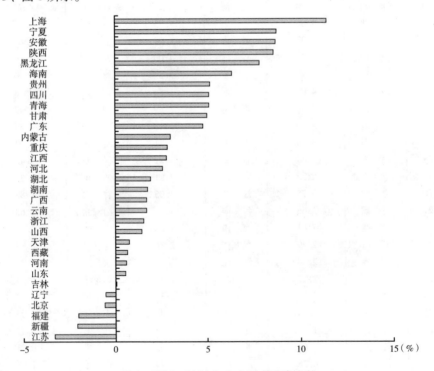

**图4　2005～2006年生态活力进步态势**

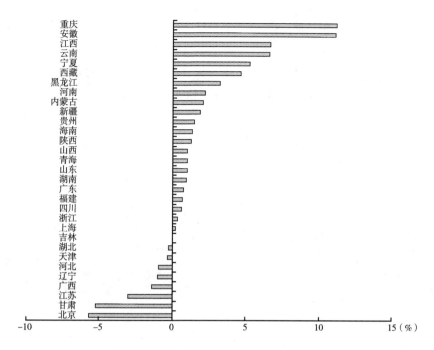

图5　2006～2007年生态活力进步态势

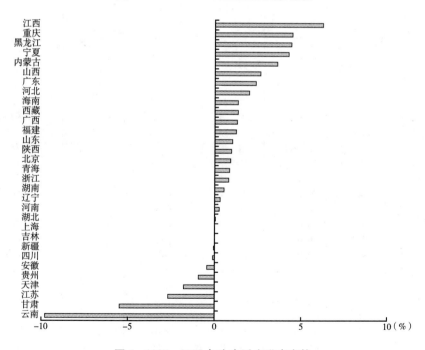

图6　2007～2008年生态活力进步态势

需要说明的是，由于森林资源普查需要一定的时间周期，所以2005～2008年森林覆盖率指标的数据没有变化。森林覆盖率的提高是一个艰苦而长期的过程，很多积极措施的成效不能在短时期内快速显现出来，但这却是一项功在当代、利在千秋的事业，是关系我国生态安全以及可持续发展大局的伟大工程，需要引起各省份的重视，并采取积极的措施，长期坚持下去。

各省生态活力进步率排名及其具体的进步率，如表12所示。

**表12　2005～2008年各省生态活力进步率及其排名**

单位：%

| 排　名 | 省　份 | 2007～2008年进步率 | 省　份 | 2006～2007年进步率 | 省　份 | 2005～2006年进步率 |
|---|---|---|---|---|---|---|
| 1 | 江　西 | 6.23 | 重　庆 | 11.19 | 上　海 | 11.40 |
| 2 | 重　庆 | 4.45 | 安　徽 | 11.08 | 宁　夏 | 8.75 |
| 3 | 黑龙江 | 4.39 | 江　西 | 6.68 | 安　徽 | 8.71 |
| 4 | 宁　夏 | 4.26 | 云　南 | 6.61 | 陕　西 | 8.58 |
| 5 | 内蒙古 | 3.58 | 宁　夏 | 5.23 | 黑龙江 | 7.81 |
| 6 | 山　西 | 2.64 | 西　藏 | 4.67 | 海　南 | 6.34 |
| 7 | 广　东 | 2.36 | 黑龙江 | 3.27 | 贵　州 | 5.16 |
| 8 | 河　北 | 2.01 | 河　南 | 2.24 | 四　川 | 5.13 |
| 9 | 海　南 | 1.36 | 内蒙古 | 2.08 | 青　海 | 5.13 |
| 10 | 西　藏 | 1.34 | 新　疆 | 1.89 | 甘　肃 | 4.98 |
| 11 | 广　西 | 1.27 | 贵　州 | 1.52 | 广　东 | 4.77 |
| 12 | 福　建 | 1.24 | 海　南 | 1.39 | 内蒙古 | 3.01 |
| 13 | 山　东 | 1.03 | 陕　西 | 1.32 | 重　庆 | 2.86 |
| 14 | 陕　西 | 0.94 | 山　西 | 1.05 | 江　西 | 2.78 |
| 15 | 北　京 | 0.90 | 青　海 | 1.03 | 河　北 | 2.62 |
| 16 | 青　海 | 0.84 | 山　东 | 1.03 | 湖　北 | 1.96 |
| 17 | 浙　江 | 0.82 | 湖　南 | 0.93 | 湖　南 | 1.78 |
| 18 | 湖　南 | 0.55 | 广　东 | 0.76 | 广　西 | 1.75 |
| 19 | 辽　宁 | 0.32 | 福　建 | 0.71 | 云　南 | 1.72 |
| 20 | 河　南 | 0.29 | 四　川 | 0.64 | 浙　江 | 1.60 |
| 21 | 湖　北 | 0.06 | 浙　江 | 0.32 | 山　西 | 1.48 |
| 22 | 上　海 | 0.00 | 上　海 | 0.24 | 天　津 | 0.78 |
| 23 | 吉　林 | -0.01 | 吉　林 | 0.03 | 西　藏 | 0.69 |
| 24 | 新　疆 | -0.07 | 湖　北 | -0.26 | 河　南 | 0.62 |
| 25 | 四　川 | -0.11 | 天　津 | -0.32 | 山　东 | 0.58 |
| 26 | 安　徽 | -0.44 | 河　北 | -0.90 | 吉　林 | 0.10 |
| 27 | 贵　州 | -0.89 | 辽　宁 | -0.99 | 辽　宁 | -0.52 |
| 28 | 天　津 | -1.76 | 广　西 | -1.40 | 北　京 | -0.58 |
| 29 | 江　苏 | -2.71 | 江　苏 | -3.04 | 福　建 | -1.99 |
| 30 | 甘　肃 | -5.49 | 甘　肃 | -5.20 | 新　疆 | -2.04 |
| 31 | 云　南 | -9.77 | 北　京 | -5.72 | 江　苏 | -3.29 |

　　2005～2008 年生态活力进步率较大的省份中，大部分是因为对与居民生活质量密切相关的建成区绿化加大了投入力度，比较突出的包括重庆、上海、安徽、宁夏等。而江西、黑龙江等省份则是在自然保护区建设方面积极努力，实现了生态活力的较大进步。2005～2008 年生态活力退步的省份中，有些省份出现退步是由于城市规模发展速度较快，建成区的绿化没能及时跟上；有的省份出现退步则是由自然保护区面积的减少所致。

### 3. 环境质量进步率分析

　　2005～2008 年，环境质量持续改善的省份所占比例不足一半，许多省份的环境质量水平有所退步，特别是最近的 2007～2008 年，环境质量退步的省份多达 21 个，略超过 2/3，这需要引起社会的足够重视。各省的环境质量进步态势，如图 7、图 8、图 9 所示。

　　各省环境质量进步率排名及其具体的进步率，如表 13 所示。

　　对数据的进一步分析发现，进步较大的省份主要是由于地表水体质量得到改善，也有个别省份是因为农药施用强度的降低促成的。

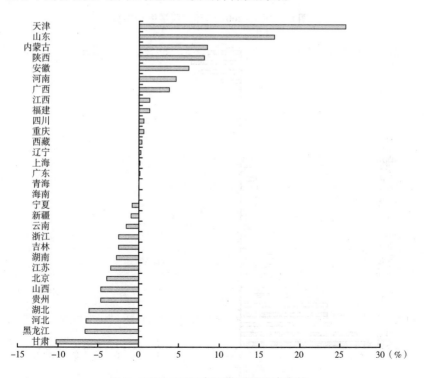

**图 7　2005～2006 年环境质量进步态势**

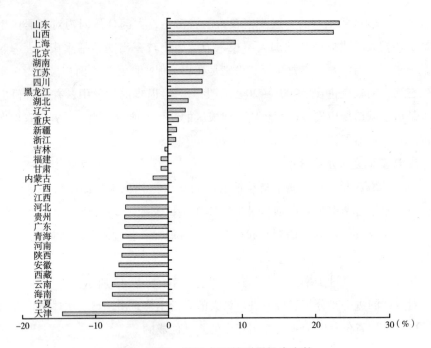

图 8  2006～2007 年环境质量进步态势

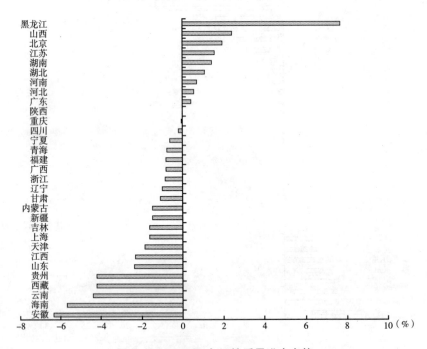

图 9  2007～2008 年环境质量进步态势

表 13  2005～2008 年各省环境质量进步率及其排名

单位：%

| 排　名 | 省　份 | 2007～2008 年进步率 | 省　份 | 2006～2007 年进步率 | 省　份 | 2005～2006 年进步率 |
|---|---|---|---|---|---|---|
| 1 | 黑龙江 | 7.70 | 山　东 | 23.24 | 天　津 | 25.59 |
| 2 | 山　西 | 2.40 | 山　西 | 22.43 | 山　东 | 16.79 |
| 3 | 北　京 | 1.93 | 上　海 | 9.21 | 内蒙古 | 8.41 |
| 4 | 江　苏 | 1.59 | 北　京 | 6.23 | 陕　西 | 8.16 |
| 5 | 湖　南 | 1.44 | 湖　南 | 6.00 | 安　徽 | 6.17 |
| 6 | 湖　北 | 1.12 | 江　苏 | 4.84 | 河　南 | 4.67 |
| 7 | 河　南 | 0.72 | 四　川 | 4.62 | 广　西 | 3.78 |
| 8 | 河　北 | 0.59 | 黑龙江 | 4.61 | 江　西 | 1.40 |
| 9 | 广　东 | 0.42 | 湖　北 | 2.75 | 福　建 | 1.31 |
| 10 | 陕　西 | 0.02 | 辽　宁 | 2.39 | 四　川 | 0.68 |
| 11 | 重　庆 | −0.06 | 重　庆 | 1.49 | 重　庆 | 0.62 |
| 12 | 四　川 | −0.20 | 新　疆 | 1.23 | 西　藏 | 0.35 |
| 13 | 宁　夏 | −0.61 | 浙　江 | 1.06 | 辽　宁 | 0.32 |
| 14 | 青　海 | −0.77 | 吉　林 | −0.44 | 上　海 | 0.16 |
| 15 | 福　建 | −0.78 | 福　建 | −0.91 | 广　东 | 0.15 |
| 16 | 广　西 | −0.79 | 甘　肃 | −1.03 | 青　海 | 0.08 |
| 17 | 浙　江 | −0.85 | 内蒙古 | −2.03 | 海　南 | 0.00 |
| 18 | 辽　宁 | −1.01 | 广　西 | −5.52 | 宁　夏 | −0.85 |
| 19 | 甘　肃 | −1.10 | 江　西 | −5.64 | 新　疆 | −0.98 |
| 20 | 内蒙古 | −1.46 | 河　北 | −5.77 | 云　南 | −1.56 |
| 21 | 新　疆 | −1.47 | 贵　州 | −5.87 | 浙　江 | −2.44 |
| 22 | 吉　林 | −1.59 | 广　东 | −5.98 | 吉　林 | −2.50 |
| 23 | 上　海 | −1.60 | 青　海 | −6.20 | 湖　南 | −2.68 |
| 24 | 天　津 | −1.85 | 河　南 | −6.25 | 江　苏 | −3.49 |
| 25 | 江　西 | −2.31 | 陕　西 | −6.37 | 北　京 | −3.94 |
| 26 | 山　东 | −2.38 | 安　徽 | −6.69 | 山　西 | −4.62 |
| 27 | 贵　州 | −4.19 | 西　藏 | −7.32 | 贵　州 | −4.69 |
| 28 | 西　藏 | −4.22 | 云　南 | −7.66 | 湖　北 | −6.07 |
| 29 | 云　南 | −4.40 | 海　南 | −7.68 | 河　北 | −6.46 |
| 30 | 海　南 | −5.70 | 宁　夏 | −8.96 | 黑龙江 | −6.56 |
| 31 | 安　徽 | −6.35 | 天　津 | −14.55 | 甘　肃 | −10.13 |

现阶段，由于我国面临着经济发展以及人口密度过大等多重压力，为解决 13 亿人口的粮食问题，农业生产中农药、化肥的使用不能避免，但过量使用和不当使用，在很大程度上又造成环境质量的退化。此外，工业废物的排放对地表

水体质量以及环境空气质量的影响，也加剧了环境质量的整体恶化。

**4. 社会发展进步率分析**

各省 2005~2008 年社会发展进步率计算显示，全国大部分省份的社会发展都取得了较显著的进步。各省社会发展进步态势，如图 10、图 11、图 12 所示。

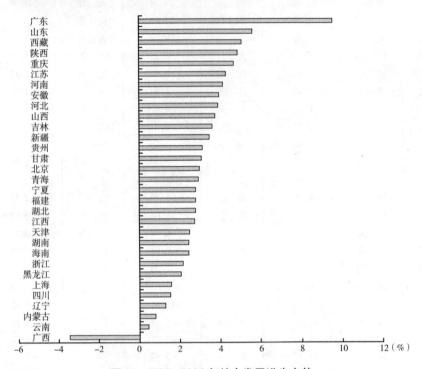

图 10　2005~2006 年社会发展进步态势

各省社会发展进步率排名及其具体的进步率，如表 14 所示。

出现退步的省份，是由对教育或农村改水等公共事业的投入所占 GDP 比重下降造成的。数据分析表明，随着各省份经济总量的增长，对教育的投资占 GDP 的比例降低这一趋势在全国大部分省份中普遍存在。

**5. 协调程度进步率分析**

可喜的是，2005~2008 年，全国大部分省份的协调程度都取得了较大进展。这预示着我国整体上正朝着协调发展的方向迈进，说明我国节能减排、产业结构升级等一系列政策已取得显著成效。2005~2008 年各省协调程度进步态势，如图 13、图 14、图 15 所示。

各省协调程度进步率排名及其具体的进步率，如表 15 所示。

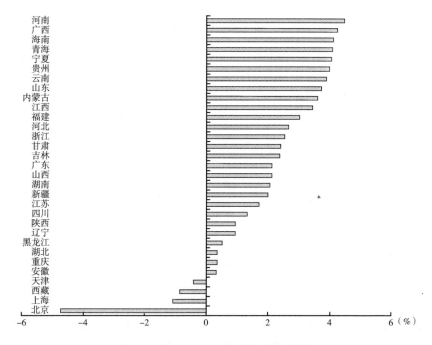

**图11 2006～2007年社会发展进步态势**

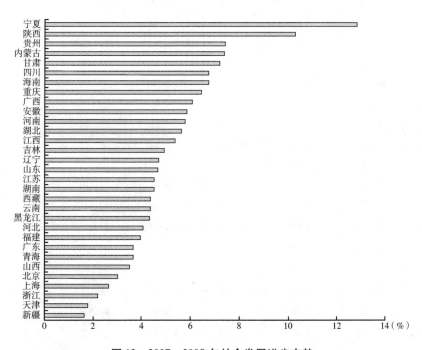

**图12 2007～2008年社会发展进步态势**

表 14　2005～2008 年各省社会发展进步率及其排名

单位：%

| 排　名 | 省　份 | 2007～2008 年进步率 | 省　份 | 2006～2007 年进步率 | 省　份 | 2005～2006 年进步率 |
|---|---|---|---|---|---|---|
| 1 | 宁　夏 | 12.82 | 河　南 | 4.46 | 广　东 | 9.52 |
| 2 | 陕　西 | 10.29 | 广　西 | 4.25 | 山　东 | 5.62 |
| 3 | 贵　州 | 7.41 | 海　南 | 4.11 | 西　藏 | 5.05 |
| 4 | 内蒙古 | 7.38 | 青　海 | 4.07 | 陕　西 | 4.86 |
| 5 | 甘　肃 | 7.17 | 宁　夏 | 4.06 | 重　庆 | 4.65 |
| 6 | 四　川 | 6.75 | 贵　州 | 4.00 | 江　苏 | 4.28 |
| 7 | 海　南 | 6.74 | 云　南 | 3.89 | 河　南 | 4.15 |
| 8 | 重　庆 | 6.42 | 山　东 | 3.72 | 安　徽 | 3.94 |
| 9 | 广　西 | 6.08 | 内蒙古 | 3.62 | 河　北 | 3.91 |
| 10 | 安　徽 | 5.84 | 江　西 | 3.44 | 山　西 | 3.75 |
| 11 | 河　南 | 5.78 | 福　建 | 3.03 | 吉　林 | 3.59 |
| 12 | 湖　北 | 5.63 | 河　北 | 2.67 | 新　疆 | 3.44 |
| 13 | 江　西 | 5.35 | 浙　江 | 2.53 | 贵　州 | 3.12 |
| 14 | 吉　林 | 4.90 | 甘　肃 | 2.41 | 甘　肃 | 3.09 |
| 15 | 辽　宁 | 4.68 | 吉　林 | 2.38 | 北　京 | 3.00 |
| 16 | 山　东 | 4.64 | 广　东 | 2.14 | 青　海 | 2.94 |
| 17 | 江　苏 | 4.49 | 山　西 | 2.13 | 宁　夏 | 2.80 |
| 18 | 湖　南 | 4.49 | 湖　南 | 2.07 | 福　建 | 2.80 |
| 19 | 西　藏 | 4.36 | 新　疆 | 1.99 | 湖　北 | 2.78 |
| 20 | 云　南 | 4.34 | 江　苏 | 1.71 | 江　西 | 2.73 |
| 21 | 黑龙江 | 4.33 | 四　川 | 1.34 | 天　津 | 2.49 |
| 22 | 河　北 | 4.05 | 陕　西 | 0.95 | 湖　南 | 2.44 |
| 23 | 福　建 | 3.95 | 辽　宁 | 0.95 | 海　南 | 2.43 |
| 24 | 广　东 | 3.67 | 黑龙江 | 0.54 | 浙　江 | 2.17 |
| 25 | 青　海 | 3.65 | 湖　北 | 0.38 | 黑龙江 | 2.06 |
| 26 | 山　西 | 3.50 | 重　庆 | 0.37 | 上　海 | 1.55 |
| 27 | 北　京 | 3.01 | 安　徽 | 0.34 | 四　川 | 1.51 |
| 28 | 上　海 | 2.63 | 天　津 | -0.41 | 辽　宁 | 1.29 |
| 29 | 浙　江 | 2.18 | 西　藏 | -0.86 | 内蒙古 | 0.77 |
| 30 | 天　津 | 1.80 | 上　海 | -1.08 | 云　南 | 0.47 |
| 31 | 新　疆 | 1.66 | 北　京 | -4.73 | 广　西 | -3.46 |

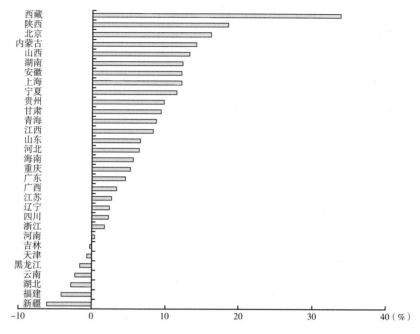

图13 2005～2006 年协调程度进步态势

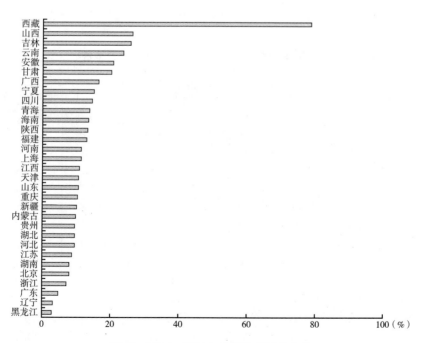

图14 2006～2007 年协调程度进步态势

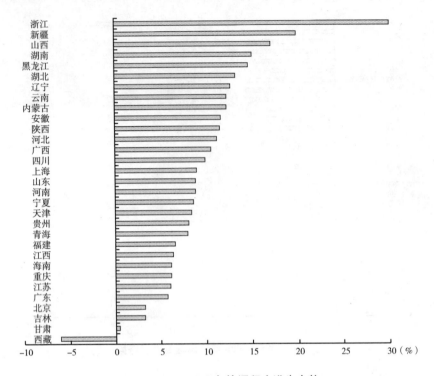

**图15 2007~2008年协调程度进步态势**

**表15 2005~2008年各省协调程度进步率及其排名**

单位：%

| 排 名 | 省 份 | 2007~2008年进步率 | 省 份 | 2006~2007年进步率 | 省 份 | 2005~2006年进步率 |
|---|---|---|---|---|---|---|
| 1 | 浙 江 | 29.96 | 西 藏 | 78.68 | 西 藏 | 33.78 |
| 2 | 新 疆 | 19.89 | 山 西 | 26.46 | 陕 西 | 18.41 |
| 3 | 山 西 | 17.03 | 吉 林 | 25.78 | 北 京 | 16.17 |
| 4 | 湖 南 | 15.04 | 云 南 | 23.85 | 内蒙古 | 14.16 |
| 5 | 黑龙江 | 14.61 | 安 徽 | 20.75 | 山 西 | 13.33 |
| 6 | 湖 北 | 13.25 | 甘 肃 | 20.19 | 湖 南 | 12.35 |
| 7 | 辽 宁 | 12.70 | 广 西 | 16.61 | 安 徽 | 12.23 |
| 8 | 云 南 | 12.29 | 宁 夏 | 15.22 | 上 海 | 12.22 |
| 9 | 内蒙古 | 12.20 | 四 川 | 14.75 | 宁 夏 | 11.50 |
| 10 | 安 徽 | 11.60 | 青 海 | 13.94 | 贵 州 | 9.77 |
| 11 | 陕 西 | 11.45 | 海 南 | 13.62 | 甘 肃 | 9.36 |
| 12 | 河 北 | 11.17 | 陕 西 | 13.44 | 青 海 | 8.77 |
| 13 | 广 西 | 10.49 | 福 建 | 13.17 | 江 西 | 8.34 |

续表 15

| 排　名 | 省　份 | 2007～2008 年进步率 | 省　份 | 2006～2007 年进步率 | 省　份 | 2005～2006 年进步率 |
|---|---|---|---|---|---|---|
| 14 | 四　川 | 9.92 | 河　南 | 11.44 | 山　东 | 6.57 |
| 15 | 上　海 | 8.91 | 上　海 | 11.36 | 河　北 | 6.44 |
| 16 | 山　东 | 8.85 | 江　西 | 10.88 | 海　南 | 5.65 |
| 17 | 河　南 | 8.82 | 天　津 | 10.76 | 重　庆 | 5.24 |
| 18 | 宁　夏 | 8.62 | 山　东 | 10.67 | 广　东 | 4.63 |
| 19 | 天　津 | 8.39 | 重　庆 | 10.41 | 广　西 | 3.40 |
| 20 | 贵　州 | 8.11 | 新　疆 | 10.05 | 江　苏 | 2.67 |
| 21 | 青　海 | 7.98 | 内蒙古 | 9.98 | 辽　宁 | 2.43 |
| 22 | 福　建 | 6.58 | 贵　州 | 9.64 | 四　川 | 2.24 |
| 23 | 江　西 | 6.36 | 湖　北 | 9.58 | 浙　江 | 1.73 |
| 24 | 海　南 | 6.15 | 河　北 | 9.54 | 河　南 | 0.48 |
| 25 | 重　庆 | 6.10 | 江　苏 | 8.67 | 吉　林 | −0.30 |
| 26 | 江　苏 | 6.00 | 湖　南 | 8.01 | 天　津 | −0.68 |
| 27 | 广　东 | 5.74 | 北　京 | 7.95 | 黑龙江 | −1.56 |
| 28 | 北　京 | 3.26 | 浙　江 | 7.29 | 云　南 | −2.19 |
| 29 | 吉　林 | 3.25 | 广　东 | 4.85 | 湖　北 | −2.78 |
| 30 | 甘　肃 | 0.53 | 辽　宁 | 3.10 | 福　建 | −4.17 |
| 31 | 西　藏 | −6.00 | 黑龙江 | 3.02 | 新　疆 | −6.13 |

分析原始数据可以看出，工业固体废物综合利用率、城市生活垃圾无害化率、环境污染治理投资占 GDP 比重的提高，单位 GDP 废物排放量的降低使得全国大部分省份的协调程度都取得了显著进步。

## 四　类型分析

ECCI 是采取多指标综合评价法的评价指标体系，其包含生态活力、环境质量、社会发展和协调程度共四大核心考察领域，各省在每个核心考察领域的得分不同，不仅意味着它们处在不同的发展阶段，还意味着它们属于不同的生态文明建设类型。为了帮助各个省份定位自己的生态文明建设类型，明确自己的优势和不足，找到在生态文明建设方面与自己类似的省份，课题组以 2005～2008 年的数据为基础，根据四个核心考察领域的二级指标得分所属等级，以及四个二级指标之间的相关性，采用聚类分析的方法对 31 个省份进行了类型分析，得出了我国各省份目前生态文明建设的六种类型，如表 16 所示。

表16 2008年ECI不同类型省份的具体情况对比

| 生态文明建设类型 | | 社会发达型 | 均衡发展型 | 生态优势型 | 相对均衡型 | 环境优势型 | 低度均衡型 |
|---|---|---|---|---|---|---|---|
| 省 份 | | 北京、浙江、上海、天津、江苏 | 海南、广东、福建、重庆 | 四川、吉林、江西 | 辽宁、黑龙江、湖南、云南、山东、陕西、安徽、湖北、河南 | 广西、西藏、青海 | 内蒙古、河北、宁夏、贵州、新疆、山西、甘肃 |
| 省份数目 | | 5 | 4 | 3 | 9 | 3 | 7 |
| ECI平均值 | | 78.72 | 78.10 | 75.13 | 69.58 | 69.58 | 61.85 |
| ECCI核心考察领域平均得分 | 生态活力 | 21.32 | 24.81 | 26.92 | 22.62 | 20.62 | 18.66 |
| | 环境质量 | 12.80 | 14.80 | 14.40 | 12.36 | 17.07 | 12.23 |
| | 社会发展 | 18.35 | 15.41 | 13.18 | 13.18 | 13.92 | 13.31 |
| | 协调程度 | 26.25 | 23.08 | 20.63 | 21.43 | 17.98 | 17.65 |
| 其他重要指标值 | 人均GDP(元) | 54692.40 | 25728.00 | 17891.00 | 20929.00 | 15405.33 | 19224.29 |
| | 人口(万) | 3511.35 | 4210.25 | 5090.67 | 5946.37 | 1885.77 | 3140.36 |
| | 面积(平方公里) | 48531.60 | 104611.25 | 280605.00 | 227593.78 | 718292.33 | 537185.00 |
| | 人口密度(人/平方公里) | 723.52 | 402.47 | 181.42 | 261.27 | 26.25 | 58.46 |
| | 综合现代化水平指数 | 56.20 | 36.00 | 34.67 | 34.11 | 29.00 | 30.71 |
| | 可持续发展指数 | 114.88 | 109.70 | 108.70 | 108.29 | 103.23 | 104.81 |
| | 环境资源绩效指数 | 442.14 | 264.95 | 141.93 | 169.47 | 99.95 | 115.63 |

**1. 社会发达型**

社会发达型主要包括了经济最发达的省份，它们的经济总量和人均国内生产总值均居全国前列，在城镇化、教育以及农村改水等方面相对发达，社会发展程度在全国领先。

这些省份在经济发展实现飞跃以后，在努力建设资源节约型、环境友好型社会过程中，均高度重视对生态环境的治理和反哺，并且在环境污染治理的投资方面力度较大。这些省份环境恶化的趋势已得到初步遏制，生态破坏的趋势已得到初步控制，突出的环境污染问题已得到初步解决，环境质量已得到初步改善，这些省份生态活力与环境质量现均居全国的中等水平。

同时，这些省份对生态环境保护的重要性有了新的认识，"生态文明"、"生态经济"成为它们发展的主题，地区的主要污染物排放指标明显下降，单位GDP能耗、单位GDP水耗等指标较我国其他省份具有一定优势，服务业产值占GDP比例也在全国居领先位置。它们率先实现产业结构转型升级，开始向高水平经济基础上的协调发展迈进。然而，这些省份由于较大的经济规模和较高的人口密度（上海、北京、天津、江苏、浙江的人口密度 2008 年底排名在全国分别为第 1、2、3、4、8位），对生态环境的压力依然较大。这就需要继续加大对生态文明建设投入的力度，不断提高生态环境建设的质量，进一步升级完善产业结构，实现可持续发展。属于该种类型的省份有北京、浙江、上海、天津、江苏。社会发达型雷达图如图 16 所示。

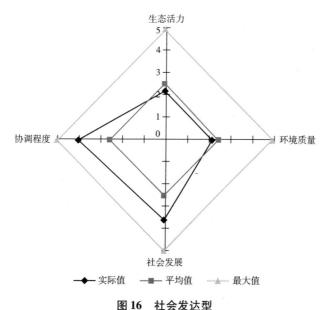

**图 16　社会发达型**

### 2. 均衡发展型

该种类型主要包括了我国南方的三个省份（海南、广东和福建）和位于长江上游的直辖市重庆。这些省份在城镇化建设、教育事业、农村改水等方面具有较高水平，经济社会发展水平在全国排位相对靠前。

这些省份森林覆盖率、建成区绿化覆盖率都较高，整体生态活力较强。地表水体质量、空气质量也都处于较高的水平，环境质量位居全国前列。而且，这些省份主要污染物排放量较低，单位 GDP 能耗、单位 GDP 水耗等在国内也相对较低，产业结构逐渐趋于合理，并开始向协调发展迈进，生态文明建设情况总体趋势向好。属于该种类型的省份有海南、广东、福建、重庆。均衡发展型雷达图如图 17 所示。

### 3. 生态优势型

该种类型主要包含了四川、吉林、江西等生态资源基础雄厚的省份。这些省

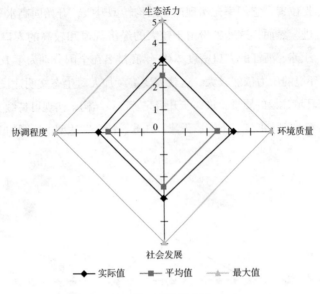

图17　均衡发展型

份虽然经济发展水平中等，城镇化建设、教育投入、福利改善等社会事业有待大
幅提高，社会发展水平目前也在全国相对较低，然而它们在森林覆盖率、自然保
护区的有效保护等方面具有突出优势，生态活力在全国领先。同时，这些省份地
表水体质量、空气质量等也相对较好。作为我国重要的生态功能涵养区，这些省
份对于国家的生态环境安全和可持续发展具有重要的战略意义。属于该种类型的
省份有四川、吉林、江西。生态优势型雷达图如图18所示。

**4. 相对均衡型**

这类省份在生态文明建设的四大核心考察领域的得分都居全国中等，四个方
面的发展相对比较均衡，但优势不够突出。属于该类的省份有辽宁、黑龙江、湖
南、云南、山东、陕西、安徽、湖北、河南。相对均衡型雷达图如图19所示。

**5. 环境优势型**

这类省份主要包括了地处祖国南疆的广西和位于青藏高原的西藏、青海等省
份。这些省份由于经济发展水平较低，现代化程度不高，生态环境建设资金投入
不足，虽然生活垃圾的无害化处理率、工业"三废"的达标排放率都比较低，
单位地区生产总值的水耗、能耗都比较高，但是资源利用和废弃物排放总量较
少。因此这些地区地表水体质量及空气质量都居全国前列，由于这些省份都不是
农业大省，农药的施用强度也相对较低，整体环境质量在全国领先。属于该类的

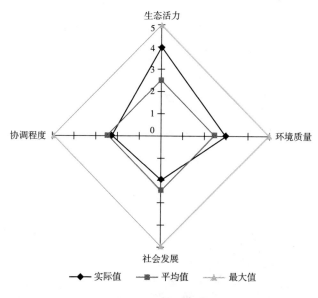

**图 18  生态优势型**

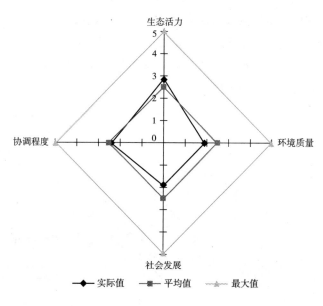

**图 19  相对均衡型**

省份有广西、西藏、青海。环境优势型雷达图如图 20 所示。

**6. 低度均衡型**

这类地区主要包含了我国中北部、西北部的部分省份和地处云贵高原东部的

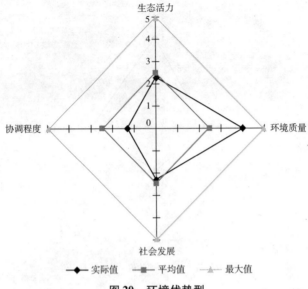

**图 20 环境优势型**

贵州省，这类省份生态环境禀赋较差，有的是农业大省，有的是能源大省，对生态环境压力较大，同时城镇化建设、教育投入、农村改水等社会事业水平较低，整体社会发展居全国中下水平。属于该类的省份有内蒙古、河北、贵州、新疆、山西、宁夏、甘肃。低度均衡型雷达图如图 21 所示。

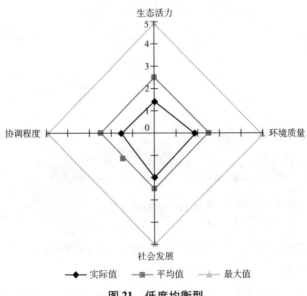

**图 21 低度均衡型**

# 五 结论和建议

根据各省的生态文明指数（ECI）以及相应的分析，就我国目前的生态文明建设状况，可以得出如下基本结论。

第一，目前，我国的生态文明建设虽然取得了一定成绩，但尚处于初级阶段。与发达国家相比，我国的生态文明建设还存在不少差距。在生态活力、环境质量、社会发展以及协调程度方面，尤其是在生态活力和环境质量方面，具有很大的改进空间。在生态活力方面，应继续彰显该领域指标的重要性，鼓励在该领域具有优势的省份继续努力，引领并促进各省生态活力水平的提高，使生态文明建设指标体系成为真正的绿色指标体系。在环境质量方面，不仅要关注小的生活环境，更要重视大尺度的自然环境；环境方面不仅应有当下的、短期的、应急性的治理投入，更应有指向未来的、长期的、战略性的投入。在社会发展方面，不仅要关注人均GDP，更要关注教育发展状况和民生的改进。在协调程度方面，要提高资源、能源的使用效率，降低资源、能源的使用量，努力使工业废弃物和生活废弃物无害化、减量化、资源化，加大对环境污染治理的投资力度。

第二，进步率分析表明，目前我国绝大多数省份的生态文明建设进步明显，并显示了良好的发展趋势。然而，许多省份的生态与环境，尤其是环境却在不断恶化。这表明许多省份在经济增长与生态环境的容量及承载力之间的矛盾依然尖锐。造成这种局面的原因，主要是在工业化进程中存在不协调发展。在克服生态活力和环境质量下降的过程中，首先必须明确各地区的开发类型。在环境容量有限、自然资源供给不足而经济相对发达的地区，应优化开发；在环境仍有一定容量、资源较为丰富、发展潜力较大的地区，应重点开发；在自然保护区和具有特殊保护价值的地区，应禁止开发；在生态环境脆弱的地区和重要生态功能保护区，应限制开发。更为重要的是，在阻止生态活力和环境质量方面的退步过程中，一定要有全局思维，应从提高生态活力、保障环境质量、促进社会发展、提升协调程度等方面全面落实，不能顾此失彼。而关键还在于协调发展。目前实现协调发展的关键，在于处理好经济增长与生态环境之间的关系，即经济发展要尽量降低资源、能源消耗，尽量降低污染物排放等方面的环境成本，走低碳经济、循环经济、生态经济发展之路，并改变经济核算方式，加大对生态环境的反哺力度，以实现可持续发展。这需要具体落实到以下方面，即提高工业固体废物综合利用率、工业污水达标排放率、城市生活垃圾无害化率，降低单位 GDP 能耗、水耗以及工业废气排放量。

第三，生态文明建设的总体水平与人们的直接观感可能并不一致，造成这一现象的主要原因在于环境质量对于生态文明指数的相对独立性。人们往往对环境质量的优劣感受明显，甚至会把复杂的生态文明建设水平与对环境质量优劣的直接感受简单地画上等号，从而认为生态文明建设的唯一目标就是改善环境质量，而且为了这一目标忽略甚至排斥生态文明建设其他方面的内容，如忽略支撑环境的生态活力、积累改善环境所需资金的经济增长，更容易淡忘其效果需假以时日才能显现出来的人与自然之间的协调程度。

然而，生态文明建设毕竟不仅仅等同于环境保护。无疑，经济增长是改善民生、增进人类福祉的必要条件（虽非充分条件），也是积累治理环境污染资金的必不可少的手段之一；人同自然间物质交换的协调性至关重要，因为要实现环境质量、生态活力和社会发展的同步改善，最终都离不开协调程度的提高，是协调程度而非他者最终决定人类的命运。因而，在生态文明建设中，一定要牢牢抓住协调发展这个关键，既要防止根深蒂固的 GDP 崇拜，也要警惕目光短浅的唯环境论。

第四，尽管各个省份目前的生态文明指数排名前后不同，但经过类型分析可以看出，分属不同类型的各省份不仅具有自身的比较优势，同时也存在着某些方面的问题，不应盲目乐观，也不应妄自菲薄。各省份的生态文明建设，都需要立足于自己的优势，突出自身特色，最终实现协调发展。

作为研究者，我们深知，目前的生态文明建设评价指标体系（ECCI）还存在一些缺陷。因数据不足，一些十分重要的指标缺乏足够的数据支持，并且目前的指标尚不够完整；数据的时间序列太短，导致一些趋势性、规律性的东西尚未显示出来；生态文明指数暂时还不能对各省份的生态区类型和功能区类型进行划分；尚未将生态文明建设包含的各种自然性要素（如水、空气）和社会性要素（如商品和人口）在省际的流动状况纳入评价体系。这些方面都有待完善。

尽管存在不足，课题组的研究仍然表明，建立生态文明建设的评价指标体系是富有学术意义和实用价值的，它不仅能较准确地衡量我国各省生态文明建设的状况和水平，还能为各省份生态文明建设目标及重点的确立提供参考。

希望有关部门能够采集并公布更多与生态文明建设相关的数据，课题组将随着经济社会的发展对指标体系作出相应的调整，真诚欢迎关注我国生态文明建设的读者提出批评性意见，课题组将虚心采纳正确的意见和建议，进一步丰富和完善中国省域生态文明建设评价指标体系。

# 第二部分
## 理论框架与分析方法

# 第一章
# 生态文明建设的理论与现实

　　自从十七大提出生态文明建设的战略任务以来，全国各地掀起了生态文明建设的热潮。为了把生态文明建设引向深入，需要全面了解生态文明建设战略任务提出的国际国内背景和历程，理解生态文明的内涵，把握生态文明建设的主要内容，并对我国生态文明建设面临的困难有比较清楚的了解。

## 一　走向生态文明的历程

　　20世纪下半叶以来，面对日益严峻的资源、环境、生态问题，人们开始对传统工业文明的发展道路进行反思，逐步提出了可持续发展的思想和战略。中国在继承发扬可持续发展思想和坚持可持续发展战略的基础上，积极探索，率先提出了生态文明建设的战略任务，提升了对资源、环境、生态问题的认识高度，提出了解决资源、环境、生态问题的全新方案，将对人类文明创新和发展产生深远的影响。

## （一）　从可持续发展到生态文明建设

1962 年，美国生物学家蕾切尔·卡逊出版了《寂静的春天》一书，用触目惊心的案例、生动的语言，阐述大量使用杀虫剂对人与环境产生的危害，深刻揭示出工业繁荣背后人与自然的冲突，对传统的"向自然宣战"和"征服自然"等理念提出了挑战，敲响了工业社会环境危机的警钟，并为反思传统工业文明，寻找"另外的道路"开了先河。

之后，生态环境问题越来越引起全世界的关注。1972 年，罗马俱乐部出版了《增长的极限》，认识到自然资源与环境承载能力都是有限的。同年，联合国人类环境会议在斯德哥尔摩召开，通过了《人类环境宣言》，强调了人类对环境的权利和义务，标志着世界各国由此走上了共同保护和改善生态环境的艰难而漫长的历程。1983 年联合国成立了世界环境与发展委员会，1987 年，该委员会在其长篇报告《我们共同的未来》中，正式提出了"可持续发展"这一概念，超越了就环境谈环境的局限性，将资源环境纳入发展的大背景下来考察，开始探索资源环境代价较小的新型发展道路，可以说是对卡逊"另外的道路"的回应。

1992 年，里约热内卢环境与发展大会通过了《里约热内卢环境与发展宣言》（又名《地球宪章》）和《21 世纪议程》这两个纲领性文件，标志着促进环境与发展之间的协调已经成为全球的共识和各国的政治承诺，"可持续发展"理念被各国广为接受。2002 年 8 月，约翰内斯堡可持续发展世界首脑会议通过了《可持续发展执行计划》，再次深化了人类对可持续发展的认识，确认经济发展、社会进步与环境是可持续发展的三大支柱，进一步推进了可持续发展的实施。

这一系列著作和文件的发布、会议的举行和共识的形成，标志着人类环境意识的新觉醒，标志着人类开始重视经济社会与环境的可持续发展，重视经济增长和社会进步的协同发展。而且，人们逐渐认识到，要实现可持续发展，需要改变工业文明的生产生活方式，需要积极进行观念创新、科技创新和制度创新。可持续发展呼唤一种新的文明，那就是生态文明。

目前，世界各国（特别是发达国家）已经开始采取措施，试图克服现代工业文明所带来的生态危机，为走向新型的生态文明积极探索道路，人类走向生态文明的帷幕已经拉开。

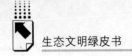

### （二）中国积极探索生态文明建设道路

如果说 20 世纪 90 年代之前，中国主要是继承发扬可持续发展思想和坚持可持续发展战略的话，那么，从 20 世纪 90 年代开始，中国开始了更加积极的自主摸索，一步步走向了生态文明建设的发展道路。

里约热内卢会议召开后不久，1994 年，我国制定出台了《中国 21 世纪议程——中国 21 世纪人口、环境与发展白皮书》，提出了中国可持续发展的目标，作为指导各级政府制定国民经济和社会发展长期规划的重要文件。

1996 年，八届全国人大四次会议通过了《国民经济和社会发展"九五"计划和 2010 年远景目标纲要》，明确提出可持续发展战略是国家今后发展的大战略，经济体制和经济增长方式要实现两个根本性转变：一是经济体制从传统的计划经济体制向社会主义市场经济体制转变；二是经济增长方式从粗放型向集约型转变。2000 年，我国制定了《全国生态环境保护纲要》、《可持续发展纲要》等纲领性文件。

2001 年，江泽民同志在"七一"重要讲话中指出："要促进人和自然的协调与和谐，使人们在优美的生态环境中工作和生活。坚持实施可持续发展战略，正确处理经济发展同人口、资源、环境的关系，改善生态环境和美化生活环境，改善公共设施和社会福利设施，努力开创生产发展、生活富裕和生态良好的文明发展道路。"2002 年，党的十六大将"可持续发展能力不断增强，生态环境得到改善，资源利用效率显著提高，促进人与自然的和谐，推动整个社会走上生产发展、生活富裕、生态良好的文明发展道路"确立为全面建设小康社会的四大目标之一。

2003 年 10 月，中共十六届三中全会召开，会上通过了《中共中央关于完善社会主义市场经济体制若干问题的决定》，明确提出了要树立新的发展观，实现"以人为本"为核心的全面、协调、可持续发展。此后，中央领导在各个不同场合都强调了这种新的发展观，并正式称之为"科学发展观"，蕴含全面发展、协调发展、均衡发展、可持续发展和人的全面发展等重要内涵。科学发展观是我国的一个重要理论创新，也是一种新的发展模式。为了实现科学发展，党的十六届三中全会决定还提出了"五个统筹"的新要求："统筹城乡发展、统筹区域发展、统筹经济社会发展、统筹人与自然和谐发展、统筹国内发展和对外开放。"人与自然的和谐发展，成为科学发展的重要内涵。

　　2004 年，中共十六届四中全会通过《中共中央关于加强党的执政能力建设的决定》，首次完整提出了构建社会主义和谐社会的概念，提出要按照民主法治、公平正义、诚信友爱、充满活力、安定有序、人与自然和谐相处的要求，加快推进和谐社会建设。其中，一个重要方面就是要实现人与自然的和谐相处。为了实现这一要求，必须加强环境治理保护，以解决危害群众健康和影响可持续发展的环境问题为重点，加快建设资源节约型、环境友好型社会。必须实施重大生态建设和环境整治工程，有效遏制生态环境恶化趋势。加快环境科技创新，加强污染专项整治，强化污染物排放总量控制，重点搞好水、大气、土壤等污染防治。优化产业结构，发展循环经济，推广清洁生产，节约能源资源，依法淘汰落后工艺技术和生产能力，从源头上控制环境污染。完善有利于环境保护的产业政策、财税政策、价格政策，建立生态环境评价体系和补偿机制，强化企业和全社会节约资源、保护环境的责任。完善环境保护法律法规和管理体系，严格环境执法，加强环境监测，定期公布环境状况信息，严肃处罚违法行为，等等。可以说，和谐社会建设对资源、环境、生态、科技、经济、政治、法律全面提出了新要求。

　　2006 年，党的十六届六中全会明确提出"构建和谐社会，建设资源节约型和环境友好型社会"的战略主张。

　　2007 年，在党的十七大上，党中央在深入分析我国基本国情、战略需求和我国现代化发展路径的基础上，将"建设生态文明"作为实现全面建设小康社会奋斗目标的五大新的更高要求之一，提出要基本形成节约能源资源和保护生态环境的产业结构、增长方式、消费模式。这是我们党首次把"生态文明"这一理念写进政治纲领，是对以往处理人与自然关系的思想和理论的总结和提升，也是对解决日益严峻的资源和生态环境问题作出的庄严承诺，必将在建设中国特色社会主义的进程中产生重大影响。

## （三）中国生态文明建设的意义

　　第一，建设生态文明，是全面建设小康社会的更高要求，也是落实科学发展观、实现我国经济社会可持续发展的必然要求。

　　科学发展观的第一要义是发展，将资源环境、生态安全纳入发展的整体背景来理解。建设生态文明的首要任务也是发展，而且是在生态环境可承受的范围内，更好地促进经济社会的可持续发展。科学发展观的核心是以人为本，以人们的根本利益、现实需要和全面发展为本。在生态环境恶化的条件下，通过建设生态文明，为人们提供良好的生态环境，就是保障人们的根本利益，满足人们的现实需要，奠定人们全面发展的基础。科学发展观的基本要求是全面协调可持续，这就要求必须把社会主义经济建设、政治建设、文化建设、社会建设和生态文明建设，看成是一个相互联系、相互促进的整体，必须通过建设生态文明，实现经济社会与生态环境的协调可持续发展。科学发展观的根本方法是统筹兼顾，其中一个重要方面，就是要求在发展过程中统筹人与自然的关系。这就要求建立一种真正实现人与自然和谐的生态文明。因此，建设生态文明，是实践科学发展观的内在要求。

作为后发现代化国家，加速完成现代化的任务，是我国长期的追求目标。在我国现代化建设的过程中，经济增长方式较为粗放，能源资源消耗过快。随着经济和人口的快速增长，资源、生态、环境问题日益凸显。据统计，我国主要资源人均占有量不到世界平均水平的1/2，单位 GDP 能耗却约为世界平均水平的3倍。资源、环境和生态问题，已成为制约我国经济社会可持续发展的瓶颈之一①。这就要求我们积极建设生态文明，加强污染治理和生态建设，同时改变经济增长方式，大力发展循环经济，促进产业结构调整升级。

第二，建设生态文明，是构建社会主义和谐社会的应有之义。

努力实现人与自然的和谐相处，既是构建社会主义和谐社会的重要基础和保障，也是其重要内涵。社会主义和谐社会追求社会整体的全面进步与和谐，既包括社会关系方面的进步与和谐，也包括人与自然关系方面的进步与和谐。因此，建设生态文明，促进人与自然关系方面的进步与和谐，与社会主义物质文明、精神文明、政治文明建设一起，成为和谐社会建设的重要内容，是构建社会主义和谐社会的应有之义。而且，生态文明建设目标的提出，还完善了社会主义和谐社会的内涵。因为仅有社会内部实现和谐发展，还不是和谐社会；只有社会内部和社会与自然之间均实现和谐发展，才是真正的和谐社会。

同时要指出的是，按照科学发展观和社会主义和谐社会建设要求建设的生态文明，是具有中国特色的社会主义生态文明。一方面，我们在建设生态文明时，必须借鉴他国可持续发展和生态现代化的经验，吸取教训，学习先进方法，积极

---

① 参见中国科学院可持续发展战略研究组《2009 中国可持续发展战略报告：探索中国特色的低碳道路》，科学出版社，2009，代序。

参与国际合作；另一方面，我国的生态文明建设，必须立足于中国特殊的生态环境、人口状况、经济社会发展水平和政治条件，建设具有中国特色的社会主义生态文明。

## 二 我国生态文明建设的现状

20世纪90年代以来，我国政府和人民采取了积极措施，以解决资源、环境、生态问题，提高经济社会与资源环境的协调程度。先后出台了一系列方针政策，制定颁布了一系列法律规范，加强了生态文明观念的宣传教育，积极探索绿色生产方式，倡导绿色生活方式，大力发展生态科技，统筹人与自然和谐发展，构建和谐社会，积极推进资源节约型和环境友好型社会建设，取得了显著成就。

但是，我国的生态文明建设仍处于与现代化建设并行的历史轨道之中，面临着资源短缺、环境污染、生态退化等一系列严重挑战，因此显得更加复杂而艰巨。

### （一）中国生态文明建设与现代化建设并行

改革开放30年，中国经济快速发展。据统计，30年年均GDP增长高达9.5%，2008年全国国内生产总值达到300670亿元，合4.4万亿～4.5万亿美元，中国经济总量攀升至世界第三。但由于我国人口基数大，人均GDP仅为22698元，合3300多美元，人均GDP排104名①，仍属于中低收入国家（世界银行把人均GDP处于936～3705美元的国家列为中低收入国家）。因此，我国仍然面临较大的经济发展压力。

改革开放30年来，中国的工业化和城市化快速发展，取得了显著成就。我国的工业发展，走过了以劳动密集型为主的轻工业第一阶段，目前进入资源密集型的重化工业第二阶段，并开始迈进资本技术密集型的电子工业第三阶段，被称为"服装第一大国"、"钢铁第一大国"、"水泥第一大国"、"家电第一大国"，目前成为名副其实的"世界工厂"。改革开放后，我国的城镇化也快速发展。1978年，我国的城镇化率仅为17.9%，30年后，据2009年6月15日发布的《城市蓝皮书》披露，截至2008年末，中国城镇化率达到了45.7%，拥有6.07亿城镇人口，形成建制城市655座，其中百万人口以上特大城市118座，超大城

① 国家统计局：《中国统计年鉴－2009》。

市 39 座。中国（海南）改革发展研究院院长迟福林在《第二次改革——中国未来 30 年的强国之路》一书中指出，未来 5～10 年正是中国加快推进城市化进程的黄金期，城市化率有望提高 10 个百分点左右，达到 55%～60%。如果这个时期城乡一体化的体制改革和政策调整有重大突破，城市化率有可能提高 15 个百分点左右，达到 60%～65%。

据中国现代化战略研究课题组的研究显示，2004 年，中国第一次现代化实现程度已经达到 86%，在世界 108 个国家中排在第 55 位，基本实现了以工业化、城市化和民主化为典型特征的经典现代化，或第一次现代化[①]。

但是，我国的现代化仍属于初等发达国家水平。我国正处于工业化中期阶段，与发达国家 80% 以上的城镇化率水平相比，我国目前的城镇化率与发达国家还差距较远，因此还需要大力发展。同时，我国工业的知识化和绿色化层次不高，在一定程度上还是以资源环境为代价的传统模式。因此，虽然我国的经济发展速度很快，但还不够协调，对资源、环境和生态造成了巨大的压力和挑战。经济合作与发展组织（OECD）的报告称，中国的经济在向发达国家靠拢，环境水平却与最贫穷的国家近似。美国耶鲁大学环境法律与政策中心和哥伦比亚大学国际地球科学信息网络中心，对世界主要国家和地区的环境绩效进行了研究评价，2006 年，中国的环境绩效指数（Environmental Performance Index，EPI）得分为 56.2 分，在参与评价的 133 个国家和地区中，排名第 94 位，属于四级水平（共五级），2008 年，中国的 EPI 分数为 65.1 分，在参与评价的 149 个国家和地区中，排名第 105 位。

总之，目前我国经典现代化尚未全面实现，但爆发了较为严重的生态环境问题。因此，中国需要同时完成现代化建设和生态文明建设的伟大历史任务，既要"补上工业文明的课"，又要"走好生态文明的路"。这是我国建设生态文明的基本背景，也是我国与传统工业化国家完全不同的历史境遇。这就决定了我国必须将生态文明建设与现代化建设并举，走一条新型的工业化和现代化发展道路。

与此同时，西方发达工业国家在经过 200 余年的发展之后，以工业化为主要内容的第一次现代化基本完成，开始逐渐走向"生态现代化"的绿色发展道路。20 世纪 80 年代，德国学者胡伯提出了生态现代化理论，追求经济有效、社会公

---

① 中国现代化战略研究课题组、中国科学院中国现代化研究中心：《中国现代化报告 2007：生态现代化研究》，北京大学出版社，2007，第 255 页。

正和环境友好的发展新模式，试图推动经济增长与环境退化脱钩，实现经济与环境双赢。事实上，英、德、美、日等国通过推进科学技术创新和制度创新，在实现工业化和现代化的同时，本国环境有所好转。国际能源署发表的《2008年能源技术展望：2050年情景与战略》指出，至2050年，欧、日、美等主要发达经济体的单位GDP能耗和人均能耗，均可望再下降1/2~2/3。瑞典、挪威、法国等国都已提出，在未来二三十年内摆脱对化石能源的依赖①。

这种新兴的生态现代化发展潮流，一方面给中国带来了启示，另一方面也给中国带来了国际竞争的新压力。中国现代化战略研究课题组对我国生态现代化的研究结果显示，中国尚处于生态现代化的起步期。2004年，中国生态现代化指数为42分，在世界98个主要国家中排名第84位，在全部118个国家中排名第100位。2004年中国生态现代化指数与高收入国家平均值相比，绝对差距为57分②。

总之，在这个特殊发展时期，我国内有生态文明建设和现代化建设的双重任务，外有发达工业国家生态现代化转型所带来的国际竞争压力，任重而道远。

## （二）我国生态文明建设面临严峻挑战

这些年，我国尽管采取了诸多措施来应对资源、环境、生态问题，但由于我国特殊的国情和所处的特殊发展阶段，生态文明建设仍面临资源短缺、环境污染和生态恶化所带来的严峻挑战。

### 1. 资源短缺带来的挑战

在土地资源方面，据《中国统计年鉴-2009》和国土资源部信息显示，2008年我国耕地总面积列世界第二位，而人均耕地只有1.37亩，排在世界第67位，是世界平均水平的1/4。我国虽然实行了严格的耕地保护制度，坚守18亿亩耕地红线，但2001~2007年，耕地面积还是减少了4.21%，2001~2008年，人均耕地面积下降了6.4%。

在水资源方面，据国土资源部信息显示，我国水资源总量为每年28000亿立方米，其中河川径流量27000亿立方米，在世界上排名第六位。但因人口基数

---

① 参见中国科学院可持续发展战略研究组《2009中国可持续发展战略报告：探索中国特色的低碳道路》，科学出版社，2009，代序。

② 中国现代化战略研究课题组、中国科学院中国现代化研究中心：《中国现代化报告2007：生态现代化研究》，北京大学出版社，2007，第240页。

大，人均淡水占有量仅为 2200 立方米，只是世界平均水平的 1/4，排在世界第 121 位，是世界 13 个贫水国家之一。中国统计年鉴显示，2000 ~ 2007 年，水资源总量还下降了 8.83%，其中，地表水资源总量下降 8.73%。目前我国有 400 多个城市缺水，其中 110 个城市严重缺水，全国城市缺水总量为 60 亿立方米。与此同时，由于人口增长，有专家预计，到 2030 年，我国人均淡水资源占有量将降至 1760 立方米，而总需水量却接近淡水资源可开发利用量，缺水问题将更加突出。

在石油、煤炭等能源方面，虽然总储量丰富，但有效供给能力不足，人均占有量远低于世界平均水平。另外，能源消耗量大，消费结构不尽合理，利用水平低。根据国际有关机构估计，中国的能源加工、转换、传输和终端利用效率仅有 31% ~ 32%，比国际先进水平低 10 个百分点。据《中国统计年鉴 - 2009》数据，2007 年我国能源加工转换效率为 71.25%，也低于国际先进水平。据国家统计局数据，2005 年中国每万美元 GDP 的能耗为 7.65 吨标准油，相当于印度的 1.15 倍、德国的 6.17 倍、日本的 6.54 倍、全球平均水平的 3.07 倍。因此，我国能源消费速度远高于经济增长速度，是名副其实的"高碳经济"。随着我国经济的快速发展，如不能有效降低能源消耗率，能源供给紧缺将成为制约国民经济发展的瓶颈。在能源供需关系上，如果说 1992 年之前，我国还能保持能源供需的基本平衡，之后需求就开始大于供给了，其中缺口最大的是石油。2008 年，我国石油进口达到 2 亿吨，对外依存度已经接近 50%。这为我国的能源安全埋下了隐患。

总之，我国资源总量较为丰富，但人均占有量低，经济快速发展导致资源消耗快速增长，再加之利用水平较低，从而导致资源相对短缺。

**2. 环境污染带来的挑战**

环境保护部统计数据显示，2008 年，全国工业固体废物产生量为 19.0 亿吨，比上年增加 8.3%，虽然个别城市有所缓解，但总体形势严峻。

我国二氧化硫等废气排放量巨大，2008 年全国废气中二氧化硫排放量为 2321.2 万吨，为全世界第一，导致我国出现大面积的酸雨现象。环境保护部《2008 年中国环境状况公报》公布，在监测的 477 个城市（县）中，出现酸雨的城市有 252 个，占 52.8%；酸雨发生频率在 25% 以上的城市有 164 个，占 34.4%；酸雨发生频率在 75% 以上的城市有 55 个，占 11.5%。在华中地区以及部分南方城市，如宜宾、怀化、绍兴、遵义、宁波、温州等，酸雨发生的频率超过 90%。在经济发达的浙江省，酸雨覆盖率已达 100%。除海口、昆明、拉萨等少数省会城市之外，大多数省会城市的空气质量较差，2008 年，合肥、乌鲁木齐、兰州、北京等城市达到并好于二级天气天数比例均刚刚超过 70%。

环境保护部统计数据显示，2008 年全国废水排放总量达 571.7 亿吨，比上年增加 2.7%，我国几乎所有水体都存在不同程度的污染，全国地表水污染依然严重。《2008 年中国环境状况公报》介绍，虽然西北诸河水质为优，西南诸河水质良好，浙闽区河流水质为轻度污染，但七大水系水质总体为中度污染，湖泊（水库）富营养化问题突出。目前城市水污染状况难以根本改善，农村水污染却迅速加快，面源污染异军突起。2010 年 2 月 9 日，环境保护部、国家统计局、农业部联合发布《第一次全国污染源普查公报》，此次全国普查共调查了 592.6 万个污染源，其中工业源 157.6 万个、生活源 144.6 万个、农业源 289.9 万个、集中式污染治理设施 4790 个。数据显示，主要水污染物排放量有四成以上来自农业污染源。农业源污染物排放对水环境的影响较大，其化学需氧量（COD）排放量为 1324.09 万吨，占 COD 排放总量的 43.7%。农业源也是总氮、总磷排放的主要来源，其排放量分别为 270.46 万吨和 28.47 万吨，分别占排放总量的 57.2% 和 67.4%。其中畜禽养殖业的 COD、总氮和总磷排放分别占农业源的 96%、38% 和 56%。

总之，我国目前的环境污染形势仍然严重。2009 年 3 月 10 日，参加十一次全国人大三次会议的环境保护部副部长张力军在举行的记者招待会上说，$SO_2$ 和 COD 这两项主要污染物在下降，但氮氧化物和氨氮没有多少变化，而且氮氧化物还在增加，因此目前我国环境质量仅是局部改善了，总体还在恶化。

**3. 生态恶化带来的挑战**

环境保护部统计数据显示，目前我国水土流失面积 356.92 万平方公里，占国土总面积的 37.2%，亟待治理的面积近 200 万平方公里，全国现有水土流失严重县 646 个，其中 82.04% 处于长江流域和黄河流域。中国是世界上荒漠化最严重的国家之一，沙漠面积占国土面积的 16%。工业排污带来的点源污染和农业生产带来的面源污染叠加，造成土壤物理结构的恶化和有毒物质的积累，导致土地生产力降低。90% 的天然草原也不同程度地退化。

我国本来是物种比较丰富的国家，物种数约占世界总数的 10%。据原国家环境保护总局 1998 年《中国生物多样性国情研究报告》统计，中国拥有高等植物 3 万余种，仅次于世界高等植物最丰富的巴西和哥伦比亚，居世界第三位。中国的动物种类也非常丰富，共有脊椎动物 6347 种，占世界总种数 45417 种的

13.97%。中国是世界上鸟类种数最多的国家之一，共有鸟类 1244 种，约占世界鸟类总种数的 13.7%。中国有鱼类 3862 种，约占世界鱼类总种数的 20%。

中国生物物种的特有性高，拥有大量特有的物种和孑遗物种，如大熊猫、白鳍豚、水杉、银杉等。中国生物区系起源古老，如晚古生代的松杉类植物，中国占世界现存的 7 科中的 6 科。中国经济物种异常丰富，有药用植物 11000 多种，原产中国的重要观赏花卉超过 2238 种。

然而，由于开发活动不合理（如滥垦滥伐、过度放牧等）、外来物种入侵、环境污染和生态破坏等原因，各种生物及其生态系统遭到了极大冲击，我国生物物种不断锐减。据环境保护部估计，我国已经有 4000～5000 种高等植物处于濒危或接近濒危状态，占我国高等植物总数的 15%～20%，高于世界平均水平。经过确认的我国珍稀濒危重点保护动物达 258 种，包括蒙古野驴、野骆驼、普氏原羚、白鳍豚等；濒危植物约 354 种，包括苏铁、珙桐、金花茶、桫椤等。在《濒危野生动植物物种和国际贸易公约》所列的 640 种世界濒危物种中，我国有156 个物种，约占其总数的 25%。

总体来说，地球上濒危物种占全部物种的 10% 左右，中国要高出全世界 5～10 个百分点，占中国物种的 15%～20%，形势十分严峻。

# 三　生态文明及其建设

生态文明是一个新生事物，目前人们对生态文明的具体内涵，尚有不同的理解角度和看法。对生态文明建设的具体内容和途径措施，也见仁见智。

课题组认为，生态文明是自然与文明和谐双赢的文明，生态文明建设就是通过反思传统工业文明的弊端，转变不合时宜的思想观念，调整相应的政策法规，引导人们改变不合理的生产方式、生活方式，发展绿色科技和绿色经济，在不断增进社会福祉的同时，实现生态健康、环境良好、资源节约，逐步化解文明与自然的冲突，确保社会可持续发展。

## （一）生态文明的内涵和特点

### 1. 生态文明是新兴的文明形态

从文明发展的历史维度来看，生态文明是在工业文明打破了人与自然的平衡关系，进而导致资源日益短缺、环境污染严重、生态系统反常的情况下提出来的。它要解决的具体问题，就是资源、环境、生态问题，以实现经济社会的可持续发展，克服工业文明以来人与自然之间的尖锐冲突。

但是，要解决这些问题，必须对工业文明的诸多方面均有所改造，不仅要求人类用更为文明的方式来对待大自然，而且要求在价值观、生产方式、生活方式、社会制度上都体现出一种人与自然关系的崭新面貌。

在此意义上，生态文明是一种后工业文明，是人类社会新兴的文明形态。

这种新兴文明形态的出现，并不意味着要抛弃以往的物质文明、精神文明、制度文明成果，生态文明并不能取代其他三种文明形式。

从文明的内在结构来看，物质文明、精神文明、制度文明都是不可或缺的维度，生态文明是在人与自然关系紧张的条件下，为改造人与自然关系而发展出来的文明维度。在人与自然矛盾激化的今天，生态文明的意义凸显出来。

生态文明与物质文明、精神文明和政治文明是相互支持、相互促进的。生态文明作为新出现的文明形式，以物质文明、精神文明和制度文明为依托，且内在地体现在它们之中，并丰富其内涵。由于现代工业文明是建立在对人与自然关系的误解之上，这导致了生态危机。这就要求必须按生态文明的要求，重塑新的物质文明、制度文明和精神文明。具体来说，在新的历史条件下建设物质文明，内在地要求社会经济与自然生态的平衡发展和可持续发展；建设制度文明，内在地包含保护生态环境、实现人与自然和谐发展的制度安排和政策法规；建设精神文明，内在地包含生态环境保护和生态平衡的思想观念和精神追求。

总之，生态文明作为新兴的文明形态，以遵循自然规律为前提，以生态环境承载能力为基础，以人与自然、人与人、人与社会和谐共生为宗旨，以倡导和谐观念和推行和谐生产生活方式为着眼点。

### 2. 生态文明是和谐的文明

生态文明的基本特点，就是人与自然、人与人、人与社会和谐的文明，首先是人与自然、文明与生态和谐的文明。

"文明"是与人联系在一起的，表明人类脱离蛮荒状态的修养开化过程及状态，还包括应对外在自然和社会环境时创造的包罗万象的积极成果。概而言之，凡是人类对自然状态的某种合目的改善、开化的状态和过程，及其带来的积极结果，就叫文明。它表明人类社会的整体进步状态，表现了人类与动物界不同的"生活方式或样法"，它与"自然"相对，或者说是"第二自然"。

人们有时还在一种特殊意义上理解文明，特指达到了某种水平的社会阶段和开化状态。恩格斯在《家庭、私有制和国家的起源》一书中就指出，只有生产工具极大改善，开始冶炼铁矿石，建立于社会分工基础上的手工业开始出现，生产力极大提高，拼音文字发明并应用于文献记录，国家开始诞生，才算得上是"文明"时代。按照这种理解，原始社会是没有文明的，文明起源于奴隶社会。

总之，文明与自然相对而与人相联系，包括由人的劳动实践创造的一切积极成果，表现为人类不同于动物界的"生活方式或样法"[①]。

一般认为，"生态"（ecology）是指包括人在内的生物与环境、生命个体与相同或不同生命群体之间的相互作用关系[②]。它既包括自然，也包括人，强调生物与环境的系统性及相互关系，本身无所谓好坏。但从人类生存的角度来看，如果这种相互关系保持在自然长期进化所形成的相对稳定状态，且生物与环境的系统性也维持良好，我们就说这种状态是"生态的"，反之，就是"非生态的"，或者"反生态的"。

就人类作为一个生物物种而言，自始至终都依赖于生态，一切文明成果均来自于对自然生态的改造。在此意义上，所有文明都可以叫做"生态文明"，或者说"与生态相关的文明"。

就人类作为一个特殊的文化存在者而言，它出现伊始就开始影响、改变甚至试图按照自己的需要控制生态，创造了文明，但也改变了自然长期进化所形成的相互关系和相对稳定状态。在此意义上，所有文明都可以叫做"反生态的文明"。

但事实上，只有现代工业文明，才有能力彻底改变自然长期进化所形成的相互关系和相对稳定状态，因此，也只有现代工业文明，才是真正意义上的反生态文明[③]。

我们今天所提的"生态文明"，显然并不是泛指"与生态相关的文明"，而是与现代工业文明这种反生态文明相对的新型文明，即一种在人与自然环境的关系已经尖锐对立的条件下，遵循生态学规律，改造生产生活方式，重新实现人类与自然生态系统和谐发展的"亲生态"新型文明，或者叫做"良好生存于自然生态之中的文明"。这样的文明既是与生态相关的，又是符合生态学规律的，不仅是一种事实描述，也具有一定的价值内涵，因此，可以将其翻译为 ecological

① 参见严耕、杨志华《生态文明的理论与系统建构》，中央编译出版社，2009，第145～148页。
② 中国科学院可持续发展战略研究组：《2009中国可持续发展战略报告：探索中国特色的低碳道路》，科学出版社，2009，代序。
③ 参见严耕、杨志华《生态文明的理论与系统建构》，中央编译出版社，2009，第39～44页。

civilization，当然，也可以造一个新词 eco-civilization。

要注意的是，虽然"生态文明"带上了"生态"一词，但并不意味着它是与人无关或者要否定人们利益的文明，它仍然是属人的文明。任何一种文明都离不开人，生态文明也一样，不可能完全"走向荒原"，但可以并需要"走向和谐"。

总之，"生态文明"是"生态"与"文明"和谐的文明。刀耕火种造就的天然生活，尽管很生态，甚至很原生态，但由于不够文明，因此不是我们追求的生态文明；满世界均是由钢筋水泥铸成的人工世界，尽管很文明，但是不符合生态的要求，因此也不是我们追求的生态文明。只有社会文明高度发达，人与自然关系良好的文明，才是真正的生态文明。

### （二）生态文明建设的四个层次和具体内容

基于对生态文明内涵和特点的如上理解，那么，生态文明建设，就不仅要追求文明，也要追求生态，更要追求文明与生态的共荣、人与自然的和谐。凡是有利于实现文明与生态共荣这一目标的，就可以纳入生态文明建设的范畴。

因此，生态文明建设的内容是非常广的，不能仅仅限于资源节约和环境治理，而是要求以生态文明的要求，重塑新的物质文明、制度文明和精神文明。这些重塑而成的物质文明、制度文明、精神文明内容，以追求文明与生态共荣、人与自然和谐为根本目的，因此可以叫做生态物质文明、生态制度文明、生态精神文明。新的生态物质文明，需要在新的生态精神文明的指导下，在新的生态制度文明的规制下，由新的行为所创造。这种新的行为可以叫做生态行为文明。生态物质文明、生态行为文明、生态制度文明、生态精神文明，有机地构成生态文明建设的四个层次。

生态物质文明——器物层次。在生态物质文明建设方面，必须在创造传统的物质财富的同时，保障资源永续、环境良好和生态健康，为人类的可持续发展提供可持续的资源、良好的环境和健康的生态这些纯公共物品或准公共物品。

生态行为文明——行为层次。为了实现这个基本目的，必须依靠亲生态的行为，包括新兴的生态经济行为和绿色生活方式，以及绿色科技。绿色科技不仅是绿色生产生活方式的支撑，也是解决生态环境问题的关键。绿色生产生活方式和绿色科技的目的，不是为绿色而绿色，而是为了协调发展、可持续发展。

生态制度文明——制度层次。生态制度文明建设关键在于为人们的亲生态行为提供制度保障，通过经济、政治、法律制度的安排，对提供资源、环境和生态公共物品的行为，予以精神和物质上的支持和鼓励，而对有害资源、环境和生态的行为，予以道义谴责和法律惩罚，实现环境正义。

生态精神文明——精神层次。在生态精神文明建设方面，必须在全社会普及生态科学知识，弘扬生态道德观念，牢固树立生态文明观念，将人与自然和谐相处的精神观念，内化到人们内心深处，为生态制度文明、生态行为文明和生态物质文明建设，提供智力支持和价值指导。生态文明建设的四个层次及具体内涵，如表1-1所示。

表1-1　生态文明建设的四个层次及具体内涵

| 生态文明层次 | 器物层次 | 行为层次 | 制度层次 | 精神层次 |
|---|---|---|---|---|
| 基本特点 | 公　共　性 | 亲生态性 | 环境正义 | 和　谐 |
| 具体内涵 | 永续资源<br>良好环境<br>健康生态 | 生态经济<br>绿色生活<br>绿色科技 | 生态政策<br>生态法制<br>生态伦理 | 生态文明观念<br>生态道德观念<br>生态科学知识 |

十七大报告明确提出：建设生态文明，基本形成节约能源资源和保护生态环境的产业结构、增长方式、消费模式。循环经济形成较大规模，可再生能源比重显著上升。主要污染物排放得到有效控制，生态环境质量明显改善。生态文明观念在全社会牢固树立。

其中，"节约能源资源和保护生态环境的产业结构、增长方式、消费模式"，"循环经济形成较大规模"，讲的都是行为层次的内涵；"可再生能源比重显著上升"，"主要污染排放得到有效控制，生态环境质量明显改善"，讲的是器物层次的内涵；"生态文明观念在全社会牢固树立"，讲的是精神层次的内涵。虽然十七大报告没有明确提到制度层次的内涵，但在作为我国政策最高体现的党的政治报告中，明确提出生态文明建设的任务，本身就体现了我国在生态文明制度建设方面的重大突破，至于具体的政策和法制，从对器物层次、行为层次和精神层次的要求中就有所体现。

### （三）我国生态文明建设的思路和重点

生态文明建设是一项系统工程，不仅涉及经济、政治、文化、社会、自然等领域，而且包含器物、行为、制度、精神等层面，包括资源、环境、生态、生产、生活、科技、政策等诸多内容。为了又好又快地推进生态文明建设，我们需要明确思路，突出重点。

目前我们可以采取"紧抓要点、通盘考虑、全面建设、突出协调"的思路。

**1. 紧抓要点**

解决资源短缺、环境污染、生态恶化问题，是生态文明建设的基本目标，也是生态文明建设的战略要点。十七大报告也明确提出"主要污染物排放得到有效控制，生态环境质量明显改善"的目标。

资源短缺问题，与资源储量、人口、利用水平紧密相关。我国资源储量总体上还是比较丰富的，但由于人口众多，人均拥有量较少。更重要的是，由于我国处于重化工业发展时期，一方面对土地、淡水等自然资源需求大，另一方面对矿产、化石资源利用率又偏低，这造成了资源紧缺的现状。

解决资源问题，关键在于"保护、节约、提效、开发"并举：保护耕地、林地、草地、淡水等自然资源，并提高其自然生产力；通过调整产业结构和科技创新，降低单位 GDP 能耗和单位 GDP 水耗，切实节约能源和水资源；通过发展循环经济和科技创新，提高矿石资源的利用效率，提高工业固体废物的循环利用效率；开发太阳能、风能、生物质能源等可再生能源，改善能源结构，降低对化石能源的依赖。

环境污染问题，即废气、废水、废渣排放过多，导致空气质量、水体质量和土地质量降低的问题，归根结底是生活方式不够"亲生态"、生产方式不够"循环"的问题。

从生态循环的角度来看，自然界没有废物，只有放错了地方的资源。必须改变以往"末端治理"的污染治理模式，坚持"减量化、再使用、再循环"的 3R 模式。一方面，加强循环型生态工业园区建设，减少工业废气、废水、废渣排放，提高工业废气达标排放率和工业污水达标排放率标准，减少一次性生活用品使用量，延长产品的生命周期，提高再使用率，从源头上减少废弃物产生量；另一方面，学习德国、日本等国的先进经验，加强循环型社会建设，变废为宝。另外，还要提高环境污染治理投资占 GDP 的比重，对当前的环境污染进行有力治理。比如，提高城市生活垃圾无害化率和资源化率，降低农药、化肥施用强度，减少农业生产带来的面源污染。

生态恶化问题，归根结底是人为活动过分干涉自然的问题。

要提高生态活力，必须坚持"保护与建设并举"战略。一方面，对于独特的森林、湿地、荒漠等生态系统或景观，对于珍稀濒危的野生动植物物种，必须通过加强自然保护区建设，加强保护，禁止开发。另一方面，要积极加强生态建设。由于森林对于维护生态平衡、应对气候变化具有独特意义，因此必须继续落实深化退耕还林工程，切实推进宜林地植树造林工作。对于城市生态系统而言，提高绿化覆盖率可以有效遏制热岛效应、提高生态活力，因此必须大力提高建成区绿化覆盖率。

**2. 通盘考虑**

生态环境问题，是伴随着现代化发展过程而产生的，因此，不能为保护生态环境而限制发展，必须放在整个现代化发展背景当中来加以解决。

根据环境库兹涅茨曲线，在环境质量退化与人均国民收入之间存在一种倒 U 型关系，也就是说，在人均国民收入达到某一拐点之前，随着收入的增加，环境质量变得更加恶化，但在超过了拐点之后，随着收入增加，环境质量会相应好转。如图 1－1 所示。

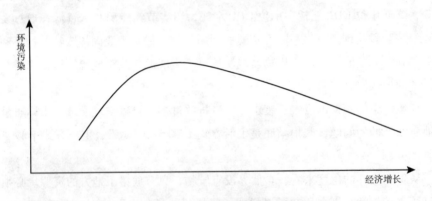

**图 1－1　环境库茨涅茨曲线**

据统计，发达工业国家的环境污染，一般是在人均 8000 美元左右时达到最严重程度，之后开始好转。鉴于我国特殊的国情和发展背景，环境保护部副部长张力军提出，中国在人均 GDP 达到 3000 多美元时，环境污染就会达到顶点。2008 年，我国人均 GDP 达到 3300 多美元，全国整体的环境污染也达到相对较高的程度。由于前期发展欠下的生态环境债务太多，我国的环境污染程度严重，并不会在短期内明显好转，甚至还有整体恶化的趋势。但是，不能因为这一点就限制经济发展。事实上，必须通过发展才能解决环境污染问题。

而且，我国的人均国民收入尚属于中低收入国家水平，现代化水平也只是基本实现第一次现代化，因此，尽管面临的形势已经完全不同于原发工业化国家，尽管不能再重复西方工业化国家曾经走过的"先污染、后治理"的老路，我国还必须提高人均 GDP，并在此基础上转化为人民的真实福利，如提高人均预期寿命、教育经费占 GDP 比例、城镇化率、农村改水率等，提高社会发展整体水平。

传统工业化模式确实是产生生态环境问题的原因之一，生态文明建设必须加以超越。但是，建设生态文明并不需要放弃工业化。因为工业化是现代化的核心内涵，工业化不等于工业文明。作为尚处于工业化中期的我国来讲，不管是从完成现代化需要的角度，还是从全球产业转移的角度，我国的工业化历程都还将延续一段时间，并不能因为生态文明建设就停止工业化发展。当然，在人类开始迈入知识化和信息化的新时代，我国不仅要走知识含量高的新型工业化发展道路，而且必须积极调整产业结构，大力发展第三产业等新兴产业，提高服务业产值占 GDP 比例，促进产业结构升级，以减少对资源、环境、生态的压力。

### 3. 全面建设

从生态文明建设中器物、行为、制度、精神四个层面来看，器物和行为层面是显性的，比较容易感知，也比较容易引起重视。相对而言，制度和精神层面要隐性一些，受关注度也相对较低。四个层面是有机相连的，在建设策略上，我们通过重点测评考核器物和行为层面，也可以引导制度和精神层面的建设。但是，制度层面和精神层面的建设，无论如何是不可或缺的。而且，器物层次的建设需要较长时间，比较而言，人们在制度和精神层面的建设，更容易发挥主观能动性，需要的时间可能相对较短，而产生的作用却巨大。

只有通过宣传教育，让人们真正树立了人与自然和谐的理念，牢固树立了生态文明观念，才能带来制度和行为的改变，才能最终解决生态环境问题。制度革新，生态政策、生态法制和生态伦理规范的出台，是生态文明建设的有力保障。

日本在完善法律、促进节能环保方面的经验，值得借鉴。日本在 1997 年实行了《促进新能源利用特别措施法》，大力发展风力、太阳能、地热、垃圾发电和燃料电池发电等新能源与可再生能源，到 2003 年，日本能源消费对石油的依存度已经降至 50% 以下；1998 年，日本出台《节约能源法》，对能源标准作了严格规定，提高了建筑、汽车、家电、电子等产品的节能标准，不达标产品禁止上市，同时，要求企业单位产值能源消耗每年递减 1%。2000 年被称为日本"循环型社会元年"，同年日本国会通过了 6 项法案：《推进循环型社会基本法》、《废弃物处理法》（修订）、《资源有效利用促进法》（修订）、《建筑材料循环法》、《可循环食品资源循环法》、《绿色采购法》。2002 年还通过了《车辆再生法》。通过一系列法律法规的颁布实行，日本的生态环境质量获得了显著的改善，开创了日本模式。

### 4. 突出协调

生态环境不断恶化，是工业化的传统模式不协调发展的结果。生态文明就是协调发展的文明。实现人与自然和谐相处，是生态文明建设的最终追求。提高各方面的协调程度，实现人类社会全面、协调、可持续发展，是生态文明建设的必然出路。

一方面，要促进资源、环境、生态之间的协调。比如，提高废气、废水、废渣的无害化和资源化处理能力，变废为宝，实现资源与生态环境之间的协调，实现环境改善、资源再生、生态好转的统一。

另一方面，更需要促进资源、环境、生态与经济之间的协调发展。在经济发展过程中，必须降低单位 GDP 能耗、单位 GDP 水耗和污染物排放，降低经济社会发展的生态、资源、环境成本，并在经济发展的基础上，加强对生态环境建设的反哺，实现经济社会发展与生态环境改善的良性互动。

综上所述，生态文明建设应包括如下一些重点建设领域或方面：资源保护、节约、提效、开发；环境治理；生态保护和建设；提高经济水平；调整升级产业结构；促进社会发展；加强制度建设；改变思想观念；提高协调程度。

总之，生态文明建设是一项系统、长期、艰巨的任务，需要全国人民的共同努力，同时也需要政府加强领导和管理。在管理中有一个重要现象，即被评测的指标往往就受重视，不被评测的指标往往不会受重视。因此，要推动生态文明各重点领域的建设，就必须设立评价指标，对其加强监测和评价。同时，基于对生态文明建设的准确理解，建立整体性的生态文明建设评价指标体系，定期发布各级各类评价对象的生态文明指数，也是非常必要的。

# 第二章
# 中国省域生态文明建设
# 评价指标体系的设计

建立生态文明建设评价指标体系就是要对特定区域的生态文明建设的总体情况进行科学、客观、准确、定量的绩效评估，帮助决策者把握当前生态文明建设的状况，明确进一步发展的目标，制定科学、合理的政策，也为公众参与和监督生态文明建设提供平台和途径。

## 一 可资借鉴的几种评价工具

指标是复杂事件和系统的信号或标志，它们是指示系统特征或事件发生的信息集。指标是对复杂现象的简化和量化，通过对表面数据和现象的处理，揭示事物的本质、变化规律和相互关系，最终用一个简单的数值来表示，以帮助人们理解不同现象间的联系，并使交流变得容易、便捷。指标为时间和空间上的比较提供了经验和定量的基础，也为发现事物之间新的关联创造了机会。指标体系是若干个相互联系、相互补充的统计指标所组成的有机整体，是具体指标的集合。它能反映评价对象或评价目标的全部或整体情况，一般具有描述、评价、分析、预测等功能。指标体系是一种政策导向，能够影响社会各个方面的思想和行为。一般认为，一个好的指标体系应该具备以下几个条件：①指标的数据是可以获得的；②指标是易于理解的；③指标是可以测量的；④指标计量的内容是重要的和有意义的；⑤指标描述的事件状态与其获取的时间间隔是短暂的；⑥指标所依据的数据可以进行不同区域乃至国际的比较。

这里主要介绍国内外几种可资借鉴的评价指标体系，包括与可持续发展有关的评价指标、国内学者对生态文明指标的初步研究，以及国内地方政府对生态文明评价的实践探索。

## （一）国外可持续发展评价指标

自 1987 年世界环境与发展委员会（WCED）在其报告《我们共同的未来》中正式提出可持续发展的概念，尤其是 1992 年地球首脑峰会制定《21 世纪议程》以来，有关可持续发展的指标体系可谓层出不穷。其中比较有代表性的主要有以下几种。

### 1. 联合国可持续发展委员会的可持续发展指标体系

1995 年 4 月，联合国可持续发展委员会（CSD）第三次会议通过了可持续发展指标（ISD）项目工作计划，并于 1996 年 8 月推出了 ISD 框架和方法。该指标体系以"驱动力—状态—响应"（DSR）为基本模架，结合《21 世纪议程》的有关章节制定，共包括 134 个指标，分为社会指标、经济指标、环境指标和制度指标四类，每类指标都包括了驱动力指标、状态指标和响应指标三种。其中驱动力指标用以监测影响可持续发展的人类活动、进程和模式；状态指标用以监测可持续发展过程中各系统的状态；响应指标用以监测政策的选择和其他人类活动的响应。经过几年的多国评价测试和听取反馈意见，该指标体系得以不断完善，2001 年联合国可持续发展委员会出版了《可持续发展指标：指导原则和方法》，详细介绍了其指标体系，阐述了指标的概念及其方法。新体系强调了面向政策的主题，以服务于决策需求，最终确定了社会、环境、经济、制度 4 个维度，共 15 个主题（theme）、38 个子主题（sub-theme）的主题—指标框架（theme indicator framework），并确定了包含 58 个核心指标的核心指标体系（core indicators set），其中社会指标有 19 个、环境指标有 19 个、经济指标有 14 个、制度指标有 6 个。2005 年，该体系推出了第三版，内容调整为 14 个主题、44 个子主题、51 个核心指标和 46 个其他指标。

联合国可持续发展委员会的可持续发展指标体系是目前最具权威性的国际和国家一级的可持续发展指标体系，它覆盖了《21 世纪议程》所强调的主要部分，给出了各国可用于实验的、灵活的指标体系构建模式。该体系确立的从经济、社会、环境和制度四个方面展开评价的思路影响了此后其他的可持续发展指标体系。但该指标体系侧重对评价对象的全面描述，使指标菜单过于庞杂，而且具体指标是不能简单加和的，也没有提供一个有效的处理办法，加上过多关注环境和生物物理方面的指标，使得该体系对其他方面的衡量关注不够，削弱了该体系服务于政策制定的功能。

## 2. 生态足迹（EF）

生态足迹（Ecological Footprint，EF）也称"生态占用"，最早是由加拿大生态经济学家威廉·里斯（William Rees）等人在1992年提出的，并在1996年由其博士生威克纳格（Wackernagel）完善的一种衡量人类对自然资源利用程度以及自然界为人类提供的生命支持服务功能的方法。它显示了在现有技术条件下指定的人口单位内（一个人、一个城市、一个国家或全人类），需要多少具备生物生产力的土地和水域，来生产所需资源和吸纳所衍生的废物。威克纳格将生态足迹形象地比喻为"一只负载着人类与人类所创造的城市、工厂……的巨脚踏在地球上留下的脚印"。该方法通过估算维持人类的自然资源消费量和消纳人类产生的废弃物所需要的生物生产面积大小，并与给定人口区域的生态承载力进行比较，来衡量区域的可持续发展状况。

在生态足迹指数的计算中，各种资源和能源消费项目被折算为化石能源用地、耕地、草场、林地、建筑用地和海洋（水域）等6种生物生产面积类型。由于这6类生物生产面积的生态生产力不同，要将这些具有不同生态生产力的生物生产面积转化为具有相同生态生产力的面积，需要进行均衡处理。均衡处理后的6类生态系统的面积即为具有全球平均生态生产力的可以相加的世界平均生物生产面积，加总计算即可得到生态足迹和生态承载力。

生态足迹指数理论提供了关于自然资本的过度消费以及对一个国家和地区的承载力的相应压力的清晰概念。它既能够反映出个人或地区的资源消耗强度，又能够反映出区域的资源供给能力和资源消耗总量，同时通过与生态承载力的比较，让人们明确现实情况与可持续性目标之间的距离，从而有助于监测可持续发展方案实施的效果。

但生态足迹无论在理论上还是方法上都还存在一些不足：一是生态足迹只提供了单方面的信息，它关注的是单一的生态可持续性，强调人类发展对环境和生态系统的影响，忽视了经济、社会、技术方面的可持续性；二是生态足迹没有把生态系统提供资源、消纳废物的功能描述完全，实际所占有的生态足迹要比计算结果更大；三是对数据的要求较高，生态足迹的计算涉及几十个栏目，若缺乏某些数据，会得出比较保守的结果。

## 3. 环境可持续指数（ESI）

环境可持续指数（Environmental Sustainability Index，ESI）是由世界经济论坛（WEF）"明日全球领导者环境工作组"（Global Leaders of Tomorrow Environment

Task Force）与美国耶鲁大学环境法律与政策中心（Yale Center for Environmental Law & Policy）和哥伦比亚大学国际地球科学信息网络中心（Center for International Earth Science Information Network）合作开发的。其目的在于衡量一个国家或地区能为其后代人保持良好环境状态的能力。ESI 为跨国比较环境问题提供了一个系统的指标，为分析环境政策问题提供了一个基础，在国家或地区确定优先进行的政策改善、量化政策和项目成功状况，促进调查经济和环境发展的相互关系、确定影响环境可持续能力的主要因素等各方面，提供了参考标准。

ESI 研究组于 2000 年推出了测试版 ESI，包含了 5 个组成部分、21 个指标和 64 个变量，测试结果在瑞士达沃斯举办的世界经济论坛上公布。此后 ESI 研究组不断对其进行更新、改进和检验，推出了 2001ESI、2002ESI、2005ESI，并逐年于世界经济论坛上公布测评结果。2010 年 1 月 27 日，研究组又在达沃斯世界经济论坛上公布了 144 个国家和地区 2009 年的环境可持续指数。在各种各样的环境可持续性评价指标当中，影响较大。

ESI 研究组基于可持续发展指标的"压力—状态—响应"模型，侧重从以下 5 个方面来测评环境可持续性：第一，环境系统的状态，如空气、土地、生态系统和水的状态；第二，环境系统所承受的压力，以污染程度和开发程度来衡量；第三，人类对于环境变化的脆弱性，表现为粮食资源的匮乏或环境所致疾病的损失；第四，社会与体制应对环境挑战的能力；第五，对全球环境合作需求的反应能力，如通过合作努力保护大气等国际环境资源。这 5 个方面构成了 ESI 测评的核心领域：环境系统、减轻压力、减少人类损害、社会和体制能力、全球参与，以反映一个国家或地区的自然资源状况，过去与现在的污染程度，环境管理水平，历年来改善环境绩效的社会能力，以及对国际环保公共事务的贡献。

环境系统领域又分别由空气质量、生物多样性、土地、水体质量、水储量等 5 项指标（共 17 个变量）来反映；减轻压力领域分别由减少空气污染、减轻生态系统压力、降低人口增长率、减轻废物和消费压力、减轻水压力、自然资源管理等 6 项指标（共 21 个变量）来反映；减少人类损害领域由环境保健、人类基本生计、减少环境相关的自然灾害脆弱性等 3 项指标（共 7 个变量）来反映；社会和体制能力领域由环境管理、生态效率、私有部门的响应、科学与技术等 4 项指标（共 23 个变量）来反映；全球参与由参与国际合作的努力、减少温室气体排放、减缓跨境环境压力等 3 项指标（共 7 个变量）来反映。整个指标体系共有 5 个核心领域、21 项指标、75 个变量。

目前来看，ESI 仍是一个有待改进的体系。专家指出，它还存在以下一些问题。第一，统计数据的问题：数据缺口较大，2005 年有 18.6% 的数据缺口，特别是发展中国家的数据缺口更大；各个国家之间的测量方法不是很统一，导致数据权威性受损；有些检测数据滞后；统计数据时间序列太短。第二，变量设置的问题：缺乏统计数据的变量过多。第三，方法学尚未成熟。这些问题导致其评价结果的权威性受到一定损失。

**4. 环境绩效指数（EPI）**

针对 ESI 存在的不足，也为了使联合国"千年发展目标"中的可持续发展目标落到实处并能得到精确测评，ESI 研究组在 2006 年又推出了一套新的指标体系——环境绩效指数（Environmental Performance Index，EPI）。该指数强调政策目标导向和定量绩效测评，并以此衡量各国与目标值之间的差距。环境绩效指数主要围绕两个基本的环境保护目标展开：①减少环境对人类健康造成的压力；②提升生态系统活力和推动对自然资源的良好管理。围绕环境健康和生态系统活力这两个目标，研究者选择了 16 项指标，涉及 6 个完备的政策范畴，即环境健康、空气质量、水资源、生产性自然资源、生物多样性和栖息地、可持续能源。2008年，研究组对原有的指标体系作了一些调整，将政策范畴中的"可持续能源"更名为"气候变化"，并将总指标数增加到 25 个。新指标解决了 2006 年版中存在的一些概念、方法和数据方面的问题，使整个体系变得更加全面、合理和实用。

正如研究组主要负责人丹尼尔·埃斯蒂教授所言，当前的环境政策困境是由不完善的信息导致的。决策中不确定性很高，决策过程过于简单化甚至情绪化，决策者缺乏严格的标准来确定优先顺序和对有限资源的利用，政策难以反映社会和环境的价值。因此，要实现决策的科学化就要以高质量的数据、指标及标准为分析基础，建立评估标准和指标体系。环境绩效指数采用目标渐近的方法，重点关注那些与政策目标相关的环境成果。它采取专题排名和综合排名相结合的办法，可以促进在全球范围或相似群体之内进行对比分析。环境绩效指数的真正价值不在于整体排名，而在于其对深层数据和指标的细致分析。根据专题、政策范畴、相似群体和国家等不同标准分析环境绩效，可以更容易地区别先进国家和落后国家，充分显现最佳的政策行为模式，为将来的行动寻找战略重点。作为对污染控制和自然资源管理的定量指标，该指数为提高政策制定水平提供了强有力的工具，并为环境决策建立了更为牢固的分析基础。该指数存在的主要问题是：存在数据缺失以及如何更合理地简化处理复杂的环境问题。

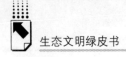
## （二）国内有关可持续发展的指标体系

国内学者自 20 世纪 90 年代以来在可持续发展的评价方面做了大量研究探索工作，提出了多种多样的评价指标。这里介绍几种有代表性的指标体系。

### 1. 中国可持续发展能力评估指标体系

中国科学院可持续发展研究组研究提出了一套中国可持续发展指数，建构了包括总体层、系统层、状态层、变量（要素）层四个层次的评估指标体系。

总体层从整体上综合表达一个国家或地区的可持续发展能力及总体效果。总体层又由五个具有内部逻辑关系的子系统构成，它们组成了指标体系的系统层。这五大子系统分别是生存支持系统、发展支持系统、环境支持系统、社会支持系统、智力支持系统，该层面主要揭示各子系统的运行状态和发展趋势。每一个子系统又由不同的变化状态构成，它们反映子系统运行的主要环节和关键组成成分的状态。五大子系统共考察 16 个方面的状态。其中生存支持系统考察的状态分别是生存资源禀赋、农业投入水平、资源转化效率、生存持续能力；发展支持系统考察的状态分别是区域发展成本、区域发展水平、区域发展质量；环境支持系统所考察的状态分别是区域环境水平、区域生态水平、区域抗逆水平；社会支持系统所考察的状态分别是社会发展水平、社会安全水平、社会进步动力；智力支持系统所考察的状态分别是区域教育水平、区域科技能力、区域管理能力。然后，通过 45 个"指数"来反映 16 个方面状态的行为、关系或变化，这些指数构成了该指标体系的变量层。有些变量层又由具体指标来体现，这些具体指标被称为要素层，它由 225 个可以直接度量变量层指数的数量、强度以及速度的"基层指标"或指标群构成。以上就是具有"五级叠加，逐层收敛，规范权重，统一排序"特点的中国可持续发展能力评估指标体系的基本框架。

### 2. 生态现代化指数

20 世纪 80 年代，德国学者胡伯（Huber）提出了生态现代化理论，追求经济有效、社会公正和环境友好的发展新模式，试图推动经济增长与环境退化脱钩，实现经济与环境双赢。生态现代化被看做现代化的一种生态转型，也称绿色现代化。受此启发，中国现代化战略研究课题组和中国科学院中国现代化研究中心在《中国现代化报告 2007——生态现代化研究》中提出了一套生态现代化指数，包括生态进步、经济生态化和社会生态化三个指数，每个指数包括 10 个具体评价指标，共 30 个具体评价指标，涉及 12 个政策领域，并且参照高收入国家

（或 21 个发达国家）最新年平均值，确定了各项指标的基准值。其中生态进步所包含的指标为人均 $CO_2$ 排放、人均 $SO_2$ 排放、人均 $NO_2$ 排放、工业淡水污染、生活废水处理率、城市废物处理率、自然资源损耗、生物多样性损失、森林覆盖率、国家保护区比例；经济生态化所包含的指标分别为农业与化肥脱钩、有机农业比例、工业与污染脱钩、工业能源密度、绿色生态旅游、物质经济效率、物质经济比例、循环经济（玻璃）、经济与能源脱钩、经济与三废脱钩；社会生态化所包含的指标分别为安全饮水比例、卫生设施比例、城市空气污染、能源使用效率、可再生能源比例、交通空气污染、长寿人口比例、服务收入比、服务消费比例、环境风险。如表 2 - 1 所示。

**3. 中国资源环境综合绩效评估**

中国科学院可持续发展研究组在《2009 中国可持续发展战略报告》中修改了在《2006 中国可持续发展战略报告》中所提出的节约指数或资源环境综合绩效指数（REPI），对国家或地区的资源消耗和污染排放的绩效进行了监测和综合评价。其指数表达式为：

$$PEPI_j = 1/n \sum_i^n w_i \; \frac{gj/xij}{Go/Xio}$$

其中，$REPI_j$ 是第 $j$ 个省（直辖市、自治区）的资源环境综合绩效指数；$W_i$ 是第 $i$ 种资源消耗或污染物排放绩效的权重，$xij$ 是第 $j$ 个省（直辖市、自治区）第 $i$ 种资源消耗或污染物排放总量，$gj$ 为第 $j$ 个省（直辖市、自治区）的 GDP 总量，$Xio$ 为全国第 $i$ 种资源消耗或污染物排放总量，$Go$ 为全国的 GDP 总量。其实，资源环境综合绩效指数实质上表达的是一个地区 $n$ 种资源消耗或污染物排放绩效与全国相应资源消耗或污染物排放绩效比值的加权平均。该指数越大，表明资源环境综合绩效水平越高，反之亦然。

## （三）国内学者对生态文明指标体系的探讨

国内学者研究生态文明建设的评价体系主要是在《"十一五"规划纲要》提出之后，尤其是党的十七大召开之后。

最初的探索受可持续发展指标体系的影响较为明显。例如，关琰珠等人把生态文明建设看做一个新型的复合系统，是自然资源禀赋、生态环境条件、经济发展水平与社会文明进步有机结合的一个整体。他们把整个生态文明指标体系分为

表 2 - 1　生态现代化指数

| 二级指数 | 政策领域 | 具体指标 | 指标解释 | 基准值 |
|---|---|---|---|---|
| 生态进步 | 自然资源 | 自然资源损耗 | 自然资源消耗价值/GNI | 1.5% |
| | | 生物多样性损失 | 受威胁哺乳动物/哺乳动物 | 9% |
| | 自然环境 | 人均 $CO_2$ 排放 | 人均 $CO_2$ 排放量 | 10.7 吨/人 |
| | | 人均 $SO_2$ 排放 | 人均 $SO_2$ 排放量 | 25 千克/人 |
| | | 人均 $NO_2$ 排放 | 人均 $NO_2$ 排放量 | 38 千克/人 |
| | | 工业淡水污染 | 工业废水 BOD/工业用水 | 万分之 0.4 |
| | | 生活废水处理率 | 生活废水经过处理人口/总人口 | 100% |
| | | 城市废物处理率 | 城市废物处理率 | 100% |
| | 生态系统 | 森林覆盖率 | 森林覆盖面积/国土面积 | 29% |
| | | 国家保护区比例 | 国家保护区面积/国土面积 | 16% |
| 经济生态化 | 生态农业 | 农业与化肥脱钩 | 化肥/可耕地 | 121 千克/公顷 |
| | | 有机农业比例 | 有机农业用地/农业用地 | 3.71% |
| | 生态工业 | 工业能源密度 | 工业能源消费/工业增加值 | 0.19 千克油/美元 |
| | | 工业与污染脱钩 | 工业废水 BOD 与工业 GDP 脱钩 | 5.9 千克/万美元 |
| | 绿色服务 | 绿色生态旅游 | 国际旅游收入/人 | 552 美元/人 |
| | 绿色经济 | 物质经济效率 | 工农业增加值/工农业劳动力 | 54458 美元/人 |
| | | 物质经济比例 | 工农业增加值/GDP | 28% |
| | | 循环经济（玻璃） | 玻璃的循环利用率 | 79% |
| | | 经济与能源脱钩 | 人均能源消费与人均 GDP 脱钩 | 0.2 千克油/美元 |
| | | 经济与三废脱钩 | 人均 $CO_2$ 排放与人均 GDP 脱钩 | 0.44 千克/美元 |
| 社会生态化 | 生态城市 | 城市空气污染 | 城市空气颗粒物浓度 | 26.7 微克/立方米 |
| | 生态农村 | 安全饮水比例 | 获得安全饮水人口/总人口 | 100% |
| | | 卫生设施比例 | 获得卫生设施人口/总人口 | 100% |
| | 绿色能源和交通 | 能源使用效率 | GDP/能源消费 | 5 美元/千克油 |
| | | 可再生能源比例 | 可再生能源/总能源 | 10.1% |
| | | 交通空气污染 | 公路 CO 排放/汽车 | 107 千克/辆 |
| | 绿色社会 | 长寿人口比例 | 65 岁及以上人口/总人口 | 14.6% |
| | | 服务收入比 | 服务业增加值/工农业增加值 | 2.6 |
| | | 服务消费比例 | 服务消费/家庭总消费 | 39% |
| | 生态安全 | 环境风险 | 自然灾害受灾人数/万人 | 万分之 39.4 |

目标层（总体层）、系统层、状态层、变量层和要素层五个层级。总体层代表生态文明建设的总体效果；系统层将生态文明建设这一新型的复合生态系统划分为资源节约子系统、环境友好子系统、生态安全子系统和社会保障子系统四个部分；状态层代表系统行为的内在要求，用可持续发展度来表示资源节约系统状

况，用环境状况来表示环境友好系统状况，用生态平衡来表示生态安全系统状况，用文明程度来表示社会保障系统状况；变量层是从本质上反映状态变化的原因和动力，在资源节约系统中用节约能源、节约用水、节约土地、综合利用、绿色消费表示，在环境友好系统中用环境质量、污染控制、环境建设和环境管理来表示，在生态安全系统中用生态保育和生态预警来表示，在社会保障系统中用国民素质、经济保障、科技支撑、公共卫生和公众参与来表示；要素层则用可得、可比的指标对变量层进行直接的度量。整个生态文明指标体系共 32 项指标，其中 22 项使用的是有关部门发布的指标，有 10 项是新创的指标，包括工业污染控制指数、为民办实事环境友好项目比例、环境管理能力标准化建设达标率、健全完善生态预警机制、生态知识普及率、人均绿色 GDP 等。该体系覆盖全面，但操作起来难度较大。

有学者从可操作性角度提出了更为简洁的评价体系，如蒋小平以河南省为例，用"生态文明度"来反映特定时间范围内某一区域的生态文明水平和发展能力，利用定基发展速度、加权平均数和环比增长速度等计算方法来建立生态文明评价指标体系。他将生态文明分解为自然生态环境、经济发展、社会进步三个目标层，每一目标层又分若干指标。其中自然生态环境指标包括森林覆盖率、城市人均公共绿地面积、自然保护区面积占辖区面积比例、水土流失土地治理率、工业废水达标率、万元 GDP 二氧化硫排放量、主要河流三级以上水质达标率、工业固体废弃物综合利用、城市垃圾无害化处理率、单位种植面积用化肥量、单位种植面积用农药量等 11 项指标，经济发展指标包括人均国内生产总值、农民年人均纯收入、城镇居民年人均可支配收入、第三产业占 GDP 比重、万元 GDP 能源消耗量（标准煤）、污染治理投资占 GDP 比重等 6 项指标，社会进步指标包括人口自然增长率、城市化水平、每万人中拥有大学生人数等 3 项指标，一共 20 个单项评价指标。该体系凸显了自然生态环境的重要性，但欠缺空气质量方面的指标，而且经济发展指标中同类性质的指标略多一些。

还有的学者采用更简单的办法，试图用一两个数值来反映生态文明建设的水平。诸大建等人认为，生态文明的目的是实现社会福利（可用国内生产总值 GDP 或人类发展指数 HDI 表示）的可持续发展，因此，生态文明就是用较少的自然资源消耗（可用生态足迹 EF 表示）创造较大的社会福利的文明。生态文明水平的高低，就决定于资源的利用效率。反映生态文明水平高低的指标体系，就可以用以实物为导向的资源生产率和以福利为导向的资源生产率来表示：

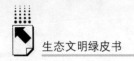
资源生产率(Resource Productivity, RP) = GDP/EF 或 gdp/ef(小写表示人均值)

福利发展绩效(Wellbeing Performance, WP) = HDI/ef

国家社科基金重大项目"新区域协调发展与政策研究"课题组首席科学家、北京大学政府管理学院杨开忠教授也持类似的观点。2009 年 8 月 17 日,该课题组在《中国经济周刊》上发布了中国各省区市生态文明大排名,认为生态文明水平即生态效率(Eco-Efficiency,缩写为 EEI),即生态资源用于满足人类需要的效率,其本质就是以更少的生态成本获得更大的经济产出。生态文明水平的测度,用公式表示为:EEI = GDP/地区生态足迹。

这种方法可以看做是生态足迹在中国的直接运用,看似简明扼要,但实际上计算方法要复杂得多,而且把 GDP 作为分子,也难免有 GDP 决定论之嫌。

## (四) 地方政府对生态文明建设评价的实践探索

国内地方政府中较早提出生态文明评价体系的是厦门市和贵阳市。厦门市于 2008 年 7 月 8 日发布了"厦门市生态文明(城镇)指标体系",同年 10 月 21 日,贵阳市发布了"贵阳市生态文明城市指标体系"。2010 年初,浙江省统计局也推出了自己的生态文明建设统计测度与评价体系。

### 1. 厦门市生态文明(城镇)指标体系

厦门市将指标体系按照"系统—变量—要素"划分为 3 级,围绕生态文明的先进理念这个核心,构建资源节约、生态安全、环境友好和制度保障四大系统,开展五项建设——发展生态经济、改善生态环境、提高生态意识、建设生态伦理、实行生态善治。该指标体系作为国内第一个生态文明评价体系,在设计中注意克服指标数量太多不便操作、理论与实践脱节、数据来源有缺口、统计口径不统一和案例研究缺乏等问题。在最后形成的指标体系中:第 1 到第 7 项指标反映评价对象发展生态经济、建设资源节约型社会的努力程度;第 8 到第 11 项指标反映各地强化生态治理、维护生态安全的努力程度;第 12 到第 24 项指标反映各地改善生态环境、提高生态意识、建设环境友好型社会的努力程度;第 25 到第 30 项指标反映各地实行生态善治、建立制度保障系统的努力程度。但由于该指标体系主要体现的是城镇的特点,难以用于省级行政单位的评价。如表 2 – 2 所示。

### 2. 贵阳市生态文明城市指标体系

贵阳市同样以城市作为评价对象,从生态经济、生态环境、民生改善、基础设施、生态文化、廉洁高效等 6 个方面,共 33 项指标,构建了贵阳市建设生态

表2-2　厦门市生态文明（城镇）指标体系

| 序号 | 指标名称 | 单位 | 数据来源 |
|---|---|---|---|
| 1 | 每平方千米产出值 | 亿元/平方千米 | 国土资源管理部门 |
| 2 | 人均GDP | 万元 | 统计部门 |
| 3 | 单位GDP能耗 | 吨标准煤/万元 | 统计部门、发展改革部门 |
| 4 | 清洁能源使用率 | % | 发展改革部门 |
| 5 | 工业用水重复利用率 | % | 环境保护部门 |
| 6 | 工业固体废物综合利用率 | % | 环境保护部门 |
| 7 | 全年API指数优良天数 | 天 | 环境保护部门 |
| 8 | 区域环境噪声平均值 | 分贝 | 环境保护部门 |
| 9 | 水环境主要污染物排放强度<br>　COD排放强度<br>　无机氮排放强度<br>　总磷排放强度 | 千克/万元 | 环境保护部门 |
| 10 | 超标机动车淘汰率 | % | 环境保护部门 |
| 11 | 绿色营运车辆占有率 | % | 交通管理部门 |
| 12 | 机扫普及率 | % | 市政管理部门 |
| 13 | 污染扰民服务行业集中区比例 | % | 规划部门 |
| 14 | 城市污水综合利用率 | % | 市政管理部门、环境保护部门 |
| 15 | 城镇人均生活垃圾排放量 | 千克/人 | 市政管理部门 |
| 16 | 建成区中工业与居住混淆区的比例 | % | 规划部门 |
| 17 | 生态用地比例 | % | 国土资源管理等部门 |
| 18 | 建成区绿地率 | % | 市政管理部门 |
| 19 | 政府绿色采购率 | % | 财政部门 |
| 20 | 无公害农产品、绿色食品和有机食品认证比例 | % | 农业部门 |
| 21 | 生态环境知识普及率 | % | 环境保护部门 |
| 22 | 生态环境教育课时比例 | % | 教育部门、环境保护部门 |
| 23 | 恩格尔系数 | — | 发展改革部门 |
| 24 | 居民平均预期寿命 | 岁 | 卫生管理部门 |
| 25 | 环境指标纳入党政领导干部政绩考核 | | 组织部门 |
| 26 | 生态环境议案、提案、建议比例 | % | 人大、政协、环境保护部门 |
| 27 | 生态环境投资指数 | | 环境保护部门 |
| 28 | 规划环境影响评价执行率 | % | 规划、环境保护等部门 |
| 29 | 重特大环境污染和生态破坏事件发生次数 | 次 | 省级以上环境保护部门 |
| 30 | 公众对城市环境保护的满意率 | % | 统计部门 |

文明城市监测指标体系的总体框架。该指标体系体现了城市特点和地域特色，也难以推广到其他省份，而且廉洁高效的几个指标测量的难度比较大。如表2-3所示。

### 表 2-3  贵阳市生态文明城市指标体系

| 一级指标 | 二级指标 | 单位 | 指标类别 |
|---|---|---|---|
| 生态经济 | 1. 人均生产总值 | 元 | 正指标 |
| | 2. 服务业增加值占 GDP 的比重 | % | 正指标 |
| | 3. 人均一般预算收入增速 | % | 正指标 |
| | 4. 高新技术产业增加值增长率 | % | 正指标 |
| | 5. 单位 GDP 能耗 | 吨标准煤/万元 | 逆指标 |
| | 6. R&D 经费支出占 GDP 的比重 | % | 正指标 |
| 生态环境 | 7. 森林覆盖率 | % | 正指标 |
| | 8. 人均公共绿地面积 | 平方米/人 | 正指标 |
| | 9. 中心城区空气良好以上天数达标率 | % | 正指标 |
| | 10. 主要饮用水源水质达标率 | % | 正指标 |
| | 11. 清洁能源使用率 | % | 正指标 |
| | 12. 工业用水重复利用率 | % | 正指标 |
| | 13. 工业固体废物综合利用率 | % | 正指标 |
| | 14. 二氧化硫排放总量 | 万吨 | 逆指标 |
| 民生改善 | 15. 城市居民人均可支配收入 | 元 | 正指标 |
| | 16. 农民人均纯收入 | 元 | 正指标 |
| | 17. 人均受教育年限 | 年/人 | 正指标 |
| | 18. 出生人口性别比 | 女生＝100 | 区间指标 |
| | 19. 社会保险覆盖率 | % | 正指标 |
| | 20. 新型农村合作医疗农民参合率 | % | 正指标 |
| | 21. 城镇登记失业率 | % | 区间指标 |
| | 22. 人均住房面积不足 12 平方米的城镇低收入群体住户降低率 | % | 正指标 |
| | 23. 社会安全指数 | % | 正指标 |
| 基础设施 | 24. 人均道路面积 | 平方米/人 | 正指标 |
| | 25. 城市生活污水集中处理率 | % | 正指标 |
| | 26. 城市生活垃圾无害化处理率 | % | 正指标 |
| | 27. 万人拥有公交车辆 | 辆/万人 | 正指标 |
| 生态文化 | 28. 生态文明宣传教育普及率 | % | 正指标 |
| | 29. 文化产业增加值占 GDP 比重 | % | 正指标 |
| | 30. 居民文化娱乐消费支出占消费总支出的比重 | % | 正指标 |
| 廉洁高效 | 31. 行政服务效率 | % | 正指标 |
| | 32. 廉洁指数 | % | 正指标 |
| | 33. 市民满意度 | % | 正指标 |

### 3. 浙江省生态文明综合评价指标体系

浙江省统计局针对该省情况构建了一套生态文明综合评价指标体系，由生态效率指数、生态行为指数、生态协调指数和生态保护指数四个子系统合成一个生态文明总指数。其中生态效率指数主要反映生态资源满足人类需要的效率，包括人均生产总值、第三产业增加值占 GDP 比重、单位 GDP 综合能耗和单位 GDP 水资源消耗等 4 个指标；生态行为指数主要反映人类行为对环境建设的不利影响，包括人口自然增长率、城市化水平、人均能源消费量、城市空气质量污染指数、二氧化硫排放和化学需氧量 COD 排放等 6 个指标；生态协调指数主要反映经济、

表 2－4　浙江省生态文明综合评价指标体系

| 评价指标 | 单　位 | 权　数 |
|---|---|---|
| 总得分 | | 100 |
| 一、生态效率指数 | | 20 |
| 1. 人均生产总值 | 元 | |
| 2. 第三产业增加值占 GDP 比重 | % | |
| 3. 单位 GDP 综合能源消耗 | 吨标准煤/万元 | |
| 4. 单位 GDP 水资源消耗 | 亿立方米/万元 | |
| 二、生态行为指数 | | 30 |
| 5. 人口自然增长率 | ‰ | |
| 6. 城市化水平 | % | |
| 7. 人均能源消费量 | 吨标准煤/人 | |
| 8. 城市空气质量污染指数 | % | |
| 9. 二氧化硫排放 | 万吨 | |
| 10. 化学需氧量 COD 排放 | 万吨 | |
| 三、生态协调指数 | | 30 |
| 11. 人均期望寿命 | 岁 | |
| 12. 安全感满意率 | % | |
| 13. 人均水资源总量 | 立方米 | |
| 14. 人均耕地面积 | 亩 | |
| 15. 土地集约利用指数 | % | |
| 16. 人均绿地面积 | 平方米 | |
| 四、生态保护指数 | | 20 |
| 17. 环境污染治理投资额占 GDP 比重 | % | |
| 18. 工业固体废弃物综合利用率 | % | |
| 19. 生活垃圾无害化处理率 | % | |
| 20. 城市污水处理率 | % | |

社会和人口与生态环境的协调水平，包括人均期望寿命、安全感满意率、人均水资源总量、人均耕地面积、土地集约利用指数和人均绿地面积等 6 个指标；生态保护指数主要反映人类在生态环境保护上所做的工作，包括环境污染治理投资额占 GDP 比重、工业固体废弃物综合利用率、生活垃圾无害化处理率和城市污水处理率等 4 个指标。该指标体系比较适合于对地方各级行政区域进行测评，但四个指数之间的关系并不是很清晰，"安全感满意率"的测度也比较困难。

## 二 省域生态文明建设评价指标体系的设计思路

### （一）目标导向的设计思路

ECCI 坚持目标导向的基本设计思路，按照生态文明建设四大方面的目标——生态充满活力，环境质量优良，社会事业发达，各个方面高度协调——设立具体指标，以引导生态文明目标的实现。因此，ECCI 按照多指标综合评价法的要求，采用层次分析法（AHP），首先将生态文明建设评价总指标分解为四个核心考察领域：生态活力、环境质量、社会发展、协调程度，然后选取能够反映各个考察领域建设水平、具有显示度和数据支撑的若干具体指标，构建一个包括"总指标—考察领域—具体指标"三个层次的中国省域生态文明建设评价指标体系框架。

我们浏览了大量国际协议和国际组织的规程，以及国内的有关政策和法规，从中归纳总结出体现生态文明建设内涵的指标，按照统计学原理并依据实际情况和专家意见，最终选取设立了 20 项指标，并赋予了相应的权重。

受权威数据缺失或不足的限制，一些重要的指标暂时未能纳入生态文明建设评价指标体系，如生物多样性指标、海洋过度捕捞程度、基尼系数、单位 GDP 二氧化碳排放量等指标，由于缺乏权威部门发布的全面数据，只好暂时放弃。

ECCI 的一个主要特点在于重视较大尺度的生态系统和自然环境，强调生态好转与环境改善并重。

ECCI 的另一大特色是强调协调程度在生态文明建设中的地位和作用。我们理解的协调程度既包括生态、环境、资源三者间的协调发展和良性互动，也包括经济发展与生态、环境、资源之间的协调可持续。协调程度的提出体现了生态文明建设的"和谐"本质，也弥补了以往类似评价指标体系的不足。

## （二）指标体系的设置原则

权威性。选择客观权威的数据，是客观评价的基础。本项研究采用的所有数据均来自国家统计局中国统计年鉴、环境保护部中国环境统计年鉴、水利部中国水资源质量年报和卫生部、住房和城乡建设部公布的权威数据，根据统计法以及相应统计规则，没有经任何处理而直接引用。为了确保最终评价结果的权威性，对于学理性的研究和分析得出的数据，课题组采取了审慎的态度，没有采用。

定量化。本指标体系要对各省的生态文明建设状况进行客观评价，所选用的指标必需具有权威数据基础，且数据便于统计计算，最终得出客观的分数，以用于对各省的生态文明建设水平进行考核、排序。

科学性。各指标的设立需要有充分的理论依据作为基础，具有显示度，且应当具备统计学上的科学性。统计学原理显示，所占分值比重在 5% 以下的指标，其分值变动对总体指标的结果影响不大，显示度也无法保证，因此设立的指标不宜太少，也不宜太多，以 20 个左右为宜，还要考虑各个指标之间的相互独立性，尽量避免交叉及相互关联现象。

导向性。指标应该反映政府的政策承诺，这样既可以保证发布数据的权威性和及时性，也能够体现生态文明建设的政策导向性。课题组浏览了大量国际协议、国际组织的规程和中国政府所加入的国际条约和制定的国内规划，从中归纳总结出相应的指标。

## （三）具体指标的选取和设立

### 1. 生态活力类

我国位于亚欧大陆东部，虽有部分省市临海，但大部分省区都位于内陆，而且湖泊的分布在省份之间极不均衡，所以本指标体系选择以陆地生态系统为主要标准来对各个省区的生态活力进行衡量，以达到省际自然环境差异对指标评价结果的影响尽量弱化。生态活力的衡量最终选取了森林覆盖率、建成区绿化覆盖率和自然保护区的有效保护三个指标。

生态学一般把陆地生态系统分为森林、草原、荒漠三大类型；可以提升陆地生态活力的因素主要有森林、湿地、草地等。其中，森林是最大的陆地生态活力系统，对涵养水源、净化空气、固化土壤都发挥着至关重要的作用。同时，森林是地球上最为重要的陆地生态类型，每年生产的有机物质达到 $58 \times 10^9$ 吨，占全球有机物质总产量的 56.8%，可谓陆地生态系统的核心组成部分。而且森林在我国各个省份都有分布，不存在如同海洋湖泊那样省际有巨大的悬殊，是衡量生态活力的首选依据。所以，森林覆盖率被列为生态活力的第一个指标。而且，森林覆盖率指标具有很强的政策导向性，是全国人大所批准的《中华人民共和国国民经济和社会发展第十一个五年规划纲要》（以下简称《"十一五"规划纲要》）中所规定的约束性指标，具有法律效力，要纳入各地区、各部门经济社会发展综合评价和绩效考核。将森林覆盖率纳入本指标体系，符合指标设立的导向性原则。草原与荒漠也是重要的陆地生态系统，但我国草原多集中分布在青藏高原及内蒙古高原、黄土高原、松嫩平原等区域，中东部省区的分布很少；而我国荒漠又多分布在西北的部分省区。草原与荒漠在我国省份之间的分布极不均衡，衡量其状况的相关指标无法作为区分省际差异的理想依据。

由于森林一般分布于农村和城郊，还需要设立专门针对城市生态活力的指标。目前理论与实务界比较通行的对城市生态活力的衡量，主要是通过城市绿化的状况来测评。城市绿地对于吸收城市生活所产生的废弃物（尤其是二氧化碳）、减少热岛效应、保障城市安全宜居等方面都具有重要作用。根据联合国生物圈生态与环境保护组织的规定，城市的绿地覆盖率应达到 50%，城市居民的人均绿地面积应达到 60 平方米。我国大部分城市距此要求还有相当大的差距，所以生态建设政策对城市绿地也非常重视。《林业发展"十一五"和中长期规划》中要求，到 2010 年，全国 70% 的城市林木覆盖率达到 30%，人均公共绿地达到 8 平方米以上。故此，选择衡量城市绿地状况的指标也是生态文明建设的实际需要。用以衡量城市绿地状况的指标一般包括林木覆盖率、人均绿地面积、人均公共绿地面积、建成区绿化覆盖率等。根据专家咨询的结果，课题组最终选择建成区绿化覆盖率作为对城市生态活力衡量的重要标准，与森林覆盖率主要衡量农村与郊区相并列，使得指标体系同时兼顾城乡差别。建成区绿化覆盖率被选取为衡量生态活力的第二个指标，主要用以考察城市生态活力状况。

自然保护区具有改善生态活力、保留自然环境的天然底本、保护物种等重要功能。加强对自然保护区的有效保护，也是社会经济可持续发展的客观要求。据此，自然保护区的有效保护应当作为衡量一地区生态活力的重要方面。对自然保护区的有效保护程度的衡量，可以从多方面、多角度来进行。但人员配备、资金投入等软性因素不足以客观衡量，而面积相对比较客观、准确，应当被确定为衡量依据。而且，以面积衡量自然保护区的保护力度也是我国生态建设实践的通行

做法。国家林业局制定的《林业发展"十一五"和中长期规划》就要求，到
2010 年，各级自然保护区面积达 1.25 亿公顷，占国土面积的 13%，也是采行面
积作为考察的切入点。湿地被称为"地球之肾"，在自然界的水分和化学物质循
环中发挥着重要作用，具有调节水循环和作为栖息地生物多样性的基本生态功
能。但在我国目前的统计系统内，重要湿地被作为自然保护区进行保护，其统计
数据已经包含在自然保护区统计之内。湿地状况被自然保护区的有效保护指标所
涵盖，不再单列。

　　物种多样性的丰富程度也是衡量生态活力的重要内容，曾拟设立指标加以
反映。生物多样性包括遗传多样性、物种多样性和生态系统多样性。但经数据
收集发现，这三方面的多样性虽然有不少生态学家进行了研究，提出了诸如
Meta 测定、α 多样性、β 多样性、γ 多样性、Shannon-Wiener 指数、Simpson 指
数等测算生物多样性的方法，但这些指数常常要求特别严格的统计学条件，如
取样的样方应无限大，或对取样样方中物种种类及其数量分布有一定的了解
等，但在实际工作中很难满足这些条件。目前这类生物多样性指数多停留在学
理研究层面，在我国也没有分省的数据发布。而且，自然保护区作为保存生物
多样性的重要区域，自然保护区的有效保护指标可以间接反映一省生物多样性
的状况。珍稀濒危物种关键栖息地保护、濒危物种关键栖息地的保护等状况，
也都可以被自然保护区的有效保护指标所涵盖，不用再单列专门的生物多样性
指标来加以反映。

**2. 环境质量类**

　　基于推动更为基础性的生态与环境建设目标的整体设计思路，本指标体系在
具体设立指标时，多使用中尺度的环境指标，而非小尺度的人居环境指标。只有
基础性的生态与环境条件改善了，才能在其上提升人居环境的质量。如果选择人
居环境指标，将会导向各省对小尺度指标提升的重视，忽略更为基础性的环境指
标，无法实现从源头治理事半功倍的效果。环境是可以直接、间接影响人类生活
和发展的各种自然因素的总体，对环境质量的衡量也应当从这些自然因素的不同
种类和角度来进行。本指标体系选择从水、气、地三类基础性生态要素作为测评
的维度。

　　生物系统中所有的物质循环都是在水循环的推动下完成的。作为生命之源，
水对于生态建设的重要作用不言而喻，水质量指标列于环境质量部分的第一位当
之无愧。由于地下水的一体性使其难以分省衡量，水质量指标在我国的数据发布

主要针对地表水，所以确定以地表水体质量来衡量各省水质的好坏。对地表水质的测算以环境保护部按月发布的《全国地表水水质月报》最为权威和及时，但其是按照水系、重点湖泊和主要水库为统计单位的，缺乏分省的发布数据。本体系最初拟定了两个指标来衡量一省的水质状况，就是省内主要江河湖库二级水功能区水质达标率与优于三类水的河流长度占该省河流总长度的比例。但考虑到我国大型湖泊水库在省与省之间分布极不均衡，最终选择优于三类水河长比例来作为衡量各省地表水质量的依据。

对空气质量进行的衡量，一般认为满足国家二级标准可视为空气质量正常；国家统计年鉴每年都发布省会城市的主要污染物年日均值好于二级的天数。农村地区的空气流动性大、污染源少，其空气质量一般都优于城市地区，但目前国家还未对其进行监测统计。所以，以城市的城区环境空气中主要污染物日均值作为衡量空气质量的依据，具有权威性和现实可行性。而且省会地区投入的空气治理成本往往是本省内城市中最多的一个，省会城市的空气状况可以折射出各省空气质量的状况。选取省会城市空气好于二级的天数来指代全省空气质量，虽然在地域范围上涵盖不周延，但在目前我国空气统计质量发布条件的约束下，已是最优选择。

土地是人类生存的基础，其质量状况是环境质量的重要构成部分。土地质量可以从积极和消极两个方面来衡量，即考察土壤肥力状况与土壤污染和退化状况。从生态文明的角度来看，本指标体系主要关注的是后者。我国于2006年开始全国土壤污染状况与防治专项调查工作，但目前尚未公布各地土壤环境质量状况。因此，我们选择用水土流失率和农药施用强度两个指标来做替代衡量，以逆指标的形式加以反映。水土流失是指在水力、重力、风力等外营力作用下，水土资源和土地生产力的破坏和损失，包括土地表层侵蚀和水土损失。我国是世界上水土流失最为严重的国家之一，水土流失面积大、分布广、强度烈、危害重。调查表明，我国水土流失面积达356万平方公里，占国土总面积的37.1%，平均每年流失土壤45亿吨，每年因水土流失损失耕地约100万亩；同时，水土流失可使大量肥沃的表层土壤丧失，导致土壤肥力下降，每年流失土壤造成的氮、磷、钾损失总量超过4000万吨。严重的水土流失已对我国的生态安全、粮食安全、防洪安全和水土资源安全构成重大威胁，成为制约我国经济社会可持续发展的一个重要因素。农药对土壤以及整个生态系统的破坏力极大。据调查，一定量的农药施用后，只有1%～4%的农药到达目标害虫，其余40%～60%降落到地面，

5%～30%漂浮于空中，这些农药附着在作物和土壤上，飘散在大气中，伴随降雨进入地表水和地下水，从而污染整个生态系统。

国际上也比较流行通过衡量气候变化的方法来测评一国或地区的环境质量。以《联合国气候变化框架公约》为代表的通行做法是：以二氧化碳排放率、每单位发电能耗、碳密度三个指标进行加权来衡量一个地区的气候变化。本指标体系设立了专门的协调程度部分，对这三个方面相应的考察放在协调程度部分，更能显现生态文明的典型特征。所以，气候变化及其相应的指标没有被列入环境质量部分之中。

**3. 社会发展类**

目前国际通行的社会发展衡量标准，主要包括经济、教育、福利、公平等几个重要方面，其中最具代表性的是联合国环境规划署提出的人类发展指数（HDI）。ECI对社会发展类指标的选取，也以这几个方面为主要评价对象。

经济发展状况是衡量社会发展的重要因素。生态文明建设固然追求生态改善的目标，但其最终的实现目标不应与经济发展相矛盾，而应实现两者的双赢，设立指标时也应涵括经济发展状况。本指标体系设计的经济类指标有两个——人均GDP和服务业产值占GDP的比例，分别考察一个地区的经济发展水平和经济结构状况。这两个都是成熟的经济指标，且有国家统计局的权威发布数据作为来源，是衡量一省经济状况非常理想的指标。理论研究过程中，也曾设想通过基尼系数来衡量各省份经济成果的分享状况，但目前我国没有权威的数据发布，因此无法实现。

生态文明建设既要承认经济发展对文明构建的重要作用，又要反对唯GDP论的倾向，对社会发展的衡量也要从经济以外的多种角度进行。城镇化率是传统的衡量社会发展的重要指标，但城镇化受到部分生态主义者的批评，认为它是造成生态恶化现状的罪魁祸首。城镇化从形式上看可能会带来生态的破坏，但生态文明建设绝不是要退回到男耕女织的自然经济状态，其目标是要实现经济发展与生态良好的双赢。尤其是目前，在农村人口依然占人口的绝对多数、城乡差距依然存在的现实国情约束下，城镇化发展依然是我国社会发展的必经之路。有研究指出，相同面积的集约化城镇的生态环境绩效水平，高于农村。城镇化率被纳入本指标体系，可以体现生态良好与社会发展的平衡性和兼顾性。城镇化所带来的生态破坏的弊端，可以通过其他指标来加以综合评定，设立城镇化率指标不会造成以偏概全的评测结果。

社会发展的状况具体反映在个人层面就是人的预期寿命。生命时间的长短可以综合衡量一个地方的经济、医疗卫生、文化等方面的水平，是非常具有显示度的社会发展类指标，也为各种权威的社会福利指标体系所采纳。人均预期寿命也是我国卫生政策所重点监控的主要指标。卫生部所制定的《卫生事业发展"十一五"规划纲要》中要求，我国的人口平均预期寿命到 2010 年要达到 72.5 岁。

教育经费占 GDP 比例是衡量一个地区教育状况的指标，而教育状况又在一定程度上能反映人们生态文化方面的思想观念，因此选取该指标作为评价生态文明建设的重要"软指标"。课题组也曾考虑过用高等教育毛入学率、高中毕业生人数占人口数比例两项指标来进行测评，但经研究发现，这两项指标的科学性、客观性都不及教育经费占 GDP 比例。目前我国高等教育的招生在不同省份之间存在着严重的不平衡，采纳高等教育毛入学率指标会导致省际的不公平；目前中国统计年鉴所发布的高中毕业生人数的数据仅是本年度各省普通高中毕业生数，没有以往所有高中毕业生的总数累计，若采用当年的高中毕业生人数占人口数比例指标，无法客观反映各省份的实际教育状况。

农村人口在我国目前人口比重中占有绝对多数，而且农民是我国目前分享发展成果比较少的群体，农民分享社会发展成果的状况也是社会发展所应包含的重要问题。在九年制义务教育全面强制推行的国情下，义务教育的达标率、初中毕业人口占总人口的比例都不足以反映农村的社会发展状况。而农村人口使用自来水的状况是非常实际的衡量标准，能够切实反映一省份农村的社会发展水平。农村改水率是衡量农村地区社会发展情况的重要指标，与城镇化率相互对应，可以全面反映一个省区内城市与农村的整体发展状况。而且，农村改水率也能反映一个地区的社会公平情况，可以在一定程度上弥补没有采用基尼系数指标的缺憾，所以被选为社会发展类指标。

城镇登记失业率、保险基金征缴率曾被本指标体系采纳来衡量一省份的社会福利状况。城镇登记失业率虽有统计发布，但其客观性、科学性受到咨询专家的一致质疑，不符合指标设立的优质原则，没有被采用。保险基金征缴率也有统计发布，但省份之间差异太大（最高省份和最低省份之间的差异甚至高达三千倍以上），数据的客观性受到质疑，不符合指标设立的优质原则，也没有被采用。

**4. 协调程度类**

协调程度分为生态、环境、资源的内部协调度与生态、环境、资源与经济的外部协调度两个方面来加以衡量。

生态、资源、环境协调度主要考察生态、资源、环境三者之间的相互关系和谐与否，对于生态系统来讲，属于内部的协调程度。生态学中一般将生态系统的协调状况分为能量流动状况与物质循环状况。能量流动状况多为抽象理论分析，难以量化为具体指标测评。物质循环状况可分为固态物质循环、水循环、气体循环等主要类型。本指标体系选择废渣、废水、废气类的破坏环境物质转化为再生资源或生态基础的状况，衡量环境与生态资源之间的和谐关系。

衡量固态物质循环状况的指标设立了两项，是工业固体废物综合利用率和城市生活垃圾无害化率。工业固体废物综合利用率反映了环境与资源之间的协调关系，即本应成为危害环境因素的工业固体废物被转化成为生产性资源的状况。该指标数值越高，反映一地区环境与资源之间的关系越协调。工业固体废物综合利用率也具有很强的政策导向性，是《"十一五"规划纲要》中所规定的约束性指标。将其纳入本指标体系，符合指标设立的建设性原则。

但工业固体废物综合利用率仅能反映工业生产领域的状况，还需要选择城市生活垃圾无害化率来体现生活领域的情况。城市生活垃圾无害化率反映了环境与生态之间的协调关系，即本应成为危害环境因素的生活垃圾被转化成为无害物质的状况。而且，城市生活垃圾无害化处理率也是全国人大所批准的《"十一五"规划纲要》中所重点规定的具有法律约束力的约束性指标，要求到2010年全国平均水平不低于60%。将其纳入指标体系，可以有效督促各省加大城市生活垃圾的处理力度，达到规划要求。总之，工业固体废物综合利用率和城市生活垃圾无害化率从生产和生活两个领域，分别反映了环境与资源、环境与生态之间的协调程度。

衡量水循环状况的指标是工业污水达标排放率。工业污水达标排放率反映了资源与生态之间的协调关系，即本应被排放掉的可再生性资源（工业污水）被转化成为基础性生态要素（达到基本洁净标准的水）的状况。该指标数值越高，说明污水转化为可再次利用的生态要素的比例越高，反映出该省资源与生态之间越协调。故此，资源与生态之间的关系在指标体系中也得到了反映。

课题组曾准备设立碳汇指标衡量气体循环的状况。碳汇指从空气中清除二氧化碳的过程、活动、机制，也是目前理论界研究的热点问题。经过数据收集发现，因为碳汇项目在我国的启动时间较短，不少省份均在建设中，理论上对未来几年内的碳汇量有一个预测和估算，但没有公布的实际数据，缺乏分省的数据公布，无法进行省际的测评与比较。待以后有权威的数据发布，可以作为衡量气体循环状况的重要指标。

生态、环境、资源与经济的协调度，主要考察一地区的经济与生态、环境、资源之间的协调状况。本部分采取了正面与负面相结合、先总体后部分的设计方法。首先，环境污染治理投资占 GDP 比重从积极的方面考察一省份生态、环境、资源保护的投入占经济总量的份额，从总体上把握该省份对生态保护的重视程度；其次，单位 GDP 能耗、单位 GDP 水耗、单位 GDP 二氧化硫排放量三项指标再从消极方面来衡量一地区经济发展在三个主要方面所带来的生态成本。

环境污染治理投资占 GDP 比重，可以体现一地区的经济发展与生态保护之间的关系。我国目前仍处于工业化时期，经济发展需要反哺生态环境保护事业，才能实现可持续发展。在这样的特定发展阶段，环境污染治理投资占 GDP 比重越高，说明经济与生态、环境、资源的协调程度越好。根据发达国家的经验，当社会发展到一定阶段，环境污染治理投资占 GDP 比重达到一定的比例后，会出现逐渐下降的趋势，而同时生态环境质量依然提高。但目前我国还处于以能源消耗为主的工业化阶段，本指标表现为正指标。也就是说，某省加大对生态环境保护的投资力度，正表明该省经济与生态、环境、资源之间的关系更协调。

单位 GDP 能源与水的消耗，能够从投入角度来测算一地区经济发展的生态成本，依此判断该地区经济发展与生态、环境、资源之间的协调状况。能源与水都是重要的生态因子，是工业生产投入要素，也是我国生态建设实践需要重点控制消耗量的物质。2003 年我国的 GDP（按汇率计算）约占世界总量的 3.9%，但重要资源的消耗量占世界总量的比重却很高。比如，煤炭消耗量占 31.9%，居世界第一，与我国 GDP 的比重相差近 10 倍。故此，节能减排成为我国目前采取的重要政策，也是全国人大所批准的《"十一五"规划纲要》中重点规定的约束性指标，不仅要分解落实到有关部门，而且《"十一五"规划纲要》特别要求要将其分解落实到各省、自治区、直辖市。设立单位 GDP 能耗指标，很好地体现了指标体系的建设性。水资源短缺则是世界性问题，据国际水资源管理机构的估计，到2050年，将有10亿人面临缺水的危机。在目前我国主要由工业推动的经济增长模式下，能源与水的消耗状况可以很好地代表一省份经济增长与生态、环境、资源之间的关系。

单位GDP二氧化硫排放量，是通过大气酸化程度的测评，从产出角度来测算一地区经济发展所带来的负面生态成本，用以衡量该地区经济发展与生态、环境、资源之间的协调状况。生态环境酸化是21世纪全球性生态问题之一，生态环境酸化的罪魁祸首是大气的酸化。大气酸化会形成酸性降水（pH值低于5.7），导致土壤酸化，恶化动植物已经适应的生存条件，进而影响营养元素的地球化学循环，造成有毒有害元素（如铝）的活化等一系列严重后果。土壤酸化再经由地表径流汇入江河和湖泊等水体，引起水体酸化，从而造成更大规模的生态破坏。人类活动所造成的酸性气体，由于产业结构和布局上的差异以及气候条件的不同，具有不均匀性的特点，在地区之间存在巨大差异。地区间的显著差异性使得衡量不同地区的大气酸化程度具备可行性。二氧化硫是大气酸化的主要原因，二氧化硫的排放数量可以反映出一地区大气酸化的状况。再与当地的GDP总量相比，就可以评测该地区经济发展所带来的生态环境酸化程度，也可以间接地反映一个地区的资源结构状况，是理想的反映生态、环境、资源与经济关系的协调度指标。而且，单位GDP二氧化硫排放量指标也有很好的政策导向性。主要污染物排放总量是《"十一五"规划纲要》的重点约束性指标，二氧化硫排放情况作为主要污染物排放控制的重要内容，在国家环保总局制定的《"十一五"期间全国主要污染物排放总量控制计划》中专门绘制了全国二氧化硫排放分省控制计划表，并对2020年的远景目标提出了要求。

在具体指标选取时，单位GDP二氧化碳排放量是一个更好的指标。二氧化碳是引起全球气候变暖的主要温室气体，对其排放量的控制是《京都议定书》等一系列国际公约所规定的重点内容。化石能源燃烧是二氧化碳的主要来源，通过对二氧化碳排放量的测算，不仅能够反映一个地区温室气体的排放情况，而且能够间接反映该地区的能源消耗情况。但目前我国没有分省公开发布的二氧化碳排放数据，留待以后有发布数据后再纳入指标体系。

## （四）省域生态文明建设评价指标体系框架

根据上述思路和原则，我们制定了如下的生态文明建设评价指标体系（ECCI），如表2-5所示。

**表 2 – 5　生态文明建设评价指标体系（ECCI）**

| 一级指标 | 二级指标 | 三级指标 | 权重 | 性质 | 数据来源 |
|---|---|---|---|---|---|
| 生态文明指数（ECI） | 生态活力 | 森林覆盖率 | 30% | 正指标 | 国家统计局 |
| | | 建成区绿化覆盖率 | | 正指标 | 国家统计局 |
| | | 自然保护区的有效保护 | | 正指标 | 国家统计局 |
| | 环境质量 | 地表水体质量 | 20% | 正指标 | 水利部 |
| | | 环境空气质量 | | 正指标 | 国家统计局 |
| | | 水土流失率 | | 逆指标 | 国家统计局 |
| | | 农药施用强度 | | 逆指标 | 国家统计局 |
| | 社会发展 | 人均 GDP | 20% | 正指标 | 国家统计局 |
| | | 服务业产值占 GDP 比例 | | 正指标 | 国家统计局 |
| | | 城镇化率 | | 正指标 | 国家统计局 |
| | | 人均预期寿命 | | 正指标 | 国家统计局 |
| | | 教育经费占 GDP 比例 | | 正指标 | 国家统计局 |
| | | 农村改水率 | | 正指标 | 卫生部 |
| | 协调程度 | 生态、资源、环境协调度 | 工业固体废物综合利用率 | 30% | 正指标 | 国家统计局 |
| | | 工业污水达标排放率 | | 正指标 | 国家统计局 |
| | | 城市生活垃圾无害化率 | | 正指标 | 国家统计局 |
| | | 生态、环境、资源与经济协调度 | 环境污染治理投资占 GDP 比重 | | 正指标 | 环境保护部、住房和城乡建设部 |
| | | 单位 GDP 能耗 | | 逆指标 | 国家统计局 |
| | | 单位 GDP 水耗 | | 逆指标 | 国家统计局、环境保护部 |
| | | 单位 GDP 二氧化硫排放量 | | 逆指标 | 国家统计局 |

# 三　省域生态文明建设评价指标体系的统计方法

## （一）统计方法特点

为了全面反映生态文明建设的状况和水平，指标体系需要从多个方面进行评价，反映不同侧面，并最终将各方面得分加总，反映各省生态文明建设的整体状况。这要求 ECI 采取多指标综合评价法，在统计方法上，要求进行无量纲化处理。

在数据的分析过程中，统计分析并不是为了解决实际数目间出现的不平衡问题，而将各个不统一的数据进行整合，从而体现其根本的意义。统计是一种具有悠久历史的社会实践活动，可以说，自从有了国家，就有了统计工作。最初的统计活动是为统治者管理国家的需要而进行的搜集资料工作，涉及计算国家的人力、物力和财力等活动。今天，统计已经发展成为各行各业开展活动时必不可少的一项基础工作，所有搜集信息和处理信息的活动，都可以归结为统计工作。古往今来的统计学者给予统计学下了不同的定义。根据美国统计学家 David Freedman 等著的《统计学》中的定义：统计学是对令人困惑的问题做出数字设想的艺术。把统计学称为艺术显然有些夸张，但这一定义的目的正在于提示统计工作者，应当创造性地提出和解决统计问题，不应囿于某些条条框框去理解统计这门科学。统计学的研究方法，从根本上说是从数据出发去研究自然和社会经济规律，也就是说，统计学在研究某种现象时，是从结果出发，去探寻其中的规律。

统计学主要又分为描述统计学和推断统计学。给定一组数据，统计学可以"摘要"并且描述这份数据，这个用法称做描述统计学。另外，观察者以数据的形态建立一个用以解释其随机性和不确定性的数学模型，以此来推论研究中的步骤及母体，这种用法被称做推论统计学。在本指数的计算过程中，对于指数的计算过程，就是描述统计，而后期的关联度分析，则属于推断统计。推论统计学被用来将资料中的数据模型化，计算它的几率并且作出对于母体的推论。这个推论可能以对/错问题的答案形式呈现（假设检定），对于数字特征量的估计（估计），对于未来观察的预测、关联性的预测（相关性），或是将关系模型化（回归）。在本指数的分析中，则主要运用了对关联性的预测。

关联性，即相关的概念，其意义是很重要的。对于资料集合的统计分析可能显示两个变量（母体中的两种性质）倾向于一起变动，好像它们是相连的一样。这两个变量被称做是相关的，但是实际上，我们不能直接推论出这两个变量有因果关系。

对于任何一种指数的统计计算，其原则是为了将其内部所呈现的差异性体现出来，是通过一种量化的方式来体现实质性的差异。

目前，对省域生态文明建设各具体方面的评价，难以确定目标值。这就使得ECI不得不采取相对的衡量标准，进行相对评价。在统计方法上，要求按照正态分布确定等级分，在等级分的基础上进行加权、计算。为了克服这种相对评价方法的缺陷，本项研究采取了在各指标原始数据基础上进行逐年进步率测算和国际数据比较。

由于本研究所抽取数据的多样性，以及数据间的差异性，这使得各组数据间的离散度超出通常的研究样本。一些数据间的极值差已经达到数千倍，这种大量化的差异数据，使得简单的算术平均分析会受到相当大的影响，而一般的数据分析方式也不适用（在计算中有可能导致误差的进一步扩大）。为了得到客观准确的统计分析结果，不能对任一数据进行单独处理，而是需要统一的算法。因此，本项研究在数据分析的过程中，在进行比较分析时，将原始数据标准化，采用统一的 $Z$ 分数（标准分数）处理方式。因此，在指标体系的总分析以及综合算法中，进行处理和分析的是标准分数。同时，为了保证关联度以及进步率计算的准确性，除指标总分的计算外，都采用原始分数进行分析，具体的算法以及数据的分析详见计算步骤。

### （二）具体指标的计算方法

生态文明建设评价指标体系具体指标的选取都经过了充分的理论论证，具有科学性；共分 20 项具体指标，各项指标都具有统领性；依据实际情况以及专家意见，将水土流失率、农药施用强度、单位 GDP 能耗、单位 GDP 水耗以及单位 GDP 二氧化硫排放量 5 个指标作为逆指标，即原始数据量越大，得分越低；指标选取力求做到对生态文明建设起到切实的引导和督促作用、具有建设性。具体指标的解释、计算方法与数据来源详述如下。

**1. 生态活力类**

中国省域生态文明建设评价指标体系共选取三项指标来考察一个地区的生态活力状况。

（1）森林覆盖率：指该省行政区划范围内的森林面积占该省行政区划面积的比例。

计算公式：森林覆盖率＝该省行政区划范围内的森林面积÷该省行政区划面积×100%。

数据来源：国家统计局中国统计年鉴。

（2）建成区绿化覆盖率：指该省行政区划范围内建成区内一切用于绿化的乔、灌木和多年生草本植物的垂直投影面积与建成区总面积的百分比。

计算公式：建成区绿化覆盖率＝该省行政区划范围内建成区的绿化覆盖面积÷该省行政区划内建成区总面积×100%。

数据来源：国家统计局中国统计年鉴。

（3）自然保护区的有效保护：指该省行政区划范围内的自然保护区总面积占该省行政区划面积的比例。

计算公式：自然保护区的有效保护＝该省行政区划范围内的自然保护区总面积÷该省行政区划面积×100％。

数据来源：国家统计局中国统计年鉴。

**2. 环境质量类**

中国省域生态文明建设评价指标体系共选取四项指标来考察一个地区的环境质量状况。

（1）地表水体质量：指该省行政区划范围内水质优于三类水的河流长度占该省区内河流总长度的比例。

计算公式：地表水体质量＝该省行政区划范围内水质优于三类水的河流长度÷该省行政区划范围内河流总长度×100％。

数据来源：水利部中国水资源质量年报。

（2）环境空气质量：指本年度省会城市的空气质量好于二级的天数占全年天数的比例。

计算公式：环境空气质量＝本年度省会城市的空气质量好于二级的天数÷当年的总天数×100％。

数据来源：国家统计局中国统计年鉴。

（3）水土流失率：指本年度该省行政区划范围内水土流失的面积占该省行政区划面积的比例。

计算公式：水土流失率＝该省行政区划范围内的水土流失面积÷该省行政区划面积×100％。

数据来源：国家统计局中国统计年鉴。

（4）农药施用强度：指本年度该省行政区划范围内的农药施用总吨数与该省行政区划内耕地面积的比值。

计算公式：农药施用强度＝本年度该省行政区划范围内的农药施用总吨数÷该省行政区划内耕地面积×100％。

数据来源：国家统计局中国统计年鉴。

**3. 社会发展类**

中国省域生态文明建设评价指标体系共选取六项指标来考察一个地区的社会

发展状况。

（1）人均GDP：指该省平均每人所占有的省经济生产总值的数量。

计算公式：人均GDP＝该省本年度的GDP总额÷本年度末全省人口总数。

数据来源：国家统计局中国统计年鉴。

（2）服务业产值占GDP比例：指该省第三产业总产值占该省GDP总量的比例。

计算公式：服务业产值占GDP比例＝该省本年度第三产业总产值÷该省本年度GDP总量×100%。

数据来源：国家统计局中国统计年鉴。

（3）城镇化率：指该省行政区划范围内城镇人口数量占该省行政区划内人口总量的比例。

计算公式：城镇化率＝该省行政区划范围内城镇人口数量÷该省行政区划内人口总量×100%。

数据来源：国家统计局中国统计年鉴。

（4）人均预期寿命：指该省行政区划范围内人口2000年的预期寿命。

计算公式：直接引用统计数据。

数据来源：国家统计局中国统计年鉴。

（5）教育经费占GDP比例：指本年度该省行政区划范围内教育经费与本年度该省GDP的比值。

计算公式：教育经费占GDP比例＝本年度该省行政区划范围内教育经费÷本年度该省GDP×100%。

数据来源：国家统计局中国统计年鉴。

（6）农村改水率：指该省行政区划范围内使用自来水的农村人口占该省行政区划范围内农村总人口的比例。

计算公式：农村改水率＝该省行政区划范围内使用自来水的农村人口数量÷该省行政区划范围内农村人口总数量×100%。

数据来源：卫生部。

**4. 协调程度类**

中国省域生态文明建设评价指标体系共选取7项指标来考察一个地区的协调程度状况。

（1）工业固体废物综合利用率：指该省行政区划范围内本年度工业固体废

物综合利用量占该省行政区划范围内本年度工业固体废物产生量的比重。

计算公式：工业固体废物综合利用率＝该省行政区划范围内本年度工业固体废物综合利用量÷该省行政区划范围内本年度工业固体废物产生量×100％。

数据来源：国家统计局中国统计年鉴。

（2）工业污水达标排放率：指该省行政区划范围内本年度工业废水排放达标数量占该省行政区划范围内本年度工业废水排放总量的比重。

计算公式：工业污水达标排放率＝该省行政区划范围内本年度工业废水排放达标数量÷该省行政区划范围内本年度工业废水排放总量×100％。

数据来源：国家统计局中国统计年鉴。

（3）城市生活垃圾无害化率：指该省行政区划范围内本年度经过无害化处理的生活垃圾吨数占该省区行政区划范围内本年度产生的生活垃圾总吨数的比重。

计算公式：城市生活垃圾无害化率＝该省行政区划范围内本年度经过无害化处理的生活垃圾吨数÷该省区行政区划范围内本年度产生的生活垃圾总吨数×100％。

数据来源：国家统计局中国统计年鉴。

（4）环境污染治理投资占 GDP 比重：指本年度该省行政区划范围内环境污染治理投资与本年度该省 GDP 的比值。

计算公式：环境污染治理投资占 GDP 比重＝本年度该省行政区划范围内环境污染治理投资÷本年度该省 GDP×100％。

数据来源：环境保护部、住房和城乡建设部。

（5）单位 GDP 能耗：指该省单位地区生产总值的能耗数量。

计算公式：单位 GDP 能耗＝本年度该省的能耗总量（吨标准煤）÷本年度该省的经济生产总值（万元）。

数据来源：国家统计局中国统计年鉴。

（6）单位 GDP 水耗：指该省单位地区生产总值的水耗数量。

计算公式：单位 GDP 水耗＝本年度该省的水耗总量（吨）÷本年度该省的经济生产总值（万元）。

数据来源：国家统计局中国统计年鉴、环境保护部中国环境统计年鉴。

（7）单位 GDP 二氧化硫排放量：指该省单位地区生产总值的二氧化硫排放量。

计算公式：单位 GDP 二氧化硫排放量＝本年度该省的（工业二氧化硫排放量＋生活二氧化硫排放量）（吨）÷本年度该省的经济生产总值（万元）。

数据来源：国家统计局中国统计年鉴。

## （三）计算步骤

### 1. 数据标准化

（1）计算每一组原始数据的平均数和标准差。

（2）将大于2.5个标准差以上的数据剔出，使得最后留下的组内数据标准差均小于2.5（$-2.5 < \partial < 2.5$，2.5个标准差包括了整体数据的96%）。

### 2. 计算临界值

根据标准分数计算的原则，分别以标准分数 $-2$、$-1$、$0$、$1$、$2$ 为临界点，计算相应的组内临界值。小于标准分数 $-2$，表示其出现概率值约为2%；在标准分数 $-2$ 和 $-1$ 之间，表示该点出现的概率值约为14%；在标准分数 $-1$ 和 $0$ 之间，表示该点出现的概率值约为34%；在标准分数 $0$ 和 $1$ 之间，表示该点出现的概率值为34%；在标准分数 $1$ 和 $2$ 之间，表示该点出现的概率值约为14%；大于标准分数 $2$，表示其出现概率值约为2%。

### 3. 赋予等级分，构建连续型随机变量

基于上述计算，分别赋予原始数据相应的等级分。将小于标准分数 $-2$ 临界值以下的数据，赋予1分；将标准分数 $-2$ 与 $-1$ 临界值之间的数据，赋予2分；将标准分数 $-1$ 与 $0$ 临界值之间的数据，赋予3分；将标准分数 $0$ 与 $1$ 临界值之间的数据，赋予4分；将标准分数 $1$ 与 $2$ 临界值之间的数据，赋予5分；将大于标准分数 $2$ 临界值以上的数据，赋予6分，如此构建成完全符合正态分布的连续型数据结构。其中1分出现的概率约为2%，2分出现的概率约为14%，3分出现的概率约为34%，4分出现的概率约为34%，5分出现的概率约为14%，6分出现的概率约为2%。

### 4. 计算三级指标等级分数

依据临界值，按年份将所有三级指标转化成相应的等级分数。

### 5. 对指标体系赋权

（1）采用主观经验法、层次分析法、主次评价指标排队分类法等赋权方法，经数十位本领域专家进行充分的讨论后，最终分别为生态活力、环境质量、社会发展、协调程度四个二级指标赋予30%、20%、20%、30%的权重。

（2）三级指标权重的确定，采用了德尔菲加权法（Delphi Method）。课题组选取了近50位本领域的权威专家，给每位专家发放加权咨询表，为本指标体系的20项三级指标以及10项混淆指标（共30项）赋予权重，然后将所有专家对

每个评价指标的权重系数进行统计处理，最终确定各项三级指标的权重。

**6. 逆指标确定**

依据实际情况以及专家意见，将水土流失率、农药施用强度、单位 GDP 能耗、单位 GDP 水耗以及单位 GDP 二氧化硫排放量作为逆指标，即原始数据量越大，得分越低。本指标体系共 20 个指标，其中 15 个为正指标，5 个为逆指标。

**7. 整合整体分数**

依专家赋予的三级指标权重，将所有的三级指标按相应权重进行加权加和，计算二级指标分数以及相应各年度总指标分数。

**8. 关联度整合分析**

前面提到，相关关系是一种变量间非确定性的相互关联关系。表现为沿着一条曲线两侧的一排点。相关系数（coefficient of correlation）即为表现相关关系的数值。

一般而言，相关分析用于两个测量的样本间相关程度的测定。将两个样本按观察数据的顺序进行配对，分别计算每个数据的值，将两组样本的值分别记录为 $U$ 和 $V$。如果两个测度完全一致，则 $U$ 与 $V$ 的差异应当为 0。计算 $D = U - V$ 的平方和，该值越大，表明相关性越差。在连续性数据的情况下，常用皮尔逊积差相关系数（Pearson coefficient of correlation）来计算。

将各年度相应二级指标以及总指标分数，和原始数据中的各指标分作线性相关分析。由于各指标数据个数（原始数据）大于 30，同时整合的二级指标以及总指标数据个数大于 30，且本指标所有标准分均满足正态的概率分布，满足相关计算的最严格要求。因此，选用皮尔逊（Pearson）积差相关系数计算，并采用更为严格的双尾（又称为双侧检验，two-tailed）检验。双尾检验虽然有可能使得相关系数的敏感性（显著性）程度降低，但其对结果要求更为严格，可信度也比单尾检验（又称为单侧检验，one-tailed）高。具体分析详见下文。

**9. 进步率分析**

对于各个三级正指标，将指标原始数据后一年的值除以前一年的值，减去 1，再乘以 100%，得出其年进步率；对于各个三级逆指标，则将指标原始数据前一年的值除以后一年的值，减去 1，再乘以 100%，得出其年进步率；将所有指标的年进步率加总，得出各个省份 ECI 的年进步率。进步率得分为正百分比，表示整体有进步；得分为负百分比，表示整体有退步。百分比越高，表示进步程度越大。

**10. 整体性聚类分析**

以 2008 年数据为例，将二级指标和三级指标进行相应的聚类分析，由于样本量偏小（只有一年的数据），因此不能采用一般的聚类分析（如因素分析，factor analysis）。因此，在正态分布的基础上，通过分布形态以及各二级指标对应的标准分数所属的标准差等级，进行相应的聚类分析。

**11. 三级指标等级排名分析**

在第三部分中国省域生态文明建设类型分析中，为了对三级指标进行细化分析，对三级指标的分数进行了等级划分。划分的依据还是根据前面所提的临界值和等级分的划分标准。将原来的最高两级和最低两级合并，即第一等级为原标准分数 6 和 5；在统计分析中，包括所有大于平均数一个标准差之外的数据，出现的概率值约为 16%。第二等级为原标准分数 4，在统计分析中，包括所有大于平均数一个标准差之内的数据，出现的概率值约为 34%。第三等级为原标准分数 3，在统计分析中，包括所有小于平均数一个标准差之内的数据，出现的概率值约为 34%。第四等级为原标准分数 2 和 1；在统计分析中，包括所有小于平均数一个标准差之外的数据，出现的概率值约为 16%。

## （四）特殊值处理（指数修正）

2009 年 6 月 27 日修订出台的《统计法》以及相关规定指出，对于国家级数据的选择，只能选取国家统一发布的数据。在本项研究中，三年指标数据均来自于国家权威机构发布的权威数据。在很多情况下，由于种种原因，原始数据的收集可能并不全面，就需要在统计分析的过程中，在尽量不作改变的情况下，去修正原有的缺失值。

**1. 缺失值处理**

缺失值是指在数据采集与整理过程中丢失的内容。缺失值的处理一般有两种方式，一是删除对应的记录。这种方式在数据缺失非常少的情况下是可行的，但如果各个项目中都有少数的数据缺失存在，对所有缺失的记录都进行删除可能就会使总样本量变得非常小，从而损失许多有用信息。缺失值处理的第二种方式是进行插值处理。所谓插值，是指人为地用一个数值去替代缺失的数值。插值处理根据插值的不同，有如下一些方法：随机插值，根据缺失值的各种可能情况，等概率地进行插值。依概率插值，随机插值是假定一个变量取各种值的可能性是相等的，但有些情况下，我们可以事先知道一个变量取各种值的概率，依基本的概率进行插值。就近插值，是指根据缺失记录附近的其他记录的情况对缺失值进行插值。就近插值是依概率插值的一种简化处理，很多情况下，就近插值实际上就是依概率插值。分类插值，依概率插值是将记录置于总体的背景上进行插值，没有充分利用记录的其他信息。如果在记录的其他信息中有某些项目与缺失项目存在相关性，则可以根据这些辅助信息对总体进行分类，在每一类内部进行插值处理。

在国家统一发布的数据中，存在一些缺失值，需要采取相应的统计方法进行处理。

在国家统计年鉴中，2006 年没有统计相应的农药施用量。同时，西藏、宁夏、甘肃、青海、北京在某些年份也有 1～3 个数据缺失。为保证数据处理的有效性，特别是 2006 年的农药施用量指标数据，处理方法是采用前一年的相应指标代替，如 2006 年的农药施用量就采用 2005 年的数据。这种替代的方式有可能会导致一些误差的产生。但是，首先，由于指标数据缺失量很少，只是 1～3 个（西藏略偏多），因此整体上影响不大。其次，对于农药施用量，所有省份的处理方式是一致的，误差对所有省份的影响也趋近于一致，相对减小了误差对结果的干扰，而体现数据的一致性。特别要说明的是，西藏的统计数据，缺失值是相对较多的，2007 年和 2006 年有 3 个，分别是工业固体废物综合利用量、单位 GDP 能耗、农村改水率；2005 年有 5 个，为工业固体废物综合利用量、工业污水达标排放量、城市生活垃圾无害化率、单位 GDP 能耗、农村改水率。其中，工业固体废物综合利用量、单位 GDP 能耗和农村改水率这 3 个指标连续 3 年都没有统计数据，为了保证数据的平衡性，采用当年的全国数据平均值作为替代，这可能会造成一些相应的误差。

在国家统计年鉴中，2008 年，建成区绿化覆盖率缺少天津、上海的数据；农村改水率缺少西藏的数据；工业固体废物综合利用量缺少西藏的数据；城市垃圾无害化率和单位 GDP 能耗也缺少西藏的数据，也是依据上述方式进行处理的。

**2. 极端值处理**

在本项研究的各个三级指标中，一些指标的差值巨大。以 2007 年为例，原始数据中最大值和最小值的倍率，森林覆盖率为 21 倍，农药施用强度为 30 倍，单位 GDP 水耗为 45 倍，单位 GDP 二氧化硫排放量为 90 倍。这些极大（小）值通常是某些省份的个别现象，代表性并不强，却对整个数据分布产生了相当大的影响，因为一组数据中的某一两个极值，将使得整个数据的离散度加大，并呈现单一偏态，标准差和平均数的位置也将出现相应的偏化。

在本项研究中，为了真实表现出数据的分布特性，平衡数据整体，将这些极端值剔除（大于 2.5 个标准差，总出现概率小于 2%）。在最后的标准分数赋值

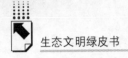

中，再给予其相应的最高（最低）分值6分（1分）。剔除的数据总数小于单个指标的5%，小于整体指标数据的1%，基本不会对整体分析产生影响。

## 四 省域生态文明建设评价信息平台设计

目前国内有关生态文明建设评价的研究尚处于起步阶段，与生态文明建设密切相关的行业性评价指标体系和区域性评价指标体系尚在探索当中，中国省域生态文明建设评价指标体系（ECCI）是评价我国各省生态文明建设成效、指引各省生态文明建设目标方向的客观评价指标体系。为便于社会各界了解和使用ECCI，课题组开发设计了基于网络的数据库系统和ECCI信息平台及相应的辅助测评软件，以提高指标数据的搜集效率和管理水平，实现实时评价和互动试评，为社会各界共同参与生态文明建设创造条件。

### （一）信息平台的设计目标及原则

中国省域生态文明建设评价信息平台的设计目标是，构建能够及时准确地评价和分析各省生态文明建设状况，实现成果信息全社会共享及评价互动的生态文明建设评价信息系统。在现代计算机技术、数据库技术、网络技术及编程工具Microsoft Visual Studio. NET开发环境的支持下，根据生态文明建设评价相关理论、指标体系和评价方法，本着实用、易于操作、安全可靠的开发原则，实现生态文明建设评价及分析的信息化，为实践部门开展生态文明建设提供决策依据。

为达到上述目标，在中国省域生态文明建设评价信息平台的设计开发过程中，坚持实用性与先进性原则、安全性与兼容性原则、易操作性与可扩展性原则，使信息平台用户界面友好，易于使用和维护。

**1. 实用性和先进性原则**

中国省域生态文明建设评价信息平台设计从实际需要出发，采用国际上先进成熟的技术，使整个信息平台的设计建立在高起点上。信息平台既要以经济实用为主，贴近生态文明建设评价及分析工作的实际需要，使信息平台能够真正发挥作用，又要有一定的超前性，兼顾未来的发展趋势；既能满足近期需求，又适应长远发展需要，确保信息平台在生态文明建设评价及相关分析等方面的辅助支持作用。

**2. 安全性和兼容性原则**

中国省域生态文明建设评价信息平台设计采用网络层安全、系统安全、用户

安全、用户程序安全和数据安全五层安全体系，实施全面的安全性措施。后台管理中设置严格的分级授权管理的权限管理体系，合理授予合法用户权限，防止非授权用户对系统的操作。采用一定的技术并与相应规范的管理制度相结合，防止可能发生的错误，使信息平台设计及建设达到相应的安全级别，确保信息平台的长期稳定运行。同时，使信息平台支持现有的国际工业标准，确保其良好的兼容性。

**3. 易操作性和可扩展性原则**

中国省域生态文明建设评价信息平台针对承担生态文明建设的部门和人员及热心生态文明事业的人士进行设计，操作上要求简单方便，人机交互界面友好。同时，兼顾信息平台以后的升级、更新，以应对未来变化的环境和需求，确保信息平台不但能够满足当前的实际需要，而且也为将来进一步发展更新留下空间。

## （二）信息平台的基本构成及主要功能

中国省域生态文明建设评价信息平台主要包括四个方面的功能：评价功能、分析功能、平台维护与管理功能、研究成果及相关信息发布功能。ECCI 信息平台系统结构及功能，如图 2 - 1 所示。

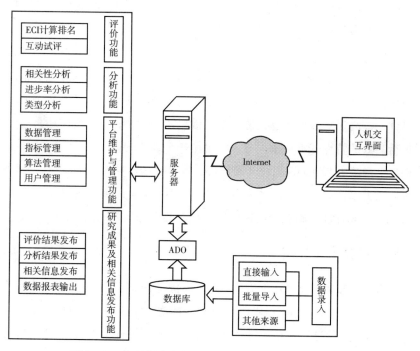

**图 2 - 1 中国省域生态文明建设评价信息平台结构图**

**1. 评价功能**

评价功能包括生态文明建设评价所涉及的三级指标、二级指标及 ECI 的计算排名功能，以及各省生态文明建设情况的互动试评功能。

**2. 分析功能**

分析功能包括对三级指标、二级指标、ECI 及有关指数间的相关性分析，各省的年度进步率分析，以及各省生态文明建设的类型分析等功能。

**3. 平台维护与管理功能**

ECCI 信息平台的维护与管理功能包括指标数据管理、三级指标管理、二级指标管理、指标临界值管理、指标权重管理、用户管理等。

**4. 研究成果及相关信息发布功能**

ECCI 信息平台以直观的形式发布各省生态文明建设的评价及分析结果，同时兼顾相关学术信息的发布功能。

## （三）信息平台设计实现

在中国省域生态文明建设评价信息平台开发过程中，采用比较成熟的客户/服务器体系结构（Client/Server，C/S），实现评价体系涉及的数据资源存储和管理以及数据处理都集中在专用的服务器上，客户端通过网络浏览器发送用户服务请求，调用服务器中的数据。这样的体系结构降低了信息平台对客户机配置的要求，客户机也不用存储大量的数据；服务器集中式的数据管理与处理，增强了数据的安全性、可靠性和可维护性；有利于实现数据的共享，保证了数据的一致性及共享性，提高了对数据信息资源的处理效率及利用率；C/S 结构还具有开发灵活、运行高效的特点，可从不同方面满足用户个性化的需求。

信息平台基于 Windows 系统开发平台，后台数据库可采用 Access、SQL Server 或 Oracle 数据库，本系统采用 Access 数据库。Microsoft Visual Studio. NET 开发环境具备良好的兼容性，确保了快速的应用程序开发和高效的团队协作。

## （四）信息平台介绍

中国省域生态文明建设评价信息平台试运行成功后将在互联网上正式发布，用户通过域名 www. ecci. org. cn 可以访问 ECCI 信息平台，其主界面如图 2-2 所示。

下面对 ECCI 信息平台功能进行详细介绍。介绍过程中主要以 2008 年全国各省级行政区的相关数据为例进行评价和分析，其他年份的操作与此类似。

**图 2 - 2　信息平台主界面**

**1. 评价计算**

ECCI 信息平台对各省 ECI 的计算及排名需要经过三级指标等级分的计算、二级指标加权得分的计算和最终 ECI 得分的计算几个步骤。计算完成后，ECCI 信息平台根据当年各省的 ECI 得分高低进行降序排列，以列表的形式输出。ECI 计算主界面如图 2 - 3 所示。

点击"画评价结果图"，可以以柱状图的形式，直观地显示各省生态文明建设评价的整体情况和各二级指标的得分及排名情况。如图 2 - 4 所示。

### 2008年生态文明建设评价结果

| 排名 | 地区 | 综合评价 | 生态活力 | 环境质量 | 社会发展 | 协调程度 |
|---|---|---|---|---|---|---|
| 1 | 北京 | 85.236693 | 21.692308 | 14.400000 | 21.411765 | 27.732620 |
| 2 | 浙江 | 82.048211 | 24.923077 | 11.200000 | 18.117647 | 27.807487 |
| 3 | 海南 | 81.096997 | 26.307692 | 16.800000 | 15.294118 | 22.695187 |
| 4 | 广东 | 78.292719 | 26.307692 | 13.600000 | 16.470588 | 21.914439 |
| 5 | 福建 | 78.114521 | 24.923077 | 14.400000 | 15.058824 | 23.732620 |
| 6 | 四川 | 76.830111 | 25.846154 | 16.000000 | 12.705882 | 22.278075 |
| 7 | 上海 | 76.751337 | 20.300000 | 11.200000 | 20.000000 | 25.251337 |
| 8 | 天津 | 75.354545 | 20.300000 | 13.600000 | 16.470588 | 24.983957 |
| 9 | 吉林 | 75.049938 | 26.307692 | 14.400000 | 13.882353 | 20.459593 |
| 10 | 重庆 | 74.883752 | 21.692308 | 14.400000 | 14.823529 | 23.967914 |
| 11 | 江苏 | 74.203867 | 19.384615 | 13.600000 | 15.764706 | 25.454545 |
| 12 | 江西 | 73.500946 | 28.615385 | 12.800000 | 12.941176 | 19.144385 |
| 13 | 广西 | 73.383299 | 22.615383 | 16.800000 | 13.411765 | 20.556150 |
| 14 | 辽宁 | 72.427807 | 24.000000 | 12.000000 | 15.058824 | 21.368984 |
| 15 | 黑龙江 | 72.305553 | 26.307692 | 12.800000 | 13.882353 | 19.315508 |
| 16 | 湖南 | 70.470095 | 24.461538 | 12.800000 | 12.000000 | 21.208556 |
| 17 | 云南 | 70.446401 | 22.615385 | 15.200000 | 12.941176 | 19.689840 |
| 18 | 西藏 | 70.146154 | 19.846154 | 18.400000 | 15.600000 | 16.300000 |
| 19 | 山东 | 69.709255 | 19.846154 | 11.200000 | 14.117647 | 24.545455 |
| 20 | 陕西 | 69.062937 | 22.153846 | 12.000000 | 12.941176 | 21.967914 |
| 21 | 安徽 | 68.585932 | 22.153846 | 10.400000 | 13.176471 | 22.855615 |
| 22 | 湖北 | 67.503579 | 22.153846 | 11.200000 | 12.941176 | 21.208556 |
| 23 | 河南 | 65.713534 | 19.846154 | 13.600000 | 11.529412 | 20.737968 |
| 24 | 内蒙古 | 65.469683 | 19.846154 | 12.800000 | 13.411765 | 19.411765 |
| 25 | 青海 | 65.127931 | 19.384615 | 16.000000 | 12.705882 | 17.037433 |
| 26 | 河北 | 63.510160 | 18.000000 | 11.200000 | 12.941176 | 21.368984 |
| 27 | 贵州 | 62.848704 | 18.461538 | 15.200000 | 13.882353 | 15.304813 |
| 28 | 新疆 | 62.674455 | 19.384615 | 13.600000 | 12.470588 | 17.219251 |
| 29 | 山西 | 62.055615 | 18.000000 | 11.200000 | 13.647059 | 19.208556 |
| 30 | 宁夏 | 59.294776 | 19.384615 | 9.600000 | 13.882353 | 16.427807 |
| 31 | 甘肃 | 57.067873 | 17.538462 | 12.000000 | 12.941176 | 14.588235 |

计算　　画评价结果图　　画相关性图

**图 2 - 3　ECI 评价计算主界面**

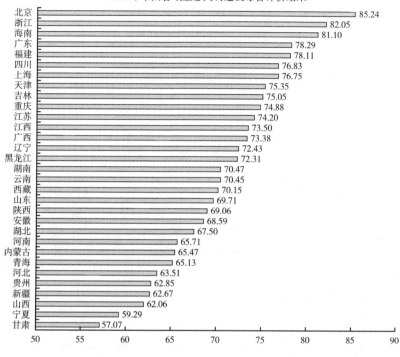

2008年中国省域生态文明建设综合评价结果

图2-4 ECI评价计算界面

此外,为便于社会各界及时了解当地生态文明建设的现状,ECCI信息平台中还包括了互动试评的功能,界面如图2-5所示。

用户在各项指标对应的文本框中输入当地的实时数据,点击"预测",就可以查看到该地区当前的ECI得分及各二级指标得分,以便及时找准当地生态文明建设的努力方向。

**2. 结果分析**

根据评价结果,点击"画相关性图",ECCI信息平台可以进行各三级指标、二级指标、ECI得分以及相关的指数之间的相关性分析。如图2-6、2-7所示。

通过指标间的相关性分析,有助于检验评价指标体系的合理性,厘清各级各类指标在ECCI中的意义及相互关系,以便各省准确定位目前生态文明建设中急需解决的突出问题。

为客观反映各省生态文明建设情况的实际变化,ECCI信息平台根据各省三

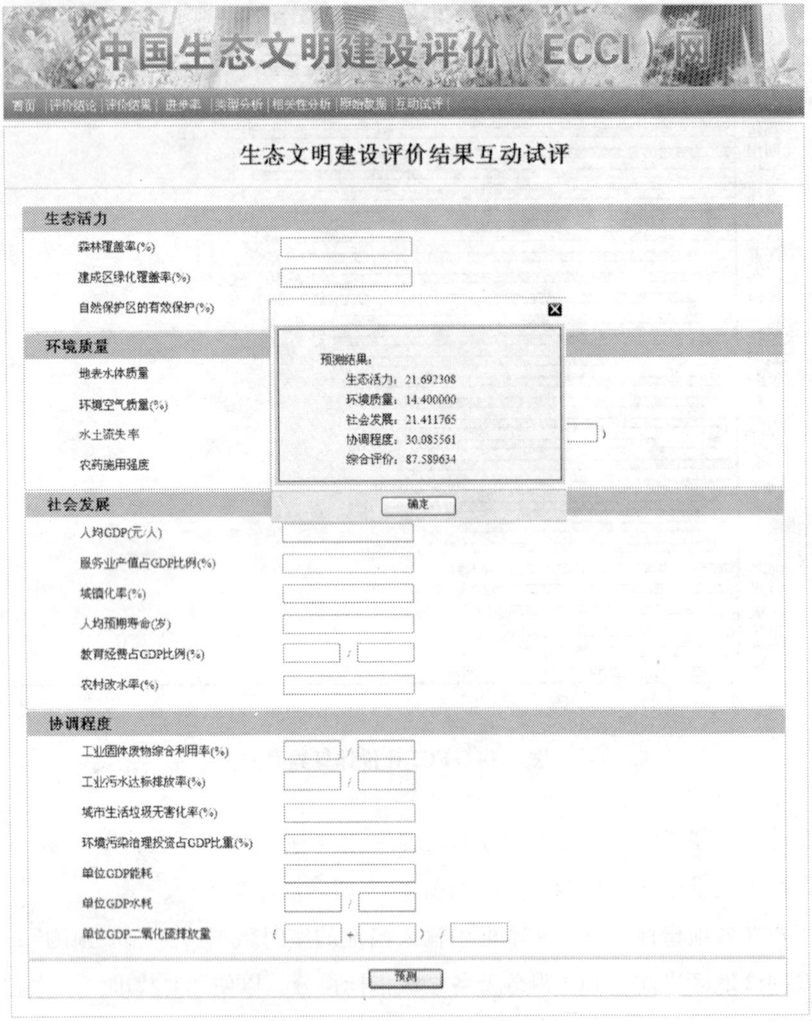

图 2 - 5　互动试评界面

级指标的原始数据进行年度进步率分析（如图 2 - 8 所示），确保各省份能够及时了解当地生态文明建设的发展态势。

　　类型分析（如图 2 - 9 所示），则有利于帮助各省份定位自己的生态文明建设类型，明确自己的优势和不足，找到在生态文明建设方面与自己类似的兄弟省份。

**3. 维护管理**

　　登录 ECCI 信息平台后台管理界面（如图 2 - 10 所示），即可对 ECCI 所涉及的三级指标、二级指标以及与之相关的指标临界值和指标权重进行管理。

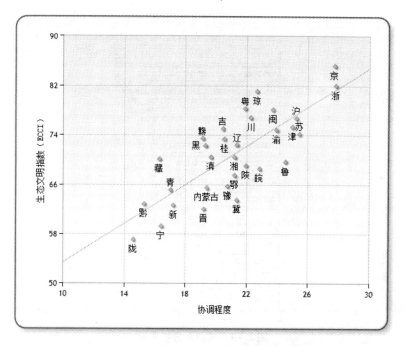

**图 2 - 6 二级指标与 ECI 相关性分析界面**

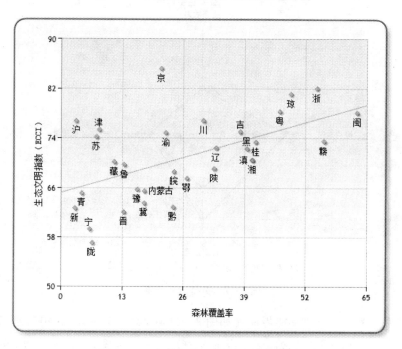

**图 2 - 7 三级指标与 ECI 相关性分析界面**

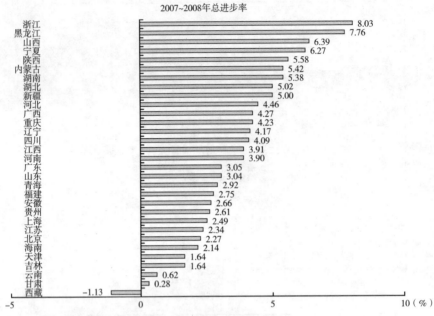

图2-8 进步率分析界面

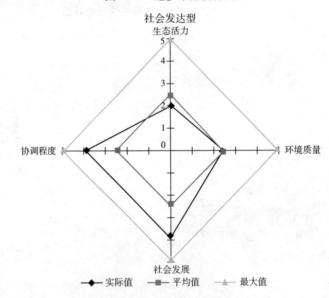

图2-9 类型分析界面

在指标数据项管理功能界面（如图2-11所示），确定ECCI中需要用到的相关数据。根据选取的数据，在三级指标管理界面（如图2-12所示），可以设置每个三级指标的名称、类型、计算公式以及临界值等。设置好了三级指标后，

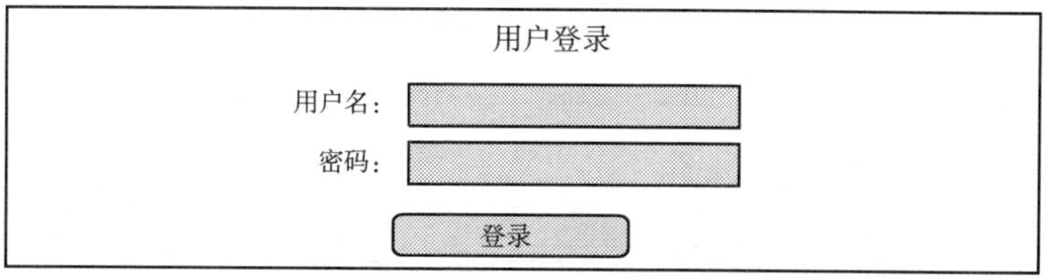

用户登录

用户名：

密码：

登录

**图 2 – 10 信息平台用户登录界面**

2008年数据项管理

| 序号 | 数据项名称 | 有效性 |
|---|---|---|
| 1 | 森林覆盖率 | ☑ |
| 2 | 建成区绿化覆盖率 | ☑ |
| 3 | 自然保护区的有效保护 | ☑ |
| 4 | 地表水体质量 | ☑ |
| 5 | 环境空气质量 | ☑ |
| 6 | 水土流失面积 | ☑ |
| 7 | 农药施用量 | ☑ |
| 8 | 耕地面积 | ☑ |
| 9 | 人均GDP | ☑ |
| 10 | 服务业产值占GDP比例 | ☑ |
| 11 | 城镇化率 | ☑ |
| 12 | 人均预期寿命 | ☑ |
| 13 | 教育经费投入 | ☑ |
| 14 | 农村改水率 | ☑ |
| 15 | 工业固体废物综合利用量 | ☑ |
| 16 | 工业固体废物产生量 | ☑ |
| 17 | 工业废水排放达标量 | ☑ |
| 18 | 工业废水排放总量 | ☑ |
| 19 | 城市生活垃圾无害化率 | ☑ |
| 20 | 环境污染治理投资占GDP比重 | ☑ |
| 21 | 单位GDP能耗 | ☑ |
| 22 | 地区用水消耗量 | ☑ |
| 23 | 工业二氧化硫排放量 | ☑ |
| 24 | 生活二氧化硫排放量 | ☑ |
| 25 | 国土面积 | ☑ |
| 26 | 年GDP | ☑ |
| 27 | | ☐ |
| 28 | | ☐ |
| 29 | | ☐ |
| 30 | | ☐ |

提交

**图 2 – 11 数据项管理功能界面**

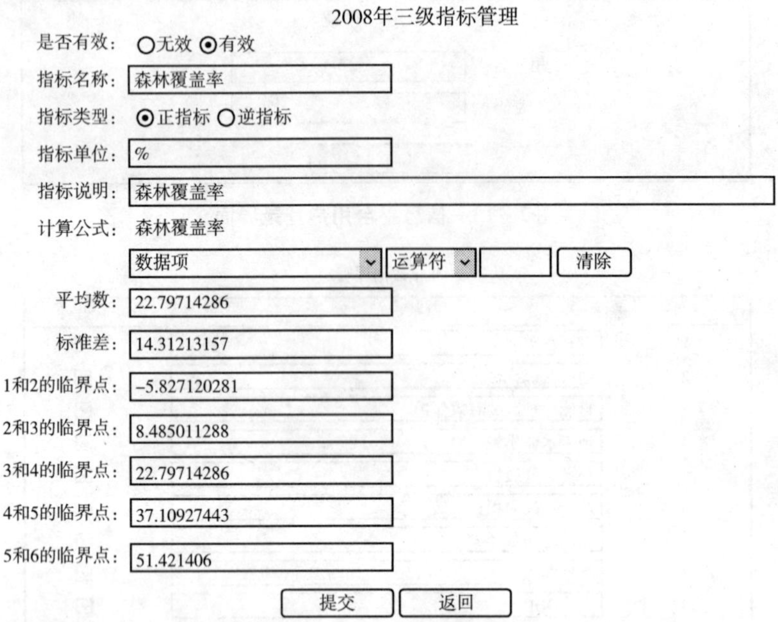

2008年三级指标管理

是否有效：　○无效　◉有效

指标名称：　森林覆盖率

指标类型：　◉正指标　○逆指标

指标单位：　%

指标说明：　森林覆盖率

计算公式：　森林覆盖率

数据项 ▾　运算符 ▾　　　　清除

平均数：　22.79714286

标准差：　14.31213157

1和2的临界点：　−5.827120281

2和3的临界点：　8.485011288

3和4的临界点：　22.79714286

4和5的临界点：　37.10927443

5和6的临界点：　51.421406

提交　　返回

**图2－12　三级指标管理界面**

在二级指标管理界面中（如图2－13所示），根据其所包含的三级指标及相应的权重和算法，设定二级指标，最终形成完整的ECCI。通过评价指标体系的管理，能够动态地增加、删除、修改各级指标，确保了ECCI的灵活性、适应性。以便根据互动反馈的情况和数据丰度的提升及时调整完善评价指标体系，实现对各省生态文明建设现状的准确评价。

**4. 信息发布**

ECCI信息平台发布各省生态文明建设评价及分析的结果，发挥了互联网的传播优势，有助于实现全社会的信息共享和评价互动，为社会各界共同参与生态文明建设搭建起平台。成果及相关信息发布界面如图2－14、2－15所示。

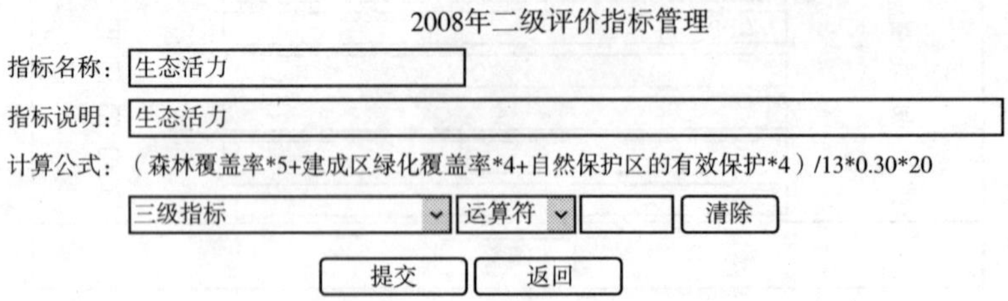

2008年二级评价指标管理

指标名称：　生态活力

指标说明：　生态活力

计算公式：　（森林覆盖率*5+建成区绿化覆盖率*4+自然保护区的有效保护*4）/13*0.30*20

三级指标 ▾　运算符 ▾　　　　清除

提交　　返回

**图2－13　二级指标管理界面**

中国省域生态文明建设评价结果

**图 2-14 评价结果发布界面**

**图 2-15 相关新闻发布界面**

# 第三章
# 国际比较

为更好地认识中国生态文明建设的现状，我们以联合国、世界银行、经济合作与发展组织等国际机构发布的权威数据为基础，主要选取 10 个国家与中国及各省（区、市）生态文明建设各具体方面的发展水平进行比较。建设生态文明是中国在建设中国特色社会主义过程中提出的目标，这条建设道路虽然没有现成的模式可以照搬，但通过与其他国家具体建设领域水平的比较，能让我们了解国际先进水平，更好地认清自己所处的位置，思考未来的发展方向。

限于数据来源的可获得性，课题组仅对 10 个生态文明建设的具体指标进行比较，其中生态活力 2 个、环境质量 1 个、社会发展 4 个、协调程度 3 个。国际比较显示，在生态、环境和资源压力较大的情况下，中国的生态文明建设不乏亮点，并且在各项指标上呈明显的进步态势。这些成绩，为进一步建设生态文明奠定了良好基础，但中国生态文明建设在这 10 个指标上与国际先进水平仍有差距。各省之间的建设水平呈两极分化状态，少数省份某些指标已达到国际领先水平，但大多数省份的建设水平仍亟待提高，部分省份有些指标的建设水平比较落后。

## 一 比较对象的基本情况

课题组根据发展水平、洲际分布和具体国情，选取了澳大利亚、巴西、俄罗斯、美国、南非、尼日尔、日本、瑞士、伊朗、印度这 10 个国家作为主要比较对象。其中发达资本主义国家有美国、日本、瑞士和澳大利亚，这 4 个国家分布在除非洲以外的四大洲中，经济发展水平较高，其中美国和日本 2008 年的国民生产总值为全球前两位，瑞士和澳大利亚的国民生产总值在全球的排名也很靠前。这些国家已经基本实现现代化，它们的经验能给在现代化与生态文明建设并行过程中的中国提供有益的借鉴。

美国位于北美洲南部，首都为华盛顿。美国国土面积 963.20 万平方公里。2008 年人口总数为 3.04 亿，仅次于中国和印度。美国本土东部为山地及大西洋沿岸平原，西部为高原和山地，中部为大平原，呈东西高中部低的地形。美国大部分地区属于温带大陆性气候，南部属亚热带气候，西部沿海地区为温带海洋性气候和地中海气候。美国是世界第一经济大国。2008 年，美国的 GDP（14.20 万亿美元）① 仅次于欧盟（14.82 万亿美元）②，居各国 GDP 之首。

日本位于亚洲东部、欧亚大陆以东、太平洋西部，首都为东京。国土面积 37.79 万平方公里，2008 年人口总数为 1.28 亿，人口生理密度排在世界第二位。日本为岛国，山地和丘陵占总面积的 71%，平原面积狭小。日本可分为六个气候区，包括北海道气候、日本海侧气候、中央高地气候、太平洋侧气候、濑户内海式气候、西南诸岛气候。日本经济高度发达，国民生活水平很高。2008 年，日本的 GDP（4.91 万亿美元）排名世界第二，仅次于美国，排在中国之前。

瑞士位于欧洲中南部，首都为伯尔尼。国土面积为 4.13 万平方公里，2008 年人口总数为 0.076 亿。瑞士是一个多山内陆国，包括中南部的阿尔卑斯山脉（占总面积的 60%）、西北部的汝拉山脉（占 10%）、中部高原（占 30%）三个自然地形区。瑞士气候具有多样性，阿尔卑斯山区南部属地中海气候，以北地区自西向东由温带海洋性气候向温带大陆性气候过渡。瑞士是富有特色的工业化国家，2008 年 GDP（0.49 万亿美元）排名世界第 21 位。

澳大利亚位于大洋洲，首都为堪培拉。国土面积为 774.12 万平方公里，国土面积位列世界第 6 位。2008 年人口总数为 0.21 亿。澳大利亚农业和畜牧业发达，矿产丰富。澳大利亚西部和中部为沙漠（约占大陆面积的 20%），东部为高原，沿海地带为平原。澳大利亚大陆北部地区是湿润的热带气候，东部中央地区和西部沿海气候温暖而不太炎热，而大陆南海岸和塔斯马尼亚州则较凉爽。澳大利亚是后起的现代化国家，其现代化进程富有代表性和示范性。2008 年澳大利亚 GDP（1.02 万亿美元）排名世界第 14 位。

课题组将"金砖四国（BRICs）"中的另外三个国家——巴西、俄罗斯和印

---

① 数据来源：世界银行数据库。若无特别注明，各国的国土面积、人口总数、GDP 数据均来自世界银行数据库。

② 数据来源：美国中央情报局：*The World Factbook 2009*。

度都纳入比较范畴。这三个国家与中国一样，是快速发展中的后发国家，经济增长速度较快，被认为是新兴经济体的代表和发展中国家的领头羊，并被认为有希望在几十年内取代七国集团成为世界上最大的经济体。这些国家在面积、人口、资源、市场等方面具有独特的优势，但与中国一样，在发展的过程中面临着经济建设和生态环境保护的双重压力。

巴西位于南美洲，首都为巴西利亚。国土面积为851.49万平方公里，国土面积排名世界第5位。2008年人口总数为1.92亿。巴西矿产资源、森林资源丰富。巴西南部是巴西高原，北部亚马孙河流域和东南沿海为平原，亚马孙平原约占全国面积的1/3。大部分地区属热带气候，南部部分地区为亚热带气候。巴西是新兴的发展中国家，资源丰富，被称为"世界原料基地"。2008年巴西GDP（1.613万亿美元）排名世界第8位。

俄罗斯位于欧洲东部和亚洲北部，首都为莫斯科。国土面积为1709.82万平方公里，居世界首位。2008年人口总数为1.42亿。俄罗斯自然资源丰富，森林覆盖面积居世界第一位。俄罗斯地形以平原和高原为主，其欧洲领土的大部分是东欧平原。全国以温带大陆性气候为主，北极圈以北属于寒带气候。苏联解体后俄罗斯的经济经历了一个从严重衰退到恢复发展的过程，现在已经重拾经济大国的地位。俄罗斯能源丰富，被称为"世界加油站"。2008年俄罗斯GDP（1.608万亿美元）排名世界第9位。

印度位于亚洲东南部，首都为新德里。国土面积为328.73万平方公里，居世界第7位，2008年人口总数为11.40亿，仅次于中国。印度国土的地形由德干高原和中央高原、平原及喜马拉雅山区等三个自然地理区构成。气候类型为热带季风气候。印度经济近年来一直保持快速稳步增长的态势。印度软件开发业十分发达，被称为"世界办公室"。2008年印度GDP（1.22万亿美元）排名世界第12位。

考虑到地区类型的平衡，课题组特别选取了较为发达的南非和较为落后的尼日尔为非洲国家代表。在文化类型上，选取了伊朗作为伊斯兰国家的代表。这些国家的现状也能给中国提供非常有价值的参考。

南非位于非洲最南端，首都为比勒陀利亚（行政首都）、开普敦（立法首都）、布隆方丹（司法首都）。国土面积为121.91万平方公里，2008年人口总数为0.48亿。南非矿产资源丰富，地形大部分为海拔600米以上的高原，西北部为沙漠，北部、中部和西南部为高原，沿海是狭窄的平原。大部分地区属热带草原气候，东部沿海为热带季风气候，南部沿海为地中海气候。南非是非洲经济最发达的国家。2008 年南非 GDP（0.28 万亿美元）排名世界第 32 位。

尼日尔位于非洲中西部、撒哈拉沙漠南缘，首都为尼亚美。国土面积为126.70 万平方公里，2008 年人口总数为 0.15 亿。尼日尔是一个内陆国，全国大部分地区属于撒哈拉沙漠，东南部、西南部地势均较低，中部多高原，东北部为沙漠区。尼日尔是世界上最热的国家之一，北部属热带沙漠气候，南部属热带草原气候。2008 年尼日尔 GDP（0.005 万亿美元）排名世界第 139 位。

伊朗位于亚洲西南部，首都为德黑兰。国土面积为 174.52 万平方公里，2008 年人口总数为 0.72 亿。伊朗是高原国家，西南部、北部、西部和西南部为山区，东部为高地，中部为干燥的盆地，形成许多沙漠，仅西南部波斯湾沿岸与北部里海沿岸有小面积的冲积平原。伊朗东部和内地属大陆性亚热带草原和沙漠气候，干燥少雨，寒暑变化大；西部山区多属地中海气候。伊朗的经济以石油开采业为主，它是石油输出国组织（OPEC）成员国中的第二大原油出口国。2008年伊朗 GDP（0.39 万亿美元）排名世界第 26 位。

## 二 生态活力比较

在生态活力方面，新中国成立以来森林和自然保护区面积有较大提高，已取得一定成绩。中国森林覆盖率的提高，为减缓世界森林面积的日益萎缩、应对全球气候变化作出了实际贡献；自然保护区的有效保护，为保护生物多样性提供了坚实保障；但与世界先进水平相比，我国这两方面的建设水平还有一定差距。

### （一）森林覆盖率

中国政府将保护和发展森林资源放在生态建设的首要位置，一直致力于改变中国森林资源稀缺的现状，努力维护全球生态安全，积极应对全球气候变化。在中国水土流失、土地荒漠化等问题日益突出，水灾、旱灾、风灾等自然灾害频发的情况下，中国的森林资源建设是一项需要坚持不懈地努力完成的课题。

中国的森林面积、森林蓄积量在建国后一直保持增长，但与国际先进水平相比，中国森林资源存在总量不足、质量不高、分布不均的问题。

首先，从森林覆盖率看，中国距世界平均水平仍有较大差距。据联合国统计资料显示，2005 年中国整体水平（21.2%，含港澳数据）在有数据的 213 个国家和地区中排名第 134 位，而同年国际平均水平为 30.3%。与所选取的 10 个国家相比较，还未达到日本森林覆盖率（68.2%）的 1/3，也未及俄罗斯森林覆盖率（47.9%）的 1/2；只高于同期南非（7.6%）、尼日尔（1%）和伊朗（6.8%）的水平。如图 3 - 1 所示。

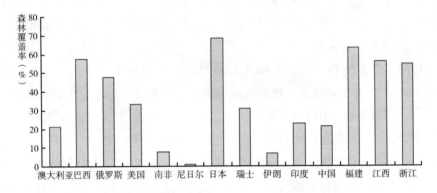

图 3 - 1  2005 年部分省份森林覆盖率国内外比较

数据来源：联合国千年发展目标数据库。

中国森林总面积和总蓄积量较少，人均占有量更少。根据国家林业局第七次森林资源清查结果，中国森林面积为 1.95 亿公顷，活立木蓄积量为 149.13 亿立方米，森林蓄积量为 137.21 亿立方米，取得了一定成绩。2005 年中国森林面积排名世界第 5 位，所选取比较的国家中，俄罗斯、巴西、美国、澳大利亚、印度的森林面积 2005 年分别位居全世界第 1、2、4、6、10 名。但根据联合国统计数据计算，2005 年中国森林资源面积（1.97 亿公顷）仅为俄罗斯（8.09 亿公顷）的 24.35%（如图 3 - 2 所示），占世界森林总面积约 5%。2005 年发布的中国森林资源报告显示，中国森林总蓄积量仅为世界总蓄积量的 3.45%，为亚洲的 28.24%，为巴西的 16.32%，为俄罗斯的 16.47%。目前，中国人均占有森林面积仅为 0.145 公顷，不足世界平均水平的 1/4；人均占有森林蓄积量 10.15 立方米，为世界平均水平的 1/7[①]。

中国森林资源还存在单位面积蓄积量偏低的情况。根据 2005 年中国森林资源报告，世界平均单位面积蓄积量为 110.17 立方米/公顷，亚洲平均单位面

---

① 国家林业局：《第七次全国森林资源清查结果》，http：//www. forestry. gov. cn/portal/main/s/65/content - 326341. html。

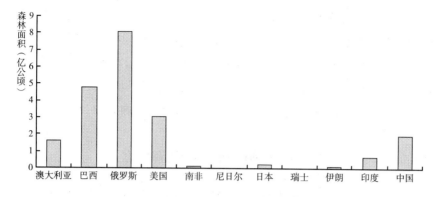

**图 3 - 2　2005 年部分国家森林面积比较**

数据来源：联合国粮农组织：《2005 年全球森林资源评估》，罗马，2006。

积蓄积量为 82.4 立方米/公顷，中国平均单位面积蓄积量低于亚洲和世界平均水平，居世界第 84 位[①]。以联合国统计数据计算，2005 年中国森林单位面积蓄积量为瑞士的 18.28%，为巴西的 39.51%，为美国的 57.98%[②]。如图 3 - 3 所示。

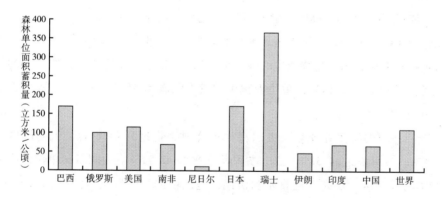

**图 3 - 3　2005 年部分国家森林单位面积蓄积量比较**

数据来源：联合国粮农组织：《2007 年世界森林状况》，罗马，2007。

其次，中国森林质量总体偏低。根据前 6 次全国森林资源清查资料分析，质量偏低的具体表现有：中幼林比重大；单位面积蓄积量一直维持在较低水平

---

[①]　国家林业局：《中国森林资源报告》，中国林业出版社，2005。

[②]　联合国粮农组织：《2007 年世界森林状况》，罗马，2007。

（如表3－1所示）；天然林占森林总面积比重下降；人工林生产力较低；等等。2005年中国森林资源中，中幼林占总面积的67.85%，占总蓄积量的38.94%；人工林保存面积为5325.73万公顷，为世界首位，占中国森林总面积的31.51%，但蓄积量仅占全国的12.44%。第7次清查结果还显示，中国森林生态功能不够高，全国乔木林生态功能指数为0.54，生态功能好的比例为11.31%。

表3－1　中国森林单位面积蓄积量变化

| 时期(年) | 1973 ~ 1976 | 1977 ~ 1981 | 1984 ~ 1988 | 1989 ~ 1993 | 1994 ~ 1998 | 1999 ~ 2003 |
|---|---|---|---|---|---|---|
| 森林蓄积量(百万立方米) | 8656 | 9028 | 9141 | 10137 | 11267 | 12456 |
| 森林面积(百万公顷) | 122 | 115 | 125 | 133 | 159 | 175 |
| 森林面积蓄积量(立方米/公顷) | 70.95 | 78.50 | 73.13 | 76.22 | 70.86 | 71.18 |

数据来源：国家林业局全国六次森林资源清查资料。

除面积、蓄积量外，生物量和生物量中的碳也是衡量森林资源质量的主要指标。2005年，世界森林资源的生物量总量为48631.44亿吨，单位面积生物量为144.7吨/公顷。中国森林生物量为121.91亿吨，仅为世界的2.51%，单位面积生物量为61.8吨/公顷，不到世界平均水平的一半。世界森林生物量中的碳总量为2404.39亿吨，单位生物量中的碳含量为71.5吨/公顷，而中国生物量中的碳仅占全世界总量的2.54%，单位面积生物量中的碳为31吨/公顷，不到世界平均水平的50%[①]。

与所选取的国家相比较，中国森林每公顷生物量为61.8吨，仅为巴西的29.16%，为南非的34.51%，为世界平均水平的42.71%。中国森林单位面积生物量中的碳含量，仅高于尼日尔和伊朗，是巴西的30.10%，南非的34.44%，世界平均水平的43.36%。（如图3－4所示）

再次，森林资源分布不均也是我国森林的重要特点。中国森林资源集中于东北、西南地区，黑龙江、吉林、内蒙古、四川、云南和西藏六个省份的森林面积总和占全国森林总面积的一半以上（51.4%），蓄积总量则达到了全国总量的70%[②]。各省之间森林覆盖率水平差异十分明显。一些省份的森林覆盖率已经达

①　国家林业局：《中国森林资源报告》，中国林业出版社，2005。
②　国家林业局：《2005年中国林业基本情况》，http://www.forestry.gov.cn/。

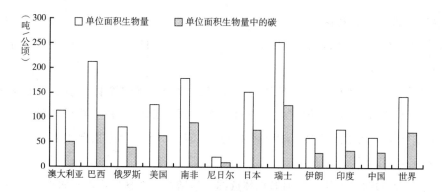

图 3 - 4　2005 年部分国家森林单位面积生物量和生物量中的碳比较

数据来源：联合国粮农组织：《2007 年世界森林状况》，罗马，2007。

到世界领先水平，森林覆盖率最高的福建，其 62.96% 的森林覆盖率达到同一时期世界第 25 位国家的水平，在相比较的 10 个国家中仅次于日本。受自然地理等条件的限制，上海（3.17%）和新疆（2.94%）的森林覆盖率在相比较的 10 个国家中仅高于尼日尔（1%）。

虽然存在上述问题，中国在森林资源建设方面已经做出了大量努力，并取得了一定成绩。一方面，体现在中国森林面积和蓄积量均保持增长，是世界上森林资源增长速度最快的国家。新中国成立 60 多年以来，森林面积和蓄积量比新中国成立初期有了较大幅度提高。根据第七次全国森林资源清查结果，截至 2008 年，中国森林面积已达 1.95 亿公顷，森林覆盖率达到 20.36%[①]。第六次和第七次清查间隔的五年间，中国森林面积增加了 2054.30 万公顷，森林蓄积量增加了 11.23 亿立方米，年均增长 2.25 亿立方米。

另一方面，中国在严格保护天然林（2005 年占林地面积的 68.49%）的同时，大力发展人工林，有效地促进了林业的发展。第七次全国资源清查结果显示，自第六次清查以来，中国天然林面积增加了 393.05 万公顷，天然林蓄积增量 6.76 亿立方米，蓄积净增量达到第六次清查的 2.23 倍。2000～2005 年，中国年均增加森林面积 405.8 万公顷，净增长量居全球首位，其中人工林年均增长 148.9 万公顷，占全球人工林年均增量的一半以上（53.2%）。森林采伐也逐渐

---

① 这里的森林覆盖率 20.36% 与前面提到的 21.2% 数值不同，是由于国内和联合国的统计口径不同造成的，在分析中课题组尽可能只对采用相同统计口径的数据进行比较，以保证可比性。以下类似情况不再另作标注。

由天然林向人工林转移。在同期全球年均森林面积减少730万公顷的背景下，中国森林资源保持净增长，一定程度上抵消了其他地区的森林高采伐率，得到国际社会的充分肯定[①]。

此外，中国还积极探索集体林权制度的改革，推进个体经营，实行具有中国特色的森林资源管护制度；通过积极发展碳汇林业和生物质能源，为应对全球气候变化间接减排。中国的林业已经从木材生产为主向生态建设为主转变。

上述方面的努力使得中国的森林资源不断增长。就森林覆盖率而言，1990~2005年，所选取比较的国家中，仅有美国、瑞士和印度的森林覆盖率有增长，分别增长了0.5%、1.7%和1.3%。俄罗斯、南非和伊朗的森林覆盖率保持不变。中国的森林覆盖率增长速度最快，比原来高出4.4个百分点。如图3-5所示。

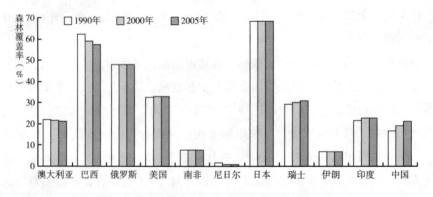

图3-5　1990~2005年部分国家森林覆盖率变化

数据来源：联合国千年发展目标数据库。

比较而言，巴西和俄罗斯一样，森林面积广阔，世界最大的热带雨林——亚马孙雨林60%分布在巴西境内。但巴西在保护森林资源方面的工作还有待加强。近年来，亚马孙雨林被毁面积迅速扩展，检测表明，2007年8月至2008年7月，仅损毁的雨林面积就达到了2.49万平方公里。与此同时，巴西的森林面积和森林覆盖率也呈逐年减少和下降的趋势。1990年时巴西的森林覆盖率为62.2%，2000年时下降为59%，2005年为57.2%。据估算，巴西1990~2000年和2000~

---

① 国家林业局：《中国林业与生态建设状况公报》，http://www.forestry.gov.cn/。

2005年，森林净损失面积占全球损失总量的21%和24%。2000～2005年，巴西森林面积年均净损失量居全球之首，高达3103千公顷/年。

总之，在森林覆盖率上，中国的水平还未达到世界平均水平，低于相比较的10个国家中的7个，仅高于南非、尼日尔和伊朗。并且，中国的森林资源存在总量不足、质量不高、分布不均等问题。虽然如此，中国在这方面的建设仍有很大优势，具体表现为：近年来森林面积、蓄积量持续增长，天然林保护、人工林建设力度大，森林资源增长速度快。

## （二）自然保护区的有效保护

中国在自然保护区的有效保护方面，取得了较好的成绩。1956年，中国政府开始建立自然保护区，至2000年已建立自然保护区1147处。2001年，中国政府开始实施野生动物保护及自然保护区建设工程，加快推进自然保护区建设工作。至2008年，已经建立各类自然保护区2538个，总面积达到14894.3万公顷，其中国家级自然保护区为9120.3万公顷。2005～2008年，中国自然保护区面积比例在联合国统计的210多个国家和地区中，排名稳定在第57位。

与所选取比较的国家相比，中国的自然保护区建设力度还可以进一步加强。10国中，巴西的自然保护区占国土面积的比例最高，2008年达到28.9%；其次是瑞士，为28.6%；美国和澳大利亚该比例也达到20%以上，分别为22.3%和21.4%；印度在10国中该比例最低，仅为4.6%。中国的水平低于巴西、瑞士、美国和澳大利亚，高于其他国家。如图3-6所示。

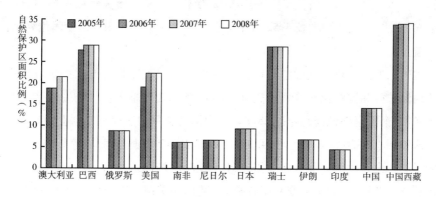

图3-6　自然保护区面积比例国内外比较

数据来源：联合国千年发展目标数据库。

与10个国家相比，中国自然保护区建设的速度适中。数据显示，1990～2008年，10个国家中自然保护区面积增长速度最快的是巴西。1990年巴西自然保护区占国土面积比例为9%，2008年已经升至28.9%。澳大利亚的自然保护区建设速度也很快，从1990年的7.8%增至2008年的21.4%。尼日尔的自然保护区面积比例在19年中没有发生变化。2008年中国自然保护区比例为14.3%，接近美国1990年14.6%的水平，比瑞士1990年16.6%的水平要低。如图3-7所示。

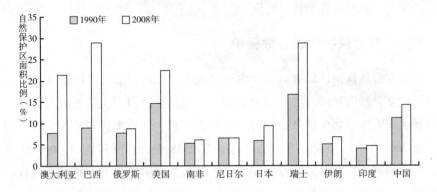

**图3-7 部分国家自然保护区面积比例变化**

数据来源：联合国千年发展目标数据库。

中国自然保护区绝对面积增长速度低于巴西、澳大利亚和美国。1990年时中国的自然保护区面积低于美国和俄罗斯，高于其他国家。2008年，巴西的自然保护区面积已经超越了美国，澳大利亚的自然保护区面积也超过了中国。18年间，巴西自然保护区面积年均增长9.72万平方公里，澳大利亚年均增长6.51万平方公里，美国年均增长4.52万平方公里。从净增长面积看，中国位列第四，年均增长1.77万平方公里。如图3-8所示。

中国的海洋保护区建设空间巨大。在构成上，可以将自然保护区大致区分为陆地保护区和海洋保护区两种类型。2008年巴西陆地保护区与总地表面积的比例在11个国家中最高，达到28.8%。中国此类保护区面积比例也较高，仅次于巴西和瑞士的28.6%，达到14.3%，高于美国等其他国家。瑞士和尼日尔为内陆国家，没有领海。除这两个国家外，海洋保护区占领海面积比例最大的是澳大利亚，高达87.2%（2006年数据），其次为美国（70.1%，2005年数据）。剩余的7国该类比例都低于7%。中国在这方面比例最低，仅为0.3%。如图3-9所示。

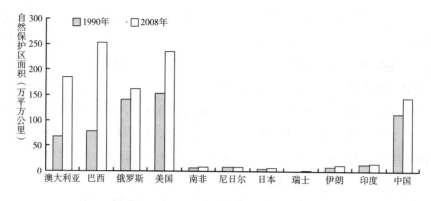

**图 3 - 8 部分国家自然保护区总面积变化**

数据来源：联合国千年发展目标数据库。

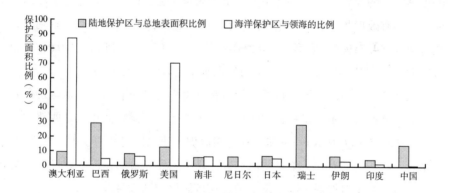

**图 3 - 9 2008 年部分国家两类自然保护区面积比例\***

数据来源：联合国千年发展目标数据库。

\* 海洋保护区与领海面积比例数据中，澳大利亚是 2006 年的数据，美国是 2005 年的数据。

目前，中国已经初步形成了功能较为完善、类型较为齐全的自然保护区网络体系。该体系包括自然生态系统类、野生生物类、自然遗迹类 3 大类，覆盖森林生态系统类型、草原与草甸生态系统类型、荒漠生态系统类型、内陆湿地和水域生态系统、海洋与海岸生态系统类型、野生动物类型、野生植物类型、地质遗迹类型、古生物遗迹类型共 9 种类型[①]。至 2008 年，中国对各类陆地生态系统、野生动物种群、高等植物群落等都建立了相应的保护区，涵盖面分别达到 90%、

---

① 环境保护部：《2007 年中国环境状况公报》。

85%和65%；自然湿地的保护率接近45%，典型荒漠化地区和天然优质森林的保护达到30%和20%①。但值得注意的是，自然生态类的保护区面积和数量比重较高，野生生物类和自然遗迹类的自然保护区建设仍须加强。

在法规制度建设方面，中国已经初步形成了中国的自然保护区法律法规体系。1994年，国务院颁布了《中华人民共和国自然保护区条例》，为中国自然保护区的有效保护提供了法律保障。1997年，国家环保局、国家计委发布实施《中国自然保护区发展规划纲要》。2005年，国家环保总局等制定《全国自然保护区发展规划》，明确了今后自然保护区的发展目标和主要任务。

以各省建设的实际情况与世界各国比较，2008年西藏自治区的自然保护区面积比例（34.51%）已达到世界第9位水平，成绩斐然（如图3-6所示）。考虑到中国巨大的人口压力、经济压力、粮食安全压力，以及气候地理条件，在自然保护区的有效保护方面所取得的成绩是非常值得肯定的。但也应看到，2008年仍有河南（4.51%）、安徽（4.05%）、福建（3.05%）、河北（3.02%）和浙江（2.52%）未达到所比较的10国的最低水平（印度，4.6%）。

与森林覆盖率情况相同，自然保护区在各省份的建设有明显的地区特征和不平衡性。总体而言，不管是在自然保护区的数量上，还是在面积上，西部均最多（如图3-10、3-11所示）。中国各省自然保护区建设情况差别较大，就2008年数据来看，广东省建有371个自然保护区，是中国建立自然保护区数目最多的省份；上海建有4个自然保护区，是中国建立自然保护区数目最少的省份。内蒙古自治区的国家级自然保护区数量居全国之首，共有23个；北京和上海的国家级自然保护区数量各为2个。

总之，中国的自然保护区占国土面积比例较高，近年来在联合国统计的国家中居中上游水平。在相比较的国家中，仅低于巴西、瑞士、美国和澳大利亚。2008年中国的建设水平接近美国1990年的水平。近年来，中国的自然保护区建设已经形成体系，但在海洋保护区建设上还可以加快步伐。随着中国经济的发展，我国对自然保护区建设的重视程度将越来越高，自然保护区的数量也逐年递增。如何在自然保护区的建设上从重视数量走向重视质量，从制度和管理上提升有效保护的水平，将是今后自然保护区建设需要重点解决的问题。

---

① 国家林业局：《中国林业与生态建设状况公报》，http：//www.forestry.gov.cn/。

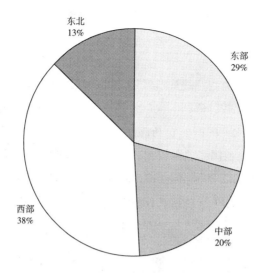

**图 3 – 10 2008 年中国自然保护区各地区数量比例**

数据来源：《中国统计年鉴－2009》。东部省份包括：北京、天津、河北、上海、江苏、浙江、福建、山东、广东、海南。中部省份包括：山西、安徽、江西、河南、湖北、湖南。西部省份包括：内蒙古、广西、重庆、四川、贵州、云南、西藏、陕西、甘肃、青海、宁夏、新疆。东北省份包括：辽宁、吉林、黑龙江。

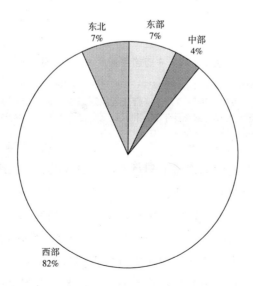

**图 3 – 11 2008 年中国自然保护区各地区面积比例**

数据来源：《中国统计年鉴－2009》。

# 三　环境质量比较

环境质量方面，因为指标统计口径不相同，缺乏衡量大气质量和水体质量的可比数据进行国内外比较，课题组仅就农药施用强度方面进行考察。与比较国家可获取的最新数据相比，中国的农药施用强度相对最高（13.74 吨/千公顷耕地面积，2008 年），与其他国家差距较大，高于日本 2006 年 13.72 吨/千公顷耕地面积的水平，为澳大利亚 2006 年的 18.26 倍，为美国 2004 年的 10.67 倍（如图 3 - 12 所示）。各省受地理条件和农作物生产的影响，差异较大，宁夏、新疆、内蒙古、西藏农药施用强度较小，远低于世界平均水平。

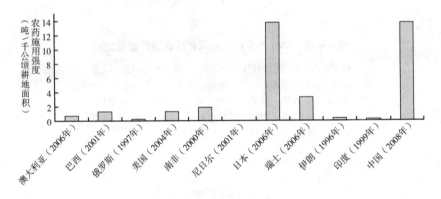

**图 3 - 12　农药施用强度国内外比较**

数据来源：根据《联合国粮农组织统计年鉴（2007～2008）》、《经济合作与发展组织环境数据概要（2006～2008）》、经济合作与发展组织数据库、《美国统计概要 - 2007》、《拉丁美洲和加勒比海统计年鉴 - 2007》、《中国统计年鉴 - 2009》、《中国环境统计年鉴 - 2009》相关数据计算得出。

2007 年中国已经在农药产量上超过美国，成为世界第一大农药生产国和出口国；在农药施用总量上，中国也非常高，2008 年中国农药施用总量为 2004 年美国总量的 7.46 倍；2008 年中国耕地总面积不到美国 2004 年的 70%（如图 3 - 13 所示）。施用总量的不断增大使中国农药施用强度难以下降。

从数据上看，日本的农药施用强度也较高，与中国处于相似水平。中日之间农产品贸易往来频繁，因贸易壁垒等因素，日本对中国出口产品的农药残留监控十分严格，相关事件屡见媒体报道。日本自身的农产品也仍面临着农药残留、污染的威胁。为应对农药污染，日本积极推广"环保生态型农业"，制定相

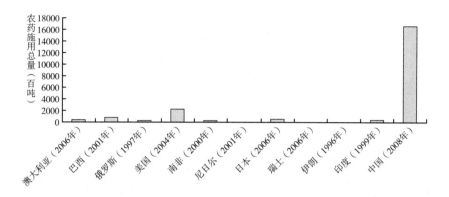

**图 3 - 13　农药施用总量国内外比较**

数据来源：《经济合作与发展组织环境数据概要（2006～2008）》、经济合作与发展组织数据库、《美国统计概要－2007》、《拉丁美洲和加勒比海统计年鉴－2007》、《中国环境统计年鉴－2009》。

关标准，为农户提供新型技术情报。此外，日本在销售过程中，对农产品的产地、生产者等标示完整，利于从管理环节上将产品质量责任落实，也是值得借鉴的。

日本虽然农药施用强度仍然很高，但2006年的强度水平与1990年相比，已经下降很多，并一直逐年递减。1990年日本的农药施用强度是19.42千克/公顷，2006年时已经下降了29.40%。

澳大利亚和瑞士农药施用强度近年来也呈现出较明显的下降趋势，美国则变化幅度不大。1992～1999年，澳大利亚的农药施用总量减少了85454吨，农药施用强度从2.54千克/公顷减少到0.75千克/公顷。1990～2006年瑞士的农药施用强度从5.84千克/公顷下降为3.34千克/公顷。美国的农药施用水平从1990～2003年的1.7～2千克/公顷范围，下降到2004年的1.29千克/公顷。如图3-14所示。

选取比较的发展中国家农药施用强度都较低。巴西和南非是选取比较的国家中（俄罗斯缺乏逐年数据）农药施用强度明显呈现上升趋势的国家。巴西、尼日尔、伊朗和印度的农药施用强度都在1千克/公顷以下，南非施用强度虽不断上升，2000年时还未突破2千克/公顷的水平。如图3-15所示。

在经济合作与发展组织（OECD）国家中，农药施用总量和强度逐年下降是主流趋势。OECD选取考察了25个成员国、欧盟15个成员国以及OECD整体农药年均施用总量的变化。与1990～1992年的平均水平相比，2001～2003年有9

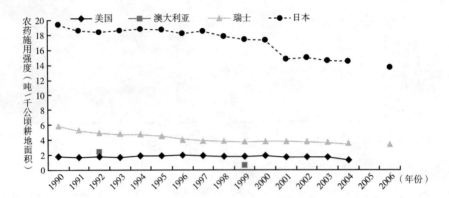

**图 3 - 14　1990 ~ 2006 年澳大利亚①、美国②、日本和瑞士③农药施用强度变化**

数据来源：根据联合国粮农组织统计数据库、经济合作与发展组织数据库相关数据计算得出。

①澳大利亚仅有 1992 年和 1999 年的数据。

②美国缺 2005 ~ 2006 年的数据。

③日本和瑞士缺 2005 年的数据。

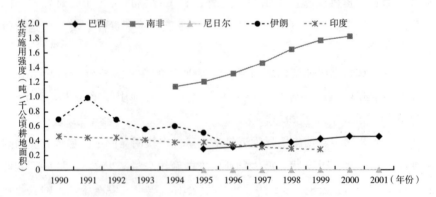

**图 3 - 15　1990 ~ 2001 年巴西①、南非②、尼日尔③、**
**伊朗④、印度⑤农药施用强度变化**

数据来源：根据联合国粮农组织统计数据库、经济合作与发展组织数据库、《拉丁美洲和加勒比海统计年鉴 - 2007》相关数据计算得出。

①③巴西、尼日尔缺 1990 ~ 1994 年数据。

②南非缺 1990 ~ 1993 年、2001 年数据。

④伊朗缺 1997 ~ 2001 年数据。

⑤印度缺 2000 ~ 2001 年数据。

个国家的年均使用总量上升，其余国家和地区都有不同程度的下降。在施用强度方面，选取比较的 16 个国家中，只有希腊、墨西哥、葡萄牙、土耳其、波兰在2003 年高于 1990 年。如图 3 - 16 所示。

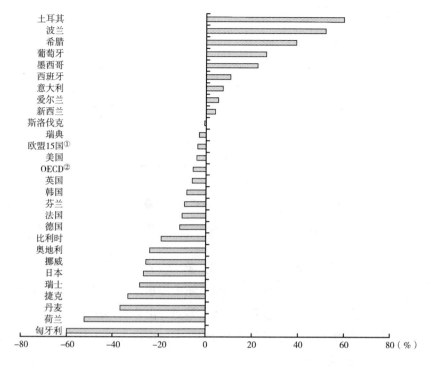

**图 3 - 16　OECD 国家农药施用总量变化情况**

数据来源：OECD：《1990 年以来经合组织国家农业环境绩效》，www. oecd. org/tad/env/indicators。

①欧盟 15 国包括葡萄牙 1996～1998 年的平均值以及 OECD 秘书处对如下国家相关年份的估计值：爱尔兰 2002 年和 2003 年的数据，希腊 1991～1993 年的数据，意大利、德国和西班牙 2003 年的数据。

②OECD 整体情况包括 OECD 秘书处对如下国家相关年份的估计值：希腊和斯洛伐克共和国 1990 年的数据，墨西哥、新西兰、土耳其 1990～1992 年的数据，爱尔兰、土耳其、美国 2002 年和 2003 年的数据，德国、墨西哥和西班牙 2003 年的数据。

与发达国家和地区情况不同，近年来，中国的农药施用量不断上升（如图 3 - 17 所示）。有观点认为，在中国工业化进程中，大量农村劳动力被吸纳到非农业生产领域，农村劳动力相对缺乏，导致了对农药的依赖。此外，中国人多地少，自然资源相对贫乏，粮食生产压力大，也促使了农药的大量施用。并且，农业生产规模小而分散，难以从购买、存储、使用等环节对农药施用进行控制和管理，易造成农药的误用、滥用。不能忽视的是，在大量施用农药的过程中，随着药剂用量的增大、害虫抗药性的增强，发生环境危害、生态平衡遭破坏的可能性也增加。

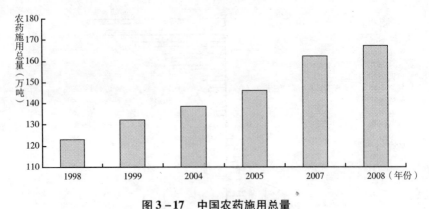

图 3 – 17    中国农药施用总量

数据来源：中国国家统计局：《中国环境统计年鉴 – 2009》。

农药对环境的危害可能来自农药自身、农药生产、农药施用和管理等方面。农药本身带有毒性，高毒性农药极易引发人畜中毒事故。中国的农药中毒事故具有局部性、短期性、突发性、危害严重性的特点。由非食用被污染蔬菜造成的农药中毒，即生产性中毒和投毒、自杀、误服、误触中毒等农药中毒人数，中国占到全世界同类事故的一半。

首先，从农药生产方面看，生产水平低、产品质量差仍然是中国普遍存在的现状。中国虽然是世界农药第一生产大国，但存在农药生产和使用结构欠合理等问题。例如，杀虫剂比例偏高，且杀虫剂中的有机磷农药、高毒性品种比重高。

其次，在中国，众多农药生产企业由于资金实力薄弱及工艺技术落后造成农药生产物耗多，成本高，产品质量差、药效低，三废污染严重。此外，还有品种老化、原药含量低的问题。国内农药生产更新换代速度较慢，专利少，绝大部分企业都是进行非专利产品的生产。国内农药企业生产技术水平、研发能力仍有待提高。

再次，农药的大量施用，直接导致土壤和水源的污染。有研究指出，因产品物理化学性能不良，作用于目标害虫的农药占施用量比例相当低，其余的农药则附着在作物上，或进入土壤、空气中，或进入地表水和地下水中。农药中有相当一部分与土壤形成结合残留物，中国的主要河流中均能检测到农药。

目前，我国仍然存在长期、大量、不合理使用甚至乱用、滥用农药的情况。中国虽已经禁止使用有机氯农药，但高毒有机磷农药、高残留有机氯农药仍被施用。目前欧盟禁止或限制施用销售的农药有效成分许多在中国仍有登记和销售，有的目前是国内的主流品种，甚至作为高毒农药替代品种进行重点推广。

农药的施用不当与农药施用者知识和技术欠缺，对农药的危害特性与规律缺乏认识有关。认识不足和技术欠缺具体表现在：施用时机不当，抓不住最佳防治期，不见病虫不打药，导致防治效果非常不理想；喷药质量差，药液不到位；追求农作物产量和"无虫蔬菜"，肆意加大施用浓度及施用次数等。高毒农药是国家明令禁止施用于蔬菜的，但因杀虫效果好、见效快，农民施用十分普遍，而这些农药产品多有"三致"（致突变、致畸和致癌）危害。

此外，农药施用中还普遍存在植保机械落后、故障率高、性能落后的状况，远远达不到科学施用农药的要求。比较而言，瑞士等国家在20世纪80年代初就占据了农药施用技术和设备上的领先地位。一些大型化工公司不仅不断推出新农药品种，还形成相应的较为成熟的农药施用技术和检查施药质量的方法。能有效地提高农药在目标物上的有效沉积率，减少大雾滴农药的流失和小雾滴农药的漂移，减少单位面积的用药量，提高药效，减轻农药对环境的污染。

此外，在销售过程中，由于管理不善，不乏未经检验、含有有毒元素的农药上市，造成大量伪劣农药进入市场，造成农民经济损失和中毒事故。一些经销单位和个体户无农药专业知识、无法鉴定真伪，也不能传授农药施用技术。禁用农药屡禁不止，甚至公开销售。

从中国各省的情况来看，农业大省的农药施用量都较高。1998年，全国农药施用量最高的三个省份为山东、湖北、江苏；2008年，山东和湖北仍然是施用量最高的前两位省份，河南省成为第三大农药施用大省。并且，从1998年到2008年，绝大部分省份的农药施用总量有增无减，只有上海、北京、江苏的农药施用量有较为明显的减少，分别为1998年水平的55.35%、75.89%和94.96%。而农药施用总量增长速度最快的是甘肃、海南和西藏，分别为1998年水平的3.22倍、3.12倍和2.74倍（如图3-18所示）。2008年农药施用强度最小的三个省份是宁夏、内蒙古、陕西，农药施用总量比1998年增长了1.76倍、2.30倍和1.05倍，在耕地面积不变的条件下，施用强度增幅很大。

由上可知，2008年中国的农药施用强度达到澳大利亚2006年水平的18倍以上。近年来，所选取比较的国家中，除巴西和南非，其他国家的农药施用强度都呈下降趋势。OECD大部分成员国、欧盟部分国家中，农药施用强度也呈下降趋势。中国作为世界农药生产和消费第一大国，农药施用强度呈不断上升趋势，特

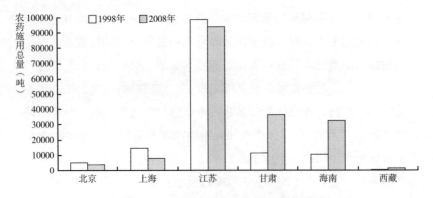

图3-18　部分省份农药施用总量变化

数据来源:《中国环境统计年鉴-2009》,中国统计局网站。

别需要从农药的生产、销售、施用等各个环节加强控制,以避免农药对环境等各方面带来的危害。如何控制农药施用总量的上升,控制农药施用强度的继续增大,是中国生态文明建设面临的重要挑战。

# 四　社会发展比较

在社会发展方面,中国的总体水平仍比较落后,人均 GDP 水平大致相当于所选取比较的发达国家 20 世纪 60 年代末至 70 年代初的水平,服务业产值占 GDP 比例低于所选取比较的发展中国家 20 世纪 80 年代水平,城镇化率水平情况也类似。但中国人均预期寿命水平要高于世界平均水平。

## (一) 人均 GDP

人均 GDP 可以反映体面生活所需资源的满足程度。中国 GDP 总量大,但人口基数庞大,因此人均 GDP 不高。2008 年中国 GDP 总量排名世界第三,排在美国和日本之后,GDP 总量折合为美元相当于美国的 27.2%,日本的 78.6%[1] (如表 3-2 所示);但人均 GDP 在联合国统计的 216 个国家和地区中排名第 124 位,仅为美国和日本人均 GDP 的 7.28% 和 8.53%。

----

① 中国国家统计局网站:《庆祝新中国成立 60 周年系列报告之一:光辉的历程　宏伟的篇章》,http://www.stats.gov.cn/tjfx/ztfx/qzxzgcl60zn/t20090907_ 402584869.htm。

表 3－2 1960 年和 2008 年 GDP 世界前十位国家比较（1960 年未包括苏联数据）

| 位次 | 1960 年 | | | 2008 年 | | |
|---|---|---|---|---|---|---|
| | 国 家 | GDP(亿美元) | 占世界比重(%) | 国 家 | GDP(亿美元) | 占世界比重(%) |
| 1 | 美 国 | 5205 | 38.6 | 美 国 | 142043 | 23.6 |
| 2 | 英 国 | 723 | 5.4 | 日 本 | 49093 | 8.2 |
| 3 | 法 国 | 627 | 4.6 | 中 国 | 38600 | 6.4 |
| 4 | 中 国 | 614 | 4.6 | 德 国 | 36528 | 6.1 |
| 5 | 日 本 | 443 | 3.3 | 法 国 | 28531 | 4.7 |
| 6 | 加 拿 大 | 411 | 3.0 | 英 国 | 26456 | 4.4 |
| 7 | 意 大 利 | 404 | 3.0 | 意 大 利 | 22930 | 3.8 |
| 8 | 印 度 | 366 | 2.7 | 巴 西 | 16125 | 2.7 |
| 9 | 澳大利亚 | 168 | 1.2 | 俄 罗 斯 | 16078 | 2.7 |
| 10 | 巴 西 | 152 | 1.1 | 西 班 牙 | 16042 | 2.7 |

中国国家统计局网站:《庆祝新中国成立60周年系列报告之十八：国际地位明显提高 国际影响力显著增强》，http：//www. stats. gov. cn/tjfx/ztfx/qzxzgcl60zn/t20090929_ 402591155. htm。

各省之间的人均 GDP 水平差距巨大，也是我国目前的特点。2008 年人均 GDP 最高的上海（73124 元）和北京（63029 元）相当于联合国有统计数据的 216 个国家和地区中第 73 和第 80 名的水平，贵州（8824 元）则为第 160 名的水平，在选取比较的国家中，仅高于印度（按汇率换算为人民币 7374 元）和尼日尔（按汇率换算为人民币 2462 元）。如图 3－19 所示。

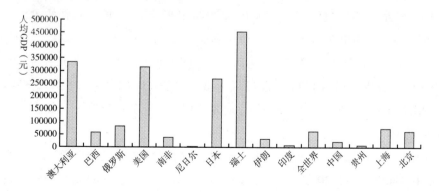

图 3－19 2008 年部分省份人均 GDP 国内外比较

数据来源:《中国统计年鉴－2009》、联合国数据库。

不能否认，中国人均 GDP 增长速度较快。1952 年中国的人均 GDP 仅为 119 元①，人均 GDP 起点非常低，而 2008 年已升至 22698 元，扣除价格因素，年均增长率为 6.5%。如图 3－20 所示。

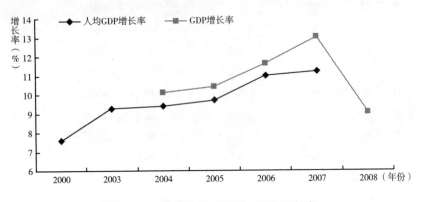

**图 3－20　中国人均 GDP 与 GDP 增长率**

数据来源：《中国统计年鉴－2009》。

从 2000、2003～2007 年的增长率来看，除 2000 年俄罗斯的增长率高于中国外，其他年份中国的增长率在相比较的国家中（暂缺尼日尔、瑞士数据）都是最高的，大大高出世界平均水平，2007 年达到 11.2%，略低于 GDP 增长率。而 2007 年日本和美国的人均 GDP 增长率未及世界平均水平，澳大利亚也是刚刚超过世界平均水平。如图 3－21、3－22 所示。

起点低、人口众多影响了我国人均 GDP 的发展水平。2008 年中国人均 GDP 为 3292 美元，相当于所比较的发达国家 20 世纪 60 年代末 70 年代初的水平。美国 1970 年人均 GDP 为 4893 美元，澳大利亚和瑞士 1970 年人均 GDP 为 3375 美元和 3699 美元，日本 1973 年人均 GDP 突破 3000 美元达到 3789 美元。与发展中国家相比，南非和巴西 1992 年和 1994 年就实现了人均 GDP 3382 美元和 3745 美元，伊朗和俄罗斯 2007 年和 2004 年分别突破 4000 美元和 4113 美元。如图 3－23、3－24 所示。

2008 年，所选取比较的发达国家人均 GDP 都已经达到 38000 美元以上，至少是中国同期水平的 10 倍以上。其他国家中，2008 年俄罗斯的人均 GDP 突破了

① 中国国家统计局网站：《庆祝新中国成立 60 周年系列报告之一：光辉的历程　宏伟的篇章》，http：//www. stats. gov. cn/tjfx/ztfx/qzxzgcl60zn/t20090907_ 402584869. htm。

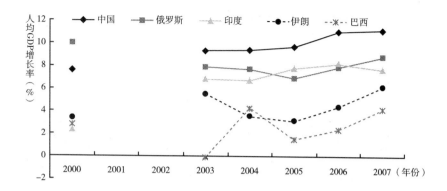

**图 3 – 21 中国、俄罗斯、印度、伊朗、巴西 2000～2007 年人均 GDP 增长率[①]**

数据来源：中国国家统计局网站。

①缺 2001～2002 年数据。

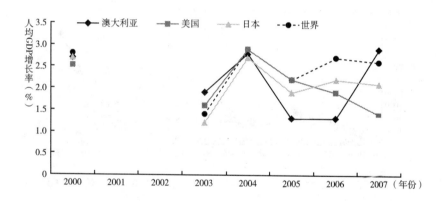

**图 3 – 22 澳大利亚、美国、日本与全世界 2000～2007 年人均 GDP 增长率[①]**

数据来源：中国国家统计局网站。

①缺 2001～2002 年数据。

10000 美元大关，其他发展中国家都没有达到相应水平。巴西的人均 GDP 已经达到 8000 美元以上，南非则达到了 5000 美元以上。但尼日尔的人均 GDP 还不足 400 美元。

中国各地区经济发展不均衡，人均 GDP 的差距也反映在中国的基尼系数中（如图 3 – 25 所示）。具体表现为城乡居民收入差距拉大，东、中、西部地区居民收入差距变大，高低收入群体差距悬殊等方面。2008 年，城镇和农村居民家庭人均可支配收入比为 3.3：1，1978 年时为 2.57：1。

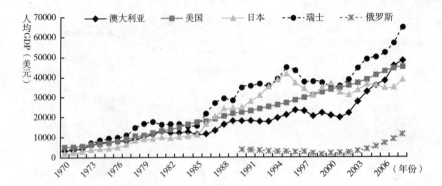

**图 3 - 23　澳大利亚、美国、日本、瑞士、俄罗斯①1970～2008 年人均 GDP**

数据来源：联合国统计数据库。

①只有 1990～2008 年数据。

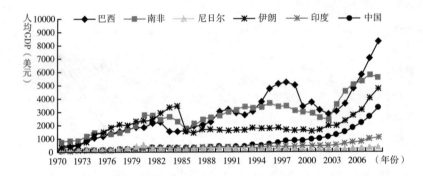

**图 3 - 24　巴西、南非、尼日尔、伊朗、印度、中国 1970～2008 年人均 GDP**

数据来源：联合国统计数据库。

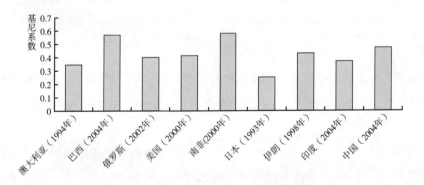

**图 3 - 25　基尼系数国内外比较**

数据来源：中国国家统计局网站。

综上所述，2008 年中国的人均 GDP 在世界各国中处于中等水平，未达到世界平均水平（9012 美元），与中国的 GDP 总量水平相去甚远。2008 年中国的水平与所选取比较的发达国家 20 世纪 60 年代末 70 年代初水平相近，而南非、巴西 20 世纪 90 年代中期已经达到类似水平。但应看到，1952 ~ 2008 年，中国人均 GDP 一直保持增长，并且增长速度高于世界平均水平。

## （二）服务业产值占 GDP 比例

中国服务业产值占 GDP 比例还有很大的提升空间。2005 年中国服务业产值占 GDP 比例（39.72%）在世界银行统计的 181 个国家和地区中排名第 153 位；2005 ~ 2007 年中国该项数据值均低于选择比较的 10 个国家，除北京、西藏和上海，其他省份该项比例都未及 50%，而 2005 年世界平均水平已达 68.77%。这与中国现在正处于重工业加速发展的工业化进程中期阶段的现状有关，表明中国大部分地区的经济发展，仍主要依赖物质性生产资料的消耗，亟须进一步大力发展服务业，进行产业结构的调整升级。在这方面，其他省市可借鉴分别代表了科技教育型和生态型服务业发展之路的北京和西藏的发展模式。如图 3 - 26 所示。

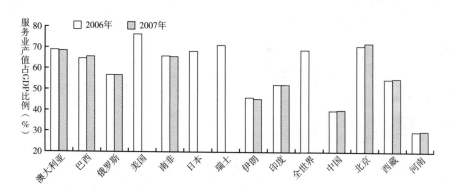

**图 3 - 26　2006 ~ 2007 年部分省份服务业产值占 GDP 比例国内外比较**

数据来源：世界银行数据库。

中国一直在努力调整产业结构。新中国成立后中国就开始转变单纯以农业为主的产业结构，在巩固第一产业的基础上，大力发展第二产业，加速发展第三产业，力求形成较为合理的产业格局。第三产业产值占 GDP 比例由 1952 年的 28.2% 提升至 40.1%，第一产业则由 51% 下降为 11.3%。如图 3 - 27 所示。

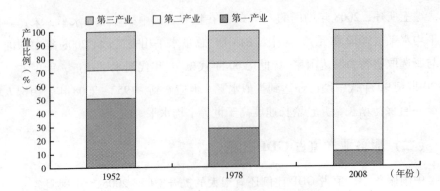

**图 3 - 27　中国三次产业产值占 GDP 比例**

数据来源：中国国家统计局网站：《庆祝新中国成立 60 周年系列报告之一：光辉的历程宏伟的篇章》，http：//www. stats. gov. cn/tjfx/ztfx/qzxzgcl60zn/t20090907_ 402584869. htm。

从新中国成立初至今，随着产业结构的调整，中国人口的就业结构也发生了很大变化。按国际标准，判断一个国家工业化初期是否完成，衡量依据之一是第一产业从业人数比例低于总就业人口的 55%。工业化中期完成时，该比例下降至 30%。1952 年中国农业从业人口比例为 83.5%，1995 年时下降到 52.2%，2008 年时下降到 39.6%。相应地，第三产业的从业人口比例从 1952 年的 9.1%增长至 33.2%。如图 3 - 28 所示。

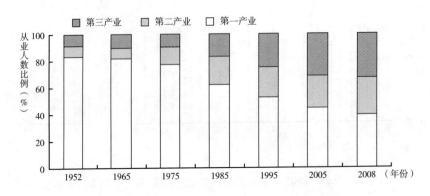

**图 3 - 28　1952 ~ 2008 年中国三次产业从业人数比例**

数据来源：《中国统计年鉴 - 2009》。

不过，中国的服务业产值发展水平与一些发展中国家相比差距也是明显的。统计数据显示，巴西 1962 年时服务业产值占 GDP 比例达到 49%，南非 1960 年时已经达到 51%，伊朗 1965 年已达到 43%，印度和尼日尔在 1985 年和 1984 年时也达到了43%。俄罗斯（含苏联数据）在1971年后该项数值未低于47%，美国和日本在1970年时已分别达到61%和48%，瑞士1990年时达到65%（如图3-29、3-30所示）。1962～1986年，中国服务业产值占GDP比例始终徘徊在20%～30%，直至2001年才突破40%。相比之下，中国在推进产业结构调整，发展服务业方面还大有可为。

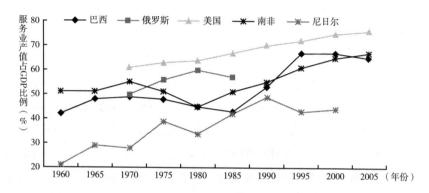

图3-29  巴西、俄罗斯[1]、美国[2]、南非、尼日尔[3]
1960～2005年服务业产值占GDP比例

数据来源：世界银行WDI数据库。
[1]含苏联数据，缺1960、1965、1990、1995、2000年数据。
[2]缺1960、1965年数据。
[3]缺2005年数据。

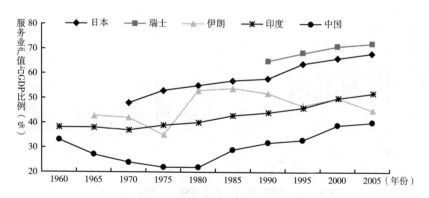

图3-30  日本[1]、瑞士[2]、伊朗[3]、印度、中国1960～2005年
服务业产值占GDP比例

数据来源：世界银行WDI数据库。
[1]缺1960、1965年数据。
[2]只有1990～2005年数据。
[3]缺1960年数据。

总之，中国服务业产值占 GDP 比例较低，2005 年在世界排名较为靠后，2006 年仍低于世界平均水平，不到世界平均水平的 60%。2008 年中国该领域比例尚不及巴西、南非、伊朗 20 世纪 60 年代初水平，以及印度和尼日尔 20 世纪 80 年代中期水平。现在中国各级政府都非常明确产业结构调整的重要性，并正在加快建设步伐，经济转型将会是未来一段时期内发展的重要任务。

### （三）城镇化

城镇化是人类文明不可逆转的发展趋势，是衡量一个国家或地区现代化程度最重要的标志之一，是生态文明建设的重要组成部分和推动力。中国的城镇化率水平还相对较低。2006 年中国的城镇化率在联合国粮农组织统计的 182 个国家和地区中位列第 124 名，至 2007 年，中国的城镇化率（42.2%）仍未达到世界平均水平（49.5%），在选取比较的 10 个国家中，仅高于印度（29.3%）和尼日尔（16%）。各省份城镇化水平也很不均衡。2006 年上海的城镇化水平（88.7%）已达到世界第 12 位，2007 年仍保持领先优势，高于选取比较的其他国家，包括澳大利亚、美国、日本、瑞士等发达国家。而贵州（28.24%，2007年）等城镇化率较低的省份，刚刚超过世界平均水平的一半，城镇化建设任重而道远。如图 3-31 所示。

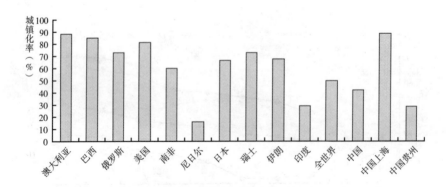

**图 3-31　2007 年部分省份城镇化率国内外比较**

数据来源：世界银行数据库、《中国统计年鉴-2008》。

中国城镇化率水平落后于大部分选取比较国家的同期水平。1960 年时巴西城镇化率为 44.93%，俄罗斯为 54.14%，日本为 64.05%，瑞士为 52.27%，除巴西、伊朗外均高于中国 2008 年 45.68% 的水平。巴西 1965 年城镇化率上升至 49.54%，南非 1970 年时城镇化率为 47.77%，澳大利亚 1971 年时城镇化率已达 83.52%，1975 年伊朗的城镇化率达到 46.09%，1980 年美国为73.52%。如表 3-3 所示。

表 3-3　部分国家城镇化率比较

单位：%

| 国　　家 | 1960 年 | 1965 年 | 1970 年 | 1975 年 | 1980 年 | 1985 年 | 1990 年 | 1995 年 | 2000 年 | 2005 年 |
|---|---|---|---|---|---|---|---|---|---|---|
| 澳大利亚 | — | — | 83.52① | 83.02② | 83.71③ | 83.14④ | — | — | 81.09⑤ | 81.52 |
| 巴　　西 | 44.93 | 49.54 | 56.07 | 62.29 | 67.84 | | | | 80.54 | |
| 俄 罗 斯 | 54.14 | 58.34 | 62.42 | 66.94 | 69.85 | 72.03 | 73.71 | 73.00 | 73.16 | 72.96 |
| 美　　国 | | | | | 73.52 | | 74.93 | | 78.80 | |
| 南　　非 | — | — | 47.77 | | 53.56 | | | | | |
| 尼 日 尔 | — | — | — | | 15.45 | 15.80 | 16.13 | 16.27 | | |
| 日　　本 | 64.05 | 68.73 | 73.37 | 76.59 | 76.79 | 77.33 | 78.01 | 78.82 | 79.54 | 86.30 |
| 瑞　　士 | 52.27 | | 58.35 | | 74.55 | 74.34 | 73.90 | 72.90 | 72.96 | 73.28 |
| 伊　　朗 | 33.97 | 33.29 | 41.53 | 46.09 | 49.94 | 53.57 | 56.46 | 60.42 | 64.48 | 67.87 |
| 印　　度 | — | — | 19.76⑥ | | 23.46⑦ | 24.45 | 25.57 | 26.58 | 27.65 | 28.75 |
| 中　　国 | 19.75 | 17.98 | 17.38 | 17.34 | 19.18 | 23.36 | 26.31 | 28.78 | 35.50 | 42.38 |

数据来源：联合国统计数据库。
①～⑦为第二年数值，而不是当年的数值。

　　应当看到，几十年来中国城镇化建设成效是显著的。新中国成立初期中国城市数量为 132 个，2008 年为 655 个，数量接近原来的 5 倍；1978 年全国建制镇为 2173 个，2008 年为 19249 个。1950~2008 年，全国人口净增长量为 1950 年人口总数的 1.45 倍，其中城镇人口增长 9.25 倍，乡村人口仅增长了 49.0%①。1949 年中国城镇人口仅占总人口比例的 7.3%，1978 年上升至 17.29%，2003 年突破了 40%，2008 年已达到 45.68%（如图 3-32 所示）②。在中国城镇化过程中，大量农村劳动力涌入城市就业，1949 年全国城镇就业人员占总就业人员的8.5%，1962 年上升至 17.5%，2008 年为 39%。

　　总之，在各省份中，2006 年上海的城镇化水平已达到同期世界的先进水平，

　　①　中国国家统计局网站：《庆祝新中国成立 60 周年系列报告之三：经济结构不断优化升级　重大比例日趋协调》，http://www.stats.gov.cn/tjfx/ztfx/qzxzgcl60zn/t20090909_ 402585583.htm。
　　②　UNDP：《中国人类发展报告（2007~2008）》，中国对外翻译出版公司，2008。

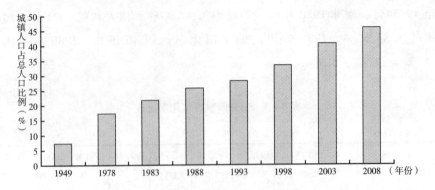

**图 3 - 32　1978~2008 年中国城镇化进程**

数据来源：《中国统计年鉴-2009》、中国国家统计局网站《庆祝新中国成立60周年系列报告之十：城市社会发展日新月异》，http://www.stats.gov.cn/tjfx/ztfx/qzxzgcl60zn/t20090917_402587821.htm。

同时也仍有些省份刚达到世界平均水平的一半。2007年，中国城镇化还未达到世界平均水平，在选取比较的国家中仅高于印度和尼日尔。比较而言，中国2008年城镇化水平低于俄罗斯、日本、瑞士1960年的水平，巴西1965年的水平。世界银行统计资料显示，一个国家人均GDP提升至1000~1500美元，经济发展步入中等发展中国家行列时，城镇化水平将达到40%~60%，进入城镇化发展进程加快时期。中国城镇化水平相比新中国成立初期已经有了很大提升，正进入城镇化进程加快时期。

## （四）人均预期寿命

人均预期寿命是反映一个国家和地区社会生活质量高低的重要指标，能反映社会经济条件和卫生医疗水平。中国的人均预期寿命高于世界平均水平。2005年中国人均预期寿命为72.62岁，在全球有数据的209个国家中排名第80位，同期世界平均水平为68.26岁。以中国2000年各省数据与世界银行2005年各国数据比较，上海的人均预期寿命（78.14岁）可达当年世界第38位，在选取比较的国家中，仅次于日本（81.93岁）、瑞士（81.24岁）和澳大利亚（80.84岁）（如图3-33所示）。这是中国不少省市的医疗卫生水平不断改善，居民的整体健康水平和社会福利水平不断提高的表现，但也有6个省份2000年的人均预期寿命未达2005年的世界平均水平。

新中国成立以来我国的人均预期寿命得到很大提高。根据卫生部数据，1949

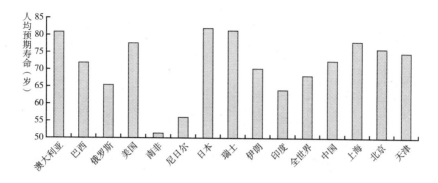

**图 3 – 33 2000 年部分省份人均预期寿命国内外比较***

数据来源：2005 年世界银行 WDI 数据库、《中国统计年鉴 – 2009》。
* 各省为 2000 年数据，其余为 2005 年数据。

年新中国成立前，全国人均预期寿命仅为 35 岁，至 2007 年，我国人均预期寿命增加了 38 岁，人均预期寿命已经为新中国成立前的 2 倍多。增长速度最快的时期是 1949 ~ 1981 年，增长了 32.9 岁；1981 ~ 2005 年，共增加了 5.1 岁。2000 年我国人均预期寿命突破 70 岁，步入世界卫生组织界定的 "长寿国家" 的行列。如表 3 – 4 所示。

**表 3 – 4 中国人均预期寿命**

| 年份 | 期望寿命（岁） | | |
|---|---|---|---|
| | 全国 | 男 | 女 |
| 1949 年以前 | 35 | — | — |
| 1957 | 57 | — | — |
| 1973 ~ 1975 | — | 63.6 | 66.3 |
| 1981 | 67.9 | 66.4 | 69.3 |
| 1990 | 68.6 | 66.9 | 70.5 |
| 2000 | 71.4 | 69.6 | 73.3 |
| 2005 | 73 | 70 | 74 |

数据来源：《2009 年中国卫生统计提要》http：//www. moh. gov. cn。

数据显示，2005 年和 2007 年中国的人均预期寿命为 72.62 岁和 73.00 岁，在比较的 10 个国家中低于澳大利亚、美国、日本和瑞士，高于其他国家。日本的人均预期寿命在 2007 年已经达到 82.51 岁，为全球人均预期寿命最高的国家。如图 3 – 34 所示。

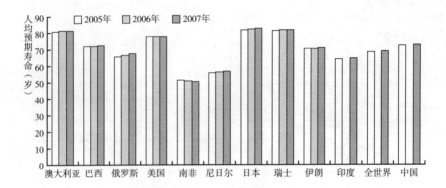

图3-34 2005～2007年人均预期寿命国内外比较

数据来源：世界银行WDI数据库。

中国的人均预期寿命，目前在发展中国家中处于较高水平，但也还有较大进步空间。首先，与发达国家相比，差距仍然存在。根据世界银行数据，2007年中国人均预期寿命为73岁，瑞士和日本已经分别在1967年和1971年达到这个水平，澳大利亚和美国也在1975年达到这个水平。如图3-35、3-36所示。

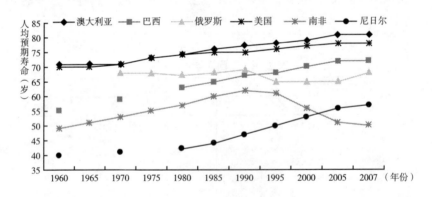

图3-35 澳大利亚、巴西①、俄罗斯②、美国、南非、尼日尔③
1960～2007年人均预期寿命

数据来源：世界银行数据库。
①③缺1965、1975年数据。
②含苏联数据，缺1960、1965年数据。

2007年，全球共有18个国家和地区人均预期寿命超过80岁，中国香港和澳门亦榜上有名。除去香港和澳门这两个地区，16个国家中10个国家属于欧洲，分别是瑞士、意大利、冰岛、法国、瑞典、西班牙、挪威、荷兰、比利时和奥地

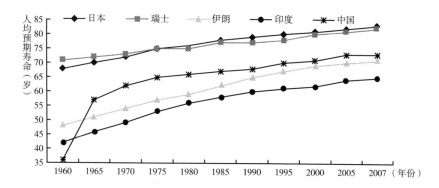

**图 3 - 36　日本、瑞士、伊朗、印度、中国 1960 ~ 2007 年人均预期寿命**

数据来源：世界银行数据库。

利。其余的是澳大利亚和新西兰这 2 个大洋洲国家，日本、新加坡和以色列这 3 个亚洲国家，以及北美洲的加拿大。如图 3 - 37 所示。

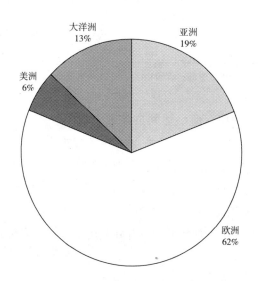

**图 3 - 37　2007 年人均预期寿命超过 80 岁的国家分布比例**

数据来源：世界银行 WDI 数据库。

其次，中国人均预期寿命地区分布不均。以 2000 年为例，华北、东北、东部沿海地区的平均预期寿命超过 72 岁，而西部地区平均预期寿命在 68 岁左右。此外，中国人均预期寿命城乡差别较大。2000 年中国城镇居民平均预期寿命为 75.2 岁，而农村人口平均预期寿命为 69.6 岁，相差近 6 岁。10 个东部省份的城乡人均寿命差距在 3.5 岁以内，10 个西部欠发达省份的差距则达到 8.2 岁①。这与我国地区社会发展水平不均衡、城乡二元结构长期存在的状况有关。以城乡 5 岁以下儿童死亡率为例，2008 年监测地区农村的新生儿死亡率水平刚刚超过城市 1991 年的水平，婴儿死亡率甚至未达到城市 1991 年的水平。如表 3 – 5 所示。

表 3 – 5　中国城市与农村 5 岁以下儿童死亡率

单位：‰

| 指　标 | 1991 年 | 1995 年 | 2000 年 | 2005 年 | 2007 年 | 2008 年 |
| --- | --- | --- | --- | --- | --- | --- |
| 城市 | | | | | | |
| 新生儿死亡率 | 12.5 | 10.6 | 9.5 | 7.5 | 5.5 | 5.0 |
| 婴儿死亡率 | 17.3 | 14.2 | 11.8 | 9.1 | 7.7 | 6.5 |
| 5 岁以下儿童死亡率 | 20.9 | 16.4 | 13.8 | 10.7 | 9.0 | 7.9 |
| 农村 | | | | | | |
| 新生儿死亡率 | 37.9 | 31.1 | 25.8 | 14.7 | 12.8 | 12.3 |
| 婴儿死亡率 | 58.0 | 41.6 | 37.0 | 21.6 | 18.6 | 18.4 |
| 5 岁以下儿童死亡率 | 71.1 | 51.1 | 45.7 | 25.7 | 21.8 | 22.7 |

数据来源：中华人民共和国卫生部：《2009 年中国卫生统计提要》，www. moh. gov. cn。

总之，中国人均预期寿命已达到世界卫生组织界定的"长寿国家"标准。2005 年中国人均预期寿命水平已经高于世界平均水平，世界排名位于中上游。2007 年，中国人均预期寿命在选取比较的国家中，仅低于澳大利亚、美国、日本和瑞士，相当于这些国家 20 世纪 60 年代末至 70 年代中期的水平。要进一步提升我国的人均预期寿命，还需要从卫生保健、医疗设施、教育科技等方面入手，以这些方面的进一步发展为基础，并在制度上进一步完善，为人民提供更多保障和福利。

## 五　协调程度比较

中国生态文明建设协调程度方面的总体情况仍不容乐观，但也有少数省份的单项成绩要高于一些发达国家的水平。在城市生活垃圾处理方面，中国的水平不

① UNDP：《中国人类发展报告 – 2005》，中国对外翻译出版公司，2005。

论是与发达国家相比，还是与发展中国家相比，都仍有距离。在单位 GDP 能耗方面，中国节能减排的努力成效显著，但仍未彻底改变能耗偏高的现状。单位 GDP 二氧化硫排放量也仍然需要继续降低。

## （一）城市生活垃圾无害化率

近年来，中国各城市垃圾无害化处理水平不断提高，但总体水平仍偏低。2008 年全国平均水平（66.8%）低于巴西 2000 年的水平（68.5%）和尼日尔 2005 年的水平（80%）。而澳大利亚、美国和瑞士在 2003 年、2006 年、2005 年都已经实现了城市生活垃圾无害化率100%。2008 年北京（97.7%）超越了日本 2003 年的水平（94.2%）。如图 3-38 所示。

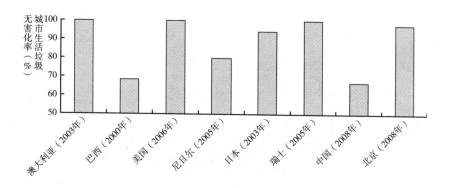

**图 3-38  城市垃圾无害化率国内外比较**

数据来源：《美国统计摘要-2007》、《中国环境统计年鉴-2009》、《中国统计年鉴-2009》。

在垃圾处理方式方面，中国还可以进行结构调整。2008 年中国 81.7% 的城市生活垃圾采用卫生填埋方式进行处理，堆肥占 2.1%，焚烧占 15.2%。与美国相比，1980 年时美国城市生活垃圾的 81.40% 通过填埋方式处理，单纯无能量回收的焚烧处理占 7.26%。1995 年后，填埋处理下降到 60% 以内，2001 年后该比例稳定在 55%~56%。焚烧并回收能量在 2001 年后稳定在 14%~15%。近年来填埋、焚烧与材料回收的比例约为 31:14:55。如图 3-39 所示。

与 2003 年欧盟的 15 个成员国相比较，这些国家平均 44.90% 的城市生活垃圾通过填埋处理，36.40% 通过回收利用或堆肥方式处理。荷兰在回收利用和堆肥方面做得最好，比例达到 64.40%。如图 3-40 所示。

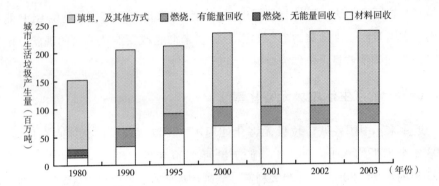

图 3 - 39　美国城市生活垃圾无害化处理方式变化

数据来源：《美国统计摘要 - 2007》。

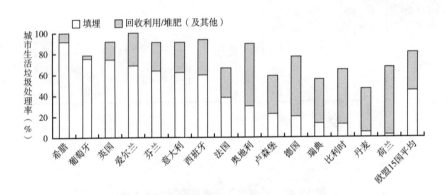

图 3 - 40　2003 年欧盟 15 国垃圾无害化处理方式比较

数据来源：澳大利亚统计局网站，http：//www.abs.gov.au/。

随着城市化进程的加快，中国城市人口增多，城市生活垃圾处理能力也需要加紧提高。与之相关的建设还涉及城市垃圾收集系统的完善，以促使更多的城镇人口可以得到城市垃圾收集的服务。各城市在提高垃圾收集率的同时，须努力提高垃圾无害化处理率。

目前，中国城市生活垃圾处理能力总体仍偏低，2008 年整体水平低于巴西 2000 年和尼日尔 2005 年水平，各省份之间差距较大。澳大利亚、美国和瑞士已经实现 100% 的无害化处理率，为中国树立了值得追赶的目标。在城市生活垃圾无害化处理方式上，中国也需要借鉴国外的成功经验，改变卫生填埋为主的处理结构，探索适合各地区具体情况的处理方式。

## （二）单位 GDP 能耗

中国正处在加快工业化进程的发展阶段，目前，中国的单位 GDP 能耗仍然较高，有待继续降低，能源利用效率普遍偏低，有待提高。根据世界银行的统计数据换算，2005 年中国的单位 GDP 能耗（1.33 吨标准煤/万元）远高于所比较的 8 个国家（瑞士、尼日尔无数据）中的 6 个，为澳大利亚和美国的 4 倍以上，达到了日本的 6.5 倍。国内 GDP 能耗最低的广东（西藏无数据），其 0.79 吨标准煤/万元的水平也高于巴西、美国、澳大利亚和日本，宁夏（4.14 吨标准煤/万元）则达到了日本同期水平的 20 倍以上。如图 3-41 所示。

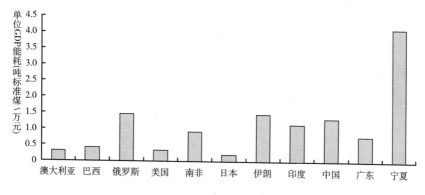

**图 3-41 2005 年 GDP 能耗国内外比较**

资料来源：根据世界银行数据库、国际货币基金组织的《国际金融统计-2008》、《中国统计年鉴-2006》相关数据计算。

从 1990 年与 2006 年的情况来看，中国与其他 9 个国家相比（缺少尼日尔数据），是能耗降低幅度最大的，共减少了 54.19%。但与澳大利亚、美国、日本、瑞士等国家相比，仍然有很大差距。2006 年中国的水平大概相当于印度 1990~1991 年的平均水平，稍高于南非 2005~2006 年平均水平。而在此期间，巴西和伊朗的能耗分别增加了 4.62% 和 24.26%。如图 3-42、3-43 所示。

中国在发展经济的同时，没有放弃节能减排的责任与义务。1982 年，党的十二大提出"用能源消耗翻一番支撑国民经济翻两番"的目标。这一目标在全国人民的努力下于 1995 年提前实现。2005 年，党的十六届五中全会提出，2010 年单位 GDP 能耗要比 2005 年降低 20% 左右。为提高能源利用效率，中国在积极推广各项节能措施的同时，推进行业节能改造，淘汰落后生产工艺、设备。2006~

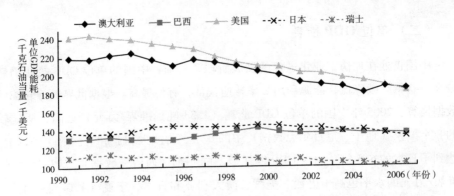

**图 3-42 澳大利亚、巴西、美国、日本、瑞士 1990~2006 年 GDP 能耗[①]**

数据来源：联合国千年发展目标数据库。
①美元以 2005 年购买力平均常数计算。

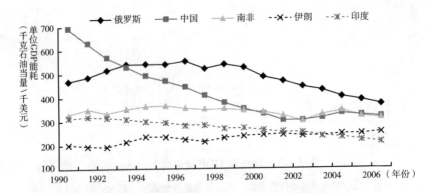

**图 3-43 俄罗斯、南非、伊朗、印度、中国 1990~2006 年 GDP 能耗[①]**

数据来源：联合国千年发展目标数据库。
①美元以 2005 年购买力平均常数计算。

2008 年，全国共计关停小火电机组 3421 万千瓦，淘汰落后炼铁、炼钢、水泥产能 6059 万吨、43347 万吨和 1.4 亿吨。目前，单位 GDP 能耗已经由 1980 年时的 3.39 吨标准煤/万元下降为 2008 年的 1.10 吨标准煤/万元。1978~2008 年，我国能源消费年均增长率为 5.2%，在能源消费增长的同时保持了能耗的降低，按可比价格计算，年均节能率为 3.22%[①]。总体发展趋势是良好的。

中国在目前的工业化进程中，产业结构仍倾向重工业，而工业整体技术水平

---

① 中国国家统计局网站：《庆祝新中国成立 60 周年系列报告之十三：能源生产能力大幅提高 结构不断优化》，http://www.stats.gov.cn/tjfx/ztfx/qzxzgcl60zn/t20090922_402589088.htm。

仍与世界先进水平有差距。加快产业结构调整，加大设备更新改造是长期面对的任务。并且，中国目前已经成为世界能源消耗第二大国，能源安全问题已经凸显，资源环境约束与能源需求的矛盾日益加大，这也要求中国节约能源和提高能效，以增强可持续发展能力。

总的来说，降低单位 GDP 能耗是中国节能减排中的重点，是建设任务较艰巨的领域。2005 年与有数据的 8 个国家相比较，中国的能耗仅低于俄罗斯、伊朗。以每万元 GDP 消耗的标准煤吨数计算，中国的平均能耗达到澳大利亚和美国的 4 倍以上，日本的 6 倍以上。全国能耗最低的广东省也高于 4 个国家同期水平，能耗最高的宁夏则达到日本的 20 倍以上。虽然 2006 年中国的能耗水平大致仅与印度 20 世纪 90 年代初水平相当，但是与 1990 年相比，已经降低了一半以上，并且仍然在继续努力，这显示了中国在这方面建设的坚实步伐。

### （三）单位 GDP 二氧化硫排放量

与单位 GDP 能耗现状相似，中国单位 GDP 二氧化硫排放量水平也远高于选取比较的国家。2006 年中国单位 GDP 二氧化硫排放量（0.012215 吨/万元）为美国的 59.6 倍，日本的 19.8 倍；排放量最高的贵州（0.064198 吨/万元）则达到美国的 313.2 倍、日本的 104 倍。而排放水平最低的西藏（0.000687 吨/万元）、北京（0.002236 吨/万元）、海南（0.002280 吨/万元）的排放水平则高于美国和日本，低于澳大利亚、俄罗斯和瑞士。如图 3−44 所示。

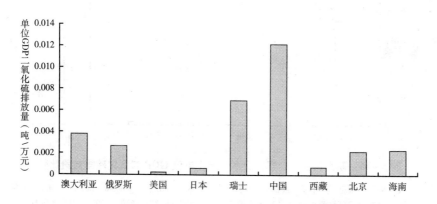

**图 3−44　2006 年部分省份单位 GDP 二氧化硫排放量国内外比较**

数据来源：根据《联合国气候框架公约报告－2008》（http：//geodata.grid.unep.ch）、《中国统计年鉴－2007》数据计算。

近年来，中国单位 GDP 二氧化硫排放量下降幅度较大。2000～2008 年，中国的单位 GDP 二氧化硫排放量下降了 61.61%，2008 年的 0.00772 吨/万元已经接近瑞士 2006 年的水平（0.006958 吨/万元）。但仍为 1990 年美国和日本单位 GDP 二氧化硫排放量的 7.85 倍和 4.19 倍。如图 3-45 所示。

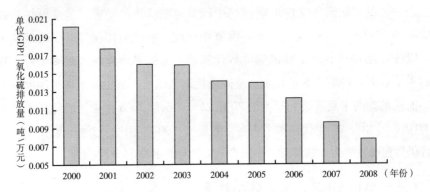

**图 3-45　中国单位 GDP 二氧化硫排放量**

根据《中国统计年鉴-2009》相关数据计算。

从单位 GDP 二氧化硫排放量下降幅度看，澳大利亚等国近年来的控制也取得了实效。1990～2006 年，澳大利亚、美国、日本和瑞士的单位 GDP 二氧化硫排放量分别下降了 79.58%、79.12%、66.53%、70.88%。如图 3-46 所示。

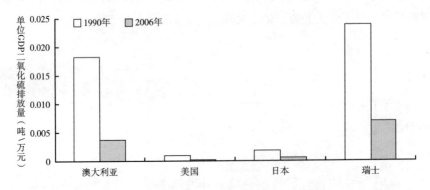

**图 3-46　澳大利亚、美国、日本、瑞士单位 GDP 二氧化硫排放量比较**

数据来源：根据《联合国气候框架公约报告-2008》（http：//geodata. grid. unep. ch）、《经济合作与发展组织环境数据概要（2006～2007)》、《中国环境统计年鉴-2009》相关数据计算。

鉴于二氧化硫排放总量巨大，中国降低单位 GDP 二氧化硫排放量的力度还需加强。在 2000～2008 年，中国的二氧化硫排放总量在 2006 年达到峰值，目前有回落迹象，但仍然没有恢复到 2000 年的水平，相比上升了 16.35%。美国自 1990 年后排放总量一直呈下降趋势，2006 年比 1990 年减少了 46.85%（如图 3 - 47 所示）。与 1990 年相比，2006 年日本的排放总量下降了 8.25%，瑞士下降了 48.55%，澳大利亚则上升了 42.01%。在提高 GDP 总量的同时减少二氧化硫的排放量，才能实现经济与社会发展的双赢。

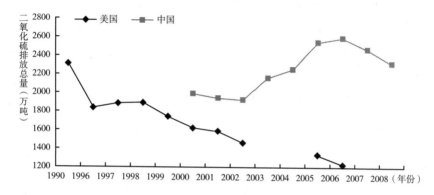

**图 3 - 47　美国①和中国②二氧化硫排放总量比较**

数据来源：美国环保局、《联合国气候框架公约报告 - 2008》（http://geodata.grid.unep.ch）、《经济合作与发展组织环境数据概要（2006～2007）》、《中国统计年鉴 - 2009》。

①缺 1991 - 1995、2003、2004、2007、2008 年数据。
②缺 1990～1999 年数据。

综上，中国的单位 GDP 二氧化硫排放量水平与其他国家相比仍然很高。以每万元 GDP 排放的二氧化硫量计算，2006 年中国排放量接近美国的 60 倍，贵州省则达到美国的 300 倍以上。美国、日本、瑞士和澳大利亚等国家，都在积极减排二氧化硫，中国也是如此；但中国 2008 年的排放总量仍然高于 1990 年美国水平。在单位 GDP 二氧化硫排放量上，与 2000 年相比，中国 2008 年已经降低了 60% 以上，虽然与 1990 年美国和日本的水平仍有一定差距，但成效是明显的。

中国的生态文明建设是伴随着工业化进程展开的。因为中国工业化进程与已经完成工业化的发达国家所处的历史条件不同，带有自身的特殊性，并且中国各级政府和社会各界都已经开始意识到生态、环境问题的重要性，中国不会也不应该重复传统工业化过程中"先污染，后治理"的老路。但在这个过程中，中国也面临着传统工业化道路中出现过的一些问题，仍然有许多需要改进的地方。

与国际平均水平和先进水平相比，我国的生态文明建设水平在许多方面都存在不可忽视的差距。通过比较分析也可以了解到，中国在生态文明建设的过程中差距与优势并存，优势不仅仅是在一些领域里中国的确有自己的长处，也在于中国在那些存在差距的领域里有巨大的提升潜力，并且实实在在地追赶着自己的目标，一步步向前迈进。

就各省实际情况看，地区水平参差不齐是一个明显的特征。以国际先进水平衡量，部分省份有自己的亮点，也有提升至世界先进水平的潜力。比较中也能看到，各省一些生态文明建设的短板非常突出，尤其是在农药施用强度、服务业产值占 GDP 比例、城镇化率、城市生活垃圾无害化率、单位 GDP 能耗等 5 个方面。这些指标都具有较强的可建设性，如果各省在这些方面进一步加强建设，会非常有助于生态文明建设水平的提高。世界先进水平为各省的建设提供了较好的参考目标，需要各省从自身情况出发，探索自身的建设之路。

# 第四章
# 相关性分析

为了检验指标体系的合理性，厘清各级各类指标在指标体系当中的意义及相互关系，我们选用皮尔逊（Pearson）积差相关系数，并采用双尾检验的方法，对 2005～2008 年的数据作相关性分析[①]。

## 一 二级指标相关性分析

### （一）整体情况

整体上，二级指标与生态文明指数（ECI）之间的关联度紧密。协调程度、社会发展、生态活力这三个二级指标，都与 ECI 有很显著的正相关性，表现出这三个方面与生态文明建设之间的线性关系，而且四年间基本稳定。

环境质量指标与 ECI 的关联度表面上不高，显得相对独立。但经过分析可以发现，环境质量指标目前与生态活力指标有一定正相关性，而与社会发展和协调程度指标都有一定负相关性，它作为关系变量，通过影响其他三个二级指标来对 ECI 产生影响。因此，环境质量并非无关联变量，只不过它与 ECI 之间不是直接线性关系。

各个二级指标之间，除了社会发展指标与协调程度指标之间有比较高的正相关性外，其他二级指标之间的相关度均不显著，而且四年间基本稳定，这显示出二级指标一定程度的相对独立性。如表 4-1 所示。

关于社会发展与协调程度之间的高度正相关性，需要说明的是，由于二者都受到经济发展水平（人均 GDP）的重要影响（本章第三部分将重点分析），因此是

---

① 在本章中，如无特别说明，相关性分析的数据都是 2005～2008 年这四年的。为了行文简洁，将不在每处标明。

表4-1 2008年二级指标相关度

| | 生态活力 | 环境质量 | 社会发展 | 协调程度 | 综合评价指标 |
|---|---|---|---|---|---|
| 生态活力 | 1 | .142 | .067 | .282 | .672 ** |
| 环境质量 | .142 | 1 | -.054 | -.275 | .215 |
| 社会发展 | .067 | -.054 | 1 | .625 ** | .674 ** |
| 协调程度 | .282 | -.275 | .625 ** | 1 | .771 ** |
| ECI | .672 ** | .215 | .674 ** | .771 ** | 1 |

** 表示在0.01水平相关显著（双尾检验）（2-tailed）。

* 表示在0.05水平相关显著（双尾检验）（2-tailed）。

难以避免的。但从生态文明建设的内涵来看，这两个方面又都不可或缺，也不可能相互替换，因此二者虽然关联度高，但都是相对独立的。

总之，各二级指标均与ECI关联紧密，且相互之间相对独立，这说明指标体系的结构框架和权重分配是合理的，能够确保测评结果的客观性和准确性。

### （二）协调程度指标相关性分析

协调程度指标与ECI之间存在显著正相关性，以2008年数据为例，协调程度与ECI之间的相关度高达0.771，协调程度得分高的省份，其ECI得分普遍较高。北京、上海、天津、浙江的ECI得分之所以高，根本原因在于这些省份基本实现现代化之后[1]，开始实现协调发展。如图4-1所示。

可以说，协调发展是生态文明的基本特点，提高协调程度是生态文明建设的关键要素。

### （三）社会发展指标相关性分析

社会发展指标与ECI之间也存在显著的正相关性，以2008年数据为例，社

---

① 据中国现代化战略研究课题组的研究结果显示，2004年，北京、上海、天津、浙江的综合现代化水平指数（CMI）分别为73、66、58、43，分别居中国大陆地区的第一、第二、第三和第五名，其中北京、上海、天津的水平高于世界平均水平（52分）。这些地区的第一次现代化实现程度分别为95%、97%、95%和93%（完全实现的港、澳、台地区为100%），已经基本实现第一次现代化。第二次现代化指数（FMI）分别为85、76、65、46，同样分别居中国大陆地区的第一、第二、第三和第五名。参见中国现代化战略研究课题组、中国科学院中国现代化研究中心编著的《中国现代化报告2007：生态现代化研究》，北京大学出版社，2007，第266页。

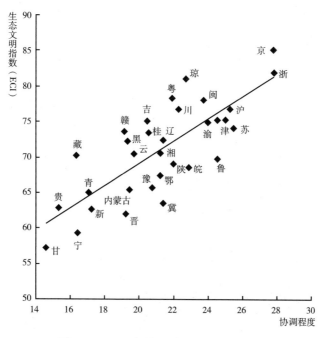

图 4 - 1 2008 年协调程度与 ECI 相关性

会发展指标与 ECI 之间的相关度高达 0.674，这凸显了社会发展对生态文明建设的重要意义。特别是北京、上海、天津等直辖市，其较高的社会发展水平奠定了生态文明建设的坚实基础，而甘肃、山西、新疆、贵州等省份，生态文明建设明显受到社会发展程度的限制。如图 4 - 2 所示。

当然，社会发展并不是生态文明建设的唯一决定因素。比如，江西与甘肃，吉林与宁夏、贵州的社会发展水平相当，但生态文明建设水平相差甚远，主要原因在于它们之间的生态活力相差甚远（如图 4 - 3 所示）；海南与西藏的社会发展水平相当，但生态文明建设水平有所不同，原因在于海南坚持了一条更加协调的发展道路（参见图 4 - 1）。

## （四）生态活力指标相关性分析

生态活力指标与 ECI 之间存在显著正相关性。以 2008 年数据为例，生态活力与 ECI 总分之间的相关度高达 0.672。这表明，生态良好不仅是生态文明建设的基础，而且是生态文明建设的强大杠杆。像江西、海南、吉林、四川等生态大省，其优良的生态条件对于整体的生态文明建设水平有很大的促进作用；而甘

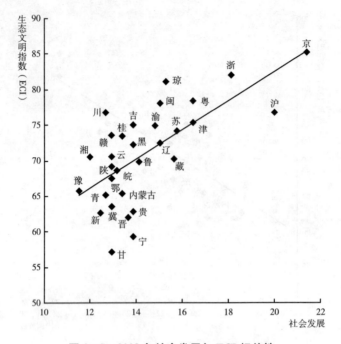

图4-2  2008年社会发展与ECI相关性

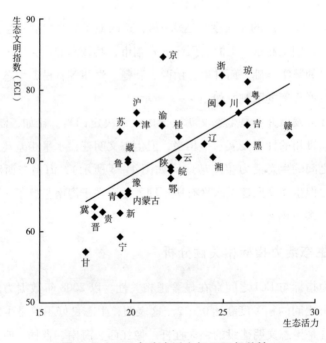

图4-3  2008年生态活力与ECI相关性

肃、山西、新疆、宁夏、贵州、河北等省份，较弱的生态活力直接制约了生态文明建设的水平。北京、天津、上海等直辖市，生态活力一般，但其具有相对优势的社会发展程度弥补了生态活力的不足。如图4-3所示。

### （五）环境质量指标相关性分析

目前环境质量指标与 ECI 之间不存在显著关联，这是因为，环境质量指标与生态活力指标有一定正相关性，而与社会发展和协调程度指标有一定负相关性。这一点说明，我国整体上尚处于环境质量与经济社会发展相冲突的发展阶段。当然，各个地区的具体情况各有所不同。

从各省情况来看，环境质量稳居前列的省份，大多是欠发达地区，如西藏、广西、青海、云南、贵州等省份；环境质量较差的地区，既包括上海、浙江等发达地区，也包括安徽、河北、山西、甘肃、湖北、山东等初步发展地区；另外，海南、福建、北京等省份，开始出现环境质量和社会发展良性互动的局面。如图4-4所示。

根据环境质量指标、社会发展指标之间的相互关系，可以初步归纳出三种不同类型：社会发达但环境质量差；环境质量好但社会欠发达；环境质量较好且社

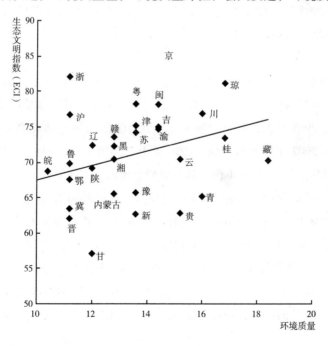

**图4-4　2008 年环境质量与 ECI 相关性**

会较发达。根据它们的协调程度指标的不同表现，可以预测其不同的发展趋势。

第一种类型包括上海、浙江、江苏、北京、天津等省份，它们的社会发展程度较高，目前环境质量较差，但同时协调程度处于全国领先水平，因此环境质量有望（有的已经）好转。这些省份环境质量的逐年变化情况，说明了这一点。

天津市在稳定经济社会发展水平的同时，逐年实现环境质量好转，由 2005 年和 2006 年的全国并列第 16 位和第 17 位，上升到 2007 年的并列第 13 位，2008 年的并列第 12 位。究其原因，天津市的协调程度 4 年来一直保持在全国前五位的高水平，从而减轻了经济社会发展的环境压力。

北京市在保持社会发展稳居全国首位的同时，环境质量在几年间出现了一个拐点，由 2005 年的全国并列第 16 位下降到 2006 年的并列第 20 位，达到了一个低谷，但从 2007 年开始，排名上升到全国并列第 13 位，2008 年更是上升到全国并列第 8 位，开始朝着环境质量与经济社会发展协调并进的局面发展。出现这一局面的根本原因在于，北京市的协调程度 4 年来一直保持全国前两位。

上海在维持全国经济社会水平第 2 名的条件下，环境质量却在四年间出现了持续下降，由 2005 年的并列第 21 名，2006 年的并列第 20 名，2007 年下降到并列第 23 名，2008 年变成了并列第 24 名。虽然上海尚未出现环境质量好转的拐点，但可以预见，随着上海市协调程度在 4 年间逐年上升一位，由第 7 名上升到第 4 名，其环境质量将会有所好转。

浙江省环境质量 2005 年并列第 21 位，2006 年并列第 20 位，2007 年并列第 23 位，2008 年并列第 24 位。社会发展 2005 年排在第 5 位，2006～2007 年均为全国第 4 位，2008 年上升到全国第 3 位。协调程度 2005 年排在第 4 位，2006 年排在第 7 位，2007 年排在第 7 位，2008 年上升到第 1 位。同样可以预见，随着浙江省协调程度跃居全国第 1 位，其环境质量也将会有所好转。

江苏省的社会发展逐渐由 2005 年的第 12 位和 2006 年的第 10 位，上升到 2007 年和 2008 年的全国第 6 位，其环境质量还能基本稳定在全国中游水平，2005 年为并列第 11 位，2006 年为并列第 12 位，2007 年为并列第 13 位，2008 年为并列第 12 位。重要原因也在于，江苏省维持了全国前三位的协调程度，2005 年为全国第 3 位，2006 年为第 2 位，2007 年为第 3 位，2008 年为第 3 位。在继续坚持协调发展的前提下，随着江苏省经济社会水平的稳步上升，其环境质量也将有所好转。

第二种类型包括西藏、广西、青海等省份，它们的环境质量目前居全国前列，但社会发展程度较低，协调程度也偏低。这些省份经济社会发展压力较大，又由于目前尚未走上协调发展的道路，因此，在未来的发展中，环境质量有可能下降。这些省份应尽快提高协调程度，改变环境质量与经济社会发展不相协调的现状，在维护良好环境质量的基础上，不断提高经济社会发展水平，避免走以牺牲环境为代价来换取经济发展的老路。

第三种类型包括福建、广东、海南、重庆等省份，它们的环境质量与社会发展程度均处于全国上游水平，而且协调程度也较好，高于全国平均水平。这预示着这些省份将在环境质量与经济社会发展比较协调的状态下，不断实现良性发展。

从这些类型分析不难看出，同样的环境质量得分，可能代表不同的具体含义。尽管目前统计数据还只有四年，不充分，还不能得到统计趋势的验证，但还是能看到不同类型省份的不同发展趋势。要实现全国环境质量的整体好转，必须进一步促进社会发达地区的环境改善，也必须防止社会欠发达地区牺牲环境来换取一时的发展。解决这对矛盾的关键，在于提高协调程度。

# 二 三级指标相关性分析

## （一）三级指标与二级指标的相关性

整体来看，四个二级指标下的各个三级指标，绝大多数均与各自所属的二级指标之间存在显著关联度，且正指标正相关，逆指标负相关，这说明用目前选取的各三级指标来反映生态活力、环境质量、社会发展和协调程度是合理的。同时，由于受一些因素干扰，自然保护区的有效保护、水土流失率、农药施用强度、教育经费占 GDP 比例、环境污染治理投资占 GDP 比重等五个指标，与各自所属的二级指标之间关联度不显著。下文将具体分析。

### 1. 生态活力各三级指标与二级指标的相关性

森林覆盖率和建成区绿化覆盖率均与二级指标存在基本稳定的显著正相关性，森林覆盖率指标与生态活力的关联度更是非常高，说明森林对生态活力的贡献非常大。

森林覆盖率与建成区绿化覆盖率之间也存在一定正相关性，也就是说，适宜植树造林的地区，也适宜城区绿化建设，因为这两方面都受自然地理条件的影响。这也说明，自然地理条件对生态活力有较大影响。

自然保护区的有效保护指标与二级指标相关性不显著，且为负。原因在于，该指标与森林覆盖率和建成区绿化覆盖率指标均存在显著负相关性。这种相关性关系，反映了我国的自然保护区主要集中在青藏高原的西藏、青海、甘肃等植树造林和城区绿化困难的省份这一事实。

这种相关性关系还说明，在自然保护区建设与植树造林和城区绿化之间，存在一种补偿关系。这体现了该二级指标的三个三级指标之间，有较好的平衡性。如表4－2所示。

表4－2　2008年生态活力三级指标相关度

| | 森林覆盖率 | 建成区绿化覆盖率 | 自然保护区的有效保护 |
|---|---|---|---|
| 森林覆盖率 | 1 | .388 * | － .466 ** |
| 建成区绿化覆盖率 | .388 * | 1 | － .699 ** |
| 自然保护区的有效保护 | － .466 ** | － .699 ** | 1 |
| 生态活力 | .852 ** | .381 * | － .214 |
| ECI | .553 ** | .478 ** | － .172 |

** 表示在 0.01 水平相关显著（双尾检验）（2－tailed）。
* 表示在 0.05 水平相关显著（双尾检验）（2－tailed）。

### 2. 环境质量各三级指标与二级指标的相关性

地表水体质量和环境空气质量指标与二级指标显著正相关，但水土流失率（逆指标）和农药施用强度（逆指标）与二级指标的相关性不显著，且为负。这说明，尽管水土流失和农药施用对环境质量有影响，但不如地表水体质量和空气质量那么明显和直接，但它们对环境质量的负面影响，已经有所显现。

四个三级指标之间，只有水土流失率指标与农药施用强度指标有显著负相关，其余指标之间的相关性都不显著。可见环境质量各三级指标具有很好的独立性和代表性。

水土流失率指标与农药施用强度指标之所以有显著负相关，是因为我国水土保持较好的地区，包括华南三省（海南、广西、广东），华东地区六省一市（上海、江苏、福建、安徽、浙江、山东、江西），中南地区（湖南、河南、湖北），是精耕细作和多季农业生产地区，因此农药施用强度较高。

同时，正是二者之间这种相互抵消的关系，使得它们与环境质量之间的相关性不那么显著了。如表4－3所示。

表 4 - 3　2008 年环境质量三级指标相关度

| | 地表水体质量 | 环境空气质量 | 水土流失率 | 农药施用强度 |
|---|---|---|---|---|
| 地表水体质量 | 1 | .048 | - .069 | .195 |
| 环境空气质量 | .048 | 1 | - .351 | .225 |
| 水土流失率 | - .069 | - .351 | 1 | - .607 ** |
| 农药施用强度 | .195 | .225 | - .607 ** | 1 |
| 环境质量 | .584 ** | .521 ** | - .175 | - .182 |
| ECI | .267 | .283 | - .640 ** | .572 ** |

\*\* 表示在 0.01 水平相关显著（双尾检验）（2 - tailed）。

\* 表示在 0.05 水平相关显著（双尾检验）（2 - tailed）。

### 3. 社会发展各三级指标与社会发展指标的相关性

除了教育经费占 GDP 比例指标外，其余五个三级指标，均与二级指标显著正相关。这说明各三级指标与二级指标的关联度紧密，具有很好的代表性。

特别要指出的是，人均 GDP 和城镇化率，不仅对二级指标贡献极大，而且与其余四个三级指标的相关性也极为显著，这说明在我国目前以工业化和城镇化为特点的现代化发展阶段，发展经济仍是促进社会发展的关键。

同时，教育经费占 GDP 比例指标与二级指标之间不显著的负相关关系，以及与另外四个三级指标（服务业产值占 GDP 比例除外）之间或显著或不显著的负相关关系，说明教育等福利事业的发展，并不由经济发展水平直接决定，而是需要有长远战略眼光，需要政府积极作为。如表 4 - 4 所示。

表 4 - 4　2008 年社会发展三级指标相关度

| | 人均 GDP | 服务业产值占 GDP 比例 | 城镇化率 | 人均预期寿命 | 教育经费占 GDP 比例 | 农村改水率 |
|---|---|---|---|---|---|---|
| 人均 GDP | 1 | .532 ** | .930 ** | .771 ** | - .445 * | .743 ** |
| 服务业产值占 GDP 比例 | .532 ** | 1 | .463 ** | .235 | .317 | .511 ** |
| 城镇化率 | .930 ** | .463 ** | 1 | .834 ** | - .527 ** | .667 ** |
| 人均预期寿命 | .771 ** | .235 | .834 ** | 1 | - .685 ** | .597 ** |
| 教育经费占 GDP 比例 | - .445 * | .317 | - .527 ** | - .685 ** | 1 | - .344 |
| 农村改水率 | .743 ** | .511 ** | .667 ** | .597 ** | - .344 | 1 |
| 社会发展 | .844 ** | .805 ** | .796 ** | .616 ** | - .051 | .726 ** |
| ECI | .529 ** | .481 ** | .589 ** | .599 ** | - .200 | .416 * |

\*\* 表示在 0.01 水平相关显著（双尾检验）（2 - tailed）。

\* 表示在 0.05 水平相关显著（双尾检验）（2 - tailed）。

### 4. 协调程度各三级指标与协调程度指标的相关性

除了环境污染治理投资占 GDP 比重外，其余六个指标均与二级指标显著相关，并且正指标正相关，逆指标负相关，各三级指标与二级指标的关联度紧密，很有代表性。

单位 GDP 能耗、工业固体废物综合利用率、工业污水达标排放率和单位GDP 二氧化硫排放量指标，不仅对二级指标贡献极大，而且相互之间也有较高的关联度，这说明目前我国高消耗、高污染、低效率的生产方式是影响我国协调发展的关键因素。

环境污染治理投资占 GDP 比重与协调程度二级指标的相关度不显著，但与单位 GDP 能耗和单位 GDP 二氧化硫排放量存在较为显著的正相关关系，这说明我国目前的环境治理，主要以应付最突出的环境污染问题为特点，对其他方面投入不够。为了保障我国经济社会的稳定、协调、可持续发展，必须有长远眼光，切实加大对环境污染治理的投资总量，并提高生态建设投资在总投资中的比例。如表 4 - 5 所示。

表 4 - 5　2008 年协调程度三级指标相关度

| | 工业固体废物综合利用率 | 工业污水达标排放率 | 城市生活垃圾无害化率 | 环境污染治理投资占GDP 比重 | 单位 GDP能耗 | 单位 GDP水耗 | 单位 GDP二氧化硫排放量 |
|---|---|---|---|---|---|---|---|
| 工业固体废物综合利用率 | 1 | .769 ** | .300 | .202 | - .617 ** | - .576 ** | - .382 * |
| 工业污水达标排放率 | .769 ** | 1 | .380 * | .147 | - .648 ** | - .754 ** | - .235 |
| 城市生活垃圾无害化率 | .300 | .380 * | 1 | - .009 | - .362 * | - .325 | - .182 |
| 环境污染治理投资占 GDP 比重 | .202 | .147 | - .009 | 1 | .467 ** | - .175 | .359 * |
| 单位 GDP 能耗 | - .617 ** | - .648 ** | - .362 * | .467 ** | 1 | .365 * | .865 ** |
| 单位 GDP 水耗 | - .576 ** | - .754 ** | - .325 | - .175 | .365 * | 1 | .106 |
| 单位 GDP 二氧化硫排放量 | - .382 * | - .235 | - .182 | .359 * | .865 ** | .106 | 1 |
| 协调程度 | .765 ** | .714 ** | .593 ** | .135 | - .774 ** | - .573 ** | - .624 ** |
| ECI | .493 ** | .447 * | .541 ** | - .125 | - .741 ** | - .360 * | - .643 ** |

** 表示在 0.01 水平相关显著（双尾检验）（2 - tailed）。

* 表示在 0.05 水平相关显著（双尾检验）（2 - tailed）。

## （二）三级指标与 ECI 的相关性

三级指标与 ECI 的相关性，绝大多数都显著，说明三级指标的选取是有代表性的。因为各种原因，目前有自然保护区的有效保护、地表水体质量、环境空气质量、教育经费占 GDP 比例、环境污染治理投资占 GDP 比重五个指标，与 ECI 关联度不显著。这反映了我国生态文明建设当中的一些独特问题，需要深入分析。

### 1. 显著相关的指标

（1）整体情况。

四年间，与 ECI 关联度显著的三级指标，稳定在 15 个左右，绝大多数三级指标都具有很好的代表性。以 2008 年为例，与 ECI 关联度显著的三级指标有 15 个，其中有 2 个生态活力指标、2 个环境质量指标、5 个社会进步指标、6 个协调程度指标。这说明绝大多数三级指标在指标体系当中都具有很好的代表性，也显示出了各二级指标的平衡性。

综合四年的情况，按相关度从高到低的顺序，相关度较高的指标有：单位 GDP 能耗、单位 GDP 二氧化硫排放量、水土流失率、城镇化率、人均预期寿命、人均 GDP、农药施用强度、城市生活垃圾无害化率、工业固体废物综合利用率、服务业产值占 GDP 比例、建成区绿化覆盖率、森林覆盖率等指标。特别是单位 GDP 能耗指标，四年与 ECI 的相关度都最高。紧随其后的是单位 GDP 二氧化硫排放量和水土流失率两个指标。城镇化率和人均 GDP 指标与 ECI 的相关度也非常显著，且四年间基本稳定（如表 4－6 所示）。其中单位 GDP 能耗、单位 GDP 二氧化硫排放量、水土流失率、农药施用强度为逆指标。

以 2008 年为例，与 ECI 相关度排名前十位的指标，分别为单位 GDP 能耗（－0.741）、单位 GDP 二氧化硫排放量（－0.643）、水土流失率（－0.640）、人均预期寿命（0.599）、城镇化率（0.589）、农药施用强度（0.572）、森林覆盖率（0.553）、城市生活垃圾无害化率（0.541）、人均 GDP（0.529）、工业固体废物综合利用率（0.493）。

这些指标涉及节能减排、环境治理、经济发展、福利改善、资源循环综合利用、城市化集约发展、生态建设等方面，反映了我国生态文明建设多方面的紧迫任务，也体现了指标体系设计的全面性和平衡性，超越了简单的 GDP 增长决定论。

表 4 – 6  2005 ~ 2008 年各三级指标与 ECI 相关度及排名

| 三 级 指 标 | 2005 年与 ECI 相关度 | 2005 年相关度排名 | 2006 年与 ECI 相关度 | 2006 年相关度排名 | 2007 年与 ECI 相关度 | 2007 年相关度排名 | 2008 年与 ECI 相关度 | 2008 年相关度排名 |
|---|---|---|---|---|---|---|---|---|
| 森林覆盖率 | 0.379 | 12 | 0.326 | 15 | 0.498 | 12 | 0.553 | 7 |
| 建成区绿化覆盖率 | 0.255 | 16 | 0.64 | 5 | 0.509 | 10 | 0.478 | 12 |
| 自然保护区的有效保护 | − 0.045 | 18 | − 0.162 | 16 | − 0.183 | 19 | − 0.172 | 19 |
| 地表水体质量 | 0.119 | 17 | 0.118 | 18 | 0.28 | 17 | 0.267 | 17 |
| 环境空气质量 | 0.27 | 15 | 0.132 | 17 | 0.311 | 16 | 0.283 | 16 |
| 水土流失率 | − 0.73 | 2 | − 0.566 | 9 | − 0.744 | 2 | − 0.64 | 3 |
| 农药施用强度 | 0.56 | 8 | 0.57 | 8 | 0.577 | 5 | 0.572 | 6 |
| 人均 GDP | 0.645 | 5 | 0.686 | 3 | 0.522 | 8 | 0.529 | 9 |
| 服务业产值占 GDP 比例 | 0.446 | 11 | 0.552 | 10 | 0.511 | 9 | 0.481 | 11 |
| 城镇化率 | 0.659 | 4 | 0.718 | 2 | 0.555 | 7 | 0.589 | 5 |
| 人均预期寿命 | 0.577 | 7 | 0.672 | 4 | 0.566 | 6 | 0.599 | 4 |
| 教育经费占 GDP 比例 | − 0.015 | 19 | − 0.031 | 19 | − 0.168 | 20 | − 0.2 | 18 |
| 农村改水率 | 0.511 | 10 | 0.54 | 11 | 0.424 | 13 | 0.416 | 14 |
| 工业固体废物综合利用率 | 0.517 | 9 | 0.58 | 7 | 0.502 | 11 | 0.493 | 10 |
| 工业污水达标排放率 | 0.287 | 14 | 0.505 | 13 | 0.409 | 14 | 0.447 | 13 |
| 城市生活垃圾无害化率 | 0.578 | 6 | 0.535 | 12 | 0.583 | 4 | 0.541 | 8 |
| 环境污染治理投资占 GDP 比重 | − 0.001 | 20 | − 0.009 | 20 | − 0.243 | 18 | − 0.125 | 20 |
| 单位 GDP 能耗 | − 0.758 | 1 | − 0.721 | 1 | − 0.776 | 1 | − 0.741 | 1 |
| 单位 GDP 水耗 | − 0.3 | 13 | − 0.392 | 14 | − 0.341 | 15 | − 0.36 | 15 |
| 单位 GDP 二氧化硫排放量 | − 0.73 | 2 | − 0.594 | 6 | − 0.663 | 3 | − 0.643 | 2 |

这些指标的高相关性，特别是单位 GDP 能耗、单位 GDP 二氧化硫排放量、水土流失率等几个指标稳居相关度前几位，客观上反映了它们在生态文明建设中的重要地位，应该引起我们的特别注意。同时也说明我国目前的生态文明建设，仍然存在节能减排、生态建设等方面的压力，仍处于生态文明建设的初级阶段。

下面将对与 ECI 相关度排名前十位的指标进行具体分析。鉴于人均 GDP 指标与各级各类指标之间复杂的相关性，将单列一节。

（2）单位 GDP 能耗。

该指标既反映了经济增长的能源密度，也间接显示了二氧化碳的排放强度，因此是显示节能减排、协调发展状况的关键指标。数据显示，单位 GDP 能耗与 ECI 之间存在显著负相关性。因为除了与环境质量关联度不显著之外，单位 GDP 能耗与其他三个二级指标均存在显著负相关性。与协调程度的负相关性最为显著，这是因为单位 GDP 能耗与协调程度二级指标其余六个三级指标都显著相关。如表 4-7 所示。

表 4-7 2008 年单位 GDP 能耗与其他指标的相关度

| | 单位 GDP 能耗 | | 单位 GDP 能耗 |
|---|---|---|---|
| 工业固体废物综合利用率 | -.617** | 生态活力 | -.529** |
| 工业污水达标排放率 | -.648** | 环境质量 | .103 |
| 城市生活垃圾无害化率 | -.362* | 社会发展 | -.428* |
| 环境污染治理投资占 GDP 比重 | .467** | 协调程度 | -.774** |
| 单位 GDP 水耗 | .365* | ECI | -.741** |
| 单位 GDP 二氧化硫排放量 | .865** | | |

** 表示在 0.01 水平相关显著（双尾检验）（2-tailed）。
* 表示在 0.05 水平相关显著（双尾检验）（2-tailed）。

深入分析各省份情况可见，单位 GDP 能耗最低的是北京，ECI 得分最高；宁夏、贵州、青海、山西等省份，由于单位 GDP 能耗过高，影响了 ECI 得分排名。如图 4-5 所示。

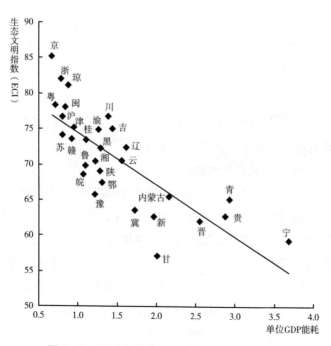

图 4-5 2008 年单位 GDP 能耗与 ECI 相关性

北京、广东、浙江、上海、江苏、福建、海南等省份，单位 GDP 能耗之所以较低，主要是因为产业结构较为合理，提高了能源和资源绩效。如表 4-8 所示。

表 4-8　2008 年各省份的服务业产值占 GDP 比例及排名

单位：%

| 排名 | 省　份 | 服务业产值占 GDP 比例 | 排名 | 省　份 | 服务业产值占 GDP 比例 |
|---|---|---|---|---|---|
| 1 | 北　京 | 73.2 | 17 | 安　徽 | 37.4 |
| 2 | 西　藏 | 55.5 | 18 | 广　西 | 37.4 |
| 3 | 上　海 | 53.7 | 19 | 宁　夏 | 36.2 |
| 4 | 广　东 | 42.9 | 20 | 四　川 | 34.8 |
| 5 | 贵　州 | 41.3 | 21 | 辽　宁 | 34.5 |
| 6 | 浙　江 | 41.0 | 22 | 黑龙江 | 34.4 |
| 7 | 重　庆 | 41.0 | 23 | 山　西 | 34.2 |
| 8 | 湖　北 | 40.5 | 24 | 青　海 | 34.0 |
| 9 | 海　南 | 40.2 | 25 | 新　疆 | 33.9 |
| 10 | 福　建 | 39.3 | 26 | 山　东 | 33.4 |
| 11 | 云　南 | 39.1 | 27 | 内蒙古 | 33.3 |
| 12 | 甘　肃 | 39.1 | 28 | 河　北 | 33.2 |
| 13 | 江　苏 | 38.1 | 29 | 陕　西 | 32.9 |
| 14 | 吉　林 | 38.0 | 30 | 江　西 | 30.9 |
| 15 | 天　津 | 37.9 | 31 | 河　南 | 28.6 |
| 16 | 湖　南 | 37.8 | | | |

因此，优化产业结构，降低单位 GDP 能耗，不仅是协调发展的突破口，也是生态文明建设的重中之重。如图 4-6 所示。

（3）单位 GDP 二氧化硫排放量。

单位 GDP 二氧化硫排放量反映工业废气的排放强度，也反映空气污染（大气酸化）程度。通过测评该指标，从产出角度来测算一地区的生态环境成本，用以衡量经济发展与生态环境资源之间的协调状况。

单位 GDP 二氧化硫排放量与 ECI 得分之间的关系，与单位 GDP 能耗极为相似，存在显著负相关性。同样，除了与环境质量关联度不显著之外，单位 GDP 二氧化硫排放量与其他三个二级指标均存在显著负相关性，与协调程度的负相关性最为显著。该指标与单位 GDP 能耗有高达 0.865 的相关度，既可说明二者之间的高度相似性，又可解释节能和减排是一个铜板的两面。如表 4-9 所示。

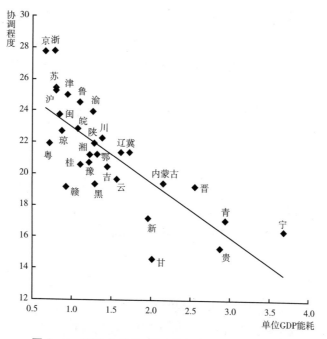

**图 4 − 6    2008 年单位 GDP 能耗与协调程度相关性**

**表 4 − 9    2008 年单位 GDP 二氧化硫排放量与其他指标的相关度**

|  | 单位 GDP<br>二氧化硫排放量 |  | 单位 GDP<br>二氧化硫排放量 |
| --- | --- | --- | --- |
| 工业固体废物综合利用率 | − .382 * | 生态活力 | − .434 * |
| 工业污水达标排放率 | − .235 | 环境质量 | .034 |
| 城市生活垃圾无害化率 | − .182 | 社会发展 | − .391 * |
| 环境污染治理投资占 GDP 比重 | .359 * | 协调程度 | − .624 ** |
| 单位 GDP 能耗 | .865 ** | ECI | − .643 ** |
| 单位 GDP 水耗 | .106 |  |  |

** 表示在 0.01 水平相关显著（双尾检验）（2 − tailed）。

* 表示在 0.05 水平相关显著（双尾检验）（2 − tailed）。

单位 GDP 二氧化硫排放量，既是影响协调发展和生态文明建设的原因，同时，它本身又是其他原因的结果。具体分析各省份的情况，可以发现影响单位 GDP 二氧化硫排放量的主要原因有两方面：煤炭为主的能源结构和产业结构。通过这两方面的中介作用，单位 GDP 二氧化硫排放量与 ECI 和协调程度呈现高度负相关关系。

一方面，单位 GDP 二氧化硫排放量受二氧化硫排放总量影响，排放总量又受我国目前以煤炭为主的特殊能源结构影响。比如，山西、内蒙古等煤炭生产大省，其二氧化硫排放总量相对较高，单位 GDP 二氧化硫排放量也相对较高。过高的二氧化硫排放量，破坏生态环境，导致经济发展与生态环境不协调，因此协调程度和ECI 得分均偏低。反之，西藏、上海、北京、海南、广东等省份，因煤炭生产较少，二氧化硫排放总量较少，奠定了单位 GDP 二氧化硫排放量相对较低的基础，也创造了协调发展和生态文明建设的有利条件，因此它们的 ECI 和协调程度得分均较高。

另一方面，单位 GDP 二氧化硫排放量更受产业结构影响。例如，北京、广东、上海、浙江等产业结构较为合理的省份，单位 GDP 二氧化硫排放量也较少，因此 ECI 和协调程度得分高；而宁夏、山西、内蒙古、青海、新疆、陕西等省份，服务业产值占 GDP 比例较低，因而单位 GDP 二氧化硫排放量较高，ECI 和协调程度得分较低。

此外，自然地理条件也是影响单位 GDP 二氧化硫排放量的因素。比如，服务业产值比例较高的贵州和重庆，其单位 GDP 二氧化硫排放量较高，而服务业产值比例较低的辽宁和黑龙江，其单位 GDP 二氧化硫排放量反而较低，这与西南地区煤炭的含硫量高、东北地区煤炭的含硫量低不无关系。如图 4-7 所示。

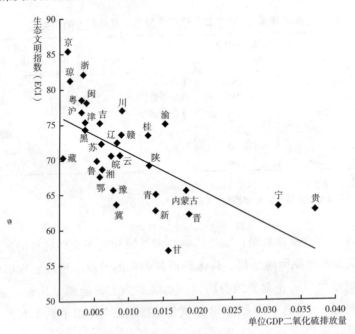

图 4-7　2008 年单位 GDP 二氧化硫排放量与 ECI 相关性

单位 GDP 二氧化硫排放量与 ECI 的高度负相关性，说明改善能源结构，促进产业结构升级，是目前我国生态文明建设的重点。

（4）水土流失率。

该指标是反映大尺度的环境质量和生态安全状况的重要指标。目前，水土流失率指标与 ECI 有显著负相关性，与四个二级指标也有负相关性，不过在不同年份关联度有所变化。以 2007 年数据为例，水土流失率与四个二级指标的关联度均较高。这说明水土流失不仅影响环境质量，而且全面影响生态安全和经济社会发展，是生态文明建设事业中必须高度重视的问题。如表 4 – 10 所示。

表 4 – 10　2007 年水土流失率与其他指标的相关度

| | 水土流失率 | | | 水土流失率 |
|---|---|---|---|---|
| 地表水体质量 | – .069 | | 环境质量 | – .315 |
| 环境空气质量 | – .464 ** | | 社会发展 | – .430 * |
| 农药施用强度 | – .603 ** | | 协调程度 | – .589 ** |
| 生态活力 | – .480 ** | | ECI | – .744 ** |

** 表示在 0.01 水平相关显著（双尾检验）（2 – tailed）。
* 表示在 0.05 水平相关显著（双尾检验）（2 – tailed）。

要指出的是，作为评价环境质量的重要指标，水土流失率与环境质量二级指标的相关度，反而不如与其他二级指标的关联度高。原因在于，水土流失率与环境质量二级指标下的农药施用强度（逆指标）和环境空气质量（正指标）之间，均存在显著负相关。这表明，水土流失率对环境质量指标的不同方面有不同性质的影响，同时也说明，环境质量的四个三级指标之间，有很好的平衡性。

进一步分析各省份情况，可以找到水土流失率指标这种表现的原因。水土流失严重的宁夏、内蒙古、甘肃、新疆、陕西、山西、重庆等西部地区，一方面，因作物生长季相对较短、耕作方式较为粗放，农药施用强度较弱；另一方面，因森林覆盖率和建成区绿化覆盖率低，风沙大，空气净化能力较低，因此环境空气质量较差。如图 4 – 8 所示。

（5）人均预期寿命。

该指标是联合国人类发展指数（HDI）用来表现人类发展状况的三个指标之一，是表现社会发展水平和真实福利水平的重要指标，也是生态文明建设追求的重要目标。

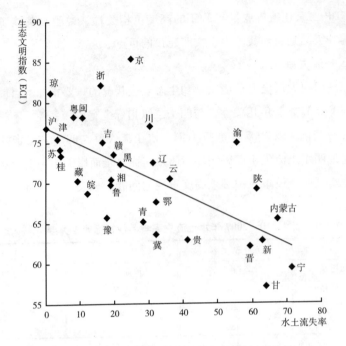

图 4 – 8  2008 年水土流失率与 ECI 相关性

限于数据公布时限，现在采用的人均预期寿命数据是 2000 年的。尽管如此，人均预期寿命与 ECI 之间仍存在显著正相关，说明生态文明建设好的地区，人们的真实福利相应较高。

从它与四个二级指标的相关性来看，与社会发展指标存在显著正相关关系。因为它与人均 GDP、城镇化率、农村改水率均有显著正相关关系，反映了经济社会发展以及福利水平的相应提高，对人均预期寿命的提高有积极促进作用。

由于社会发展指标与协调程度指标之间存在显著正相关关系，因此，人均预期寿命与协调程度指标之间，也有非常显著的正相关关系。

目前，人均预期寿命与生态活力指标的相关度不显著，而与环境质量指标之间存在显著负相关。这并不是说生态环境质量对人均预期寿命没有影响，或者说环境质量下降倒有利于人均预期寿命的提高；而是因为，在我国，目前社会发展与环境质量整体上存在冲突，而人均预期寿命又主要受到经济发展和小范围的社会环境影响，因此，人均预期寿命与表现大尺度自然环境的环境质量指标之间，出现了负相关。如表 4 – 11 所示。

表 4 – 11　2008 年人均预期寿命与其他指标的相关度

| | 人均预期寿命 | | 人均预期寿命 |
|---|---|---|---|
| 人均 GDP | .771 ** | 生态活力 | .229 |
| 服务业产值占 GDP 比例 | .235 | 环境质量 | – .457 ** |
| 城镇化率 | .834 ** | 社会发展 | .616 ** |
| 教育经费占 GDP 比例 | – .685 ** | 协调程度 | .829 ** |
| 农村改水率 | .597 ** | ECI | .599 ** |

** 表示在 0.01 水平相关显著（双尾检验）（2 – tailed）。
* 表示在 0.05 水平相关显著（双尾检验）（2 – tailed）。

从各省情况来看，ECI 得分较高的北京、上海、浙江、天津等省份，人均预期寿命相应也较高，而甘肃、新疆、贵州、青海等省份，ECI 得分和人均预期寿命表现均不理想。如图 4 – 9 所示。

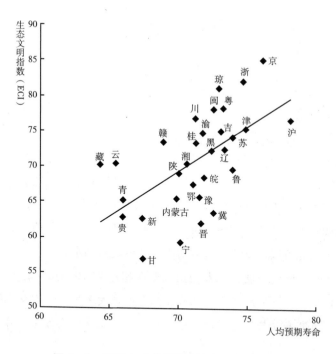

图 4 – 9　2008 年人均预期寿命与 ECI 相关性

影响这些省份人均预期寿命的主要因素，目前仍是社会发展水平。具体分析人均预期寿命与社会发展指标的相关性发现，人均预期寿命与社会发展之间不是完全的线性关系。从 65 岁提升到 72 岁，人均预期寿命受社会发展影响较小，72

岁以后，与社会发展的正相关性就非常显著。这说明人均预期寿命超过一定高度后，主要由社会发展及医疗卫生等福利水平提高来推动。如图 4 - 10 所示。

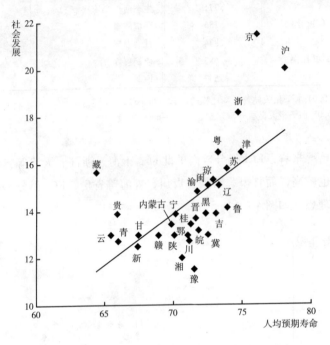

图 4 - 10　2008 年人均预期寿命与社会发展相关性

　　人均预期寿命与环境质量之间，尽管目前整体上存在负相关关系，但也有如北京、海南、福建、吉林等省份，在人均预期寿命超过 72 岁以后，开始出现与环境质量协调发展的趋势。这些省份有一个共同特点，那就是协调程度都在全国前十名之内。因此可以推测，通过提高协调发展能力和水平，不断克服经济社会发展与环境恶化之间的矛盾，在人均预期寿命超过 72 岁以后，将会开始出现环境质量与人均预期寿命协调发展的趋势。如果全国大多数省份均发展到了这一阶段，到时人均预期寿命与环境质量存在负相关的状况，将会发生改变。如图 4 - 11 所示。

　　(6) 城镇化率。

　　城镇化率是衡量社会发展和现代化水平的重要指标。

　　城镇化率与 ECI 之间存在显著正相关性，说明生态文明建设也必须加强城镇化建设。目前我国绝大部分省份的城镇化率仍在 30% ~ 60%，尚处于城镇化发

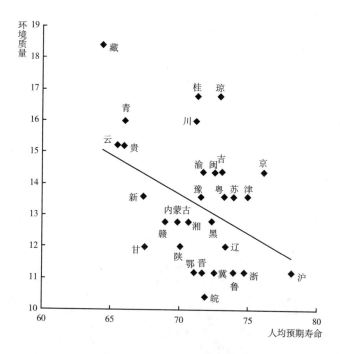

图 4 – 11  2008 年人均预期寿命与环境质量的相关性

展中期，发展空间还很大。

具体来看，一方面，城镇化率与生态活力的相关度不显著，与环境质量指标之间存在一定程度的负相关，说明传统的城镇化发展方式对环境质量带来了一定压力。

另一方面，城镇化率与社会发展和协调程度之间存在显著正相关，与社会发展二级指标下的其余五个三级指标之间，均存在显著相关度，说明城镇化发展对于推动社会进步意义重大。如表 4 – 12 所示。

表 4 – 12  2008 年城镇化率与其他指标的相关度

| | 城镇化率 | | 城镇化率 |
| --- | --- | --- | --- |
| 人均 GDP | .930 ** | 生态活力 | .155 |
| 服务业产值占 GDP 比例 | .463 ** | 环境质量 | – .343 |
| 人均预期寿命 | .834 ** | 社会发展 | .796 ** |
| 教育经费占 GDP 比例 | – .527 ** | 协调程度 | .691 ** |
| 农村改水率 | .667 ** | ECI | .589 ** |

** 表示在 0.01 水平相关显著（双尾检验）（2 – tailed）。

* 表示在 0.05 水平相关显著（双尾检验）（2 – tailed）。

从各省份情况来看，上海、北京、天津等已经基本实现城镇化的省市，其较高的城镇化率对 ECI 得分作出了一定贡献；甘肃、贵州、新疆、河北等省份，较低的城镇化水平影响了 ECI 得分。对于城镇化率尚且较低的省份，在生态文明建设中必须走新型城镇化建设道路，在尽量减少环境压力的同时，加快城镇化发展。如图 4 – 12 所示。

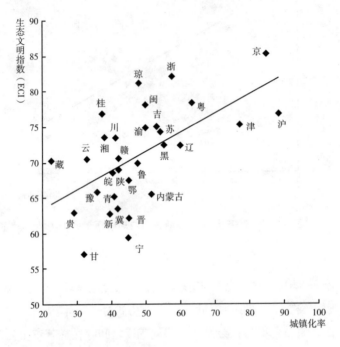

**图 4 – 12  2008 年城镇化率与 ECI 的相关性**

（7）农药施用强度。

化学农药的发明是伟大的科学成就，也对农业生产产生了根本性影响。但农药存在毒化土壤和水体、危害人类健康、威胁生物多样性等负面效应，这是与生态文明建设的要求相违背的。因此，从政策引导的角度考虑，农药施用强度是生态文明建设必须加以测评的指标，且目前设计为逆指标。

统计数据显示，农药施用强度指标与 ECI 相关性比较显著，但目前表现为正相关，且四年间表现稳定。

从该指标与二级指标的相关性来看，它与环境质量指标存在一定负相关，但不显著，因为农药施用强度与水土流失率有高度负相关，但与地表水体质量和环境空气质量都存在一定正相关。这表明水土流失率较低的地区（包括华南三省、华东地区六省一市、中南地区），农药施用强度较高，反映了我国华南、东南和中南地区集中的农业生产对农药需求较大的状况。

另外，农药施用强度与协调程度、生态活力和社会发展指标均存在正相关性，且与协调程度和生态活力指标的相关度非常显著，反映了华南、华东等地区目前既是我国农业生产的重点地区，又是生态活力和经济社会发展较好的地区这一基本事实。这一事实也正好解释了农药施用强度目前与 ECI 表现出正相关的原因。如表 4 - 13 所示。

表 4 - 13 2008 年农药施用强度与其他指标的相关度

| | 农药施用强度 | | 农药施用强度 |
|---|---|---|---|
| 地表水体质量 | .195 | 环境质量 | - .182 |
| 环境空气质量 | .225 | 社会发展 | .327 |
| 水土流失率 | - .607 ** | 协调程度 | .534 ** |
| 生态活力 | .527 ** | ECI | .572 ** |

\*\* 表示在 0.01 水平相关显著（双尾检验）（2 - tailed）。
\* 表示在 0.05 水平相关显著（双尾检验）（2 - tailed）。

从各省分析来看，海南、福建、广东、浙江、江西、上海、湖南、湖北、山东、江苏、安徽等农药施用强度较高的地区，目前 ECI 得分不差，但这并不是说农药施用强度高对其生态文明建设有利。如上文所述，这只是一种偶然巧合。这些地区如果通过科技创新等手段，切实减少农药施用量，提高生物农药比例，将为其生态文明建设添彩。而宁夏、贵州、内蒙古、青海、陕西、西藏、新疆、山西等省份，尽管其农药施用强度目前较低，但这主要是由作物生长季相对较短、耕作方式较为粗放导致的，这些地区同样需要提高生物农药施用比例。如图 4 - 13 所示。

（8）森林覆盖率。

森林是陆地生态系统的主体，对于维护生态安全、调节气候变化、提升生态活力均具有重要意义，因此森林覆盖率是表现生态活力的重要指标。

森林覆盖率目前与社会发展、环境质量和协调程度指标的相关度不显著，但与生态活力指标存在非常显著的正相关，因此与 ECI 显著正相关。如表 4 - 14 所示。

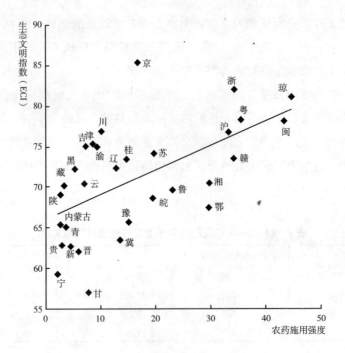

图 4 - 13　2008 年农药施用强度与 ECI 的相关性

表 4 - 14　2008 年森林覆盖率与其他指标的相关度

| | 森林覆盖率 | | 森林覆盖率 |
| --- | --- | --- | --- |
| 建成区绿化覆盖率 | . 388 * | 社会发展 | - . 007 |
| 自然保护区的有效保护 | - . 466 ** | 协调程度 | . 240 |
| 生态活力 | . 852 ** | ECI | . 553 ** |
| 环境质量 | . 126 | | |

** 表示在 0. 01 水平相关显著（双尾检验）（2 - tailed）。

* 表示在 0. 05 水平相关显著（双尾检验）（2 - tailed）。

　　与生态活力的显著正相关性，反映了森林对生态活力的重要贡献，也说明了将森林覆盖率作为生态活力重要指标的合理性。森林覆盖率高于 45% 的福建、江西、浙江、海南、广东等省份，其生态活力稳居全国前八名之内。而森林覆盖率低于 15% 的新疆、上海、青海、宁夏、甘肃、江苏、天津、西藏、山西、山东等省份，其生态活力也大都排名靠后。如图 4 - 14 所示。

　　从各省森林覆盖率与 ECI 得分的关系来看，全国森林覆盖率排名前列的福建、江西、浙江、海南、广东等省份，其 ECI 得分均普遍较高，新疆、青海、宁

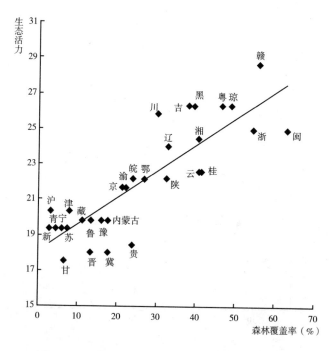

图 4 – 14　2008 年森林覆盖率与生态活力的相关性

夏、甘肃等西北地区省份，因受地理气候条件影响，森林覆盖率较低，尽管有自然保护区的有效保护指标的强势表现作为弥补，其 ECI 得分还是偏低。这就说明，森林覆盖率对生态文明建设的影响仍是比较明显的。上海、天津、江苏等森林覆盖率较低的省份，其 ECI 得分较高的原因在于，它们在社会发展方面的优势非常明显，在一定程度上弥补了森林覆盖率及生态活力表现上的不足。如图 4 – 15 所示。

（9）城市生活垃圾无害化率。

较高的城市生活垃圾无害化率，是维护城市生活环境的基本要求，保障城市居民健康生活的基本前提，但更是实现垃圾资源化的前奏，是实现环境好转与资源循环利用、良性互动的重要内容，因此也是生态文明建设的基本要求。

城市生活垃圾无害化率与 ECI 也存在显著正相关性。有点令人意外的是，它与二级指标的相关性：与生态活力和环境质量的相关性均不显著，与协调程度和社会发展，却有显著正相关性。其实也在意料之中，因为该指标反映的城市生活垃圾处理情况，对小范围的城市环境影响巨大，但对大尺度生态环境的影响却有限，而 ECCI 所侧重评价的，正是大尺度方面的环境质量。而且，ECCI 是将城市

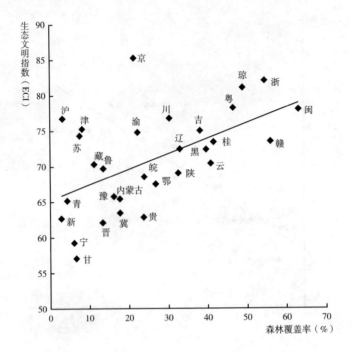

图4-15　2008年森林覆盖率与ECI的相关性

生活垃圾无害化率作为协调程度指标来测评的，它与协调程度的高度正相关，说明了指标设置的合理性。如表4-15所示。

表4-15　2008年城市生活垃圾无害化率与其他指标的相关度

| | 城市生活垃圾无害化率 | | 城市生活垃圾无害化率 |
| --- | --- | --- | --- |
| 工业固体废物综合利用率 | .300 | 生态活力 | .026 |
| 工业污水达标排放率 | .380* | 环境质量 | .303 |
| 环境污染治理投资占GDP比重 | -.009 | 社会发展 | .452* |
| 单位GDP能耗 | -.362* | 协调程度 | .593** |
| 单位GDP水耗 | -.325 | ECI | .541** |
| 单位GDP二氧化硫排放量 | -.182 | | |

　　** 表示在0.01水平相关显著（双尾检验）（2-tailed）。
　　* 表示在0.05水平相关显著（双尾检验）（2-tailed）。

　　目前城市生活垃圾无害化率处于30%～60%的省份，社会发展水平基本上都较低，而北京、天津、江苏等社会较发达的省份，其城市生活垃圾无害化率均超过了90%，这说明城市生活垃圾无害化处理受到社会发展水平的较大影响。

但在同时，广西、四川、云南、江西、青海等社会发展水平较低的省份，其城市生活垃圾无害化率也超过了75%；黑龙江和吉林等省份，社会发展水平并非十分落后，但城市生活垃圾无害化率却非常低。这说明政府在该指标建设方面的积极作为也至关重要。如图4-16所示。

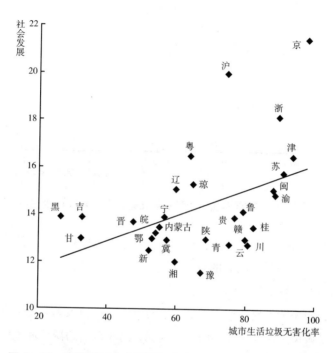

**图4-16　2008年城市生活垃圾无害化率与社会发展的相关性**

从城市生活垃圾无害化率与ECI的相关性来看，黑龙江和吉林也存在生活垃圾无害化率非常低而ECI得分较高的状况。如果切实采取措施提高城市生活垃圾无害化率，两省份的ECI得分应该会有所提升。如图4-17所示。

（10）工业固体废物综合利用率。

该指标不仅表现环境治理状况，更是表现资源循环利用、"变废为宝"的重要指标，是循环经济的重要建设方面。提高工业固体废物综合利用率，是在资源压力日益严峻的情况下，实现协调可持续发展的基本要求。

与城市生活垃圾无害化率相似，工业固体废物综合利用率与ECI也存在显著

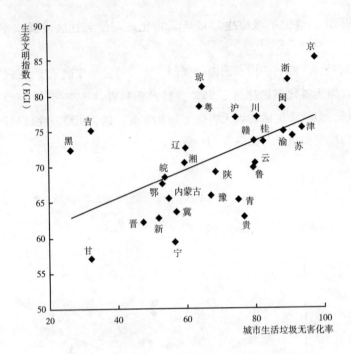

**图 4 – 17  2008 年城市生活垃圾无害化率与 ECI 的相关性**

正相关，与各二级指标的相关性也看上去有点令人意外：与生态活力相关性不显著，与环境质量存在较为显著的负相关性，但与社会发展指标存在一定正相关性，与协调程度有特别显著的正相关性。

导致这种相关性状况的原因，其实也与城市生活垃圾无害化率类似。因为该指标反映的是城市工业固体废物的处理情况，对小范围的城市环境影响巨大，但对大尺度生态环境的影响却有限，而 ECCI 所侧重评价的，正是大尺度方面的环境质量，并且目前小尺度环境较好的社会发达地区，大尺度自然环境普遍较差，因此，工业固体废物综合利用率与环境质量之间出现了负相关性。ECCI 也是将工业固体废物综合利用率作为协调程度指标来测评的，它与协调程度的高度正相关性，同样说明了指标设置的合理性。如表 4 – 16 所示。

从各省份分析也可以说明这种相关性状况。工业固体废物综合利用率之所以与环境质量存在较为显著的负相关性，主要是由于环境质量较好的西藏、广西、青海、四川、云南、贵州等西部省份，由于受地理条件限制，整体经济发展水平不高，工业本身就不发达，工业固体废物利用率也较低。而工业固体废物综合利用率高的天津、上海、江苏、浙江等省份，恰好也是环境质量较差、社会发达和协

表 4 – 16  2008 年工业固体废物综合利用率与其他指标的相关度

| | 工业固体废物综合利用率 | | 工业固体废物综合利用率 |
|---|---|---|---|
| 工业污水达标排放率 | .769 ** | 生态活力 | .199 |
| 城市生活垃圾无害化率 | .300 | 环境质量 | - .382 * |
| 环境污染治理投资占 GDP 比重 | .202 | 社会发展 | .374 * |
| 单位 GDP 能耗 | - .617 ** | 协调程度 | .765 ** |
| 单位 GDP 水耗 | - .576 ** | ECI | .493 ** |
| 单位 GDP 二氧化硫排放量 | - .382 * | | |

** 表示在 0.01 水平相关显著（双尾检验）（2 – tailed）。
* 表示在 0.05 水平相关显著（双尾检验）（2 – tailed）。

调程度较高的省份，因此，工业固体废物综合利用率与环境质量有负相关关系，而与协调程度和社会发展均有正相关关系。当然，与城市生活垃圾无害化率一样，社会发展水平并非影响工业固体废物综合利用率的唯一因素，政府是否采取了积极的治理措施，也是一个重要因素。

目前，各省份工业固体废物综合利用率与环境质量的关系，可粗略分为四种类型。

第一类，环境质量差但工业固体废物综合利用率较高。天津、江苏、上海、山东、浙江、广东、安徽、湖南等环境质量处于全国下游的省份，通过积极的努力，工业固体废物综合利用率都超过了 80%。

第二类，环境质量差且工业固体废物综合利用率较低，包括甘肃、陕西、河北、山西、辽宁、内蒙古等省份。特别是河北、山西、辽宁、内蒙古等省份，工业固体废物年产生量超过亿吨，综合利用率目前却仅处于 45% ~ 65%，有很大的发展空间。

第三类，环境质量好但工业固体废物综合利用率较低，主要是广西、青海、四川、云南、贵州等西部省份。随着这些省份工业固体废物排放总量的增加，对综合利用率的问题要高度重视，切实加以提高。

第四类，环境质量好且工业固体废物综合利用率较高。表现最突出的是海南省。虽然环境质量已经很好，但海南省的工业固体废物综合利用率仍超过了 90%。

另外，需要说明的是，2005 ~ 2008 年西藏自治区的工业固体废物综合利用

率都为 0%，因为其工业固体废物产生量本身就非常小，产生量最高的 2006 年
也只有 9 万吨。如图 4 - 18 所示。

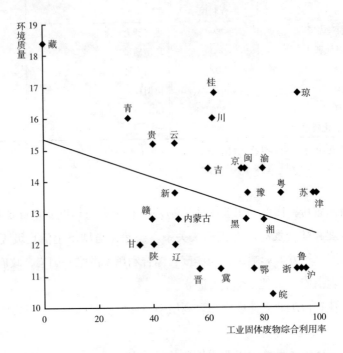

**图 4 - 18　2008 年工业固体废物综合利用率与环境质量的相关性**

　　工业固体废物综合利用率与协调程度有特别显著的正相关性，因为它与协调
程度其余四个三级指标均显著相关，与另外两个三级指标也存在一定相关性。如
表 4 - 16 所示。

　　与协调程度存在特别显著的正相关性说明，提高工业固体废物综合利用率是
提高协调程度的重要方面。而提高协调程度又是搞好生态文明建设的关键，因
此，各省都必须切实提高工业固体废物综合利用率，促进生态文明建设。特别是
河北、山西、内蒙古等目前 ECI 得分较低的省份，既有较大的提升空间，也有一
定的经济基础，如果大力提高工业固体废物综合利用率，将有利于提高其 ECI 得
分。如图 4 - 19 所示。

**2. 相关度不显著的指标**

　　从四年的相关性统计数据来看，目前有以下五个指标与 ECI 的相关度不显著。
生态活力指标方面，自然保护区的有效保护指标相关度不显著，且为负相关。

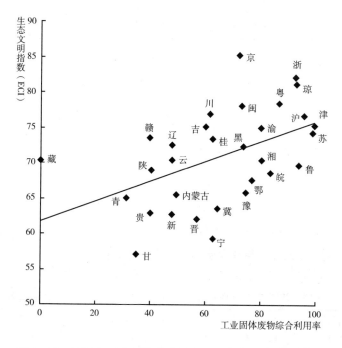

**图4-19 2008年工业固体废物综合利用率与ECI的相关性**

环境质量指标方面，地表水体质量、环境空气质量指标的相关度不显著，不过为正相关。

社会发展指标方面，教育经费占GDP比例指标的相关度不显著，且为负相关。

协调程度指标方面，环境污染治理投资占GDP比重指标的相关度不显著，且为负相关。

下文将对这些指标的相关度情况进行具体分析。

（1）自然保护区的有效保护。

该指标与ECI的相关度之所以不显著，是因为它与各二级指标有不同性质和强度的相关性：与社会发展指标相关性不显著，与生态活力指标有不显著的负相关性，与协调程度指标有一定负相关性，与环境质量指标有一定正相关性，且四年间基本稳定。作为生态活力的重要指标，自然保护区的有效保护与森林覆盖率和建成区绿化覆盖率均有显著负相关性。如表4-17所示。

造成这种情况的主要原因在于，我国目前的自然保护区主要集中在西南地区的西藏和四川，西北地区的青海、新疆和甘肃，以及东北地区的黑龙江等省份，这些省份的自然保护区面积之和达到了约106.64万平方公里。而这些省份在整

表 4 – 17　2008 年自然保护区的有效保护与其他指标的相关度

| | 自然保护区的有效保护 | | 自然保护区的有效保护 |
|---|---|---|---|
| 森林覆盖率 | – .466 ** | 社会发展 | .012 |
| 建成区绿化覆盖率 | – .699 ** | 协调程度 | – .421 * |
| 生态活力 | – .214 | ECI | – .172 |
| 环境质量 | .448 * | | |

** 表示在 0.01 水平相关显著（双尾检验）（2 – tailed）。
* 表示在 0.05 水平相关显著（双尾检验）（2 – tailed）。

体上具有环境质量较好、生态活力较弱、发展不够协调等特点（如表 4 – 18 所示），从而导致自然保护区的有效保护指标与生态活力有不显著负相关性，与协调程度有一定负相关性，与环境质量有一定正相关性。

表 4 – 18　2008 年自然保护区的有效保护排名靠前的省份的基本情况

| 省　份 | 自然保护区面积（万平方公里） | 省域国土面积（万平方公里） | 自然保护区的有效保护（%） | 自然保护区的有效保护在全国的排名 | 生态活力排名 | 环境质量排名 | 社会发展排名 | 协调程度排名 |
|---|---|---|---|---|---|---|---|---|
| 西　藏 | 41.47 | 120.17 | 34.51 | 1 | 20 | 1 | 7 | 29 |
| 青　海 | 21.70 | 71.67 | 30.28 | 2 | 24 | 4 | 27 | 27 |
| 四　川 | 8.66 | 48.38 | 17.90 | 3 | 6 | 4 | 27 | 11 |
| 甘　肃 | 6.69 | 40.46 | 16.54 | 4 | 31 | 21 | 21 | 31 |
| 黑龙江 | 6.15 | 45.26 | 13.60 | 7 | 2 | 17 | 13 | 23 |
| 新　疆 | 21.97 | 164.00 | 13.40 | 8 | 24 | 12 | 29 | 26 |

正是因为这些地区的生态活力较弱，西藏、青海、甘肃、新疆等省份造林绿化比较困难，因此导致自然保护区的有效保护指标与森林覆盖率和建成区绿化覆盖率指标之间存在显著负相关性。

这些省份为了保护我国的生态安全，设立了较大面积禁止开发的自然保护区，经济社会发展水平受到了一定限制，因而社会发展指标得分排名普遍靠后。需要通过加强生态补偿等方式，提高这些省份加强自然保护区建设的积极性，更好地发挥自然保护区建设在生态文明建设中的积极作用。

（2）地表水体质量和环境空气质量。

这两个指标目前与 ECI 的相关度不显著，但它们与环境质量指标都高度正相关性。如表 4 – 19 所示。

表 4 – 19  2008 年地表水体质量和环境空气质量与其他指标的相关度

| | 地表水体质量 | 环境空气质量 | | 地表水体质量 | 环境空气质量 |
| --- | --- | --- | --- | --- | --- |
| 地表水体质量 | 1 | .048 | 环境质量 | .584 ** | .521 ** |
| 环境空气质量 | .048 | 1 | 社会发展 | – .051 | .008 |
| 水土流失率 | – .069 | – .351 | 协调程度 | – .104 | – .100 |
| 农药施用强度 | .195 | .225 | ECI | .267 | .283 |
| 生态活力 | .341 | .371 * | | | |

** 表示在 0.01 水平相关显著（双尾检验）（2 – tailed）。

* 表示在 0.05 水平相关显著（双尾检验）（2 – tailed）。

之所以如此，一方面，是受指标设置的影响。因为限于数据，目前选择以主要河流优于三类水所占比例来测评地表水体质量，以省会城市达到或好于二级天气天数占全年比例来测评各省份的空气质量，这会造成一定偏差。等有了更好的数据源之后，课题组将对这两项指标加以完善。另一方面，地表水和空气都是流动性的，因此，水体污染和空气污染可以在省际转移。反映地表水体质量和环境空气质量的指标与 ECI 的相关性不是很高，也有可能与水体污染和空气污染的转移性有关。当然，这是需要专门加以研究的问题。

（3）教育经费占 GDP 比例。

该指标与 ECI 负相关但不显著。因为它与生态活力和社会发展指标的相关性不显著，但与环境质量指标显著正相关，与协调程度指标显著负相关。如表4 – 20所示。

表 4 – 20  2008 年教育经费占 GDP 比例与其他指标的相关度

| | 教育经费占 GDP 比例 | | 教育经费占 GDP 比例 |
| --- | --- | --- | --- |
| 人均 GDP | – .445 * | 生态活力 | – .165 |
| 服务业产值占 GDP 比例 | .317 | 环境质量 | .590 ** |
| 城镇化率 | – .527 ** | 社会发展 | – .051 |
| 人均预期寿命 | – .685 ** | 协调程度 | – .564 ** |
| 教育经费占 GDP 比例 | 1 | ECI | – .200 |
| 农村改水率 | – .344 | | |

** 表示在 0.01 水平相关显著（双尾检验）（2 – tailed）。

* 表示在 0.05 水平相关显著（双尾检验）（2 – tailed）。

教育经费占 GDP 比例作为衡量社会发展水平的重要指标，目前之所以与社会发展指标的相关性不显著，重要原因在于，该指标反映的是教育经费总量与 GDP 总量的相对关系，指标值不仅受教育经费投入总量的影响，也受 GDP 总量影响。目前来看，教育经费占 GDP 比例排位前九名的省份，其 GDP 总量恰好是全国的倒数九名，这说明，这些省份主要是因为经济总量较少，才使得该指标值较高，并不能反映本省居民教育受惠的真实情况。教育经费占 GDP 比例与人均 GDP、城镇化率、人均预期寿命指标之间的显著负相关，也说明教育经费占 GDP 比例较高的省份，社会发展水平反倒是较低的。

事实上，人均教育经费投入更能体现社会发展水平。通过分析人均教育经费投入，天津、江苏、广东、上海、浙江、北京等教育经费占 GDP 比例较低的省份，人均教育经费投入的排名却居全国前十位。同时也发现，教育经费占 GDP 比例排位前九名的省份，其人均教育经费投入排名表现各异，西藏、宁夏仍能居较靠前的名次，而贵州、云南、甘肃、江西等省却处于落后水平了。这就说明为什么该指标与社会发展指标的相关性不显著了。

为了更好地反映人们在受教育方面的福利水平，今后可以考虑以人均教育经费投入指标代替教育经费占 GDP 比例指标。

另外，该指标之所以与环境质量指标显著正相关，与协调程度指标显著负相关，也是由于教育经费占 GDP 比例居全国前列的省份，整体上的环境质量较好而协调程度较差。如表 4-21 所示。

整体上看，我国目前的教育经费投入不足。

教育经费占 GDP 比例高的省份，投入总量其实不大，只能基本保障对义务教育和基础教育的投资，离生态文明建设的要求有很大的距离。

北京、天津、浙江、江苏、上海等发达地区，尽管人均教育经费投入较大，但却未达到国际普遍要求的教育经费占 GDP 比例高于 4% 的水平，与国际先进水平更是差距巨大，难以为生态文明建设和社会主义现代化建设提供足够的智力支持。

我国今后需要大力提高教育经费投入，国家特别要支持经济落后地区的教育事业发展。

（4）环境污染治理投资占 GDP 比重。

该指标目前与 ECI 的相关性不显著。从该指标与四个二级指标的相关性来看，它与生态活力和环境质量指标都存在一定程度的负相关性，而与协调程度和

表 4-21　2008 年各省份教育经费占 GDP 比例及相关数据

|  | 教育经费占 GDP 比例 | GDP 总量及排名(亿元) | 教育经费总投入及排名(万元) | 总人口(万人) | 人均教育经费投入及排名(元) | 环境质量排名 | 协调程度排名 |
|---|---|---|---|---|---|---|---|
| 西 藏 | 10.62 | 395.91(31) | 420562(31) | 287(31) | 1465(3) | 1 | 29 |
| 贵 州 | 6.21 | 3333.4(26) | 2070113(23) | 3792.73(16) | 546(31) | 6 | 30 |
| 宁 夏 | 5.80 | 1098.51(29) | 636974(29) | 617.69(29) | 1031(8) | 31 | 28 |
| 甘 肃 | 5.27 | 3176.11(27) | 1672565(26) | 2628.12(22) | 636(24) | 21 | 31 |
| 海 南 | 5.19 | 1459.23(28) | 757981(28) | 854(28) | 888(12) | 2 | 10 |
| 云 南 | 4.84 | 5700.1(23) | 2757505(18) | 4543(12) | 607(27) | 6 | 21 |
| 青 海 | 4.77 | 961.53(30) | 458238(30) | 554.3(30) | 827(14) | 4 | 27 |
| 新 疆 | 4.56 | 4203.41(25) | 1916673(25) | 2130.8(24) | 900(11) | 12 | 26 |
| 重 庆 | 4.53 | 5096.66(24) | 2309734(21) | 2839(20) | 814(15) | 8 | 7 |
| 江 西 | 4.40 | 6480.33(20) | 2850048(16) | 4400(13) | 648(22) | 17 | 25 |
| 陕 西 | 4.17 | 6851.32(19) | 2855270(15) | 3762(17) | 759(18) | 21 | 12 |
| 四 川 | 4.01 | 12506.25(9) | 5009787(6) | 8138(4) | 616(26) | 4 | 11 |
| 安 徽 | 3.89 | 8874.17(14) | 3451326(13) | 6135(8) | 562(30) | 30 | 9 |
| 北 京 | 3.89 | 10488.03(13) | 4077284(11) | 1695(26) | 2405(1) | 8 | 2 |
| 广 西 | 3.85 | 7171.58(17) | 2758915(17) | 4816(11) | 573(29) | 2 | 19 |
| 山 西 | 3.82 | 6938.73(18) | 2649876(20) | 3410.61(19) | 777(17) | 24 | 24 |
| 湖 南 | 3.76 | 11156.64(11) | 4196365(9) | 6380(7) | 658(21) | 17 | 16 |
| 吉 林 | 3.32 | 6424.06(21) | 2133095(22) | 2734(21) | 780(16) | 8 | 20 |
| 黑龙江 | 3.29 | 8310(15) | 2736590(19) | 3825.39(15) | 715(20) | 17 | 23 |
| 浙 江 | 3.29 | 21486.92(4) | 7058575(3) | 5120(10) | 1379(5) | 24 | 1 |
| 湖 北 | 3.26 | 11330.38(10) | 3689008(12) | 5711(9) | 646(23) | 24 | 16 |
| 上 海 | 3.15 | 13698.15(7) | 4318320(8) | 1888.46(25) | 2287(2) | 24 | 4 |
| 福 建 | 3.07 | 10823.11(12) | 3322233(14) | 3604(18) | 922(10) | 8 | 8 |
| 辽 宁 | 3.06 | 13461.57(8) | 4122455(10) | 4314.7(14) | 955(9) | 21 | 14 |
| 广 东 | 3.01 | 35696.46(1) | 10734751(1) | 9544(1) | 1125(6) | 12 | 13 |
| 河 南 | 2.98 | 18407.78(5) | 5493997(5) | 9429(2) | 583(28) | 12 | 18 |
| 江 苏 | 2.81 | 30312.61(3) | 8513327(2) | 7677.3(5) | 1109(7) | 12 | 3 |

续表 4－21

|   | 教育经费占GDP比例 | GDP总量及排名(亿元) | 教育经费总投入及排名(万元) | 总人口(万人) | 人均教育经费投入及排名(元) | 环境质量排名 | 协调程度排名 |
|---|---|---|---|---|---|---|---|
| 河 北 | 2.72 | 16188.61(6) | 4403700(7) | 6988.82(6) | 630(25) | 24 | 14 |
| 天 津 | 2.61 | 6354.38(22) | 1657108(27) | 1176(27) | 1409(4) | 12 | 5 |
| 内蒙古 | 2.60 | 7761.8(16) | 2019987(24) | 2413.73(23) | 837(13) | 17 | 22 |
| 山 东 | 2.19 | 31072.06(2) | 6802414(4) | 9417.23(3) | 722(19) | 24 | 6 |

社会发展指标的相关性不显著，但与反映协调程度的单位 GDP 能耗和单位 GDP 二氧化硫排放量这两个三级指标存在显著正相关性。如表 4－22 所示。

表 4－22　2008 年环境污染治理投资占 GDP 比重与其他指标的相关度

|  | 环境污染治理投资占 GDP 比重 |  | 环境污染治理投资占 GDP 比重 |
|---|---|---|---|
| 工业固体废物综合利用率 | .202 | 生态活力 | －.283 |
| 工业污水达标排放率 | .147 | 环境质量 | －.348 |
| 城市生活垃圾无害化率 | －.009 | 社会发展 | .126 |
| 单位 GDP 能耗 | .467** | 协调程度 | .135 |
| 单位 GDP 水耗 | －.175 | ECI | －.125 |
| 单位 GDP 二氧化硫排放量 | .359* | | |

** 表示在 0.01 水平相关显著（双尾检验）（2－tailed）。

* 表示在 0.05 水平相关显著（双尾检验）（2－tailed）。

　　这说明我国目前的环境污染治理，整体上是在生态活力和环境质量下降之后的无奈之举，基本上处于应付状态。

　　工业化程度较低、环境质量较好的西藏、广西、海南、青海、四川、贵州、云南等省份，受经济发展水平限制，预防性环境污染治理投入不足，有可能随着经济的发展而导致环境恶化。

　　社会发展程度和协调程度较高的北京、上海、广东、天津、江苏等省份，环境污染治理投资增加额度跟不上 GDP 总量的增长额度，环境污染治理投资占 GDP 比重均低于 2% 的水平，这将导致环境负债日益严重。

　　目前环境污染治理投资占 GDP 比重超过 2% 的仅有三个省份，宁夏虽然比重高，但由于 GDP 总量较小（2008 年仅为 1098.51 亿元，居全国第 29 位），实际的环境污染治理投资总量也不大，仅为3.09亿元。浙江和山西2008年的环境质量排名分别为全国倒数第三和第四，百分之两点多的投资比例，也难以在短时期内改善环境质量。如表4-23所示。

为了防止环境恶化，切实改善环境污染状况，今后我国应大力提高环境污染治理力度。

表4-23　2008年各省份环境污染治理投资占GDP比重

单位：%

|  | 环境污染治理投资占GDP比重 |  | 环境污染治理投资占GDP比重 |
|---|---|---|---|
| 宁　夏 | 2.81 | 陕　西 | 1.10 |
| 浙　江 | 2.42 | 天　津 | 1.07 |
| 山　西 | 2.03 | 甘　肃 | 0.98 |
| 青　海 | 1.88 | 吉　林 | 0.93 |
| 内蒙古 | 1.74 | 海　南 | 0.87 |
| 安　徽 | 1.57 | 湖　南 | 0.82 |
| 北　京 | 1.46 | 四　川 | 0.81 |
| 山　东 | 1.39 | 湖　北 | 0.80 |
| 重　庆 | 1.32 | 福　建 | 0.77 |
| 江　苏 | 1.31 | 云　南 | 0.77 |
| 广　西 | 1.30 | 贵　州 | 0.70 |
| 河　北 | 1.29 | 河　南 | 0.60 |
| 辽　宁 | 1.22 | 江　西 | 0.60 |
| 黑龙江 | 1.19 | 广　东 | 0.46 |
| 新　疆 | 1.13 | 西　藏 | 0.05 |
| 上　海 | 1.12 |  |  |

# 三　人均GDP相关性分析

## （一）整体情况

人均GDP是衡量国家和地区的经济水平和社会发展程度的核心指标，也是生态文明建设必须重点关注的指标。

人均GDP与ECI有显著正相关性，且四年间基本稳定，说明了人均GDP与生态文明建设之间的紧密关系。上海、北京、天津、浙江等人均GDP排名全国靠前的省份，其ECI得分也普遍排名靠前。而甘肃、宁夏、贵州等省份，人均GDP位居全国下游，ECI得分也位居下游。如图4-20所示。

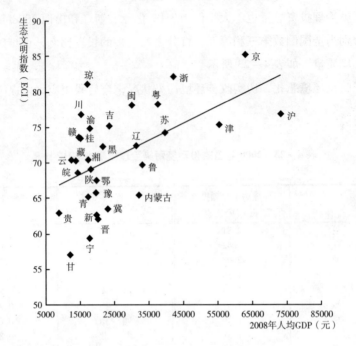

**图 4-20  2008 年人均 GDP 与 ECI 的相关性**

但是必须指出的是，人均 GDP 并不是影响生态文明建设的最重要因素。2008 年，海南、重庆、湖南、青海、宁夏五省份的人均 GDP 非常接近，最大差别不超过 1000 元，但其 ECI 得分差别较大，ECI 得分排名更是差别显著，海南列全国第三，宁夏却排在全国第 30 位。如表 4-24 所示。

**表 4-24  2008 年重庆等五省份人均 GDP、ECI 得分及 ECI 得分排名**

|  | 人均 GDP | ECI 得分 | ECI 得分排名 |
|---|---|---|---|
| 重　庆 | 18025.00 | 74.88 | 10 |
| 宁　夏 | 17892.00 | 59.29 | 30 |
| 湖　南 | 17521.00 | 70.47 | 16 |
| 青　海 | 17389.00 | 65.13 | 25 |
| 海　南 | 17175.00 | 81.10 | 3 |

反过来，同样是在 2008 年，上海、天津、海南、福建、广东、浙江六省份的人均 GDP 相差甚远，最大差别达到了 55949 元，但其 ECI 得分却比较接近，ECI 得分排名第二至第八位之间。如表 4-25 所示。

表 4 - 25　2008 年上海等六省份人均 GDP、ECI 得分及 ECI 得分排名

|  | 人均 GDP(元) | ECI 得分 | ECI 得分排名 |
|---|---|---|---|
| 上　海 | 73124.00 | 76.75 | 7 |
| 天　津 | 55473.00 | 75.36 | 8 |
| 浙　江 | 42214.00 | 82.05 | 2 |
| 广　东 | 37589.00 | 78.29 | 4 |
| 福　建 | 30123.00 | 78.11 | 5 |
| 海　南 | 17175.00 | 81.10 | 3 |

　　另外，从人均 GDP 与 ECI 四年间的相关度排名也可以看出，人均 GDP 并不是影响生态文明建设的最重要因素。因为在 20 个指标中，尽管人均 GDP 与 ECI 的相关度能稳居前十名，但并不是排名第一位。如表 4 - 26 所示。

表 4 - 26　2005 ~ 2008 年人均 GDP 与 ECI 相关度及排名统计表

|  | 2005 年与 ECI 相关度 | 2005 年相关度排名 | 2006 年与 ECI 相关度 | 2006 年相关度排名 | 2007 年与 ECI 相关度 | 2007 年相关度排名 | 2008 年与 ECI 相关度 | 2008 年相关度排名 |
|---|---|---|---|---|---|---|---|---|
| 人均 GDP | 0.645 | 5 | 0.686 | 3 | 0.522 | 8 | 0.529 | 9 |

　　之所以如此，是因为人均 GDP 与四个二级指标之间，存在不同性质和强度的相关性：与社会发展和协调程度指标之间存在非常显著的正相关性，与生态活力指标的相关性不显著，与环境质量指标有一定程度的负相关性。如表 4 - 27 所示。

表 4 - 27　2008 年人均 GDP 与二级指标及 ECI 的相关度

|  | 人均 GDP |  | 人均 GDP |
|---|---|---|---|
| 生态活力 | - .035 | 协调程度 | .701 ** |
| 环境质量 | - .327 | ECI | .529 ** |
| 社会发展 | .844 ** |  |  |

** 表示在 0.01 水平相关显著（双尾检验）（2 - tailed）。

* 表示在 0.05 水平相关显著（双尾检验）（2 - tailed）。

　　这种相关性说明，人均 GDP 增长确实推动了社会发展，并且为协调发展奠定经济基础，但是，我国目前的经济增长与生态环境之间存在一定矛盾，是以一定程度的生态环境破坏为代价的。

## （二）人均 GDP 与社会发展指标的相关性

人均 GDP 与社会发展指标存在非常显著的正相关性，2008 年与社会发展指标的相关度高达 0.844，高于其他指标，是社会发展最重要的影响因子。人均 GDP 最高的上海、北京、天津、浙江、江苏、广东，其社会发展指标得分也居全国前列（如图 4 - 21 所示）。

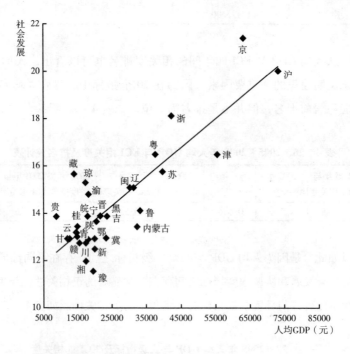

**图 4 - 21  人均 GDP 与社会发展相关性**

之所以对社会发展的影响这么巨大，不仅在于，人均 GDP 本身在一定意义上决定代表社会发展程度的经济水平，而且它对社会发展的方方面面都会产生影响。人均 GDP 与社会发展三级指标的相关性，说明了这一点。它与城镇化率、人均预期寿命、农村改水率、服务业产值占 GDP 比例等社会发展指标，均有非常显著的正相关性（但人均 GDP 目前与教育经费占 GDP 比例有显著的负相关性，至于原因，在教育经费占 GDP 比例指标的分析中已经解释）。可以说，人均 GDP 水平在一定程度上决定了社会发展水平。如表 4 - 28 所示。

表 4 - 28　2008 年人均 GDP 与其他指标的相关度

| | 人均 GDP | | 人均 GDP |
|---|---|---|---|
| 服务业产值占 GDP 比例 | .532 ** | 教育经费占 GDP 比例 | - .445 * |
| 城镇化率 | .930 ** | 农村改水率 | .743 ** |
| 人均预期寿命 | .771 ** | 社会发展 | .844 ** |

** 表示在 0.01 水平相关显著（双尾检验）（2 - tailed）。

* 表示在 0.05 水平相关显著（双尾检验）（2 - tailed）。

## （三）人均 GDP 与协调程度指标的相关性

二者之间也存在非常显著的正相关性。因为除了与环境污染治理投资占 GDP 比重和工业污水达标排放率的相关性不显著外，人均 GDP 与工业固体废物综合利用率、城市生活垃圾无害化率、单位 GDP 能耗、单位 GDP 水耗、单位 GDP 二氧化硫排放量等五个协调程度指标，均存在显著相关性，且与正、逆指标呈现正、负相关性。如图 4 - 22、4 - 23、4 - 24、4 - 25、4 - 26 所示。

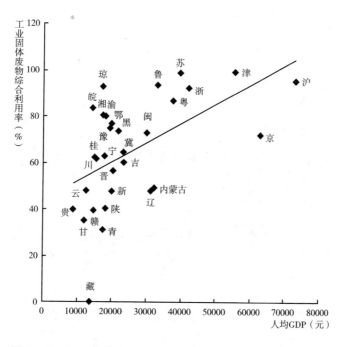

图 4 - 22　2008 年人均 GDP 与工业固体废物综合利用率相关性

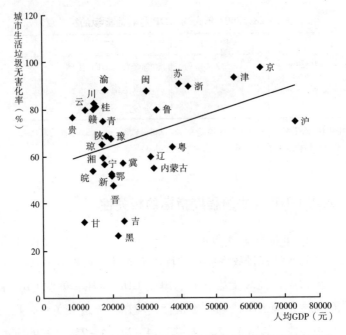

**图4-23 2008年人均GDP与城市生活垃圾无害化率的相关性**

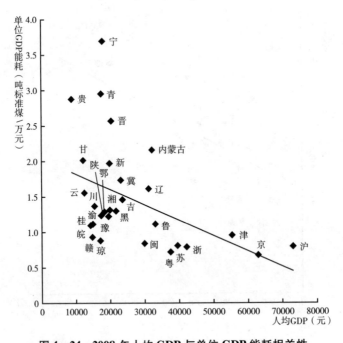

**图4-24 2008年人均GDP与单位GDP能耗相关性**

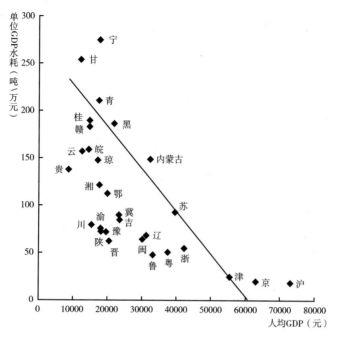

**图 4 – 25  2008 年人均 GDP 与单位 GDP 水耗的相关性**

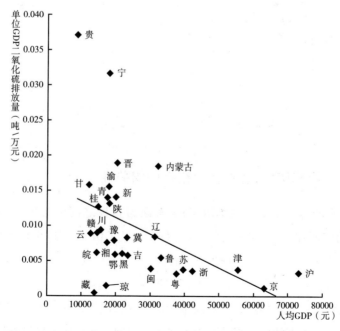

**图 4 – 26  2008 年人均 GDP 与单位 GDP 二氧化硫排放量相关性**

但是，人均 GDP 与协调程度指标的显著相关性，并不意味着它决定了后者。或者说，它对协调程度的决定意义，并非像对社会发展那样直接。从各省情况来看，上海的人均 GDP 最高，但是协调程度却低于北京、浙江和江苏，人均 GDP 非常接近的宁夏、青海、陕西、湖南、海南、重庆，其协调程度的表现也相差甚远。如图 4 - 27 所示。

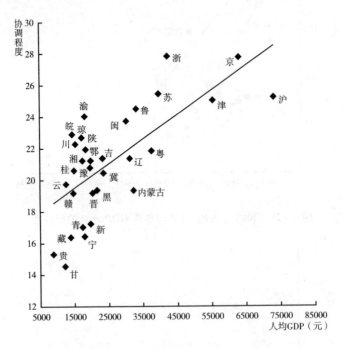

图 4 - 27　人均 GDP 与协调程度相关性

## （四）人均 GDP 与生态活力指标的相关性

值得注意的是，目前人均 GDP 与生态活力指标之间的相关度不大。人均 GDP 较低的江西和四川，生态活力非常好，人均 GDP 同样较低的甘肃和西藏，生态活力却非常差。其中，气候地理条件是一个重要的影响因素。

生态活力较好的江西、海南、四川、黑龙江、吉林等省份，人均 GDP 不尽如人意，说明这些地区的生态优势尚未转化为发展优势；人均 GDP 较高的上海、北京和天津，其生态活力却都处于中下水平，说明这些地区的经济发展，付出了一定的生态活力代价。如图 4 - 28 所示。

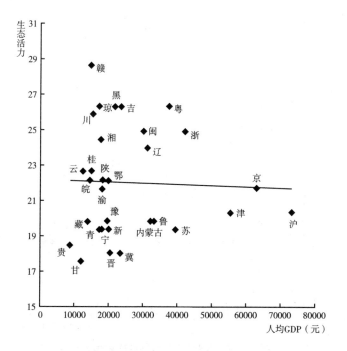

图 4 – 28　人均 GDP 与生态活力相关性

## （五）人均 GDP 与环境质量指标的相关性

人均 GDP 与环境质量指标之间有一定程度的负相关性，反映了我国目前尚未克服经济发展与环境保护之间的矛盾。

除西藏、安徽、北京（奥运会的申办与成功举办，对北京市的环境质量改善起到了巨大的促进作用）等特例外，整体来看，经济发展水平领先的上海、天津、浙江、江苏、广东，目前环境质量均偏低，而海南、广西、四川、青海等人均 GDP 相对偏低的省份，由于受经济压力较小，环境质量目前普遍较好。如图 4 – 29 所示。

但同时要看到的是，这些省份人均 GDP 与环境质量之间关系的发展趋势各不相同。

浙江、江苏、上海、天津、广东等省份，尽管目前环境质量较差，但人均 GDP 水平排名位居全国前列，协调程度指标得分排名也位居全国前列，开始发展到经济与环境协调发展的新阶段，因此，经济发展与环境质量退化之间的矛盾将有望缓和。

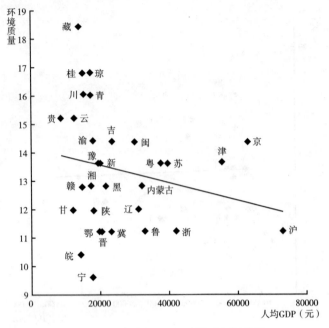

图 4 - 29　人均 GDP 与环境质量相关性

　　海南、四川等省份，目前人均 GDP 不高，有很大的经济发展压力，但它们注重协调发展，其协调程度指标得分处于全国中上游，将有望在维持较为良好的环境质量的同时，实现经济的"绿色发展"。

　　广西、青海等省份，虽然目前环境质量较好，但经济发展压力较大，与海南、四川不同，它们目前协调程度指标得分较低，因此，在追求经济增长的同时，它们将面临环境质量下降的严峻压力。如表 4 - 29 所示。

表 4 - 29　2008 年浙江等九省份人均 GDP、环境质量指标得分、
协调程度指标得分及排名

|  | 人均 GDP | 环境质量指标得分 | 协调程度指标得分 | 协调程度指标得分排名 |
|---|---|---|---|---|
| 浙　江 | 42214 | 11.20 | 27.81 | 1 |
| 江　苏 | 39622 | 13.60 | 25.45 | 3 |
| 上　海 | 73124 | 11.20 | 25.25 | 4 |
| 天　津 | 55473 | 13.60 | 24.98 | 5 |
| 广　东 | 37589 | 13.60 | 21.91 | 13 |
| 海　南 | 17175 | 16.80 | 22.70 | 10 |
| 四　川 | 15378 | 16.00 | 22.28 | 11 |
| 广　西 | 14966 | 16.80 | 20.56 | 19 |
| 青　海 | 17389 | 16.00 | 17.04 | 27 |

　　人均GDP增长与环境质量下降这对矛盾，将是我国长期面临的挑战，也是我国生态文明建设的一个核心任务。我们必须切实提高经济社会发展与生态、环境、资源之间的协调程度，走协调发展道路，实现跨越式发展。

　　总之，人均GDP目前仍是我国生态文明建设必须重点关注的指标。同时，要具体分析人均GDP与四个二级指标之间不同性质和强度的相关性。

　　要看到人均GDP与社会发展和协调程度指标之间的正相关关系，充分肯定人均GDP增长对推动中国社会发展和提高协调程度的积极意义。同时也要看到人均GDP与环境质量指标之间的负相关关系，深刻分析人均GDP与生态活力指标之间不显著的相关性。

　　对于生态文明建设而言，相对于GDP总量和人均GDP，GDP的构成和质量更加重要。只有通过协调发展，减少人均GDP增长的生态环境成本，才能克服经济发展与生态环境恶化这对矛盾。

　　如果人均GDP与生态活力和环境质量指标之间的相关性，将来也像与社会发展和协调程度指标一样，呈现显著正相关性，那才意味着有望达成生态文明建设的最终目标：经济社会发展的同时，保障良好的生态环境。

## 四　ECI与其他指数的关联度分析

　　前文已经从ECI内部，对各级各类指标在指标体系中的意义及相互关系进行了分析。下文将选择与ECI评价对象有较大关联的两个指数，即资源环境综合绩效指数（REPI）和中国生态现代化水平指数，分别进行关联度分析，并进一步挖掘ECI的深层内涵。

### （一）ECI与资源环境综合绩效指数（REPI）的关联度分析

　　中国资源环境综合绩效指数（REPI），是中国科学院可持续发展研究组在《2006中国可持续发展战略报告》中提出的，用以评价资源消耗或污染物排放的综合绩效，或者狭义地用以评价资源环境的节约水平，因此该指数又叫节约指数。

　　实质上，资源环境综合绩效指数表达的，是一个地区n种资源消耗或污染物排放绩效（通过一个地区的资源消耗或污染物排放总量与GDP总量之比来表现），与全国相应资源消耗或污染物排放绩效比值的加权平均。该指数越大，表明资源环境综合绩效水平越高，反之亦然。

在《2009 中国可持续发展战略报告》中，研究组又对 REPI 进行了修改，并通过对 REPI 的测算，对 2000～2007 年中国各省、直辖市、自治区的资源环境综合绩效及其变化趋势进行评估。在这次评估中，选择了能源消费总量、用水总量、建设用地规模、固定资产投资、化学需氧量排放、二氧化硫排放量和工业固体废物排放总量 7 类资源环境指标。西藏由于数据不完整，不参与本次评估。其余各省、直辖市、自治区的评估结果如下。

（1）在 2007 年的全国资源环境综合绩效水平排行榜中，居前十位的省份依次为北京（699.9）、上海（515.6）、天津（395.7）、广东（367.2）、浙江（336.7）、海南（286.2）、山东（269.9）、江苏（262.8）、福建（250.9）、河南（189.2），且分别是全国平均水平的 1.2～4.3 倍。这些省份除河南外，均位于我国东部地区。居后十位的省份依次为湖南（143.8）、云南（130.3）、江西（124.4）、广西（116.1）、内蒙古（112.3）、甘肃（102.3）、新疆（95.5）、贵州（95.1）、青海（83.8）、宁夏（66.9），其 REPI 分别为全国水平的 0.4～0.9 倍。这些省份全部位于我国的中西部地区，尤其以西部地区居多数。如图 4-30 所示。

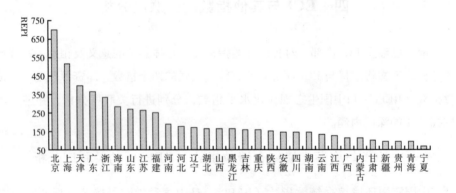

**图 4-30　2007 年中国各省、市、区 REPI 示意图**

注：数据来源于《2009 中国可持续发展战略报告——探索中国特色的低碳道路》，第 382 页（表 11.1　2000～2007 年中国各省、直辖市、自治区的资源环境综合绩效指数）。

（2）从 2000 年开始，北京连续八年评估结果居全国之首，且 2007 年 REPI 指数为 699.9，是 2000 年的 2.55 倍，比第二名上海高出了 184.3。

（3）全国资源环境综合绩效水平逐年明显提高，且平均每年增长7.1%。至2007年，全国REPI为162.1，比2000年增长了62.1。

（4）与2006年相比，中国各省份的资源环境综合绩效水平都有不同程度的提升。其中内蒙古的增幅最大，为17.3%，而新疆的增幅最小，只有3.35%。云南、黑龙江、湖南、江西、宁夏、广东、青海、海南、新疆等9个省份的REPI增幅低于全国平均水平（10.02%），其余省份的增幅均高于全国平均水平。

分析各省份2007年ECI得分与2007年REPI得分的关联度，可以发现二者之间存在显著正相关性。这说明，对于我国的资源环境状况，ECI和REPI虽然是从不同角度分析，但得出了整体上较为相似的结论。同时也说明，生态文明建设与资源节约型、环境友好型社会建设具有极大的包容性。

进一步分析REPI与ECI各二级指标之间的关联度发现，二者之间的显著正相关性，主要是由REPI与ECI的社会发展和协调程度两个二级指标之间的高度正相关性带来的。REPI与ECI的生态活力和环境质量指标之间的相关性并不显著。这说明REPI作为资源环境综合绩效指数，更多地体现了ECI意义上的社会发展和协调程度水平，并没有充分反映ECI所理解的生态活力和环境质量指标。如表4-30所示。

表4-30 2007年ECI得分与REPI得分的关联度

| | 资源环境综合绩效指数（REPI）得分 | | 资源环境综合绩效指数（REPI）得分 |
|---|---|---|---|
| 2007年ECI得分 | .718 ** | 2007年社会发展指标得分 | .912 ** |
| 2007年生态活力指标得分 | .099 | 2007年协调程度指标得分 | .801 ** |
| 2007年环境质量指标得分 | -.029 | | |

** 表示在0.01水平相关显著（双尾检验）（2 - tailed）。
* 表示在0.05水平相关显著（双尾检验）（2 - tailed）。

正是由于这一点，各省份在ECI和REPI上的表现并非完全一致。可以预见，生态环境好的省份，其ECI得分表现将好于其REPI得分表现；社会发展水平和协调程度高的省份，其REPI得分表现将好于其ECI得分表现。比如，四川、吉林、江西、广西等生态环境较好的省份，它们的ECI得分较高，但REPI得分却较低。上海由于社会发展水平远高于海南，因此其REPI得分远高于海南，但ECI得分却低于后者。如图4-31所示。

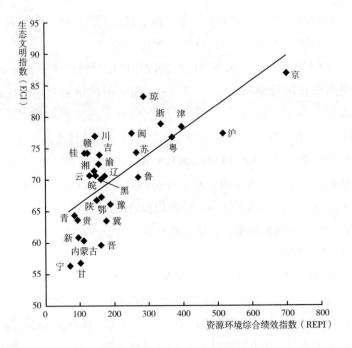

**图 4 - 31    2007 年各省份 ECI 得分与 2007 年 REPI 得分的关联度**

鉴于评价角度不同，这两个指数之间存在两点重要差异。

第一，虽然二者均重视生态环境资源，但 REPI 对资源消耗或污染物排放的评价，强调的是与人紧密相关的小尺度环境，而 ECI 强调的是空气环境、水环境、土壤环境等大尺度的环境。

四川、吉林、江西、广西等省份，大尺度的环境较好，但小尺度的环境较差，因此它们的 ECI 得分较高，REPI 得分却较低。上海的小尺度环境要好于海南，但大尺度的环境却相反，因此，上海的 REPI 得分高于海南，但 ECI 得分却低于后者。

小尺度和大尺度的生态环境都非常重要，对它们的监测也都不可偏废，这两个指数可以互补。事实上，大尺度的生态环境更容易被人们忽视，在生态安全方面的意义却更大，因此更应该加以强调，加强监测。

第二，REPI 重点测评的是资源消耗或污染物排放的绩效，即一个地区的资源消耗或污染物排放总量与 GDP 总量之比，以及该地区绩效在全国的相对水平，侧重的是资源消耗和污染排放的经济价值的最大化。ECI 也同样强调提高资源环境的利用效率，但同时也侧重评价生态环境的底本状态，强调以良好的生态环境状态作为生态文明建设的基础，坚持资源消耗和污染排放的经济效益和生态效益的统一。

四川、吉林、江西、广西等省份，目前经济发展水平有所欠缺，其资源消耗和污染排放的经济效益相对较低，但生态效益相对较高，因此它们的 REPI 得分相对较低，而 ECI 得分相对较高。上海 REPI 得分高于海南而 ECI 得分低于海南，也是由于同样的原因。

此外，从评价结果来看，各省份 2007 年的 REPI 得分集中在 50 ~ 400 分，只有北京和上海两个省份的得分，处于 400 ~ 800 分，可见其离散度较大。各省份 2007 年的 ECI 得分，较为均匀地分布在 55 ~ 90 分，离散度较小。因为在计算时，ECI 在计算原始数据的标准分和临界值的基础上，构建了完全符合正态分布的连续型数据结构，对原始数据进行了等级分处理，并且对极端值也进行了处理，即对极端高值和极端低值分别赋予最高和最低等级分，从而在统计方法上，保证了评价结果较好的离散度和平衡性。

## （二）ECI 与中国生态现代化水平指数的关联度分析

为了反映中国地区生态现代化现状，中国现代化战略研究课题组和中国科学院中国现代化研究中心研究提出了一套生态现代化指数，包括生态进步、经济生态化和社会生态化三个指数，涉及 12 个政策领域，共计 30 项具体评价指标。

国家统计局和国家环保局收集了 1990 ~ 2004 年生态现代化评价 30 个指标中的 12 ~ 19 个指标进行统计分析，在《中国现代化报告 2007——生态现代化研究》中，发布了评价结果及分析。发布的最新数据是 2004 年的。

（1）2004 年，中国只有北京的生态现代化水平超过世界平均水平（53），其他 30 个省份（不包括港、澳、台）的生态现代化水平都低于世界平均水平。从全国范围来看，北京等 13 个省份的生态现代化指数超过全国平均值（35），山西等 18 个省份的地区生态现代化能力低于全国平均水平。

（2）2004 年，中国生态现代化水平居前十位的省份为：北京（61）、上海（55）、西藏（50）、青海（48）、浙江（47）、天津（46）、黑龙江（46）、福建（46）、广东（45）、江苏（44）。居后十位的省份为：湖北（38）、湖南（38）、重庆（38）、陕西（37）、安徽（36）、广西（36）、新疆（35）、河南（34）、河北（33）、山西（32）、宁夏（32）。

（3）根据指标分析，2004 年中国各省份生态现代化水平的不平衡性非常明

显，最大差距为29分。如果按地区划分，黄河中游、长江中游和西北地区的生
态现代化指标均低于全国平均值；华南沿海和西南地区的生态现代化指数与全国
平均水平持平；华东沿海、华北沿海和东北地区的生态现代化指数高于全国平均
水平。如图4-32所示。

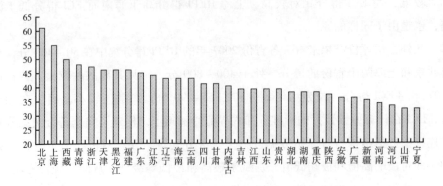

**图4-32　2004年中国各省份生态现代化水平示意图**

注：数据来源于《中国现代化报告2007——生态现代化研究》，第246页（表4-
24　2000年和2004年中国地区生态现代化水平）。

ECI评价起始年是2005年，没有2004年的评价数据和结果，因此在分析
ECI与生态现代化水平指数的关联度时，只好采用2005年的ECI得分与2004年
的生态现代化水平指数得分来进行（因为间隔时间最短）。

各省份2005年的ECI得分与2004年的生态现代化指数得分之间，也存在显
著正相关性。二者之间的显著正相关性，说明ECI和生态现代化水平指数，基本
上反映了各省份目前现代化发展的生态环境状况，反映了我国现代化建设与生态
文明建设并行的特殊历史发展阶段。

具体从指标框架看，两个指标体系也有较多的相通性，生态现代化水平指数
的生态进步二级指标，基本上与ECI的生态活力和环境质量指标对应，生态现代
化水平指数的经济生态化二级指标，基本上与ECI的协调程度指标对应，生态现
代化水平指数的社会现代化二级指标，部分与ECI的社会发展对应，部分与协调
程度对应。

这说明，尽管两个指标体系的评价侧重点不同，但二者都共同强调，中国必
须走一条经济发展与生态环境恶化脱钩的新型现代化发展道路，走一条经济与资
源、环境、生态协调发展的绿色发展道路。

深入分析生态现代化指数与 ECI 各二级指标之间的关联度发现，同 REPI 与 ECI 的关联度一样，生态现代化指数与 ECI 之间的显著正相关性，也主要与生态现代化指数与 ECI 的社会发展和协调程度二级指标之间的高度正相关有关，与 ECI 的生态活力和环境质量指标，相关性也不显著，虽然比 REPI 与生态活力和环境质量指标的相关性要高一点。

这说明，生态现代化指数更多地体现了 ECI 意义上的社会发展和协调程度水平，但并没有充分反映 ECI 所理解的生态活力和环境质量。可以说，侧重的是"现代化"，而不是"生态"。如表 4 - 31 所示。

**表 4 - 31    2005 年 ECI 得分与 2004 年生态现代化指数得分的关联度**

| | 2004 年生态现代化指数得分 | | 2004 年生态现代化指数得分 |
|---|---|---|---|
| 2005 年 ECI 得分 | .709 ** | 2005 年社会发展指标得分 | .789 ** |
| 2005 年生态活力指标得分 | .282 | 2005 年协调程度指标得分 | .522 ** |
| 2005 年环境质量指标得分 | .244 | | |

** 表示在 0.01 水平相关显著（双尾检验）（2 - tailed）。
* 表示在 0.05 水平相关显著（双尾检验）（2 - tailed）。

因此，各个省份在两个指数上的表现同样各异。并且同样可以预见，生态环境好的省份，其 ECI 得分表现将好于其生态现代化指数得分表现；社会发展水平和协调程度高的省份，其生态现代化指数得分表现将好于其 ECI 得分表现。

具体来说，上海、西藏、青海、黑龙江、甘肃五个省份的生态现代化指数得分排名，比其 ECI 得分排名显著较高，分别从第 7、11、22、19、29 位，上升到第 2、3、4、7、15 位；而海南、吉林、重庆、广西四个省份的生态现代化指数得分排名，明显低于其 ECI 得分排名，分别从第 3、9、15、14 位下降到了第 12、17、23、26 位。如图 4 - 33 所示。

由于两个指数的测评侧重点不一样，在具体指标的选取、权重分配和统计方法上，二者都有很多不同，特别是生态现代化水平指数在评价时，缺失值较多（在 30 个指标中，只选取了 12~19 个指标数据进行评价和统计分析），这些都会影响各省份在两个指数上的不同表现。

就如 ECI 与 REPI 之间存在对环境、生态的不同理解一样，ECI 与生态现代化水平指数也在这一点上有根本不同。

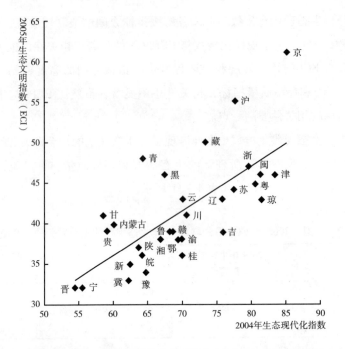

图 4 – 33    2004 年生态现代化指数与 2005 年 ECI 相关性

一方面，ECI 侧重对生态的评价，生态现代化水平指数侧重对环境的评价。因此，西藏、青海等环境质量较好的省份，生态现代化指数得分排名比其 ECI 得分排名显著要高；海南、吉林、重庆、广西等生态活力较好的省份，其 ECI 得分排名比生态现代化指数得分排名显著要高。

另一方面，ECI 侧重对大尺度自然环境的评价，而生态现代化水平指数侧重对小尺度环境的评价。因此，华东沿海、华北沿海等社会发展水平较高、小尺度环境较好的省份，其生态现代化水平指数得分整体较高，而海南、吉林、重庆、广西等大尺度的自然环境较好的省份，生态现代化水平指数得分偏低。

## 五    相关性分析结论

根据以上分析研究，初步得出如下八点结论。

第一，ECI 指标体系内部各级各类指标的相关性表明，绝大多数下级指标与上级指标之间有紧密关联度，关联度不紧密的指标，都是由某方面具体原因导致的，这反映了各级各类指标都具有较好的代表性；绝大多数同级指标之间的相关性不显著，表明同级指标之间具有较好的独立性；大多数同级指标之间的相关性，既存在正相关，也存在负相关，说明指标设置具有较好的平衡性。因此，指标体系及权重分配是合理的。

第二，2005～2008年四年间的相关性有所变化，但变化幅度在合理范围内，且通过分析指标原始数据发现，相关性变化基本反映了真实发生变化的情况，证明该指标体系具有较好的稳定性和敏感度。

第三，通过分析ECI与REPI、中国生态现代化水平指数的关联度发现，ECI与它们之间存在显著正相关性，说明ECI与这些指数虽然是从不同角度分析，但都对生态文明建设的相关事实进行了反映。当然，由于评价对象和评价角度毕竟不同，在具体指标的选取、权重分配和统计方法等方面，也有很多不同，对环境理解的侧重点也各不相同（ECI侧重大尺度的自然环境，其他指数侧重小尺度的生活环境），因此，它们之间又存在诸多不同，各省份在这些指数上的表现也各异。因此，这些指数都有其特殊的价值和意义。

第四，环境质量指标与社会发展和协调程度指标之间均有一定的负相关性，说明我国尚处于环境质量与经济社会发展相冲突的发展阶段，反映了我国生态文明建设的现实基础。

第五，协调程度与ECI的相关性在二级指标之中稳居首位，说明生态文明建设的核心在于走协调发展之路，解决经济社会发展与生态环境恶化之间的矛盾。

第六，社会发展与ECI之间存在显著正相关性，说明生态文明建设并不与社会发展相矛盾，我们当然需要带有生态色彩的社会发展，走绿色发展之路。ECI与中国生态现代化水平指数之间的显著正相关性，也反映了这一点。正处于工业化和现代化中期的中国，仍然需要提高经济社会发展水平，并需要转变发展模式，走中国特色的发展道路。

第七，目前与生态文明建设高度相关的基本指标，分别是单位GDP能耗、单位GDP二氧化硫排放量、水土流失率等指标，这说明我国目前的生态文明建设，仍然存在节能减排、环境改善等方面的压力，仍处于生态文明建设的初级阶段，忙于应付那些容易引起大家关注而又严峻的环境问题。

自然保护区的有效保护指标和教育经费占GDP比例指标，在ECI中的相关度不显著且为负，说明自然保护区的有效保护等不易引起关注的生态建设方面，教育经费投入等社会民生方面，建设力度尚有待加强。

目前环境污染治理投资占GDP比重指标，在ECI中的相关度也不显著，且为负。这主要是由经济发达地区对环境污染治理投资的增加力度落后于经济增长幅度造成的，因为经济发达地区在环境质量逐渐好转、环境改善取得一定成绩之后，基本稳定了环境污染治理投资，而对生态建设的资金投入力度不够。这也说明，在环境改善和生态建设方面，目前人们关注的重点在前一方面。其实，要真正解决环境污染问题，不能就环境谈环境，而是要将其放入大的生态循环背景下来理解，从改善生产生活方式入手，需要有全局视野和前瞻眼光。

第八，人均 GDP 是反映经济水平和社会发展程度的核心指标，但人均 GDP 的增长，并不意味着社会福利的自然增长，也不意味着协调程度的自然提高，更不意味着生态文明的实现。而且，在目前的发展阶段，绝大多数省份的人均 GDP 增长，在一定程度上是以破坏生态环境为代价的。因此，人均 GDP 尽管与 ECI 有显著正相关性，提高人均 GDP 是生态文明建设的重要内涵和基本要求，但是它并不是影响生态文明建设的唯一因素，甚至不是最重要的因素。生态文明建设不能搞 GDP 崇拜，必须走绿色发展道路，既注重提高 GDP 总量和人均 GDP 水平，更注重 GDP 的构成和质量。

# 第三部分　各省生态文明建设分析

PART Ⅲ　TYPE ANALYSIS OF ECO-CIVILIZATION CONSTRUCTION

# 第五章

## 社会发达型

　　社会发达型的省份包括北京、上海、天津三个直辖市和浙江、江苏两省。这些地区经济总量和人均值均排名全国前列,服务业产值占 GDP 比例领先全国,产业结构率先实现转型升级,城镇化、教育发展等各项社会事业相对发达,社会发展程度在全国领先。在经济发展实现质的飞跃后,这些地区高度重视生态环境的治理和反哺,开始向高水平经济基础上的协调发展迈进。这类地区的生态文明建设整体情况较好,但其较大的经济规模,过大的人口压力,造成了较大的生态环境压力,导致其生态活力较弱,环境质量一般。加大对生态环境建设的投入,提高生态环境建设的质量,进一步完善产业结构,是这类地区实现协调发展的关键所在。

### 一　北京

　　北京市简称“京”,是中华人民共和国的首都,中国四个中央直辖市之一,全国第二大城市及政治、经济、交通和文化中心。北京位于华北平原北端，东南局部地区与天津相连，其余为河北省所环绕。全市面积16807.8平方公里，建成区面积1254.2平方公里。其中，山地占全市面积的62%，平原占38%。全市平均海拔43.5米。北京的气候为典型的暖温带半湿润大陆性季风气候，夏季炎热多雨，冬季寒冷干燥，春、秋短促。全年平均气温在14.0℃左右，降水季节分配很不均匀，全年降水的80%集中在夏季。2008年，北京市常住人口1695万人，人口密度1033人/平方公里，地区生产总值10488.03亿元。

## （一）北京市2008年生态文明建设状况

2008年，北京市生态文明指数为85.24，排名全国第1位。其中生态活力得分为21.69（总分为36分），属于第三等级；环境质量得分为14.40（总分为24分），属于第二等级；社会发展得分为21.41（总分为24分），属于第一等级；协调程度得分为27.73（总分为36分），属于第一等级。其基本特点是，社会发展水平和协调发展程度在全国处于领先水平，但生态活力和环境质量水平位于全国中下游。在生态文明建设类型上，属于社会发达型。如图5-1所示。

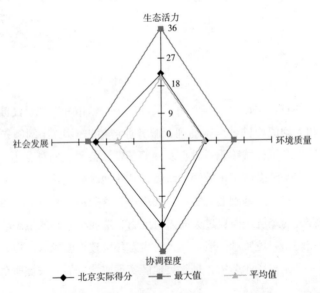

图5-1 2008年北京市生态文明建设雷达图

具体分析其二三级指标，在生态活力方面，北京市森林覆盖率为21.26%，排名第18位；建成区绿化覆盖率为37.15%，排名第18位；自然保护区占辖区面积比重为 7.96%，排名第 14 位。

在环境质量方面，地表水体质量得分为 9.0 分，排名第 5 位；空气质量达到二级以上天数占全年比重仅为 75%，排名第 28 位；水土流失率为 24.99%，排名第 17 位（排名越靠后流失率越大）；农药施用强度为 16.70 吨/千公顷，排名第 20 位（排名越靠后强度越高）。

在社会发展方面，人均 GDP 为 63029 元，排名第 2 位；服务业产值占 GDP 比例为 73.2%，排名全国第一，且领先优势较大；城镇化率为 84.90%，排名第 2 位；人均预期寿命为 76.10 岁，排名第 2 位；农村改水率为 99.40%，排名第 2 位；然而，教育经费占 GDP 比例仅为 3.89%，排名第 14 位。

在协调程度方面，工业固体废物综合利用率为 72.17%，排名第 15 位；工业污水达标排放率为 98.26%，排名第 5 位；城市生活垃圾无害化率为 97.71%，排名第 1 位；环境污染治理投资占 GDP 比重为 1.46%，排名第 7 位；单位 GDP 能耗为 0.66 吨标准煤/万元，排名第 1 位（排名越靠后能耗越大）；单位 GDP 水耗为 19.50 立方米/万元，排名第 2 位（排名越靠后水耗越大）；单位 GDP 二氧化硫排放量为 0.0012 吨/万元，排名第 2 位（排名越靠后排放量越大）。如表 5-1 所示。

表 5-1　北京市 2008 年生态文明建设评价结果

| 一级指标 | 二级指标 | 三级指标 | 指标数据 | 排名 | 等级 |
|---|---|---|---|---|---|
| 生态文明指数（ECI） | 生态活力 | 森林覆盖率 | 21.26% | 18 | 3 |
| | | 建成区绿化覆盖率 | 37.15% | 18 | 2 |
| | | 自然保护区的有效保护 | 7.96% | 14 | 3 |
| | 环境质量 | 地表水体质量 | 9.0 分 | 5 | 1 |
| | | 环境空气质量 | 75% | 28 | 4 |
| | | 水土流失率 | 24.99% | 17 | 3 |
| | | 农药施用强度 | 16.70 吨/千公顷 | 20 | 3 |
| | 社会发展 | 人均 GDP | 63029 元 | 2 | 1 |
| | | 服务业产值占 GDP 比例 | 73.20% | 1 | 1 |
| | | 城镇化率 | 84.90% | 2 | 1 |
| | | 人均预期寿命 | 76.10 岁 | 2 | 1 |
| | | 教育经费占 GDP 比例 | 3.89% | 14 | 3 |
| | | 农村改水率 | 99.40% | 2 | 1 |
| | 协调程度 | 生态、资源、环境协调度 | 工业固体废物综合利用率 | 72.17% | 15 | 2 |
| | | 工业污水达标排放率 | 98.26% | 5 | 1 |
| | | 城市生活垃圾无害化率 | 97.71% | 1 | 1 |
| | | 生态、环境、资源与经济协调度 | 环境污染治理投资占 GDP 比重 | 1.46% | 7 | 2 |
| | | 单位 GDP 能耗 | 0.66 吨标准煤/万元 | 1 | 1 |
| | | 单位 GDP 水耗 | 19.50 立方米/万元 | 2 | 1 |
| | | 单位 GDP 二氧化硫排放量 | 0.0012 吨/万元 | 2 | 1 |

## （二）北京市生态文明建设年度进步率分析

进步率分析显示，北京在2005～2006年度，生态文明建设在总体上持续进步。2005～2006年度总进步率为3.66%，全国排名第12位。其中，协调程度的进步率为16.17%，排名全国第3位；社会发展的进步率为3.00%，排名全国第15位；然而其环境质量的进步率为-3.94%，排名全国第25位；生态活力的进步率为-0.58%，排名全国第28位。其中，地表水体质量得分有所降低，这导致了环境质量的退步；自然保护区占辖区面积比重降低导致了生态活力的退步。

在2006～2007年度，北京的总进步率有所下降，为0.93%，排名第29位。在其二级指标中，环境质量有显著进步，进步率为6.23%，排名第4位；协调程度的进步率为7.95%，排名全国第27位；然而社会发展的进步率为-4.73%，生态活力的进步率为-5.72%，均排名全国第31位。这里要说明的是，生态活力和社会发展的退步，主要是由于建成区绿化覆盖率和教育经费占GDP比例这两项指标导致的。这两方面的退步，不是绝对的退步，而是相对的。一方面，随着城市化进程的加快，北京市建成区面积有所增加，而绿化覆盖率没有及时跟上；另一方面，北京市的年GPD保持了比较高的增长率，而教育经费投入的增长没有相应跟上GDP的增长率。

在2007～2008年度，北京的总进步率为2.27%，排名第25位。其中，生态活力的进步率为0.90%，排名第15位；环境质量的进步率为1.93%，排名第3位；社会发展的进步率为3.01%，排名第27位；协调程度的进步率为3.26%，排名第28位。在本年度，北京的总进步率有所上升，在二级指标的进步率中，环境质量的进步率依然保持良好态势，生态活力和社会发展摆脱了上年度的负百分比，呈现出正百分比，协调程度的进步率则呈现出稳定的态势。在看到北京的总进步率和二级指标的进步率稳中上升态势的同时，还须关注一些三级指标的进步情况。在农药施用强度、工业固体废物综合利用率以及环境污染治理投资占GDP比重等方面，在本年度出现了退步情况。北京市生态文明一级、二级指标的进步率情况，如图5-2、5-3、5-4、5-5、5-6所示。

综合2005～2008年的数据来看，在总进步率方面，虽然其排名有所变化，但都保持了正百分率，也就是说，在生态文明建设总体方面，北京市保持进步的状态。在二级指标的进步率方面，生态活力的进步率不太乐观，曾在两个年度出现了负百分率。在环境质量和社会发展方面的进步率不是线性的，其情况较为复

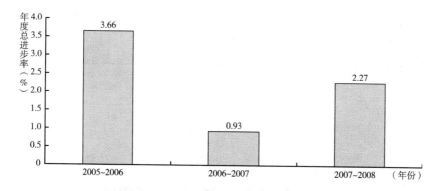

图 5－2 北京市 2005～2008 年度总进步率

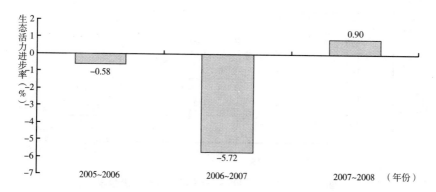

图 5－3 北京市 2005～2008 年生态活力进步率

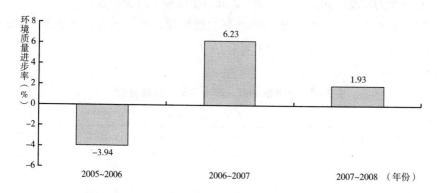

图 5－4 北京市 2005～2008 年环境质量进步率

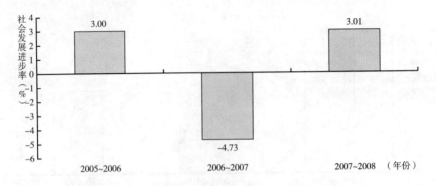

图 5-5　北京市 2005～2008 年社会发展进步率

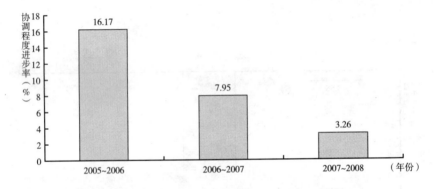

图 5-6　北京市 2005～2008 年协调程度进步率

杂，即有的年度呈现正百分率，有的年度呈现负百分率。在协调程度的进步率方面，虽进步的速度不同，但在整体上，北京市保持了进步的状态。

对年度进步率产生较大影响的部分三级指标的变动情况，如表 5-2 和图 5-7、5-8、5-9、5-10、5-11 所示。

表 5-2　北京市 2005～2008 年部分指标变动情况

|  | 2005 年 | 2006 年 | 2007 年 | 2008 年 |
|---|---|---|---|---|
| 建成区绿化覆盖率(%) | — | 44.35 | 36.17 | 37.15 |
| 地表水体质量(分) | 8.0 | 6.5 | 9.0 | 9.0 |
| 教育经费占 GDP 比例(%) | 6.52 | 6.64 | 3.61 | 3.89 |
| 环境污染治理占 GDP 比重(%) | 1.23 | 2.10 | 1.98 | 1.46 |
| 单位 GDP 二氧化硫排放量(吨/万元) | 0.0028 | 0.0022 | 0.0016 | 0.0012 |

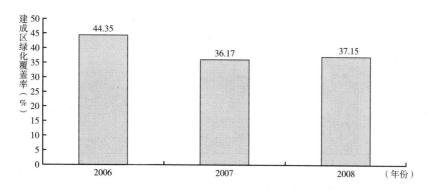

图 5 - 7  北京市 2006～2008 年建成区绿化覆盖率

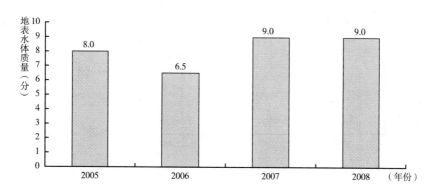

图 5 - 8  北京市 2005～2008 年地表水体质量

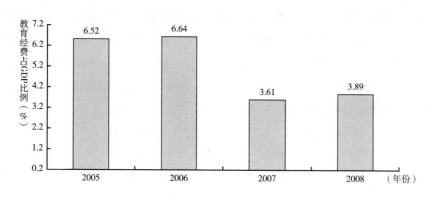

图 5 - 9  北京市 2005～2008 年教育经费占 GDP 比例

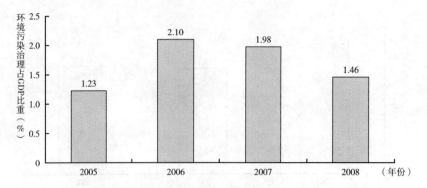

图 5 - 10　北京市 2005~2008 年环境污染治理占 GDP 比重

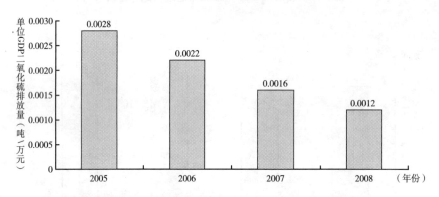

图 5 - 11　北京市 2005~2008 年单位 GDP 二氧化硫排放量

## （三）北京市生态文明建设的政策建议

通过分析可以发现，北京市近年来生态文明建设成绩斐然，总分连续四年高居榜首，尤其是在社会发展和协调程度方面优势明显。北京市的社会发展总分排名 2005~2008 年连续四年居第 1 位，协调程度总分排名 2005~2008年分别是第 2 位、第 1 位、第 1 位、第 2 位。但与全国水平相比，北京市在生态活力和环境质量两个方面还存在不足。生态活力总分排名 2005~2008 年分别是第 17 位、第 3 位、第 16 位、第 16 位；环境质量总分排名分别是第 16位、第 20 位、第 13 位、第 8 位。在具体的三级指标方面，2008 年北京市共有排名第一等级的指标 11 个，第二等级的指标 3 个，第三等级的指标 5 个，第四等级的指标 1 个。其中，第一、二等级的指标绝大部分分布在社会发展领域和协调程度领域，而第三、四等级的指标绝大部分分布在生态活力和环境质量领域。

针对上述情况，建议北京市生态文明建设应在以下几个方面做出努力。

第一，在生态活力方面，目前的三个指标都属于第二、三等级指标，有较大的提高空间，可以通过城乡一体化的城市林业建设来提高森林覆盖率和建成区绿化覆盖率，进一步增加自然保护区的数量和面积。

第二，在环境质量方面，应保持地表水体质量指标的优势；同时要采取有效措施，降低水土流失率和农药施用强度；更要大力加强空气污染防治力度，注重提高空气质量达到二级以上天数占全年比重。

第三，在社会发展方面，应保持除"教育经费占 GDP 比例"外的 5 个指标的优势，同时应增加教育经费的投入，尤其注重提高其占 GDP 的比重。

第四，在协调程度方面，应继续保持城市生活垃圾无害化率、单位 GDP 能耗、单位 GDP 水耗和单位 GDP 二氧化硫排放量 4 个指标的优势，同时应进一步提高工业污水达标排放率和环境污染治理投资占 GDP 比重，并且要着力提高工业固体废物综合利用率。

值得一提的是，北京在"绿色奥运"之后明确提出了建设"绿色北京"的目标，在未来三年，要"加大自然资源保护力度，增加植被覆盖面积，优化全市水生态系统，加大空气污染防治，初步打造山更青、水更绿、天更蓝的绿色环境体系"。相信有雄厚的经济基础和坚强的政治领导，北京市的生态文明建设将会迈上一个新的台阶，一个生态环境与经济社会发展更加协调的世界城市将屹立于世界东方。

# 二　浙江

浙江省简称"浙"，位于我国东南沿海，地处长江三角洲南翼。省会为杭州。浙江省地势西南部高，东北部低，自西南向东北倾斜，呈梯级下降。西南部为平均海拔 800 米的山区。中部以丘陵为主，大小盆地错落分布于丘陵山地之间，东北部为冲积平原，地势平坦，土层深厚，河网密布。全省陆域面积 10.18 万平方公里，海岸线总长 6400 余公里，排名全国首位。浙江省属亚热带季风气候，四季分明，全年气温适中，光照较多，雨量丰沛，空气湿润，雨热季节变化同步。全省年平均气温 15℃ ~18℃。2008 年，浙江省常住人口 5116 万人，人口密度 460 人/平方公里，地区生产总值 21486.92 亿元。

## （一）浙江省 2008 年生态文明建设状况

在 2008 年，浙江省生态文明建设的具体情况如下。2008 年，浙江省生态文明指数为 82.05，排名全国第 2 位。其中生态活力得分为 24.92（总分为 36 分），属于第二等级；环境质量得分为 11.20（总分为 24 分），属于第四等级；社会发展得分为 18.12（总分为 24 分），属于第一等级；协调程度得分为 27.81（总分为 36 分），属于第一等级。其基本特点是，社会发展水平和协调发展程度排名处于全国领先水平，生态活力整体情况良好，然而环境质量水平排名却处于下游。在生态文明建设的类型上，属于社会发达型。如图 5-12 所示。

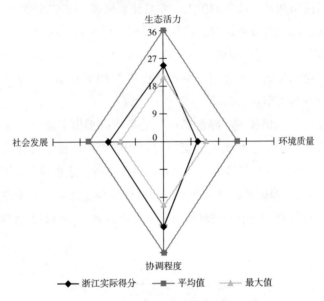

图 5-12　2008 年浙江省生态文明建设评价雷达图

具体来看，在生态活力方面，森林覆盖率为 54.41%，排名第 3 位；建成区绿化覆盖率为 37.74%，排名第 11 位；自然保护区占辖区面积比重为 2.52%，排名第 31 位。

在环境质量方面，地表水体质量得分为 5.5 分，排名第 18 位；空气质量达到二级以上天数占全年比重为 82.47%，排名第 22 位；水土流失率为 16.10%，排名第 10 位（排名越靠后流失率越大）；农药施用强度为 34.25 吨/千公顷，排名第 28 位（排名越靠后强度越大）。

　　在社会发展方面，人均 GDP 为 42214 元，排名第 4 位；服务业产值占 GDP 比例为 41.0%，排名第 6 位；城镇化率为 57.60%，排名第 6 位；人均预期寿命为 74.70 岁，排名第 4 位；农村改水率为 90.70%，排名第 5 位；然而教育经费占 GDP 比例为 3.29%，排名第 20 位。

　　在协调程度方面，工业固体废物综合利用率为 92.42%，排名第 6 位；工业污水达标排放率为 90.83%，排名第 18 位；城市生活垃圾无害化率为 89.57%，排名第 4 位；环境污染治理投资占 GDP 比重为 2.42%，排名第 2 位；单位 GDP 能耗为 0.78 吨标准煤/万元，排名第 3 位（排名越靠后能耗越大）；单位 GDP 水耗为 54.53 立方米/万元，排名第 6 位（排名越靠后水耗越大）；单位 GDP 二氧化硫排放量为 0.0034 吨/万元，排名第 6 位（排名越靠后排放量越大）。如表5－3所示。

**表 5－3　浙江省 2008 年生态文明建设评价结果**

| 一级指标 | 二级指标 | | 三级指标 | 指标数据 | 排名 | 等级 |
|---|---|---|---|---|---|---|
| 生态文明指数（ECI） | 生态活力 | | 森林覆盖率 | 54.41% | 3 | 1 |
| | | | 建成区绿化覆盖率 | 37.74% | 11 | 2 |
| | | | 自然保护区的有效保护 | 2.52% | 31 | 4 |
| | 环境质量 | | 地表水体质量 | 5.5 分 | 18 | 3 |
| | | | 环境空气质量 | 82.47% | 22 | 3 |
| | | | 水土流失率 | 16.10% | 10 | 2 |
| | | | 农药施用强度 | 34.25 吨/千公顷 | 28 | 4 |
| | 社会发展 | | 人均 GDP | 42214 元 | 4 | 1 |
| | | | 服务业产值占 GDP 比例 | 41.0% | 6 | 2 |
| | | | 城镇化率 | 57.60% | 6 | 2 |
| | | | 人均预期寿命 | 74.70 岁 | 4 | 1 |
| | | | 教育经费占 GDP 比例 | 3.29% | 20 | 3 |
| | | | 农村改水率 | 90.70% | 5 | 1 |
| | 协调程度 | 生态、资源、环境协调度 | 工业固体废物综合利用率 | 92.42% | 6 | 1 |
| | | | 工业污水达标排放率 | 90.83% | 18 | 2 |
| | | | 城市生活垃圾无害化率 | 89.57% | 4 | 1 |
| | | 生态、环境、资源与经济协调度 | 环境污染治理投资占 GDP 比重 | 2.42% | 2 | 1 |
| | | | 单位 GDP 能耗 | 0.78 吨标准煤/万元 | 3 | 2 |
| | | | 单位 GDP 水耗 | 54.53 立方米/万元 | 6 | 2 |
| | | | 单位 GDP 二氧化硫排放量 | 0.0034 吨/万元 | 6 | 2 |

### （二）浙江省生态文明建设年度进步率分析

进步率分析显示，浙江在 2005～2006 年的总进步率为 0.76%，排名第 24 位。其中，生态活力的进步率为 1.60%，排名第 20 位；环境质量的进步率为 −2.44%，排名第 21 位；社会发展的进步率为 2.17%，排名第 24 位；协调程度的进步率为 1.73%，排名第 23 位。其中，地表水体质量得分以及空气质量达到二级以上天数占全年比重的下降共同导致了环境质量进步率呈现负百分率。

在 2006～2007 年，浙江的总进步率为 2.80%，排名第 24 位。其中，在其二级指标中，生态活力的进步率为 0.32%，排名第 21 位；环境质量的进步率为 1.06%，排名第 13 位；社会发展的进步率为 2.53%，排名第 13 位；协调程度的进步率为 7.29%，排名第 28 位。这里要说明的是，环境质量的进步率呈现出正百分率，这主要是地表水体质量得分以及空气质量达到二级以上天数占全年比重的上升共同促成的。协调程度的进步率在全国排名虽不太理想，但相较于自身、相较于上一年度，浙江本年度在协调程度方面的进步还是值得肯定的。其中，单位 GDP 二氧化硫排放量的降低以及单位 GDP 水耗的降低共同促进了协调程度进步率的提高。

在 2007～2008 年，浙江的总进步率为 8.03%，排名第 1 位。其中，生态活力的进步率为 0.82%，排名第 17 位；环境质量的进步率为 −0.85%，居第 17 位；社会发展的进步率为 2.18%，排名第 29 位；协调程度的进步率为 29.96%，排名第 1 位。这里要说明的是，环境质量进步率是负百分率，主要是由二级天气天数占全年比例下降以及农药施用强度的增加共同导致的；而协调程度的大幅度提高是由环境污染治理投资占 GDP 比重大幅度提高以及单位 GDP 二氧化硫排放量降低共同促成的。

综合 2005～2008 年的数据来看，在总进步率方面，浙江不仅没有出现负百分率，还保持了稳步上升的态势（如图 5 − 13 所示）。在二级指标的进步率方面，生态活力领域进步速度虽有所放缓，但依然保持在进步的状态；环境质量领域，进步率情况两度出现负百分率，情况不太理想；社会发展领域进步率都为正百分率，虽进步速度不同，但都保持在进步的状态；协调程度领域，其进步率呈现出大幅度上升态势，情况比较理想。如图 5 − 14、5 − 15、5 − 16、5 − 17 所示。

对年度进步率产生较大影响的部分三级指标的变动情况，如表 5 − 4 和图 5 − 18、5 − 19 所示。

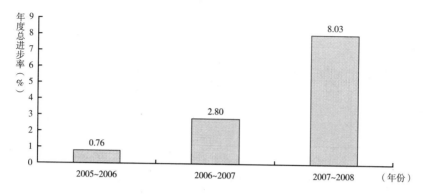

**图 5 – 13　浙江省 2005～2008 年度总进步率**

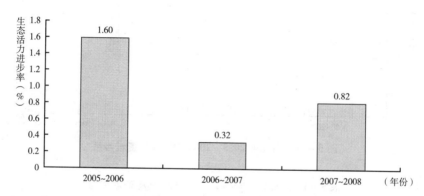

**图 5 – 14　浙江省 2005～2008 年生态活力进步率**

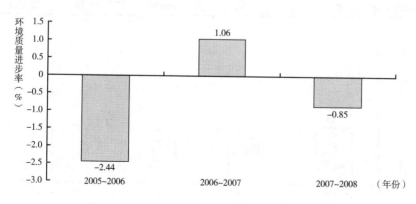

**图 5 – 15　浙江省 2005～2008 年环境质量进步率**

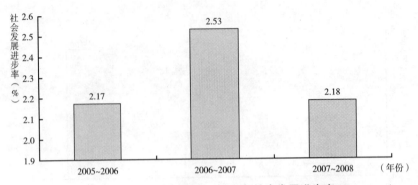

图 5 – 16　浙江省 2005～2008 年社会发展进步率

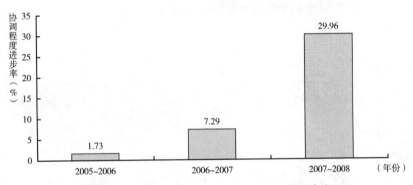

图 5 – 17　浙江省 2005～2008 年协调程度进步率

表 5 – 4　浙江省 2005～2008 年部分指标变动情况

| | 2005 年 | 2006 年 | 2007 年 | 2008 年 |
| --- | --- | --- | --- | --- |
| 环境污染治理投资占 GDP 比重(%) | 1.19 | 0.89 | 0.94 | 2.42 |
| 单位 GDP 水耗(立方米/万元) | 86.07 | 69.97 | 62.74 | 54.53 |

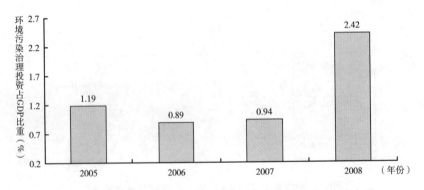

图 5 – 18　浙江省 2005～2008 年环境污染治理投资占 GDP 比重

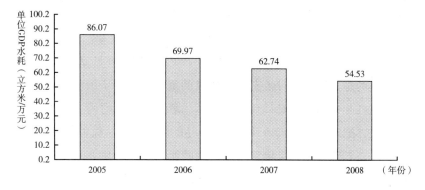

图 5 – 19   浙江省 2005～2008 年单位 GDP 水耗

## （三）浙江省生态文明建设的政策建议

通过分析可以发现，浙江近年来生态文明建设取得了很好的成绩，2005～2008 年其总分排名分别是第 6 位、第 9 位、第 3 位、第 2 位。在社会发展和协调程度方面优势明显。其社会发展总分 2005～2008 年连续排名第 5 位、第 4 位、第 4 位、第 3 位；其协调程度总分 2005～2008 年排名分别为第 4 位、第 7 位、第 7 位、第 1 位。这里特别要指出的是，同北京、上海、天津、江苏相比，浙江的生态活力具有明显优势，不仅如此，与全国水平相比，浙江的生态活力也具有一定优势，其生态活力总分 2005～2008 年的排名分别是第 9 位、第 10 位、第 5 位、第 7 位。然而，与全国水平相比，浙江在环境质量方面存在不足，2005～2008 年，浙江环境质量总分排名分别是第 21 位、第 20 位、第 23 位、第 24 位。在具体的三级指标方面，2008 年，浙江共有第一等级指标 7 个，第二等级指标 8 个，第三等级指标 3 个，第四等级指标 2 个。其中，第一等级的指标绝大多数在社会发展和协调程度领域，第四等级指标都在生态活力和环境质量领域。

针对上述情况，建议浙江省生态文明建设应在以下几个方面做出努力。

在生态活力方面，应继续保持森林覆盖率这个指标的优势，进一步提高建成区绿化覆盖率，着力增加自然保护区的数量和面积。

在环境质量方面，进一步降低水土流失率；进一步改善地表水体质量，着力加大空气污染防治力度，提高空气质量达到二级以上天数占全年比重；着重注意采取有效措施降低农药施用强度。

在社会发展方面，应保持除"教育经费占 GDP 比例"外的 5 个指标的优势，同时应增加教育经费的投入，注意提高其占 GDP 的比重。

在协调程度方面，应继续保持除"工业污水达标排放率"外的 6 个指标的优势，同时应加大工业污水治理程度，提高工业污水达标排放率。

值得一提的是，浙江省对生态文明建设的重视程度居全国前列。在 2003 年就制定了《浙江生态省建设总体规划纲要》，提出用 20 年时间，实施十大工程，建设五大体系，把浙江建设成为具有比较发达的生态经济、优美的生态环境、和谐的生态家园、繁荣的生态文化、可持续发展能力较强的生态省。"五大体系"即：以循环经济为核心的生态经济体系、可持续利用的自然资源保障体系、山川秀美的生态环境体系、人与自然和谐的人口生态体系、科学高效的能力支持保障体系。随后全省各地、市、县、乡镇也都开展了区域生态建设规划的制定工作。浙江省曾被国内专家认为是最有条件和可能建成生态省的省份，其在生态文明建设上的实践与探索，也曾受到中央的高度重视。然而，显而易见，生态文明建设之路依旧漫长，浙江省在保持过去优势的基础上，依然需要付出更大的努力，才能把生态文明建设推向新的高度。

# 三　上海

上海市简称"沪"，是中国第一大城市，是中国大陆的经济、金融、贸易和航运中心。上海位于我国大陆海岸线中部的长江口，拥有中国最大的工业基地、最大的外贸港口。上海地处长江三角洲前缘，东濒东海，南临杭州湾，西接江苏、浙江两省，北界长江入海口。全市总面积 6340.5 平方公里，海岸线长约 172 公里。上海地区河湖众多，水网密布，境内水域面积 697 平方公里，相当于全市总面积的 11%。上海属北亚热带季风性气候，雨热同期，日照充分，雨量充沛。上海气候温和湿润，春秋较短，冬夏较长。2008 年，上海市常住人口 1888.46 万人，人口密度 2638 人/平方公里，为我国内地人口密度最高的城市，地区生产总值 13698.15 亿元。

## （一）上海市 2008 年生态文明建设情况

在 2008 年，上海市生态文明建设的具体情况如下。2008 年，上海市生态文明指数为 75.56，排名全国第 7 位。其中生态活力得分为 20.31（总分为 36 分），属于第三等级；环境质量得分为 11.20（总分为 24 分），属于第四等级；社会发展得分为 20.00（总分为 24 分），属于第一等级；协调程度得分为 25.25（总分为 36 分），属于第一等级。其基本特点是，社会发展水平和协调发展程度排名处于全国领先水平，然而其环境质量和生态活力排名处于全国中下游。在生态文明建设的类型上，属于社会发达型。如图 5－20 所示。

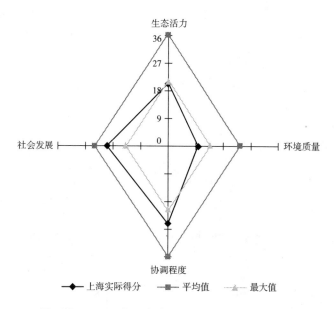

**图 5－20　2008 年上海市生态文明建设评价雷达图**

具体来看，在生态活力方面，森林覆盖率为 3.17%，排名第 30 位；建成区绿化覆盖率 2007 年为 37.60%（无 2008 年数据）；自然保护区占辖区面积比重为 14.79%，排名第 5 位。

在环境质量方面，地表水体质量得分为 1.5 分（无 2008 年数据，采用 2007 年数据），排名第 29 位；空气质量达到二级以上天数占全年比重为 89.86%，排名第 13 位；水土流失率为 0.00%，排名第 1 位（排名越靠后流失率越大）；农药施用强度为 33.19 吨/千公顷，排名第 25 位（排名越靠后强度越高）。

在社会发展方面，人均 GDP 为 73124 元，排名第 1 位；服务业产值占 GDP 比例为 53.7%，排名第 3 位；城镇化率 88.60%，排名第 1 位；人均预期寿命为 78.14 岁，排名第 1 位；农村改水率为 100%，排名第 1 位；然而教育经费占 GDP 比例为 3.15%，排名第 22 位。

在协调程度方面，工业固体废物综合利用率为 95.53%，排名第 1 位；工业污水达标排放率为98.79%，排名第3位；城市生活垃圾无害化率为74.38%，排名第14位；环境污染治理投资占GDP比重为1.12%，排名第16位；单位GDP能耗为0.80吨标准煤/万元，排名第4位（排名越靠后能耗越大）；单位GDP水耗为18.09立方米/万元，排名第1位（排名越靠后水耗越大）；单位GDP二氧化硫排放量为0.0033吨/万元，排名第5位（排名越靠后排放量越大）。如表5-5所示。

表5-5 上海市2008年生态文明建设评价结果

| 一级指标 | 二级指标 | 三级指标 | 指标数据 | 排名 | 等级 |
|---|---|---|---|---|---|
| 生态文明指数（ECI） | 生态活力 | 森林覆盖率 | 3.17% | 30 | 4 |
| | | 建成区绿化覆盖率 | — | — | — |
| | | 自然保护区的有效保护 | 14.79% | 5 | 2 |
| | 环境质量 | 地表水体质量 | 1.5分 | 29 | 4 |
| | | 环境空气质量 | 89.86% | 13 | 2 |
| | | 水土流失率 | 0.00% | 1 | 1 |
| | | 农药施用强度 | 33.19吨/千公顷 | 25 | 4 |
| | 社会发展 | 人均GDP | 73124元 | 1 | 1 |
| | | 服务业产值占GDP比例 | 53.7% | 3 | 1 |
| | | 城镇化率 | 88.60% | 1 | 1 |
| | | 人均预期寿命 | 78.14岁 | 1 | 1 |
| | | 教育经费占GDP比例 | 3.15% | 22 | 3 |
| | | 农村改水率 | 100.0% | 1 | 1 |
| | 协调程度 | 生态、资源、环境协调度 | 工业固体废物综合利用率 | 95.53% | 1 | 1 |
| | | | 工业污水达标排放率 | 98.79% | 3 | 1 |
| | | | 城市生活垃圾无害化率 | 74.38% | 14 | 2 |
| | | 生态、环境、资源与经济协调度 | 环境污染治理投资占GDP比重 | 1.12% | 16 | 3 |
| | | | 单位GDP能耗 | 0.80吨标准煤/万元 | 4 | 2 |
| | | | 单位GDP水耗 | 18.09立方米/万元 | 1 | 1 |
| | | | 单位GDP二氧化硫排放量 | 0.0033吨/万元 | 5 | 2 |

## （二）上海市生态文明建设年度进步率分析

进步率分析显示，上海在2005～2006年的总进步率为6.33%，排名第7位。其中，生态活力的进步率为11.40%，排名全国第1位；环境质量的进步率为0.16%，排名全国第14位；社会发展的进步率为1.55%，排名全国第26位；

协调程度的进步率为 12.22%，排名第 8 位。其中，生态活力的进步主要是由建成区绿化覆盖率大幅度提升促成的；协调程度的进步主要是由城市生活垃圾无害化率的提升、单位 GDP 水耗以及单位 GDP 二氧化硫排放量的降低共同促成的。

2006～2007 年，上海的总进步率为 4.93%，排名第 9 位。在其二级指标中，环境质量的进步率为 9.21%，排名第 3 位；生态活力的进步率为 0.24%，排名第 22 位；协调程度的进步率为 11.36%，排名全国第 15 位；然而社会发展的进步率为 -1.08%，仅排名第 30 位。其中，环境质量的进步主要是由地表水体质量得分提升促成的；而社会发展进步率呈现负百分比主要是由教育经费占 GDP 比例下降所导致的。这里要说明的是，社会发展的退步，不是绝对的退步，上海市的年 GPD 保持了比较高的增长率，而教育经费投入的增长没有相应跟上 GDP 的增长率。

2007～2008 年，上海的总进步率为 2.49%，排名第 23 位。其中，生态活力的进步率为 0.00%，排名第 22 位；环境质量的进步率为 -1.60%，排名第 23 位；社会发展的进步率为 2.63%，排名第 28 位；协调程度的进步率为 8.91%，排名第 15 位。在本年度，上海的总进步率有大幅度的下降，在所有的二级指标的进步率中，除协调程度的进步率外，其排名几乎都在下游，环境质量的进步率呈现出了负百分比。这里要说明的是，环境质量的进步率出现负百分比主要是由农药施用强度的增大所导致的。在看到上海的总进步率和二级指标的进步率状况的同时，还须关注一些三级指标的进步情况。上海的人均 GDP、环境污染治理投资占 GDP 比重、单位 GDP 水耗、单位 GDP 二氧化硫排放量在本年度情况都有好转。

综合 2005～2008 年的数据来看，在总进步率方面，虽然增幅在放慢，但在总体上处于进步状态。在二级指标的进步率方面，生态活力进步率三个年度的排名分别是第 1 位、第 22 位和第 22 位，其进步率一度曾领先于全国；在环境质量进步率方面，三个年度的排名分别是第 14 位、第 3 位和第 23 位，其进步率也一度出现可喜的状况；在社会发展方面，其进步率曾出现负百分率；在协调程度方面，上海的进步率均为正百分率，三个年度分别是第 8 位、第 15 位、第 15 位。如图 5-21、5-22、5-23、5-24、5-25 所示。

对年度进步率产生较大影响的部分三级指标的变动情况，如表 5-6 和图 5-26、5-27 所示。

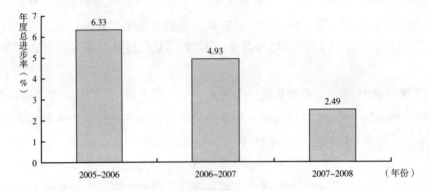

**图5-21 上海市2005~2008年度总进步率**

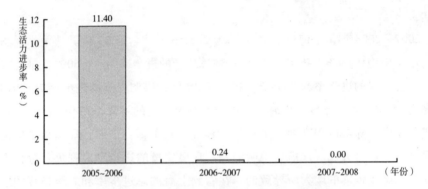

**图5-22 上海市2005~2008年生态活力进步率**

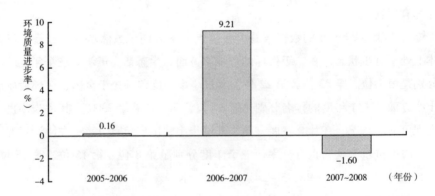

**图5-23 上海市2005~2008年环境质量进步率**

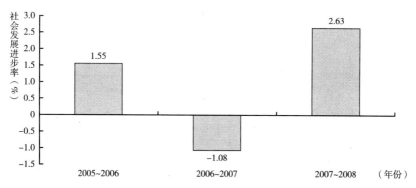

**图 5 - 24　上海市 2005～2008 年社会发展进步率**

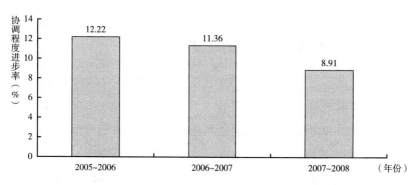

**图 5 - 25　上海市 2005～2008 年协调程度进步率**

**表 5 - 6　上海市 2005～2008 年部分指标变动情况**

单位：%

|  | 2005 年 | 2006 年 | 2007 年 | 2008 年 |
|---|---|---|---|---|
| 建成区绿化覆盖率 | 27.8 | 37.33 | 37.60 | — |
| 城市生活垃圾无害化率 | 35.73 | 57.91 | 79.16 | 74.38 |

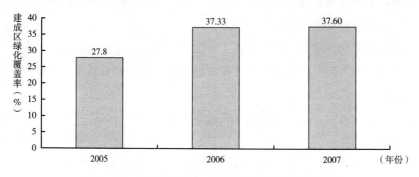

**图 5 - 26　上海市 2005～2007 年建成区绿化覆盖率**

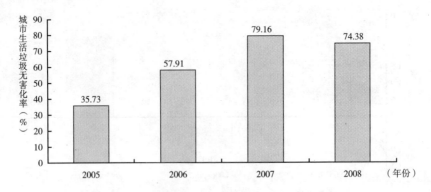

图 5 – 27　上海市 2005 ~ 2008 年城市生活垃圾无害化率

## （三）上海市生态文明建设的政策建议

通过分析可以看出，上海市近年来在生态文明建设方面取得了很好的成绩，2005 ~ 2008 年其总分排名分别是第 7 位、第 2 位、第 5 位、第 7 位，均排名全国上游。在社会发展和协调程度方面，尤其是在社会发展方面优势明显。社会发展总分 2005 ~ 2008 年连续 4 年居第 2 位；其协调程度总分 2005 ~ 2008 年排名分别为第 7 位、第 6 位、第 5 位、第 4 位。然而，与全国水平相比，上海的生态活力和环境质量方面还存在不足。上海的生态活力年度总分 2005 ~ 2008 年排名分别是第 24 位、第 14 位、第 17 位、第 18 位；其环境质量年度总分排名分别是第 21 位、第 20 位、第 23 位、第 24 位。显然，与全国水平相比，上海在生态活力和环境质量两个方面还存在不足。在具体的三级指标方面，在 2008 年，上海市共有第一等级指标 9 个，第二等级指标 5 个，第三等级指标 2 个，第四等级指标 3 个。其中，第一等级指标绝大部分处于社会发展和协调程度领域，第四等级指标都处于生态活力和环境质量领域。

针对上述情况，建议上海市生态文明建设应在以下几个方面做出努力。

在生态活力方面，应加强城市林业建设，进一步提高森林覆盖率和建成区绿化覆盖率。

在环境质量方面，应继续保持水土流失率这个指标的优势；同时采取有效措施降低农药施用强度、提高地表水体质量，尤其要加大对地表水的综合治理。

在社会发展方面，应继续保持除"教育经费占 GDP 比例"外的 5 个指标的优势，同时增加教育经费的投入，特别要注意提高其占 GDP 的比重。

在协调程度方面，应继续保持工业固体废物综合利用率、工业污水达标排放率、单位 GDP 能耗、单位 GDP 水耗和单位 GDP 二氧化硫排放量 5 个指标的优势；同时应进一步提高城市生活垃圾无害化率以及环境污染治理投资占 GDP 比重。

值得一提的是，作为 2010 年世博会举办城市，上海再次吸引了世界的关注。上海明确提出了"绿色世博"的口号，提出从"工业城市到生态高地"转变的口号。在迎接世博会的过程中，提出了"绿色施工建设"方针。在生态文明建设中，上海已经加强了水环境的综合治理，如在青浦区的水环境综合治理；加强了黄浦江上游水资源的保护；加快了生活垃圾减量化、资源化方面的步伐；加大了森林城市的建设力度；提高了环保投入占 GDP 的比例，如崇明区环保投入占GDP 比例已经连续四年达到 7%；等等。这些都给人们以信心，期待上海成为生态文明建设领域中闪亮的明珠。

# 四 天津

天津市简称"津"，是中国四个中央直辖市之一，是中国北方的经济中心、国际港口城市。天津市位于环渤海经济圈的中心，是中国北方最大的沿海开放城市。天津地处华北平原东北部，东临渤海，北枕燕山。在地区分布上，山地多于平原，沿海多于内地。天津市域面积 11917.3 平方公里，海岸线长 153 公里。天津位于中纬度欧亚大陆东岸，面对太平洋，季风环流影响显著。主要气候特征是：四季分明，春季多风，干旱少雨；夏季炎热，雨水集中；秋季气爽，冷暖适中；冬季寒冷，干燥少雪。2008 年，天津市常住人口 1176 万人，人口密度约886 人/平方公里，地区生产总值 6354.38 亿元。

## （一）天津市 2008 年生态文明建设状况

在 2008 年，天津市生态文明建设的具体情况如下。2008 年，天津生态文明指数为 75.36，排名全国第 8。其中生态活力得分为 20.31（总分为 36 分），属于第三等级；环境质量得分为 13.60（总分为 24 分），属于第二等级；社会发展得分为 16.47（总分为 24 分），属于第二等级；协调程度得分为 24.98（总分为 36分），属于第一等级。其基本特点是，社会发展水平和协调发展程度排名处于全国上游，但生态活力和环境质量水平排名处于中游。在生态文明建设的类型上，属于社会发达型。如图 5 - 28 所示。

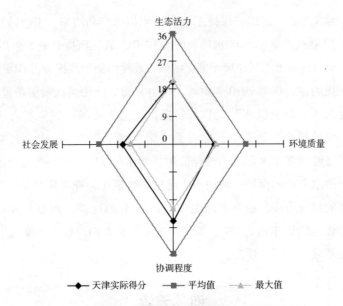

图 5 - 28　2008 年天津市生态文明建设评价雷达图

具体来看，在生态活力方面，森林覆盖率为 8.14%，排名第 25 位；建成区绿化覆盖率（无 2007、2008 年数据，2006 年数据为 37%）；自然保护区占辖区面积比重为 13.6%，排名第 6 位。

在环境质量方面，地表水体质量得分为 1.0 分，排名第 30 位；空气质量达到二级以上天数占全年比重为 88.22%，排名第 16 位；水土流失率为 3.52%，排名第 3 位（排名越往后流失率越大）；农药施用强度为 8.63 吨/千公顷，排名第 13 位（排名越靠后强度越高）。

在社会发展方面，人均 GDP 为 55473 元，排名第 3 位；服务业产值占 GDP 比例为 37.9%，排名第 15 位；城镇化率为 77.23%，排名第 3 位；人均预期寿命为 74.91 岁，排名第 3 位；农村改水率为 92.70%，排名第 4 位；然而教育经费占 GDP 比例为 2.61%，仅排名第 29 位。

在协调程度方面，工业固体废物综合利用率为 99.46%，排名第 1 位；工业污水达标排放率为 99.90%，排名第 1 位；城市生活垃圾无害化率为 93.52%，排名第 2 位；环境污染治理投资占 GDP 比重为 1.07%，排名第 18 位；单位 GDP 能耗为 0.95 吨标准煤/万元，排名第 9 位（排名越靠后能耗越高）；单位 GDP 水耗为 24.17 立方米/万元，排名第 3 位（排名越靠后水耗越高）；单位 GDP 二氧化硫排放量为 0.0038 吨/万元，排名第 8 位（排名越靠后排放量越高）。如表5 - 7 所示。

表 5 - 7　天津市 2008 年生态文明建设评价结果

| 一级指标 | 二级指标 | | 三级指标 | 指标数据 | 排名 | 等级 |
|---|---|---|---|---|---|---|
| 生态文明指数（ECI） | 生态活力 | | 森林覆盖率 | 8.14% | 25 | 4 |
| | | | 建成区绿化覆盖率 | — | — | — |
| | | | 自然保护区的有效保护 | 13.60% | 6 | 2 |
| | 环境质量 | | 地表水体质量 | 1.0 分 | 30 | 4 |
| | | | 环境空气质量 | 88.22% | 16 | 2 |
| | | | 水土流失率 | 3.52% | 3 | 1 |
| | | | 农药施用强度 | 8.63 吨/千公顷 | 13 | 2 |
| | 社会发展 | | 人均 GDP | 55473 元 | 3 | 1 |
| | | | 服务业产值占 GDP 比例 | 37.9% | 15 | 3 |
| | | | 城镇化率 | 77.23% | 3 | 1 |
| | | | 人均预期寿命 | 74.91 岁 | 3 | 1 |
| | | | 教育经费占 GDP 比例 | 2.61% | 29 | 3 |
| | | | 农村改水率 | 92.70% | 4 | 1 |
| | 协调程度 | 生态、资源、环境协调度 | 工业固体废物综合利用率 | 99.46% | 1 | 1 |
| | | | 工业污水达标排放率 | 99.90% | 1 | 1 |
| | | | 城市生活垃圾无害化率 | 93.52% | 2 | 1 |
| | | 生态、环境、资源与经济协调度 | 环境污染治理投资占 GDP 比重 | 1.07% | 18 | 3 |
| | | | 单位 GDP 能耗 | 0.95 吨标准煤/万元 | 9 | 2 |
| | | | 单位 GDP 水耗 | 24.17 立方米/万元 | 3 | 1 |
| | | | 单位 GDP 二氧化硫排放量 | 0.0038 吨/万元 | 8 | 2 |

## （二）天津市生态文明建设年度进步率分析

进步率分析显示，天津市 2005～2006 年的总进步率为 7.04%，排名第 5 位。其中，环境质量的进步率为 25.59%，排名全国第 1 位；生态活力的进步率为 0.78%，排名全国第 22 位；社会发展的进步率为 2.49%，排名全国第 21 位；然而协调程度的进步率却为 - 0.68%，排名全国第 26 位。其中，环境质量的进步是由地表水体质量得分的提升促成的；协调程度的进步率出现负百分比是环境污染治理投资占 GDP 比重大幅度下降导致的。

2006～2007 年，天津的总进步率大幅度下降，为 - 1.13%，排名第 31 位。在其二级指标中，生态活力的进步率为 - 0.32%，排名第 25 位；环境质量的进步率为 - 14.55%，排名第 31 位；社会发展的进步率为 - 0.41%，排名第 28 位；协调程度的进步率为 10.76%，排名全国第 17 位。这里要说明的是，生态活力进步率的下降主要是由自然保护区的有效保护程度降低导致的；环境质量的退步主要是由地表水体质量得分的下降所导致的；社会发展的进步率呈现负百分比主要是由教育经费占 GDP 比例下降所导致的；协调程度进步率比上一年有所好转，这主要是环境污染治理投资占 GDP 的比重提高以及单位 GDP 二氧化硫排放量降低等共同促成的。

2007～2008 年，天津的总进步率为 1.64%，排名第 27 位。其中，生态活力的进步率为 - 1.76%，排名第 28 位；环境质量的进步率为 - 1.85%，居第 24 位；社会发展的进步率为 1.80%，排名第 30 位；协调程度的进步率为 8.39%，排名第 19 位。在本年度，天津的总进步率有所上升。在二级指标中，社会发展进步率摆脱了上年的负百分率，呈现出正百分率；然而生态活力和环境质量的进步率依然是负百分率。其中，社会发展的进步率呈现出正百分率，主要是由于人均 GDP 的上扬所促成的；生态活力的进步率呈现负百分率仍然是自然保护区的有效保护程度降低导致的；环境质量进步率的负百分率是由农药施用强度增大所导致。协调程度的进步率比上一年度有所下降，然而其单位 GDP 水耗、单位 GDP 二氧化硫排放量的情况出现好转。

综合 2005～2008 年的数据来看，在天津的总进步率和二级指标的进步率方面都没有出现线性发展的情况，而是出现了复杂的情况，即有的年份是正百分率，有的年份是负百分率。总进步率曾一度出现可喜的情况，但随后又出现负百分率，这说明天津市在生态文明建设上出现了波动。在二级指标的进步率方面，天津市每个年度都有变化。在社会发展和协调程度的进步率方面，都曾出现负百分率，但比生态活力和环境质量的进步率，情况要稍好些，后两个领域都曾两度出现负百分率。如图 5 - 29、5 - 30、5 - 31、5 - 32、5 - 33 所示。

对年度进步率产生较大影响的部分三级指标的变动情况，如表 5 - 8 和图 5 - 34、5 - 35 所示。

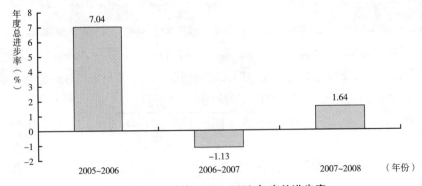

**图 5 - 29  天津市 2005～2008 年度总进步率**

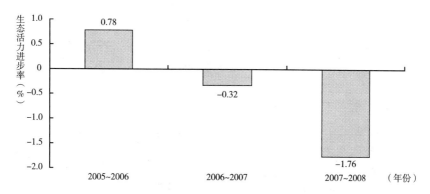

图 5－30 天津市 2005～2008 年生态活力进步率

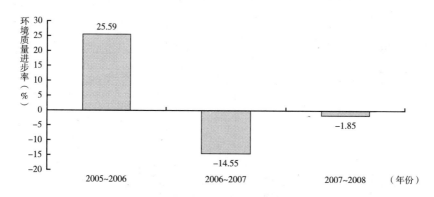

图 5－31 天津市 2005～2008 年环境质量进步率

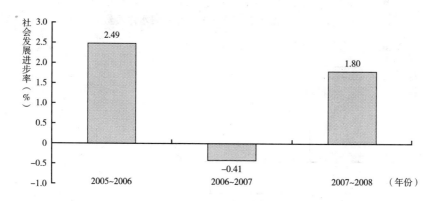

图 5－32 天津市 2005～2008 年社会发展进步率

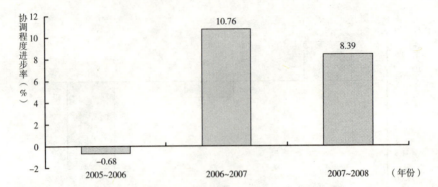

图 5 - 33 天津市 2005～2008 年协调程度进步率

表 5 - 8 天津市 2005～2008 年部分指标变动情况

|  | 2005 年 | 2006 年 | 2007 年 | 2008 年 |
|---|---|---|---|---|
| 地表水体质量(分) | 1.0 | 2.0 | 1.0 | 1.0 |
| 环境污染治理投资占 GDP 比重(%) | 1.93 | 0.93 | 1.18 | 1.07 |

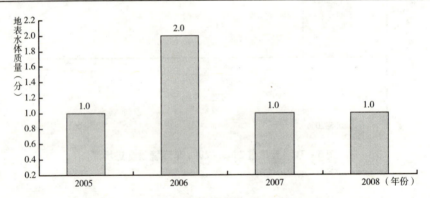

图 5 - 34 天津市 2005～2008 年地表水体质量

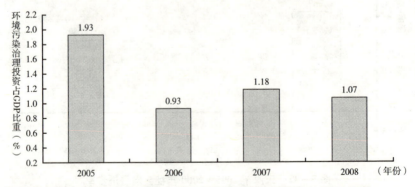

图 5 - 35 天津市 2005～2008 年环境污染治理投资占 GDP 比重

### （三） 天津市生态文明建设的政策建议

通过分析可以发现，总的来说，天津市近年来生态文明建设成绩比较突出，2005～2008 年其总分排名分别是 2 位、第 3 位、第 4 位、第 8 位，并且在社会发展和协调程度方面优势明显。其社会发展总分 2005～2008 年连续排名分别是第 3 位、第 3 位、第 3 位、第 4 位；其协调程度总分 2005～2008 年排名分别为第 1 位、第 3 位、第 2 位、第 5 位。然而，与全国水平相比，天津在生态活力和环境质量两个方面还存在不足。在生态活力方面总分年度排名优势不明显，2005～2008 年排名分别为第 8 位、第 14 位、第 18 位、第 18 位；环境质量总分 2005～2008 年排名分别是第 16 位、第 17 位、第 13 位、第 12 位。在具体的三级指标方面，2008 年，天津市共有第一等级指标 9 个，第二等级指标 5 个，第三等级指标 3 个，第四等级指标 2 个。其中第一等级指标绝大部分处于社会发展和协调程度领域，第四等级指标都处于生态活力和环境质量领域。

针对上述情况，建议天津市生态文明建设应在以下几个方面做出努力。

在生态活力方面，应继续保持自然保护区的有效保护这个指标的优势，同时应大力提高森林覆盖率。

在环境质量方面，应继续保持水土流失率这个指标的优势；同时应采取有效措施提高地表水体质量，这一点尤其重要。

在社会发展方面，应继续保持除"教育经费占 GDP 比例"以及"服务业产值占 GDP 比例"外的 4 个指标的优势；同时应增加教育经费的投入，注意提高其占 GDP 的比重；并且要着力优化产业结构，注重提高服务业占 GDP 比例。

在协调程度方面，应继续保持工业固体废物综合利用率、工业污水达标排放率、城市生活垃圾无害化率、单位 GDP 水耗这 4 个指标的优势；同时应进一步提高环境污染治理投资占 GDP 的比重。

值得一提的是，近些年来，天津市比较重视生态文明方面的建设。天津市曾成功创建过国家环保模范城市，此后又计划建设生态城市。计划提出，首先在市中心、滨海新区核心区建成生态城区，随后在全市建成生态城市。天津于 2007 年发布了《天津生态市建设规划纲要》，提出了把天津建设成为资源节约型和环境友好型生态城市的目标，并确定了自然资源保障体系、生态产业与循环经济体系、生态环境治理与保护体系、生态人居体系和生态文化体系等五大建设领域。不仅如此，在生态城市建设中，天津市还有意识地利用外资，把生态城市建设推向了国际视野。在 2007 年，中国与新加坡签署了两国政府关于在天津建设生态城的框架协议，协议决定把中新生态城项目落户天津滨海新区。天津滨海新区生态城建设，是利用国际资源合力建设城市"生态文明"的新探索。相信经过努力，天津市的生态文明建设会迈上一个新的台阶。

# 五 江苏

江苏省简称"苏"，位于我国大陆东部沿海中心。省会为南京。江苏地处长江三角洲，地形以平原为主，全省面积 10.26 万平方公里，其中平原面积 7.06 万平方公里，水面面积 1.73 万平方公里，海岸线长 954 公里。江苏是全国地势最低的一个省区，绝大部分地区在海拔 50 米以下，低山丘陵集中在北部和西南部，占全省总面积的 14.3%。江苏省气候具有明显的季风特征，处于亚热带向暖温带过渡地带。全省气候温和，雨量适中，四季分明，江苏省各地平均气温介于 13℃~16℃。2008 年，江苏省常住人口 7676.5 万人，人口密度 724 人/平方公里，地区生产总值 30312.61 亿元。

## （一）江苏省 2008 年生态文明建设状况

在 2008 年，江苏省生态文明建设的具体情况如下。2008 年，江苏生态文明指数为 74.20，排名全国第 11 位。其中生态活力得分为 19.38（总分为 36 分），属于第三等级；环境质量得分为 13.60（总分为 24 分），属于第二等级；社会发展得分为 15.76（总分为 24 分），属于第二等级；协调程度得分为 25.45（总分为 36 分），属于第一等级。其基本特点是，社会发展水平和协调发展程度基本上排名全国领先，但生态活力和环境质量排名处于全国中下游。在生态文明建设的类型上，属于社会发达型。如图 5-36 所示。

具体来看，在生态活力方面，森林覆盖率为 7.54%，排名第 26 位；建成区绿化覆盖率为 42.55%，排名第 1 位；自然保护区占辖区面积比重为 5.51%，排名第 20 位。

在环境质量方面，地表水体质量得分为 3.5 分，排名第 24 位；空气质量达到二级以上天数占全年比重为 88.22%，排名第 17 位；水土流失率为 4.19%，排名第 4 位（排名越靠后流失率越大）；农药施用强度为 19.70 吨/千公顷，排名第 22 位（排名越靠后强度越大）。

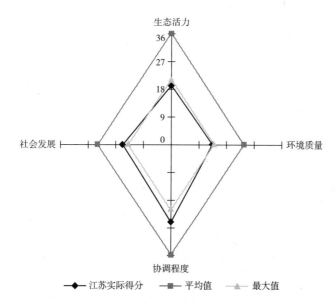

**图 5 - 36 2008 年江苏省生态文明建设评价雷达图**

在社会发展方面，人均 GDP 为 39622 元，排名第 5 位；服务业产值占 GDP 比例为 38.1%，排名第 13 位；城镇化率为 54.30%，排名第 8 位；人均预期寿命为 73.91 岁，排名第 6 位；农村改水率为 97.90%，排名第 3 位；然而教育经费占 GDP 比例为 2.81%，排名第 27 位。

在协调程度方面，工业固体废物综合利用率为 98.72%，排名第 2 位；工业污水达标排放率为 97.67%，排名第 6 位；城市生活垃圾无害化率为 90.84%，排名第 3 位；环境污染治理投资占 GDP 比重为 1.31%，排名第 10 位；单位 GDP 能耗为 0.803 吨标准煤/万元，排名第 5 位（排名越靠后能耗越大）；单位 GDP 水耗为 92.49 立方米/万元，排名第 16 位（排名越靠后水耗越大）；单位 GDP 二氧化硫排放量为 0.0037 吨/万元，排名第 7 位（排名越靠后排放量越大）。如表 5 - 9 所示。

## （二）江苏省生态文明建设年度进步率分析

进步率分析显示，江苏省 2005 ~ 2006 年的总进步率为 0.04%，排名第 27 位。其中，社会发展的进步率为 4.28%，排名第 6 位；协调程度的进步率为 2.67%，排名第 20 位；然而其环境质量的进步率为 - 3.49%，排名第 24 位；生态活力的进步率为 - 3.29%，排名第 31 位。其中，社会发展的进步率排名靠前，主要是由人均 GDP 的年度增长促成的；而生态活力的进步率出现负百分率，主要

表5-9 江苏省2008年生态文明建设评价结果

| 一级指标 | 二级指标 | 三级指标 | 指标数据 | 排名 | 等级 |
|---|---|---|---|---|---|
| 生态文明指数（ECI） | 生态活力 | 森林覆盖率 | 7.54% | 26 | 4 |
| | | 建成区绿化覆盖率 | 42.55% | 1 | 1 |
| | | 自然保护区的有效保护 | 5.51% | 20 | 3 |
| | 环境质量 | 地表水体质量 | 3.5分 | 24 | 3 |
| | | 环境空气质量 | 88.22% | 17 | 2 |
| | | 水土流失率 | 4.19% | 4 | 1 |
| | | 农药施用强度 | 19.7吨/千公顷 | 22 | 3 |
| | 社会发展 | 人均GDP | 39622元 | 5 | 2 |
| | | 服务业产值占GDP比例 | 38.1% | 13 | 3 |
| | | 城镇化率 | 54.30% | 8 | 2 |
| | | 人均预期寿命 | 73.91岁 | 6 | 2 |
| | | 教育经费占GDP比例 | 2.81% | 27 | 3 |
| | | 农村改水率 | 97.90% | 3 | 1 |
| | 协调程度 | 生态、资源、环境协调度 | 工业固体废物综合利用率 | 98.72% | 2 | 1 |
| | | | 工业污水达标排放率 | 97.67% | 6 | 2 |
| | | | 城市生活垃圾无害化率 | 90.84% | 3 | 1 |
| | | 生态、环境、资源与经济协调度 | 环境污染治理投资占GDP比重 | 1.31% | 10 | 2 |
| | | | 单位GDP能耗 | 0.803吨标准煤/万元 | 5 | 2 |
| | | | 单位GDP水耗 | 92.49立方米/万元 | 16 | 2 |
| | | | 单位GDP二氧化硫排放量 | 0.0037吨/万元 | 7 | 2 |

是由自然保护区的有效保护降低所导致的；环境质量的进步率出现负百分率是由地表水体质量下降所导致的。

2006～2007年，江苏的总进步率为3.05%，排名第20位。在其二级指标中，生态活力的进步率为-3.04%，排名第29位；环境质量有显著进步，进步率为4.84%，排名第6位；社会发展的进步率为1.71%，排名第20位；协调程度的进步率为8.67%，排名第25位。这里要说明的是，环境质量的进步率呈现正百分率是由地表水体质量上升促成的；生态活力呈现负进步率依然是自然保护区的有效保护程度降低所导致的；协调程度进步率在全国的排名虽无任何优势，但同自身相比，还是值得肯定的，这些进步主要是由单位GDP水耗的降低以及单位GDP二氧化硫排放量降低所共同促成的。

2007～2008年，江苏的总进步率为2.34%，排名第24位。其中，生态活力的进步率为-2.71%，排名第29位；环境质量的进步率为1.59%，居第4位；社会发展的进步率为4.49%，排名第17位；协调程度的进步率为6.00%，排名第 26 位。二级指标的进步率中，环境质量的进步率保持了良好态势，其排名靠前主要是由空气质量达到二级以上天数占全年比重的提升以及农药施用强度的降低共同促成的。生态活力的进步率依然呈现出负百分率，这主要是建成区绿化覆盖率的降低以及自然保护区的有效保护降低共同导致的。

综合 2005 ~ 2008 年的数据来看，江苏的总进步率都是正百分率，在生态文明建设总的方面，进步的速度虽有所减缓，但依然处在进步状态。在二级指标中，在生态活力方面，进步率都是负百分率，这说明该领域的建设不太理想；环境质量方面曾一度出现负百分率，但随后的年份都是正百分率；在社会发展领域和协调程度领域，都为正百分率，虽各自进步的速度不同，且无明显上升或下降趋势，但都处在进步状态。如图 5－37、5－38、5－39、5－40、5－41 所示。

对年度进步率产生较大影响的部分三级指标的变动情况，如表 5－10 和图 5－42、5－43、5－44 所示。

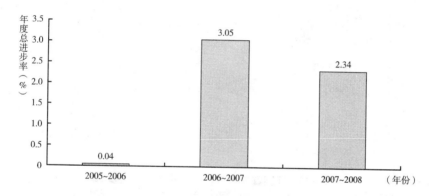

**图 5－37 江苏省 2005 ~ 2008 年度总进步率**

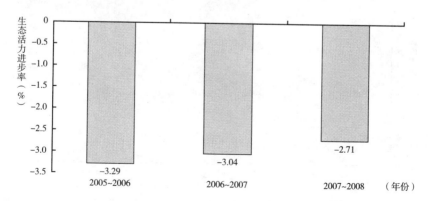

**图 5－38 江苏省 2005 ~ 2008 年生态活力进步率**

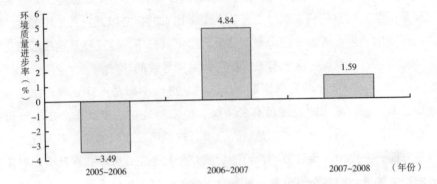

图 5 – 39　江苏省 2005 ~ 2008 年环境质量进步率

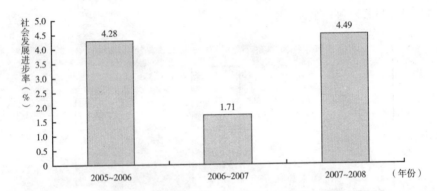

图 5 – 40　江苏省 2005 ~ 2008 年社会发展进步率

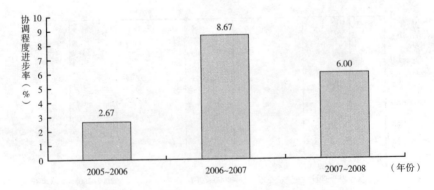

图 5 – 41　江苏省 2005 ~ 2008 年协调程度进步率

表 5 - 10　　江苏省 2005～2008 年部分指标变动情况

| | 2005 年 | 2006 年 | 2007 年 | 2008 年 |
|---|---|---|---|---|
| 建成区绿化覆盖率(%) | 39.85 | 41.72 | 42.80 | 42.55 |
| 单位 GDP 水耗(立方米/万元) | 134.73 | 117.33 | 91.04 | 92.49 |
| 单位 GDP 二氧化硫排放量(吨/万元) | 0.0075 | 0.0060 | 0.0047 | 0.0037 |

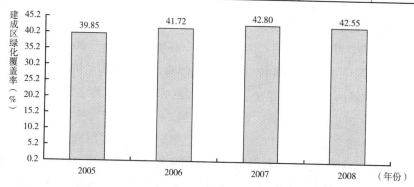

图 5 - 42　江苏省 2006～2008 年建成区绿化覆盖率

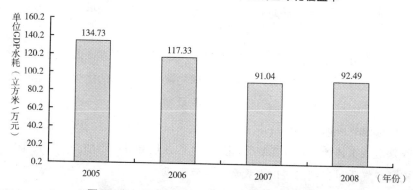

图 5 - 43　江苏省 2005～2008 年单位 GDP 水耗

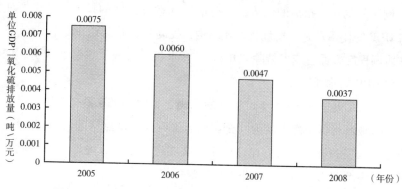

图 5 - 44　江苏省 2005～2008 年单位 GDP 二氧化硫排放量

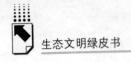

### （三）江苏省生态文明建设的政策建议

通过分析可以发现，江苏省近年来生态文明建设取得了较好的成绩，2005~2008年其总分排名分别是第8位、第7位、第11位、第11位，排名基本处于全国上游。同北京、上海、天津、浙江相类似，社会发展和协调程度方面，江苏依然保持了整体优势，尤其在协调程度方面。其社会发展总分2005~2008年排名分别是第12位、第10位、第6位、第6位；其协调程度总分2005~2008年排名分别为第3位、第2位、第3位、第3位。然而，与全国水平相比，江苏在生态活力和环境质量两个方面还存在不足。在生态活力领域，其总分2005~2008年排名分别是第14位、第21位、第24位、第24位；在环境质量方面，其总分2005~2008年排名分别是第11位、第12位、第13位、第12位。在具体的三级指标方面，在2008年，江苏共有第一等级指标5个，第二等级指标9个，第三等级指标5个，第四等级指标1个。其中，3个第一等级的指标在社会发展和协调程度领域，8个第二等级的指标在社会发展和协调程度领域，1个第四等级的指标在生态活力领域。

针对上述情况，建议江苏生态文明建设应在以下几个方面做出努力。

在生态活力方面，除继续保持建成区绿化覆盖率指标的优势之外，应大力提高森林覆盖率，进一步增加自然保护区的数量和面积。

在环境质量方面，应保持水土流失率这个指标的优势；同时应着力采取有效措施改善地表水体质量、降低农药施用强度；并且要进一步加大空气污染防治力度，提高空气质量达到二级以上天数占全年比重。

在社会发展方面，应保持除"教育经费占GDP比例"以及"服务业产值占GDP比例"外的4个指标的优势，同时应增加教育经费的投入，特别要注意提高其占GDP的比重；并且要优化产业结构，提高服务业占GDP的比重。

在协调程度方面，应保持除"单位GDP水耗"外6个指标的优势，同时应降低单位GDP的水耗。

值得一提的是，在2009年，江苏的无锡、江阴、张家港、常熟、昆山、太仓六个城市被环境保护部批准为"全国生态文明建设试点地区"，江苏是拥有该类试点地区最多的省份。相信在这些生态文明建设基础较好地区的影响和带动下，江苏会逐渐迎来生态文明建设全面发展的局面。

# 第六章
# 均衡发展型

均衡发展型的省份包括海南、广东、福建和重庆。均衡发展型的省份在生态活力、环境质量、社会发展以及协调程度四个领域的状况都较好；然而相对于社会发达型的省份，其社会发展以及协调程度领域的建设程度要稍弱些，但在生态活力以及环境质量方面又好于这些省份。总体来说，这些省份森林覆盖率高、生物资源丰富，生态活力排名全国前列；其水体质量和空气质量排名也处于全国上游；经过改革开放三十多年的发展，这些地区的经济都有较好的发展，产业结构较为合理，获得了较高的社会发展水平，其协调程度也基本上排名全国上游。当然，在生态文明建设中，这些省份也存在各自要解决的问题。

## 一 海南

海南省简称"琼"，位于中国最南端，是一个海岛型省份。省会为海口。海南岛四周低平，中间高耸，以五指山、鹦哥岭为隆起核心，向外围逐级下降。山地、丘陵、台地、平原构成环形层状地貌，梯级结构明显。全省陆地总面积3.5万平方公里，海域面积约200万平方公里。海南是我国最具热带海洋气候特色的地区，全年暖热，雨量充沛，干湿季节明显，热带风暴和台风频繁，气候资源多样，年平均气温23℃~25℃。2008年，海南省常住人口854.18万人，人口密度224人/平方公里，地区生产总值1459.23亿元。

### （一）海南省2008年生态文明建设状况

在2008年，海南生态文明建设的具体情况如下。2008年，海南生态文明指数为81.10，排名全国第3位。其中生态活力得分为26.31（总分为36分），属于第一等级；环境质量得分为16.80（总分为24分），属于第一等级；社会发展得分为15.29（总分为24分），属于第二等级；协调程度得分为22.70（总分为

36 分），属于第二等级。其基本特点是，生态活力和环境质量排名处于全国领先水平，社会发展和协调程度排名处于全国上游水平。在生态文明建设类型上，属于均衡发展型。如图 6-1 所示。

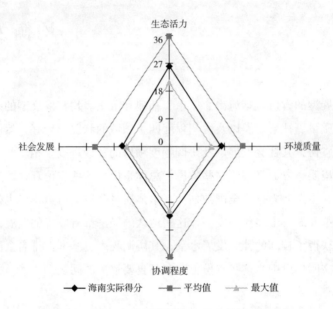

图 6-1　2008 年海南省生态文明建设评价雷达图

具体来看，在生态活力方面，森林覆盖率为 48.87%，排名第 4 位；建成区绿化覆盖率为 42.13%，排名第 2 位；自然保护区占辖区面积比重为 5.28%，排名第 23 位。

在环境质量方面，地表水体质量得分为 10 分，排名第 1 位；空气质量达到二级以上天数占全年比重为 100%，排名第 1 位；水土流失率为 1.29%，排名第 2 位（排名越靠后流失率越大）；农药施用强度为 44.55 吨/千公顷，排名第 31位（排名越靠后强度越大）。

在社会发展方面，人均 GDP 为 17175 元，排名第 23 位；服务业产值占 GDP比例为 40.2%，排名第 9 位；城镇化率为 48.00%，排名第 13 位；人均预期寿命为 72.92 岁，排名第 10 位；教育经费占 GDP 比例为 5.19%，排名第 5 位；农村改水率为 64.60%，排名第 14 位。

在协调程度方面，工业固体废物综合利用率为 92.73%，排名第 5 位；工业污水达标排放率为 94.71%，排名第 12 位；城市生活垃圾无害化率为 64.74%，排名第 17 位；环境污染治理投资占 GDP 比重为 0.87%，排名第 21 位；单位 GDP 能耗为 0.88 吨标准煤／万元，排名第 7 位（排名越靠后能耗越大）；单位 GDP 水耗为 147.27 立方米／万元，排名第 20 位（排名越靠后水耗越大）；单位 GDP 二氧化硫排放量为 0.0015 吨／万元，排名第 3 位（排名越靠后排放量越大）。如表 6 - 1 所示。

表 6 - 1 海南省 2008 年生态文明建设评价结果

| 一级指标 | 二级指标 | 三级指标 | 指标数据 | 排名 | 等级 |
|---|---|---|---|---|---|
| 生态文明指数（ECI） | 生态活力 | 森林覆盖率 | 48.87% | 4 | 1 |
| | | 建成区绿化覆盖率 | 42.13% | 2 | 1 |
| | | 自然保护区的有效保护 | 5.28% | 23 | 3 |
| | 环境质量 | 地表水体质量 | 10 分 | 1 | 1 |
| | | 环境空气质量 | 100% | 1 | 1 |
| | | 水土流失率 | 1.29% | 2 | 1 |
| | | 农药施用强度 | 44.55 吨／千公顷 | 31 | 4 |
| | 社会发展 | 人均 GDP | 17175 元 | 23 | 3 |
| | | 服务业产值占 GDP 比例 | 40.2% | 9 | 2 |
| | | 城镇化率 | 48.0% | 13 | 3 |
| | | 人均预期寿命 | 72.92 岁 | 10 | 2 |
| | | 教育经费占 GDP 比例 | 5.19% | 5 | 2 |
| | | 农村改水率 | 64.60% | 14 | 3 |
| | 协调程度 | 生态、资源、环境协调度 | 工业固体废物综合利用率 | 92.73% | 5 | 1 |
| | | 工业污水达标排放率 | 94.71% | 12 | 2 |
| | | 城市生活垃圾无害化率 | 64.74% | 17 | 3 |
| | 生态、环境、资源与经济协调度 | 环境污染治理投资占 GDP 比重 | 0.87% | 21 | 3 |
| | | 单位 GDP 能耗 | 0.88 吨标准煤／万元 | 7 | 2 |
| | | 单位 GDP 水耗 | 147.27 立方米／万元 | 20 | 3 |
| | | 单位 GDP 二氧化硫排放量 | 0.0015 吨／万元 | 3 | 1 |

## （二）海南省生态文明建设年度进步率分析

进步率分析显示，海南省 2005 ~ 2006 年的总进步率为 3.60%，排名第 13 位。其中，生态活力的进步率为 6.34%，排名第 6 位；然而其环境质量的进步率为 0.00%，排名第 17 位；社会发展进步率为 2.43%，排名第 23 位；协调程度的进步率为 5.65%，排名第 16 位。其中，生态活力的进步主要是由建成区绿化覆盖率的提高促成的。

2006~2007年，海南的总进步率为2.86%，排名第22位。在其二级指标中，生态活力的进步率为1.39%，排名第12位；环境质量的进步率为-7.68%，排名第29位；社会发展的进步率为4.11%，排名第3位；协调程度的进步率为13.62%，排名第11位。需要说明的是，在本年度，环境质量的进步率出现负百分率，这是由农药施用强度加大所导致的；社会发展进步率在全国的排名靠前，这主要是由人均GDP的提高促成的；同上一年度相比，协调程度进步率在全国的排名并没有绝对优势，但同自身相比，其百分比有可喜的提高，这主要是由环境污染治理投资占GDP的比重提升促成的。

2007~2008年，海南的总进步率为2.14%，排名第26位。其中，生态活力的进步率为1.36%，排名第9位；环境质量的进步率为-5.70%，居第30位；社会发展的进步率为6.74%，排名第7位；协调程度的进步率为6.15%，排名第24位。需要说明的是，在本年度，环境质量的进步率依然呈现出负百分率，且排名继续后退，这主要是农药施用强度增大导致的。

综合2005~2008年的数据来看，在总进步率方面，海南虽在进步的速度方面有所减缓，但总的来看，各年度均处在进步的状态。在二级指标的进步率方面，海南在生态活力方面，进步的速度虽有所减缓，但总的来说，各年度都处在进步状态；在环境质量建设方面，海南的情况不容乐观，曾一度在原地徘徊，随后又出现倒退情况；在社会发展方面，情况很理想，不仅各年度都是正百分率，而且呈现逐步上升态势；在协调程度方面，进步的速度虽不相同，但各年度都处在进步状态。如图6-2、6-3、6-4、6-5、6-6所示。

对年度进步率产生较大影响的部分三级指标的变动情况，如表6-2和图6-7、6-8、6-9所示。

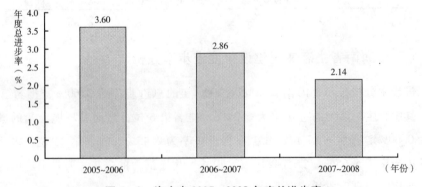

图6-2 海南省2005~2008年度总进步率

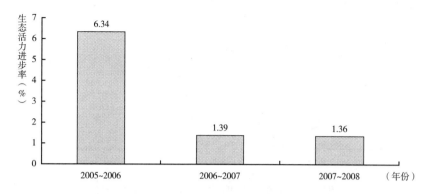

图 6－3 海南省 2005～2008 年生态活力进步率

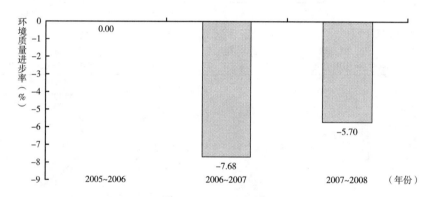

图 6－4 海南省 2005～2008 年环境质量进步率

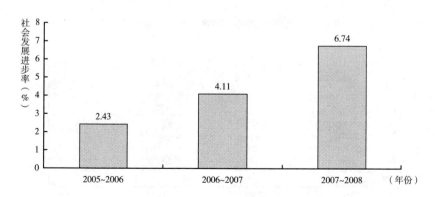

图 6－5 海南省 2005～2008 年社会发展进步率

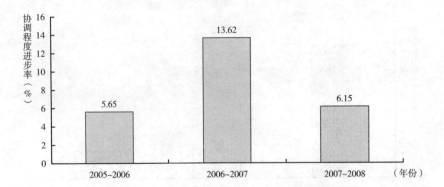

图6-6　海南省2005～2008年协调程度进步率

表6-2　海南省2005～2008年部分指标变动情况

|  | 2005 年 | 2006 年 | 2007 年 | 2008 年 |
|---|---|---|---|---|
| 建成区绿化覆盖率(%) | 32.55 | 38.86 | 40.48 | 42.13 |
| 农药施用强度(吨/千公顷) | 23.75 | 23.75 | 34.28 | 44.55 |
| 环境污染治投资占 GDP 比重(%) | 0.70 | 0.79 | 1.22 | 0.87 |

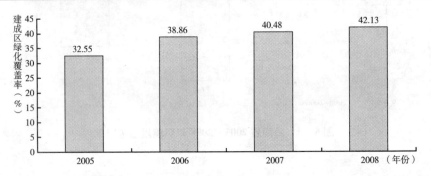

图6-7　海南省2005～2008年建成区绿化覆盖率

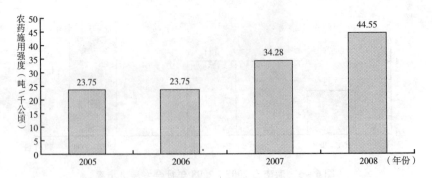

图6-8　海南省2005～2008年农药施用强度

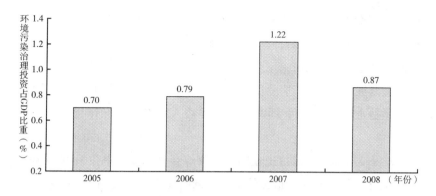

图 6 – 9　海南省 2005～2008 年环境污染治理投资占 GDP 比重

## （三）海南省生态文明建设的政策建议

通过分析可以发现，海南省近年来生态文明建设成绩优异，2005～2008 年，其总分排名分别是第 3 位、第 6 位、第 2 位、第 3 位。在生态活力、环境质量、社会发展以及协调程度四个方面均衡发展，并在各个领域，尤其在生态活力和环境质量方面保持了较高的水平。2005～2008 年，其生态活力总分在全国排名分别是第 5 位、第 2 位、第 3 位、第 2 位；其环境质量总分在全国排名连续 4 年保持第 2 位，并且其排名在均衡发展型的 4 个省份（福建、海南、广东、重庆）中保持了领先地位；2005～2008 年，其社会发展总分在全国排名分别是第 10 位、第 13 位、第 8 位、第 8 位；其协调程度总分在全国排名分别是第 9 位、第 18 位、第 6 位、第 10 位。这些情况表明，同福建相似，在生态文明建设中，在生态活力和环境质量方面，除生态优势型省份和环境优势型省份外，与其他省份相比，海南已经达到了一定的高度。在社会发展和协调程度方面，除社会发达型的直辖市和省份外，与其他省份相比，海南也已经达到了一定的高度。较对于相对均衡型的省份以及低度均衡型的省份，在这个四个领域，海南均具有一定的优势。然而同排名最好的二级指标相比，海南还存在某些不足。在具体指标方面，2008 年海南共有第一等级的指标 7 个，第二等级的指标 5 个，第三等级的指标 7 个，第四等级的指标 1 个。不同的等级大致均匀地出现在四个二级指标的领域内。

针对上述情况，建议海南省生态文明建设应在以下几个方面做出努力。

在生态活力方面，应保持森林覆盖率和建成区绿化覆盖率指标方面的优势，同时应进一步增加自然保护区的数量和面积。

在环境质量方面，应保持除"农药施用强度"外 3 个指标的优势，同时应采取有效措施大力降低农药施用强度。

在社会发展方面，应进一步提高服务业产值占 GDP 比例、人均预期寿命、教育经费占 GDP 比例；同时应着力提高人均 GDP、城镇化率以及农村改水率。

在协调程度方面，应保持工业固体废物综合利用率、单位 GDP 能耗以及单位 GDP 二氧化硫排放量 3 个指标的优势，同时应进一步提高工业污水达标排放率、城市生活垃圾无害化率；并且要进一步提高环境污染治理投资占 GDP 比重，降低单位 GDP 水耗。

值得一提的是，海南在 1999 年就被批准成为全国第一个生态示范省，同年制定并通过了《海南生态省建设规划纲要》；随后，海南还制定颁布了一系列法规条例，确保生态省建设的法律地位。通过十年的努力，2009 年，海南在以下方面已取得了显著的成绩：一是实施生态环境保护与建设，保障生态安全；二是加强节能减排，改善生态环境；三是实施生态经济示范，大力发展生态产业；四是加强生态文明系列创建活动，构建人与自然和谐的社会；五是加强生态文化建设，营造生态省建设氛围；六是完善生态省建设政策、法规和推进机制；七是加强生态省理论研究；八是完善生态省建设投资机制。在已有成绩的基础上，海南省进一步加快了生态文明建设的步伐。2010 年初，在《国务院关于推进海南国际旅游岛建设发展的若干意见》中，将海南定位为"全国生态文明示范区"。相信在中央的支持下，在全力推进国际旅游岛和生态省建设过程中，海南将会建设成为全国生态文明建设示范区，成为全国生态文明建设的排头兵，并为其他各省的生态文明建设提供有益的借鉴。

# 二 广东

广东省简称"粤"，位于南岭以南，南海之滨。省会为广州。广东省地势北高南低，北部、东北部和西部都有较高的山脉，中部和南部沿海地区多为低丘、台地或平原，山地和丘陵约占 62%，台地和平原约占 38%。陆地面积 17.79 万平方公里，海岛面积 1600 平方公里，大陆海岸线总长 3368 公里，岛屿众多。广东省地处亚热带，以亚热带季风气候为主，南部为热带季风气候。夏天炎热多雨，冬天温和干燥。2008 年，全省常住人口 9544 万人，人口密度 481 人/平方公里，地区生产总值 35696.46 亿元。

## （一）广东省 2008 年生态文明建设状况

在 2008 年，广东生态文明建设的具体情况如下。2008 年，广东生态文明指数为 78.29，排名全国第 4 位。其中生态活力得分为 26.31（总分为 36 分），属于第一等级；环境质量得分为 13.60（总分为 24 分），属于第三等级；社会发展得分为 16.47（总分为 24 分），属于第一等级；协调程度得分为 21.91（总分为 36 分），属于第二等级。其基本特点是，生态活力和社会发展排名处于全国领先地位，环境质量和协调程度排名处于全国中游偏上水平。在生态文明建设的类型上，属于均衡发展型。如图 6-10 所示。

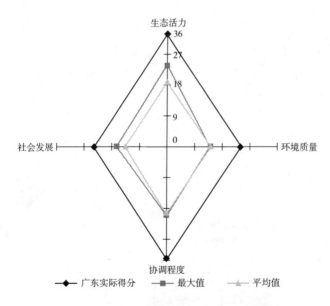

图 6-10 2008 年广东省生态文明建设评价雷达图

具体来看，在生态活力方面，森林覆盖率为 46.49%，排名第 5 位；建成区绿化覆盖率为 40.31%，排名第 4 位；自然保护区占辖区面积比重为 4.79%，排名第 26 位。

在环境质量方面，地表水体质量得分为 7.0 分，排名第 12 位；空气质量达到二级以上天数占全年比重为 94.52%，排名第 7 位；水土流失率为 8.09%，排名第 6 位（排名越靠后流失率越大）；农药施用强度为 35.51 吨/千公顷，排名第 29 位（排名越靠后强度越大）。

在社会发展方面，人均 GDP 为 37589 元，排名第 6 位；服务业产值占 GDP 比例为 42.9%，排名第 4 位；城镇化率为 63.37%，排名第 4 位；人均预期寿命为 73.27 岁，排名第 8 位；农村改水率为 78.40%，排名第 10 位；然而教育经费占 GDP 比例为 3.01%，排名第 25 位。

在协调程度方面，工业固体废物综合利用率为 86.57%，排名第 7 位；工业污水达标排放率为 89.73%，排名第 19 位；城市生活垃圾无害化率为 63.87%，排名第 18 位；环境污染治理投资占 GDP 比重为 0.46%，排名第 30 位；单位 GDP 能耗为 0.72 吨标准煤/万元，排名第 2 位（排名越靠后能耗越大）；单位 GDP 水耗为 50.43 立方米/万元，排名第 5 位（排名越靠后水耗越大）；单位 GDP 二氧化硫排放量为 0.0032 吨/万元，排名第 4 位（排名越靠后排放量越大）。

表 6-3　广东省 2008 年生态文明建设评价结果

| 一级指标 | 二级指标 | 三级指标 | 指标数据 | 排名 | 等级 |
|---|---|---|---|---|---|
| 生态文明指数（ECI） | 生态活力 | 森林覆盖率 | 46.49% | 5 | 1 |
| | | 建成区绿化覆盖率 | 40.31% | 4 | 1 |
| | | 自然保护区的有效保护 | 4.79% | 26 | 3 |
| | 环境质量 | 地表水体质量 | 7.0 分 | 12 | 2 |
| | | 环境空气质量 | 94.52% | 7 | 2 |
| | | 水土流失率 | 8.09% | 6 | 2 |
| | | 农药施用强度 | 35.51 吨/千公顷 | 29 | 4 |
| | 社会发展 | 人均 GDP | 37589 元 | 6 | 2 |
| | | 服务业产值占 GDP 比例 | 42.9% | 4 | 2 |
| | | 城镇化率 | 63.37% | 4 | 1 |
| | | 人均预期寿命 | 73.27 岁 | 8 | 2 |
| | | 教育经费占 GDP 比例 | 3.01% | 25 | 3 |
| | | 农村改水率 | 78.40% | 10 | 2 |
| | 协调程度 | 生态、资源、环境协调度 | 工业固体废物综合利用率 | 86.57% | 7 | 2 |
| | | | 工业污水达标排放率 | 89.73% | 19 | 3 |
| | | | 城市生活垃圾无害化率 | 63.87% | 18 | 3 |
| | | 生态、环境、资源与经济协调度 | 环境污染治理投资占 GDP 比重 | 0.46% | 30 | 4 |
| | | | 单位 GDP 能耗 | 0.72 吨标准煤/万元 | 2 | 1 |
| | | | 单位 GDP 水耗 | 50.43 立方米/万元 | 5 | 2 |
| | | | 单位 GDP 二氧化硫排放量 | 0.0032 吨/万元 | 4 | 2 |

## （二）广东省生态文明建设年度进步率分析

进步率分析显示，广东省2005～2006年的总进步率为4.77%，排名第9位。其中，生态活力的进步率为4.77%，排名第11位；环境质量的进步率为0.15%，排名第15位；社会发展的进步率为9.52%，排名第1位；协调程度的进步率为4.63%，排名第18位。这里要指出的是，社会发展进步率排名第1位，是由农村改水率的提高以及人均GDP的提高促成的。

2006～2007年，广东的总进步率有所下降，为0.44%，排名第30位。在其二级指标中，生态活力的进步率为0.76%，排名第18位；环境质量的进步率为－5.98%，排名第22位；社会发展的进步率为2.14%，排名第16位；协调程度的进步率为4.85%，排名第29位。这里要说明的是，在本年度，环境质量的进步率呈现负百分率，这主要是农药施用强度增大所导致的。

2007～2008年，广东的总进步率为3.05%，排名第17位。其中，生态活力的进步率为2.36%，排名第7位；环境质量的进步率为0.42%，居第9位；社会发展的进步率为3.67%，排名第24位；协调程度的进步率为5.74%，排名第27位。在本年度，广东的总进步率有所上升。在二级指标的进步率中，生态活力的排名较靠前，这是由建成区绿化覆盖率的提高以及自然保护区的有效保护的进步共同促成的；本年度，环境质量的进步率呈现出正百分率，这得益于空气质量达到二级以上天数占全年比重的提高。

综合2005～2008年的数据来看，在总进步率方面，广东省每年虽进步速度有所不同，但都保持进步状态。在二级指标的进步率方面，在生态活力方面，同总进步率相似，即进步速度不同，但依然保持进步状态；在环境质量方面，情况不太乐观，在一个年度出现了负百分率，且比值较大；在社会发展方面，进步速度不同，但都保持进步状态；在协调程度方面，进步率都是正百分率，且保持了上升的态势。如图6－11、6－12、6－13、6－14、6－15所示。

对年度进步率产生较大影响的部分三级指标的变动情况，如表6－4和图6－16、6－17、6－18所示。

## （三）广东生态文明建设的政策建议

通过分析可以发现，广东近年来生态文明建设成绩很好，2005～2008年，其总分排名分别是第5位、第4位、第8位、第4位。在生态活力、环境质量、

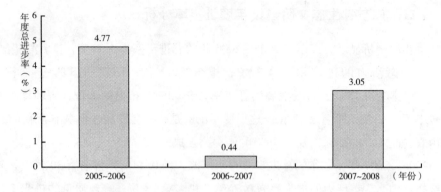

图 6 – 11　广东省 2005 ~ 2008 年度总进步率

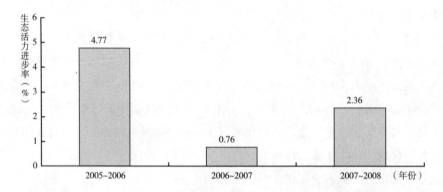

图 6 – 12　广东省 2005 ~ 2008 年生态活力进步率

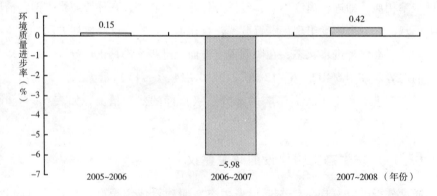

图 6 – 13　广东省 2005 ~ 2008 年环境质量进步率

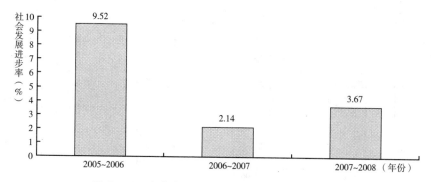

图 6 – 14 广东省 2005～2008 年社会发展进步率

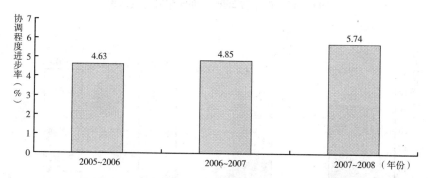

图 6 – 15 广东省 2005～2008 年协调程度进步率

表 6 – 4 广东省 2005～2008 年部分指标变动情况

|  | 2005 年 | 2006 年 | 2007 年 | 2008 年 |
|---|---|---|---|---|
| 建成区绿化覆盖率(%) | 33.46 | 37.96 | 38.47 | 40.31 |
| 农村改水率(%) | 53.09 | 74.68 | 77.5 | 78.4 |
| 农药施用强度(吨/千公顷) | 26.60 | 26.60 | 34.82 | 35.51 |

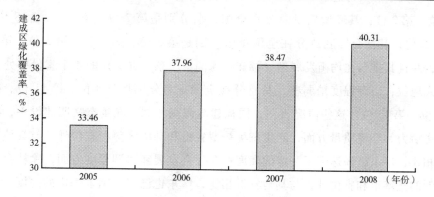

图 6 – 16 广东省 2005～2008 年建成区绿化覆盖率

253

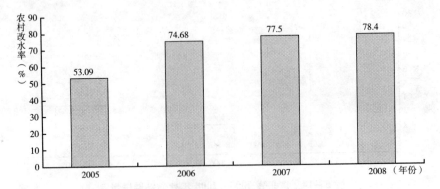

图 6 - 17　广东省 2005 ~ 2008 年农村改水率

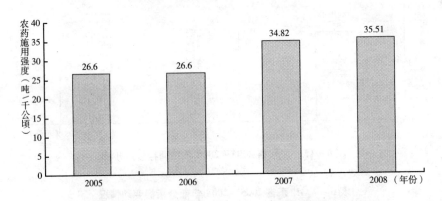

图 6 - 18　广东省 2005 ~ 2008 年农药施用强度

社会发展以及协调程度四个方面均衡发展，并且各个领域的建设保持了较高的水平。其生态活力总分，2005 ~ 2008 年在全国排名分别是第 5 位、第 5 位、第 7 位、第 2 位；其环境质量总分在全国排名分别是第 7 位、第 8 位、第 8 位、第 12 位；其社会发展总分在全国排名分别是第 3 位、第 5 位、第 5 位、第 4 位，并且其排名在均衡发展型（福建、海南、广东、重庆）的 4 个省份中处于领先地位；协调程度稍弱些，其总分在全国排名分别是第 8 位、第 11 位、第 12 位、第 13 位。这些情况表明，同福建与海南相似，在生态文明建设中，在生态活力和环境质量方面，除生态优势型省份和环境优势型省份外，与其他省份相比，广东已经达到了一定的高度；在社会发展和协调程度方面，除社会发达型的直辖市和省份外，与其他省份相比，广东也已经达到了一定的高度。相对于相对均衡型的省份以及低度均衡型的省份，广东在这四个领域都呈现一定的优势。然而同全国排名最好的指标相比，广东还依然存在不足。在具体的三级指标方面，2008 年广东共有第一等级的指标 4 个，第二等级的指标 10 个，第三等级的指标 4 个，第四等级的指标 2 个。不同等级的指标大致均衡地分布在二级指标的四个领域内。

针对上述情况，建议广东省生态文明建设应在以下几个方面做出努力。

在生态活力方面，继续保持森林覆盖率和建成区绿化覆盖率指标的优势，同时应进一步增加自然保护区的数量和面积。

在环境质量方面，应保持地表水体质量、环境空气质量和水土流失率 3 个指标的优势，同时采取有效措施大力降低农药施用强度。

在社会发展方面，应保持除"教育经费占 GDP 比例"外 5 个指标的优势，同时应增加教育经费的投入，特别要注重提高其占 GDP 的比重。

在协调程度方面，应继续保持工业固体废物综合利用率、单位 GDP 能耗、单位 GDP 水耗和单位 GDP 二氧化硫排放量 4 个指标的优势；同时应采取措施提高工业污水达标排放率以及城市生活垃圾无害化率；并且要加大环境污染治理的投资力度，着力提高环境污染治理投资占 GDP 的比重。

近年来，广东省坚持以科学发展观统揽经济社会发展全局，发展方式开始向低投入、低消耗、低污染、高增长、高效益转变，推动经济社会初步转入又好又快的科学发展轨道，建设生态文明已具备一定基础和保障。广东省明确表示将率先探索生态文明建设的发展道路，从发展思路、产业内容、发展模式、发展环境和发展条件等方面进行通盘谋划，构建产业与生态"双赢格局"，努力争当实践科学发展的排头兵。值得一提的是，2008 年，广东省韶关市被国家环境保护部列为全国第一批生态文明建设试点地区；2009 年，广东省林业局决定在全省组织开展"建设林业生态文明万村绿"大行动，这些都为广东省的生态文明建设注入了新活力。

## 三 福建

福建省简称"闽"，位于中国东南沿海。省会为福州。福建省陆域面积 12.4 万平方公里，海域面积 13.63 万平方公里。全省海岸线总长 6128 公里，其中大陆线 3752 公里，排名全国第一位。大小岛屿 1546 个，占全国的 1/6。福建地处亚热带，气候温和，多数地区长夏无冬，雨量充沛，年平均气温 17℃～21℃。

2008 年，全省总人口 3604 万人，人口密度 285 人/平方公里，地区生产总值
10823.11 亿元。

## （一） 福建省 2008 年生态文明建设状况

在 2008 年，福建生态文明建设的具体情况如下。2008 年，福建生态文明指
数为 78.11，排名全国第 5 位。其中生态活力得分为 24.92 （总分为 36 分），属
于第二等级；环境质量得分为 14.40 （总分为 24 分），属于第二等级；社会发展
得分为 15.06 （总分为 24 分），属于第二等级；协调程度得分为 23.73 （总分为
36 分），属于第三等级。其基本特点是，生态活力、环境质量、社会发展和协调
程度均排名全国上游。在生态文明建设的类型上，属于均衡发展型。如图 6 - 19
所示。

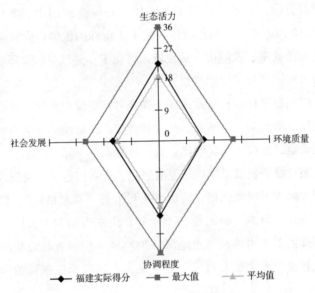

**图 6 - 19　2008 年福建省生态文明建设评价雷达图**

具体来看，在生态活力方面，森林覆盖率为 62.96%，排名第 1 位；建成区
绿化覆盖率为 38.86%，排名第 6 位；自然保护区占辖区面积比重为 3.05%，排
名第 29 位。

在环境质量方面，地表水体质量得分为 8.0 分，排名第 9 位；空气质量达到
二级以上天数占全年比重为 96.99%，排名第 3 位；水土流失率为 10.72%，排
名第 8 位 （排名越靠后流失率越大）；农药施用强度为 43.23 吨/千公顷，排名第

30 位（排名越靠后强度越大）。

在社会发展方面，人均 GDP 为 30123 元，排名第 10 位；服务业产值占 GDP 比例为 39.3%，排名全国第 10 位；城镇化率为 49.90%，排名第 12 位；人均预期寿命为 72.55 岁，排名第 11 位；农村改水率为 80.90%，排名第 8 位；然而教育经费占 GDP 比例为 3.07%，仅排名第 23 位。

在协调程度方面，工业固体废物综合利用率为 73.17%，排名第 14 位；工业污水达标排放率为 98.45%，排名第 4 位；城市生活垃圾无害化率为 87.97%，排名第 6 位；环境污染治理投资占 GDP 比重为 0.77%，排名第 25 位；单位 GDP 能耗为 0.84 吨标准煤/万元，排名第 6 位（排名越靠后能耗越大）；单位 GDP 水耗为 63.84 立方米/万元，排名第 8 位（排名越靠后水耗越大）；单位 GDP 二氧化硫排放量为 0.0040 吨/万元，排名第 9 位（排名越靠后排放量越大）。如表 6-5 所示。

表 6-5　福建省 2008 年生态文明建设评价结果

| 一级指标 | 二级指标 | 三级指标 | 指标数据 | 排名 | 等级 |
|---|---|---|---|---|---|
| 生态文明指数（ECI） | 生态活力 | 森林覆盖率 | 62.96% | 1 | 1 |
| | | 建成区绿化覆盖率 | 38.86% | 6 | 2 |
| | | 自然保护区的有效保护 | 3.05% | 29 | 3 |
| | 环境质量 | 地表水体质量 | 8.0 分 | 9 | 2 |
| | | 环境空气质量 | 96.99% | 3 | 1 |
| | | 水土流失率 | 10.72% | 8 | 2 |
| | | 农药施用强度 | 43.23 吨/千公顷 | 30 | 4 |
| | 社会发展 | 人均 GDP | 30123 元 | 10 | 2 |
| | | 服务业产值占 GDP 比例 | 39.3% | 10 | 2 |
| | | 城镇化率 | 49.90% | 12 | 2 |
| | | 人均预期寿命 | 72.55 岁 | 11 | 2 |
| | | 教育经费占 GDP 比例 | 3.07% | 23 | 3 |
| | | 农村改水率 | 80.90% | 8 | 2 |
| | 协调程度 | 生态、资源、环境协调度 | 工业固体废物综合利用率 | 73.17% | 14 | 2 |
| | | | 工业污水达标排放率 | 98.45% | 4 | 1 |
| | | | 城市生活垃圾无害化率 | 87.97% | 6 | 1 |
| | | 生态、环境、资源与经济协调度 | 环境污染治理投资占 GDP 比重 | 0.77% | 25 | 3 |
| | | | 单位 GDP 能耗 | 0.84 吨标准煤/万元 | 6 | 2 |
| | | | 单位 GDP 水耗 | 63.84 立方米/万元 | 8 | 2 |
| | | | 单位 GDP 二氧化硫排放量 | 0.0040 吨/万元 | 9 | 2 |

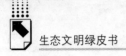

### （二）福建省生态文明建设年度进步率分析

进步率分析显示，福建省 2005~2006 年的总进步率为 -0.51%，排名第 29
位。其中，生态活力的进步率为 -1.99%，排名全国第 29 位；环境质量的进步
率为 1.31%，排名全国第 9 位；社会发展的进步率为 2.80%，排名全国第 18
位；协调程度的进步率为 -4.17%，排名第 30 位。其中，环境质量的进步主要
是地表水体质量的提升促成的；生态活力的退步主要是自然保护区的有效保护程
度降低导致的；协调程度的退步主要是城市生活垃圾无害化率降低以及环境污染
治理投资占 GDP 比重降低共同导致的。

2006~2007 年，福建的总进步率有所上升，为 4.00%，排名第 12 位。在其
二级指标中，生态活力的进步率为 0.71%，排名第 19 位；环境质量的进步率为
-0.91%，排名第 15 位；社会发展的进步率为 3.03%，排名第 11 位；协调程度
的进步率为 13.17%，排名第 13 位。这里要说明的是，在本年度，生态活力和协
调程度的进步率都呈现出正百分率，生态活力的进步主要是由建成区绿化覆盖率
的提升促成的，协调程度的进步主要是由城市生活垃圾无害化率的提升以及单位
GDP 二氧化硫排放量的降低共同促成的。然而，在本年度，环境质量的进步率
呈现出负百分率，环境质量的退步主要是由农药施用强度提高导致的。

2007~2008 年，福建的总进步率为 2.75%，排名第 20 位。其中，生态活力
的进步率为 1.24%，排名第 12 位；环境质量的进步率为 -0.78%，排名第 15
位；社会发展的进步率为 3.95%，排名第 23 位；协调程度的进步率为 6.58%，
排名第 22 位。在本年度，福建的总进步率有所下降。在二级指标的进步率中，
环境质量的进步率依然是负百分率，这主要是农药施用强度增大以及环境空气质
量达到二级以上天数占全年比重的降低共同导致的。

综合 2005~2008 年的数据来看，在总进步率方面，福建曾一度出现了负百
分率，而随后出现的都是正百分率，其趋势值得肯定。在二级指标的进步率方
面，生态活力虽出现负百分率，但进步率整体趋势是上升的；环境质量的进步率
曾两度出现负百分率，情况不容乐观；社会发展的进步率则较理想，均为正百分
率，且呈现逐年上升趋势；协调程度曾出现负百分率，而随后出现的都是正百分
率。如图 6 - 20、6 - 21、6 - 22、6 - 23、6 - 24 所示。

对年度进步率产生较大影响的部分三级指标的变动情况，如表 6 - 6 和图
6 - 25、6 - 26、6 - 27、6 - 28 所示。

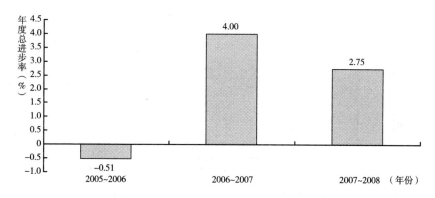

图 6 - 20 福建省 2005 ~ 2008 年度总进步率

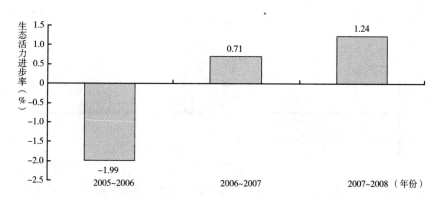

图 6 - 21 福建省 2005 ~ 2008 年生态活力进步率

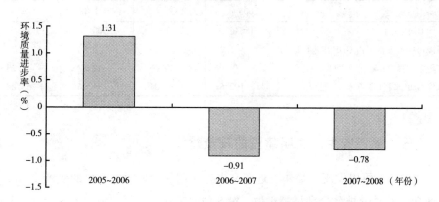

图 6 - 22 福建省 2005 ~ 2008 年环境质量进步率

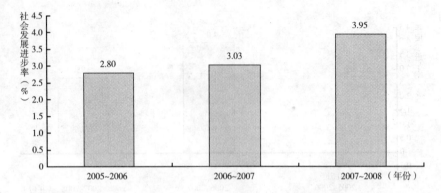

图 6 - 23　福建省 2005 ~ 2008 年社会发展进步率

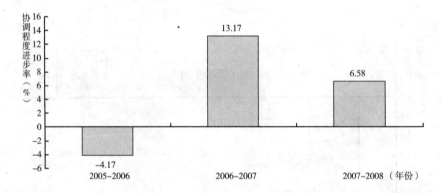

图 6 - 24　福建省 2005 ~ 2008 年协调程度进步率

表 6 - 6　福建省 2005 ~ 2008 年部分指标变动情况

|  | 2005 年 | 2006 年 | 2007 年 | 2008 年 |
|---|---|---|---|---|
| 人均 GDP(元) | 18646 | 21471 | 25908 | 30123 |
| 环境污染治理投资占 GDP 比重(%) | 1.23 | 0.79 | 0.84 | 0.77 |
| 农药施用强度(吨/千公顷) | 39.06 | 39.06 | 42.72 | 43.23 |
| 单位 GDP 水耗(立方米/万元) | 102.6 | 88.04 | 74.96 | 63.84 |

## （三）福建省生态文明建设的政策建议

通过分析可以发现，福建省近年来生态文明建设取得了突出的成绩，2005 ~ 2008 年，其总分排名分别是第 4 位、第 5 位、第 6 位、第 5 位。不仅如此，其生态活力方面、环境质量方面、社会发展方面、协调程度方面均有很好的发展。

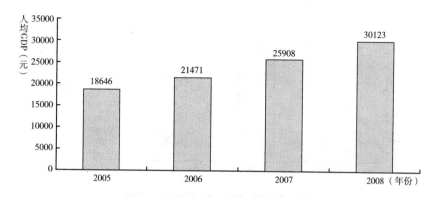

图 6－25 福建省 2005～2008 年人均 GDP

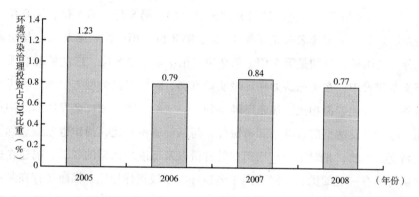

图 6－26 福建省 2005～2008 年环境污染治理投资占 GDP 比重

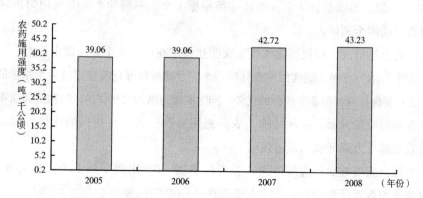

图 6－27 福建省 2005～2008 年农药施用强度

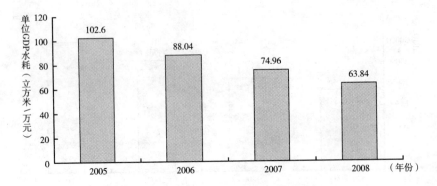

图 6 – 28　福建省 2005～2008 年单位 GDP 水耗

2005～2008 年，其生态活力总分在全国排名分别是第 1 位、第 4 位、第 5 位、第 7 位；其环境质量总分在全国排名分别是第 7 位、第 8 位、第 8 位、第 8 位；其社会发展总分在全国排名分别是第 11 位、第 8 位、第 9 位、第 9 位；其协调程度总分在全国排名分别是第 5 位、第 9 位、第 9 位、第 8 位。这些情况表明，在生态文明建设中，在生态活力和环境质量方面，除生态优势型省份和环境优势型省份外，与其他省份相比，福建已经达到了一定的高度。在社会发展和协调程度方面，除社会发达型的直辖市和省份外，与其他省份相比，福建也已经达到了一定的高度。当然，相对于相对均衡型的省份以及低度均衡型的省份，福建在这四个领域均具有一定的优势。然而同排名最好的二级指标相比，福建还存在某些不足。在具体的三级指标方面，2008 年，福建有第一等级指标 4 个，第二等级指标 12 个，第三等级指标 3 个，第四等级指标 1 个。不同的等级大致均匀出现在二级指标的四个领域内。

　　针对上述情况，建议福建省生态文明建设应在以下几个方面做出努力。

　　在生态活力方面，继续保持森林覆盖率以及建成区绿化覆盖率这两个指标的优势，尤其要保持森林覆盖率指标的优势；同时要着力增加自然保护区的数量和面积。

　　在环境质量方面，应保持除"农药施用强度"外 3 个指标的优势，同时采取有效措施大力降低农药施用强度。

　　在社会发展方面，应保持除"教育经费占 GDP 比例"外 5 个指标的优势，同时应增加教育经费的投入，注重提高其占 GDP 的比重。

　　在协调程度方面，应继续保持工业污水达标排放率、城市生活垃圾无害化率、单位 GDP 能耗、单位 GDP 水耗和单位 GDP 二氧化硫排放量 5 个指标的优势，同时应着力提高环境污染治理投资占 GDP 比重以及工业固体废物综合利用率。

值得一提的是，福建省在 2002 年就被确立为生态省建设的试点省，并制定了《福建生态省建设总体规划纲要》。纲要提出，立足于现有生态环境和经济条件，着力构建协调发展的生态效益型经济体系、永续利用的资源保障体系、自然和谐的城镇人居环境体系、良性循环的农村生态环境体系、稳定可靠的生态安全保障体系、先进高效的科教支持和管理决策体系，经过 20 年的努力奋斗，使福建成为生态效益型经济发达、城乡人居环境优美舒适、自然资源永续利用、生态环境全面优化、人与自然和谐发展的可持续发展省份。在 2009 年，又率先出台了《福建省促进生态文明建设若干规定（草案）》，对生态环境保护、公众参与和知情权、生态文明建设、生态补偿机制，以及各级领导干部生态文明业绩考核等都作了规定。相信在良好的生态环境基础上，在明确具体的政策法规指引下，在福建省委省政府的高度重视下，将会在生态文明建设方面取得更好的成绩。

# 四 重庆

重庆市简称"渝"，是四个中央直辖市之一，位于中国内陆西南部。重庆地处长江上游、四川盆地东部，地貌以丘陵、山地为主，坡地面积较大，大江大河众多。辖区总面积 8.24 万平方公里，其中主城区建成面积为 647.78 平方公里。重庆气候温和，属亚热带季风性湿润气候，冬暖夏热，无霜期长、雨量充沛，年平均气温 18℃左右。2008 年，重庆市总人口 2839 万人，人口密度 374 人/平方公里，地区生产总值 5096.66 亿元。

## （一）重庆市 2008 年生态文明建设状况

在 2008 年，重庆市生态文明建设的具体情况如下。2008 年，重庆市生态文明指数为 74.88，排名全国第 10 位。其中生态活力得分为 21.69（总分为 36 分），属于第三等级；环境质量得分为 14.40（总分为 24 分），属于第二等级；社会发展得分为 14.82（总分为 24 分），属于第二等级；协调程度得分为 23.97（总分为 36 分），属于第二等级。其基本特点是，环境质量、社会发展水平和协调发展程度基本上排名在全国上游水平，生态活力基本上排名在中游水平。在生态文明建设类型上，基本上属于均衡发展型。如图 6-29 所示。

具体分析来看，在生态活力方面，森林覆盖率为 22.25%，排名第 17 位；建

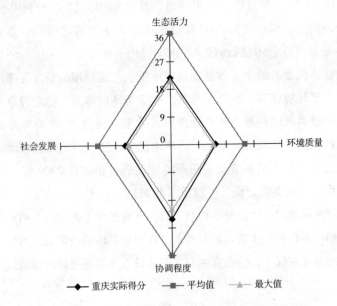

图 6 – 29　2008 年重庆市生态文明建设评价雷达图

成区绿化覆盖率为 35.91%，排名第 15 位；自然保护区占辖区面积比重为 10.96%，排名第 11 位。

在环境质量方面，地表水体质量得分为 10 分，排名第 1 位；空气质量达到二级以上天数占全年比重为 81.37%，排名第 24 位；水土流失率为 55.66%，排名第 25 位（排名越靠后流失率越大）；农药施用强度为 9.38 吨/千公顷，排名第 14 位（排名越靠后强度越大）。

在社会发展方面，人均 GDP 为 18025 元，排名第 19 位；服务业产值占 GDP 比例为 41.0%，排名全国第 7 位；城镇化率为 49.99%，排名第 11 位；人均预期寿命为 71.73 岁，排名第 15 位；教育经费占 GDP 比例为 4.53%，排名第 9 位；农村改水率为 76.40%，排名第 12 位。

在协调程度方面，工业固体废物综合利用率为 80.10%，排名第 10 位；工业污水达标排放率为 93.47%，排名第 14 位；城市生活垃圾无害化率为 88.38%，排名第 5 位；环境污染治理投资占 GDP 比重为 1.32%，排名第 9 位；单位 GDP 能耗为 1.27 吨标准煤/万元，排名第 15 位（排名越靠后能耗越大）；单位 GDP 水耗为 74.87 立方米/万元，排名第 12 位（排名越靠后水耗越大）；单位 GDP 二氧化硫排放量为 0.0154 吨/万元，排名第 26 位（排名越靠后排放量越大）。如表 6 – 7 所示。

表 6 - 7  重庆市 2008 年生态文明建设评价结果

| 一级指标 | 二级指标 | | 三级指标 | 指标数据 | 排名 | 等级 |
|---|---|---|---|---|---|---|
| 生态文明指数（ECI） | 生态活力 | | 森林覆盖率 | 22.25% | 17 | 3 |
| | | | 建成区绿化覆盖率 | 35.91% | 15 | 2 |
| | | | 自然保护区的有效保护 | 10.96% | 11 | 2 |
| | 环境质量 | | 地表水体质量 | 10 分 | 1 | 1 |
| | | | 环境空气质量 | 81.37% | 24 | 3 |
| | | | 水土流失率 | 55.66% | 25 | 4 |
| | | | 农药施用强度 | 9.38 吨/千公顷 | 14 | 2 |
| | 社会发展 | | 人均 GDP | 18025 元 | 19 | 3 |
| | | | 服务业产值占 GDP 比例 | 41.0% | 7 | 2 |
| | | | 城镇化率 | 49.99% | 11 | 2 |
| | | | 人均预期寿命 | 71.73 岁 | 15 | 2 |
| | | | 教育经费占 GDP 比例 | 4.53% | 9 | 2 |
| | | | 农村改水率 | 76.40% | 12 | 2 |
| | 协调程度 | 生态、资源、环境协调度 | 工业固体废物综合利用率 | 80.10% | 10 | 2 |
| | | | 工业污水达标排放率 | 93.47% | 14 | 2 |
| | | | 城市生活垃圾无害化率 | 88.38% | 5 | 1 |
| | | 生态、环境、资源与经济协调度 | 环境污染治理投资占 GDP 比重 | 1.32% | 9 | 2 |
| | | | 单位 GDP 能耗 | 1.27 吨标准煤/万元 | 15 | 2 |
| | | | 单位 GDP 水耗 | 74.87 立方米/万元 | 12 | 2 |
| | | | 单位 GDP 能耗二氧化硫排放量 | 0.0154 吨/万元 | 26 | 3 |

## （二）重庆市生态文明建设年度进步率分析

进步率分析显示，重庆市 2005～2006 年的总进步率为 3.34%，排名第 16 位。其中，生态活力的进步率为 2.86%，排名第 13 位；环境质量的进步率为 0.62%，排名第 11 位；社会发展的进步率为 4.65%，排名第 5 位；协调程度的进步率为 5.24%，排名第 17 位。其中，社会发展的进步率排名较靠前，这主要是由人均 GDP 的提高促成的。

2006～2007 年，重庆的总进步率有所上升，为 5.86%，排名第 7 位。在其二级指标中，生态活力的进步率为 11.19%，排名第 1 位；环境质量的进步率为 1.49%，排名第 11 位；社会发展的进步率为 0.37%，排名第 26 位；协调程度的进步率为 10.41%，排名第 19 位。这里要说明的是，生态活力进步率排名首位，这主要是建成区绿化覆盖率的提升促成的。

2007～2008 年，重庆的总进步率为 4.23%，排名第 12 位。其中，生态活力的进步率为 4.45%，排名第 2 位；环境质量的进步率为 -0.06%，居第 11 位；社会发展的进步率为 6.42%，排名第 8 位；协调程度为 6.10%，排名第 25 位。在本年度，重庆的总进步率有所下降。在二级指标的进步率中，环境质量的进步率呈现出负百分率，这是农药施用强度增强所导致的。然而，本年度，生态活力的进步依然保持了良好态势，其进步率排名第 2 位，这主要是建成区绿化覆盖率的提高促成的。社会发展的进步率排名较靠前，主要是由人均 GDP 的提升促成的。

综合 2005～2008 年的数据来看，在总进步率方面，重庆虽各年度进步速度不同，但都处在进步的状态。在二级指标的进步率方面，生态活力领域、社会发展领域、协调程度领域情况基本相似，即各年度虽进步速度不同，但都处在进步状态；而在环境质量领域，曾一度出现负百分率，并且其正百分率的比值无明显优势。如图 6-30、6-31、6-32、6-33、6-34 所示。

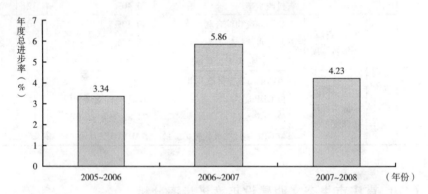

图 6-30　重庆市 2005～2008 年度总进步率

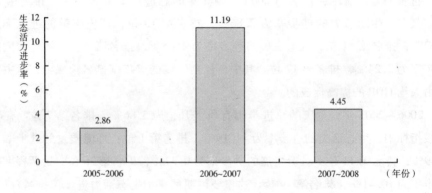

图 6-31　重庆市 2005～2008 年生态活力进步率

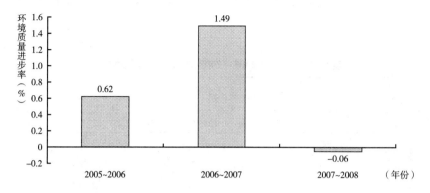

图 6 – 32　重庆市 2005～2008 年环境质量进步率

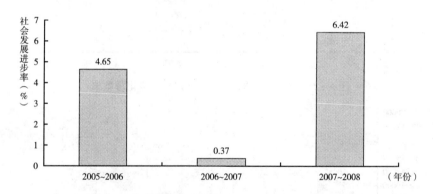

图 6 – 33　重庆市 2005～2008 年社会发展进步率

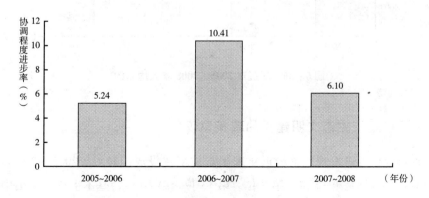

图 6 – 34　重庆市 2005～2008 年协调程度进步率

对年度进步率产生较大影响的部分三级指标的变动情况，如表 6 - 8 和图 6 - 35、6 - 36 所示。

表 6 - 8　重庆市 2005 ~ 2008 年部分指标变动情况

|  | 2005 年 | 2006 年 | 2007 年 | 2008 年 |
| --- | --- | --- | --- | --- |
| 建成区绿化覆盖率(%) | 22.24 | 23.45 | 31.81 | 35.91 |
| 人均 GDP(元) | 10982 | 12457 | 14660 | 18025 |

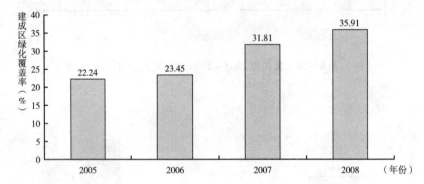

图 6 - 35　重庆市 2005 ~ 2008 年建成区绿化覆盖率

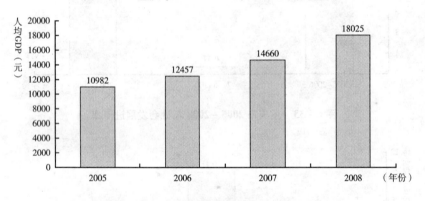

图 6 - 36　重庆市 2005 ~ 2008 年人均 GDP

## （三）重庆生态文明建设的政策建议

通过分析可以发现，重庆近年来生态文明建设成绩较好，2005 ~ 2008 年，其总分排名分别是第 15 位、第 8 位、第 13 位、第 10 位，基本上排名全国中上游。同福建、海南、广东相似，重庆在环境质量、社会发展以及协调程度方面基本上处在中上游。在生态文明建设中，2005 ~ 2008 年，其环境质量总分在全国排名分别是第 10 位、第 11 位、第 8 位、第 8 位；其社会发展总分在全国排名分别是第 9 位、第 6 位、第 10 位、第 11 位；其协调程度总分在全国排名分别是第 11 位、第 4 位、第 8 位、第 7 位。这里需要指出的是，同福建、海南、广东相比，重庆在生态活力方面明显落后，并且相对于全国水平，重庆优势也不明显，其生态活力总分在全国排名分别是第 26 位、第 24 位、第 20 位、第 16 位。这些情况表明，同福建、海南、广东相似，在生态文明建设中，在环境质量方面，除环境优势型省份外，与其他省份相比，重庆基本上达到了一定的高度。在社会发展和协调程度方面，除社会发达型的直辖市和省份外，与其他省份相比，重庆也已经达到了一定的高度。然而，与更好的二级指标相比，重庆还有自己的不足。在具体的三级指标方面，在 2008 年重庆市有排名第一等级的指标 2 个，第二等级的指标 13 个，第三等级的指标 4 个，第四等级的指标 1 个。不同等级的指标大致均衡地分布在四个二级指标的领域内。

针对上述情况，建议重庆市生态文明建设应在以下几个方面做出努力。

在生态活力方面，目前的三个三级指标都有较大的提高空间，可以通过城乡一体化的城市林业建设来提高森林覆盖率和建成区绿化覆盖率，进一步增加自然保护区的数量和面积。

在环境质量方面，应保持地表水体质量指标的优势；同时采取有效措施降低水土流失率；并且，要加大空气污染防治力度，提高空气质量达到二级以上天数占全年比重。

在社会发展方面，除"服务业产值占 GDP 比重"以及"教育经费占 GDP 比例"具有一定优势之外，其他 4 个指标都有较大的提升空间，因而应进一步提高人均 GDP、城镇化率、人均预期寿命以及农村改水率，尤其要提高人均 GDP 水平。

在协调程度方面，除继续保持城市生活垃圾无害化率以及环境污染治理投资占 GDP 比重 2 个指标的优势外，应进一步提高工业固体废物综合利用率、工业污水达标排放率，同时更应进一步降低单位 GDP 能耗、单位 GDP 水耗和单位 GDP 二氧化硫排放量，尤其要注意降低单位 GDP 二氧化硫排放量。

值得一提的是，重庆市提出了实施"森林工程"、建设"重庆森林"的目标，深入推进开展保护母亲河的活动；2008 年重庆市林业局把加强生态文明宣传，推进生态文明建设作为林业工作的重要任务，做了全面部署；重庆市的北碚区于 1998 年被批准成为国家可持续发展试验区，在 2008 年被批准建设全国可持续发展先进示范区。这些都将在推进重庆的生态文明建设中发挥重要作用。

# 第七章
# 生态优势型

生态优势型的省份包括四川、吉林、江西三个省。这些省份的突出优势是生态活力总体较好，尤其是森林覆盖率或自然保护区的有效保护在全国排名靠前。在良好的生态基础支撑下，环境质量也居各省份的中上游水平。但经济和社会发展水平还处于全国中下游水平，是其短板所在；协调程度则处于全国平均水平，有较大的提升空间。在保持生态活力优势的基础上，如何提升其社会发展水平，实现经济社会与生态环境的协调发展，是这类地区建设生态文明的关键所在。

## 一 四川

四川省简称"川"或"蜀"，位于中国西南，地处青藏高原和长江中下游平原的过渡带。省会为成都。全省可分为四川盆地、川西北高原和川西南山地三大部分。地势西高东低，河流众多，山地和丘陵占全省面积的90%。四川气候总的特点是，区域表现差异显著，东部冬暖、春早、夏热、秋雨，多云雾、少日照、生长季长，西部则寒冷、冬长、基本无夏，日照充足、降水集中、干雨季分明；气候垂直变化大，气候类型多，有利于农、林、牧综合发展。2008年，四川省总人口8138万人，人口密度172人/平方公里，地区生产总值12506.25亿元。

### （一）四川省2008年生态文明建设状况

2008年，四川生态文明指数为76.83，排名全国第6位。其中生态活力得分为25.85（总分为36分），属于第一等级；环境质量得分为16.0（总分为24分），属于第一等级；社会发展得分为12.71（总分为24分），属于第三等级；协调程度得分为22.28（总分为36分），属于第二等级。四川省生态文明建设的基本特点是，生态活力和环境质量居全国领先水平，协调程度居中游水平，社会发展程度则相对较差。在生态文明建设的类型上，属于生态优势型。如图7-1所示。

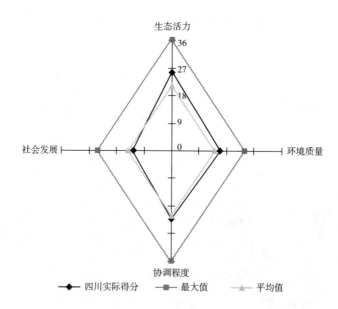

图7-1　2008年四川省生态文明建设评价雷达图

具体分析2008年四川省的各项指标，在生态活力方面，森林覆盖率为30.27%，居全国第13位；建成区绿化覆盖率为35.30%，居全国第15位；自然保护区占辖区面积比重为17.90%，居全国第3位。

在环境质量方面，地表水体质量得分是9.0分，排名第7位；空气质量达到二级以上天数占全年比重为87.40%，居全国第18位；水土流失率为30.58%，居全国第13位（排名越靠后流失率越大）；农药施用强度为10.22吨/千公顷，居全国第15位（排名越靠后强度越高）。

在社会发展方面，人均GDP为15378元，居全国第24位；服务业产值占GDP比例为34.8%，居全国第20位；城镇化率为37.40%，居全国第26位；人均预期寿命为71.20岁，居全国第19位；教育经费占GDP比例为4.01%，居全国第12位；农村改水率为44.70%，居全国第28位。

在协调程度方面，工业固体废物综合利用率为61.67%，居全国第19位；工业污水达标排放率为94.93%，居全国第10位；城市生活垃圾无害化率为80.63%，居全国第8位；环境污染治理投资占GDP比重为0.81%，位居全国第

23 位；单位 GDP 能耗为 1.38 吨标准煤/万元，居全国第 19 位（排名越靠后能耗越大）；单位 GDP 水耗为 79.74 立方米/万元，居全国第 13 位（排名越靠后水耗越大）；单位 GDP 二氧化硫排放量为 0.0092 吨/万元，居全国第 21 位（排名越靠后排放量越大）。如表 7 - 1 所示。

表 7 - 1    四川省 2008 年生态文明建设评价结果

| 一级指标 | 二级指标 | 三级指标 | 指标数据 | 排名 | 等级 |
|---|---|---|---|---|---|
| 生态文明指数（ECI） | 生态活力 | 森林覆盖率 | 30.27% | 13 | 2 |
| | | 建成区绿化覆盖率 | 35.30% | 15 | 3 |
| | | 自然保护区的有效保护 | 17.90% | 3 | 1 |
| | 环境质量 | 地表水体质量 | 9.0 分 | 7 | 1 |
| | | 环境空气质量 | 87.40% | 18 | 2 |
| | | 水土流失率 | 30.58% | 13 | 3 |
| | | 农药施用强度 | 10.22 吨/千公顷 | 15 | 2 |
| | 社会发展 | 人均 GDP | 15378 元 | 24 | 3 |
| | | 服务业产值占 GDP 比例 | 34.8% | 20 | 3 |
| | | 城镇化率 | 37.40% | 26 | 3 |
| | | 人均预期寿命 | 71.20 岁 | 19 | 3 |
| | | 教育经费占 GDP 比例 | 4.01% | 12 | 3 |
| | | 农村改水率 | 44.70% | 28 | 4 |
| | 协调程度 | 生态、资源、环境协调度 | 工业固体废物综合利用率 | 61.67% | 19 | 3 |
| | | | 工业污水达标排放率 | 94.93% | 10 | 2 |
| | | | 城市生活垃圾无害化率 | 80.63% | 8 | 2 |
| | | 生态、环境、资源与经济协调度 | 环境污染治理投资占 GDP 比重 | 0.81% | 23 | 3 |
| | | | 单位 GDP 能耗 | 1.38 吨标准煤/万元 | 19 | 2 |
| | | | 单位 GDP 水耗 | 79.74 立方米/万元 | 13 | 2 |
| | | | 单位 GDP 二氧化硫排放量 | 0.0092 吨/万元 | 21 | 2 |

## （二）四川省生态文明建设年度进步率分析

进步率分析显示，四川省 2005~2006 年的总进步率为 2.39%，排名全国第 19 位。其中，生态活力的进步率为 5.13%，居全国第 8 位；环境质量的进步率为 0.68%，居全国第 10 位；协调程度的进步率为 2.24%，居全国第 22 位；社会发展的进步率为 1.51%，居全国第 27 位。生态活力的进步率进入全国上游水平，主要是因为当年度的建成区绿化覆盖率增长比较快。

2006～2007 年，四川省总进步率为 5.34%，在全国排名第 8 位。其中，环境质量的进步率为 4.62%，居全国第 7 位；协调程度的进步率为 14.75%，居全国第 9 位；生态活力的进步率为 0.64%，居全国第 20 位；社会发展的进步率为 1.34%，居全国第 21 位。环境质量的进步主要得益于地表水体质量以及空气质量达到二级以上天数占全年比重两项指标的提高；协调程度的大幅度增加主要归功于城市生活垃圾无害化率、环境污染治理投资占 GDP 比重、单位 GDP 水耗、单位 GDP 二氧化硫排放量这几项指标的改善。

2007～2008 年，四川的总进步率为 4.09%，在全国的排名为第 14 位。其中，生态活力的进步率为 -0.11%，居全国第 25 位；环境质量的进步率为 -0.20%，居全国第 12 位；社会发展的进步率为 6.75%，居全国第 6 位；协调程度的进步率为 9.92%，居全国第 14 位。生态活力的略微退步是因为自然保护区占辖区面积比重的下降幅度超过了建成区绿化覆盖率的增长幅度；环境质量的退步是由农药施用强度增大引起的。

综合 2005～2008 年的数据来看，四川省生态文明建设的总进步率一直保持平稳上升的态势，保持了 2% 以上的增长速度，相对位置也集中于全国的中上游水平。在二级指标的进步率方面，生态活力的进步率逐年递减，三个年度分列全国第 8 位、第 20 位和第 25 位；但环境质量起伏不定，三个年度分列全国第 10 位、第 7 位和第 12 位；社会发展与协调程度的进步率都能够保持正值，虽然不同年份进步率的数值有大有小，但保持了持续进步的总体态势，其中社会发展进步率三个年度分列全国第 27 位、第 21 位和第 6 位；协调程度进步率三个年度分列全国第 22 位、第 9 位和第 14 位。如图 7－2、7－3、7－4、7－5、7－6 所示。

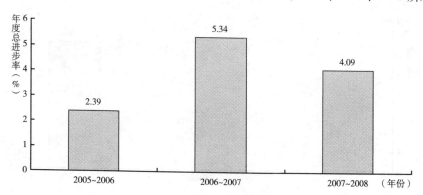

图 7－2　四川省 2005～2008 年度总进步率

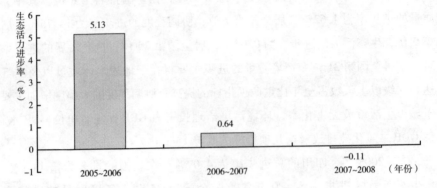

**图7-3　四川省2005~2008年生态活力进步率**

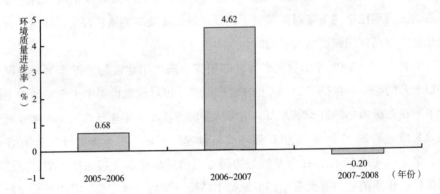

**图7-4　四川省2005~2008年环境质量进步率**

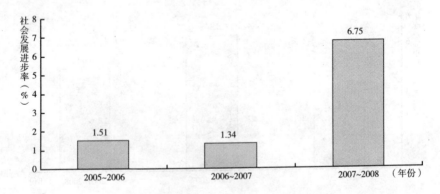

**图7-5　四川省2005~2008年社会发展进步率**

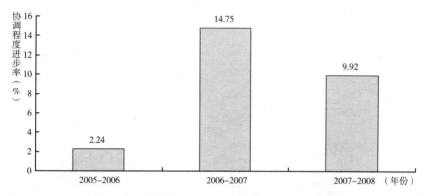

图 7-6　四川省 2005~2008 年协调程度进步率

对年度进步率产生较大影响的部分三级指标的变动情况，如表 7-2 和图 7-7、7-8、7-9、7-10 所示。

表 7-2　四川省 2005~2008 年部分指标变动情况

|  | 2005 年 | 2006 年 | 2007 年 | 2008 年 |
| --- | --- | --- | --- | --- |
| 自然保护区的有效保护(%) | 18.40 | 18.57 | 18.56 | 17.90 |
| 人均 GDP(元) | 9060 | 10546 | 12893 | 15378 |
| 农村改水率(%) | 45.86 | 41.18 | 42.30 | 44.70 |
| 城市生活垃圾无害化率(%) | 51.23 | 57.04 | 69.92 | 80.63 |

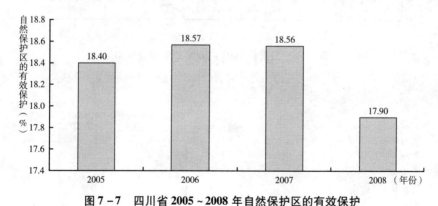

图 7-7　四川省 2005~2008 年自然保护区的有效保护

## （三）四川省生态文明建设的政策建议

四川省 2008 年生态文明建设的整体状况良好，在生态活力和环境质量方面的整体优势突出，但也存在一些隐患，生态活力的优势地位面临挑战，整体滑坡

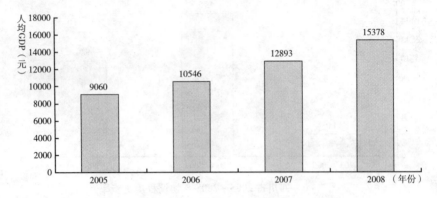

图7-8　四川省2005~2008年人均GDP

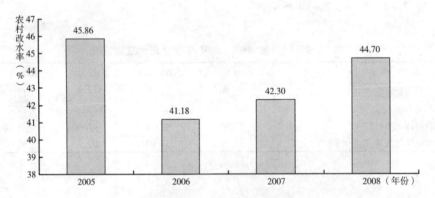

图7-9　四川省2005~2008年农村改水率

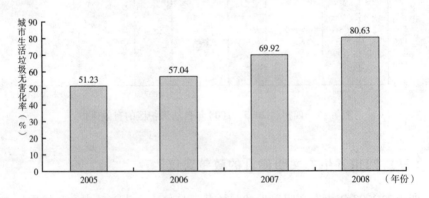

图7-10　四川省2005~2008年城市生活垃圾无害化率

的趋势必须加以遏制和扭转。通过分析可以发现，四川省共有在全国处于第一等级的指标2个，集中在生态活力和环境质量领域；处于第二等级的指标有8个；处于第三等级的指标有9个；第四等级的指标有1个。第三和第四等级的指标包括：建成区绿化覆盖率、水土流失率、人均GDP、服务业产值占GDP比例、城镇化率、人均预期寿命、教育经费占GDP比例、农村改水率、工业固体废物综合利用率、环境污染治理投资占GDP比重。这些指标显示的领域，是四川省需要重点建设的领域。其中的一些指标，四川省以往的进步率也比较高，但离全国的先进水平还有一定的距离，需要继续加强该方面的生态建设，尤其是处于第四等级的农村改水率。

针对上述情况，建议四川省生态文明建设应在以下几个方面做出努力。

在生态活力方面，四川省自然保护区的有效保护居全国前列，应该继续保持；但森林覆盖率和建成区绿化覆盖率只处于中游水平，说明在加强生态基础建设方面，四川省还有较大的提升空间。

在环境质量方面，地表水体质量相对较好，但空气质量处于中下游水平；水土流失率和农药施用强度偏大，需要在土地、土壤保护方面加强治理。

在社会发展方面，四川省的多数指标处于第三等级，其中，教育经费占GDP比例、农村改水率两项指标的可建设性比较强，应当加大资金投入力度，同时也应注重经济结构的优化，提升服务业产值占GDP比例。

在协调程度方面，只有工业固体废物综合利用率、环境污染治理投资占GDP比重这两项指标处于第三等级，可见提高生态建设的财政支持力度、大力发展循环经济应当成为四川省下一步的建设重点。

近年来，四川省提出了建设"富裕四川、和谐四川、文明四川、开放四川、生态四川"的方针，如果能将生态环境优势转化为社会发展的动力，可以实现又好又快发展。令人欣喜的是，2008年四川省教育经费占GDP比例比2007年有大幅度的增长，其在全国的排名也进步了七位。这和四川省实施民族地区教育发展十年行动计划和教育资助行动有关，也为四川的可持续发展奠定了良好的智力基础。

## 二　吉林

吉林省简称"吉"，位于东北三省中部。省会为长春。吉林省地势自东南向西北沉降，形成了东部山地、中部丘陵、西部平原的地貌特征，总面积为18.74

万平方公里。全省河流分布不均，东部河流众多、水量充沛，西部河流少。吉林省有明显的四季更替，春季干燥风大，夏季高温多雨，秋季天高气爽，冬季寒冷漫长。全省大部分地区年平均气温为 2℃～6℃。2008 年，吉林省总人口 2734万，人口密度 146 人/平方公里，地区生产总值 6424.06 亿元。

## （一）吉林省 2008 年生态文明建设状况

2008 年，吉林省生态文明指数为 75.05，排名全国第 9 位。其中生态活力得分为 26.31（总分为 36 分），属于第一等级；环境质量得分为 14.40（总分为 24分），属于第二等级；社会发展得分为 13.88（总分为 24 分），属于第三等级；协调程度得分为 20.46（总分为 36 分），属于第三等级。吉林省生态文明建设的基本特点是，生态活力居全国领先水平，环境质量、社会发展居中上游水平，而协调程度较弱。在生态文明建设的类型上，属于生态优势型。如图 7－11 所示。

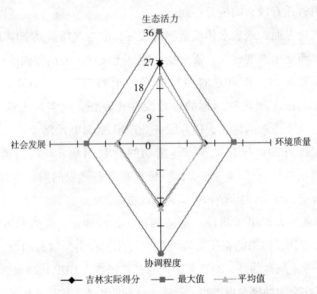

**图 7－11　2008 年吉林省生态文明建设评价雷达图**

具体来看，在生态活力方面，森林覆盖率为 38.13%，居全国第 10 位；建成区绿化覆盖率为 31.50%，居全国第 23 位；自然保护区占辖区面积比重为12.40%，居全国第 9 位。

在环境质量方面，地表水体质量得分是 5.5 分，排名第 17 位；空气质量达到二级以上天数占全年比重仅为 93.70%，居全国第 9 位；水土流失率为

16.49%，居全国第 11 位（排名越靠后流失率越大）；农药施用强度为 7.32 吨/千公顷，居全国第 10 位（排名越靠后强度越高）。

在社会发展方面，人均 GDP 为 23514 元，居全国第 11 位；服务业产值占 GDP 比例为 38.0%，居全国第 14 位；城镇化率为 53.21%，居全国第 9 位；人均预期寿命为 73.10 岁，居全国第 9 位；教育经费占 GDP 比例为 3.32%，居全国第 18 位；农村改水率为 59.60%，居全国第 17 位。

在协调程度方面，工业固体废物综合利用率为 60.12%，居全国第 20 位；工业污水达标排放率为 87.20%，居全国第 20 位；城市生活垃圾无害化率为 32.61%，居全国第 28 位；环境污染治理投资占 GDP 比重为 0.93%，居全国第 20 位；单位 GDP 能耗为 1.44 吨标准煤/万元，居全国第 20 位（排名越靠后能耗越大）；单位 GDP 水耗为 84.82 立方米/万元，居全国第 14 位（排名越靠后水耗越大）；单位 GDP 二氧化硫排放量为 0.0059 吨/万元，居全国第 11 位（排名越靠后排放量越大）。

### 表 7-3　吉林省 2008 年生态文明建设评价结果

| 一级指标 | 二级指标 | | 三级指标 | 指标数据 | 排名 | 等级 |
|---|---|---|---|---|---|---|
| 生态文明指数（ECI） | 生态活力 | | 森林覆盖率 | 38.13% | 10 | 2 |
| | | | 建成区绿化覆盖率 | 31.50% | 23 | 3 |
| | | | 自然保护区的有效保护 | 12.40% | 9 | 2 |
| | 环境质量 | | 地表水体质量 | 5.5 分 | 17 | 3 |
| | | | 环境空气质量 | 93.70% | 9 | 2 |
| | | | 水土流失率 | 16.49% | 11 | 2 |
| | | | 农药施用强度 | 7.32 吨/千公顷 | 10 | 2 |
| | 社会发展 | | 人均 GDP | 23514 元 | 11 | 3 |
| | | | 服务业产值占 GDP 比例 | 38.0% | 14 | 3 |
| | | | 城镇化率 | 53.21% | 9 | 2 |
| | | | 人均预期寿命 | 73.10 岁 | 9 | 2 |
| | | | 教育经费占 GDP 比例 | 3.32% | 18 | 3 |
| | | | 农村改水率 | 59.60% | 17 | 3 |
| | 协调程度 | 生态、资源、环境协调度 | 工业固体废物综合利用率 | 60.12% | 20 | 3 |
| | | | 工业污水达标排放率 | 87.20% | 20 | 2 |
| | | | 城市生活垃圾无害化率 | 32.61% | 28 | 4 |
| | | 生态、环境、资源与经济协调度 | 环境污染治理投资占 GDP 比重 | 0.93% | 20 | 3 |
| | | | 单位 GDP 能耗 | 1.44 吨标准煤/万元 | 20 | 2 |
| | | | 单位 GDP 水耗 | 84.82 立方米/万元 | 14 | 2 |
| | | | 单位 GDP 二氧化硫排放量 | 0.0059 吨/万元 | 11 | 2 |

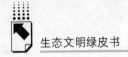

### （二）吉林省生态文明建设年度进步率分析

进步率分析显示，吉林省 2005～2006 年的总进步率为 0.22%，排名第 26 位。其中，协调程度的进步率为 -0.30%，居全国第 25 位；社会发展的进步率为 3.59%，居全国第 11 位；而生态活力的进步率为 0.10%，居全国第 26 位；环境质量的进步率为 -2.5%，居全国第 22 位。协调程度的退步是因为城市生活垃圾无害化率的大幅度下跌超过了其他指标的小幅度增长，从而导致协调程度整体滑坡；环境质量的退步是由地表水体质量有所下降所导致的。

2006～2007 年，吉林总进步率为 6.94%，在全国的排名为第 4 位。其中，环境质量的进步率为 -0.44%，居全国第 14 位；协调程度的进步率为 25.78%，居全国第 3 位；而社会发展的进步率为 2.38%，居全国第 15 位；生态活力的进步率为 0.03%，居全国第 23 位。环境质量退步的原因是农药施用强度增大的速度超过了地表水体质量的改善速度。

2007～2008 年，吉林省总进步率为 1.64%，在全国的排名为第 28 位。其中，环境质量进步率为 -1.59%，居全国第 22 位；协调程度的进步率为 3.25%，居全国第 29 位；而社会发展的进步率为 4.9%，居全国第 14 位；生态活力的进步率为 -0.01%，居全国第 23 位。生态活力退步的原因是自然保护区占辖区面积比重的跌幅超过了建成区绿化覆盖率的增幅；环境质量退步主要是由农药施用强度的增大所导致。

综合 2005～2008 年的数据来看，吉林省的总进步率都保持了正的增长态势。在二级指标的进步率方面，生态活力方面由稍微进步逐渐退化为略微退步，三个年度分列全国第 26 位、第 23 位和第 23 位；环境质量连续 3 年退步，三个年度分列全国第 22 位、第 14 位和第 22 位；社会发展则保持了平稳持续的增长态势，三个年度分列全国第 11 位、第 15 位和第 14 位；协调程度从退步扭转为进步，进步率由负值转变为正值，三个年度分列全国第 25 位、第 3 位和第 29 位。如图 7-12、7-13、7-14、7-15、7-16 所示。

对年度进步率产生较大影响的部分三级指标的变动情况，如表 7-4 和图 7-17、7-18、7-19、7-20 所示。

### （三）吉林省生态文明建设的政策建议

吉林省生态文明建设的整体状况良好，环境质量方面有一定优势，社会

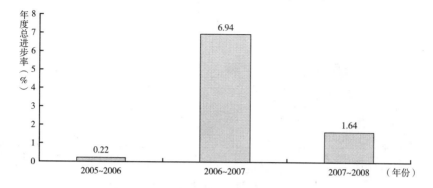

**图7-12 吉林省2005～2008年度总进步率**

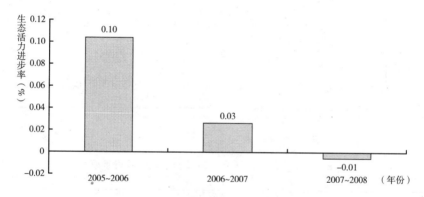

**图7-13 吉林省2005～2008年生态活力进步率**

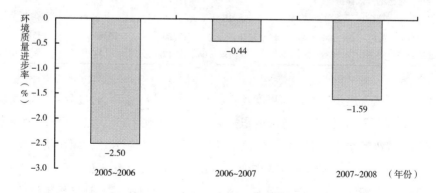

**图7-14 吉林省2005～2008年环境质量进步率**

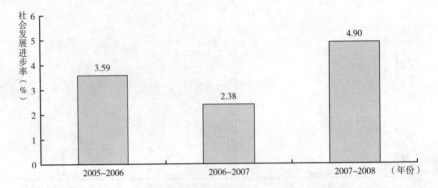

图 7 - 15　吉林省 2005～2008 年社会发展进步率

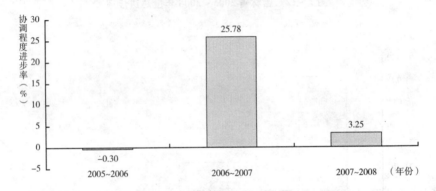

图 7 - 16　吉林省 2005～2008 年协调程度进步率

表 7 - 4　吉林省 2005～2008 年度部分指标变动情况

| | 2005 年 | 2006 年 | 2007 年 | 2008 年 |
| --- | --- | --- | --- | --- |
| 自然保护区的有效保护(%) | 12.40 | 12.34 | 12.50 | 12.40 |
| 农药施用强度(吨/千公顷) | 5.18 | 5.18 | 6.81 | 7.32 |
| 人均 GDP(元) | 13348 | 15720 | 19383 | 23514 |
| 城市生活垃圾无害化率(%) | 40.18 | 17.81 | 38.17 | 32.61 |

发展取得了较大进步，但协调程度还存在较大的提升空间。通过分析可以发现，吉林省共有在全国处于第二等级的指标 11 个，集中在生态活力和环境质量领域；处于第三等级的指标 8 个，第四等级的指标 1 个，包括：建成区绿化覆盖率、地表水体质量、人均 GDP、服务业产值占 GDP 比例、教育经费占 GDP 比例、农村改水率、工业固体废物综合利用率、城市生活垃圾无害化率、环境污染治理投资占 GDP 比重。这些指标所处的领域，是吉林省需要重点建设的领域，尤其是处

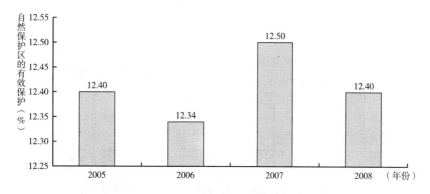

**图 7 – 17　吉林省 2005～2008 年自然保护区的有效保护**

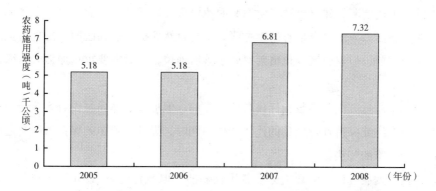

**图 7 – 18　吉林省 2005～2008 年农药施用强度**

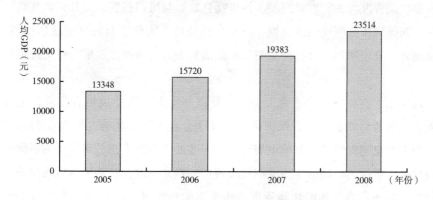

**图 7 – 19　吉林省 2005～2008 年人均 GDP**

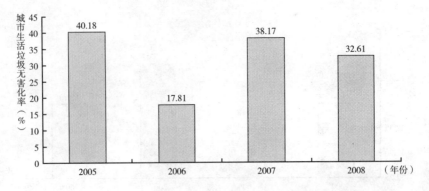

图7-20　吉林省2005~2008年城市生活垃圾无害化率

于第四等级的城市生活垃圾无害化率。

针对上述情况，建议吉林省生态文明建设应在以下几个方面做出努力。

在生态活力方面，吉林省的森林覆盖率与自然保护区占辖区面积比重在全国排名比较靠前，但建成区绿化覆盖率处于落后地位，今后需要重点加强城镇绿化的力度。

在环境质量方面，多数指标排名比较靠前，但地表水体质量仅有5.5分。下一步需要在继续保持环境质量的优势地位的同时，提升水资源的保护力度并遏制土地质量下降的势头。

在社会发展方面，半数指标排名比较靠前，但教育经费占GDP比例在全国的排名偏后，与整体的社会发展水平不相称，未来需要加大教育等公益性行业的投资力度，为吉林省的中长期发展提供智力支撑与良好的社会环境。

在协调程度方面，需要进一步促进社会发展与协调程度的提升，尤其是那些第三、四等级指标所代表的领域。城市生活垃圾无害化率与民众生活息息相关，但目前处于全国第四等级，可见与日常生活相关的协调程度领域需要进行重点建设。

近年来，吉林省以"把老工业基地振兴与生态文明建设结合起来，把转变发展方式和节约能源资源、保护生态环境结合起来"为生态文明建设的总体思路，为生态文明提供了良好的发展契机。一些处于全国第三、四等级的指标的可建设性是比较强的，随着生态文明建设程度的提高，改变目前的落后地位是可以期待的。2006~2007年的协调程度进步率大幅度攀升，也说明了吉林省生态建设的潜力。

## 三 江西

江西省简称"赣",位于中国东南、长江中下游南岸,位于长江三角洲、珠江三角洲和闽南三角洲地区的腹地。省会为南昌。江西省地处中国东南偏中部,境内除北部较为平坦外,东西南部三面环山,中部丘陵起伏,成为一个整体向鄱阳湖倾斜而往北开口的巨大盆地。全省面积 16.69 万平方公里。江西地势狭长,南北气候差异较大,但总体来看是春秋季短而夏冬季长。全省气候温暖,日照充足,雨量充沛。年平均气温 18℃左右,年均降水量 1341 毫米到 1940 毫米。2008年,江西省总人口 4400 万人,人口密度 247 人/平方公里,地区生产总值 6480.33 亿元。

### (一)江西省 2008 年生态文明建设状况

2008 年,江西省生态文明指数为 73.50,排名全国第 12 位。其中生态活力得分为 28.62(总分为 36 分),属于第一等级;环境质量得分为 12.8(总分为 24 分),属于第二等级;社会发展得分为 12.94(总分为 24 分),属于第三等级;协调程度得分为 19.14(总分为 36 分),属于第三等级。江西省生态文明建设的基本特点是,生态活力居全国领先地位,具有明显优势,环境质量水平居全国中下游,社会发展程度和协调程度则较弱,居各省份的下游。在生态文明建设的类型上,属于生态优势型。如图 7-21 所示。

具体来看,在生态活力方面,森林覆盖率为 55.86%,居全国第 2 位;建成区绿化覆盖率为 41.80%,居全国第 3 位;自然保护区占辖区面积比重为 6.61%,居全国第 18 位。

在环境质量方面,地表水体质量得分是 8.5 分,排名第 8 位;空气质量达到二级以上天数占全年比重为 94.25%,居全国第 8 位;水土流失率为 19.99%,居全国第 17 位(排名越靠后流失率越大);农药施用强度为 34.19 吨/千公顷,居全国第 27 位(排名越靠后强度越大)。

在社会发展方面,人均 GDP 为 14781 元,居全国第 26 位;服务业产值占GDP 比例为 30.9%,仅高于河南,居全国第 30 位;城镇化率为 41.36%,居全国第 22 位;人均预期寿命为 68.95 岁,居全国第 25 位;教育经费占 GDP 比例为 4.40%,居全国第 10 位;农村改水率为 52.00%,居全国第 26 位。

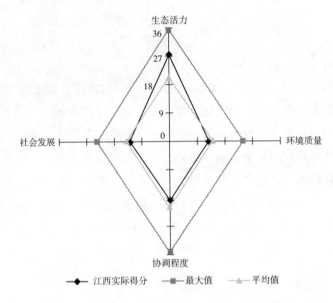

**图 7-21 2008 年江西省生态文明建设评价雷达图**

在协调程度方面，工业固体废物综合利用率为 39.69%，居全国第 28 位；工业污水达标排放率为 92.98%，居全国第 15 位；城市生活垃圾无害化率为 79.71%，居全国第 10 位；环境污染治理投资占 GDP 比重为 0.60%，居全国第 28 位；单位 GDP 能耗为 0.93 吨标准煤/万元，居全国第 8 位（排名越靠后能耗越大）；单位 GDP 水耗为 184.79 立方米/万元，居全国第 24 位（排名越靠后水耗越大）；单位 GDP 二氧化硫排放量为 0.0090 吨/万元，居全国第 20 位（排名越靠后排放量越大）。如表 7-6 所示。

## （二）江西省生态文明建设年度进步率分析

进步率分析显示，江西省 2005~2006 年的总进步率为 3.81%，排名全国第 11 位。其中，生态活力的进步率为 2.78%，居全国第 14 位；环境质量的进步率为 1.4%，居全国第 8 位；社会发展的进步率为 2.73%，居全国第 20 位；协调程度的进步率为 8.34%，居全国第 13 位。协调程度的进步率最高，主要归功于工业固体废物综合利用率的高速提升。

2006~2007 年，江西省的总进步率为 3.84%，全国进步率排名第 14 位。其中，生态活力的进步率为 6.68%，居全国第 3 位；环境质量的进步率为 -5.64%，居全国第 19 位；社会发展的进步率为 3.44%，居全国第 10 位；协调程度的进步

表7－6　江西省2008年生态文明建设评价结果

| 一级指标 | 二级指标 | | 三级指标 | 指标数据 | 排名 | 等级 |
|---|---|---|---|---|---|---|
| 生态文明指数（ECI） | 生态活力 | | 森林覆盖率 | 55.86% | 2 | 1 |
| | | | 建成区绿化覆盖率 | 41.80% | 3 | 1 |
| | | | 自然保护区的有效保护 | 6.61% | 18 | 3 |
| | 环境质量 | | 地表水体质量 | 8.5分 | 8 | 2 |
| | | | 环境空气质量 | 94.25% | 8 | 2 |
| | | | 水土流失率 | 19.99% | 17 | 2 |
| | | | 农药施用强度 | 34.19吨/千公顷 | 27 | 4 |
| | 社会发展 | | 人均GDP | 14781元 | 26 | 3 |
| | | | 服务业产值占GDP比例 | 30.9% | 30 | 3 |
| | | | 城镇化率 | 41.36% | 22 | 3 |
| | | | 人均预期寿命 | 68.95岁 | 25 | 3 |
| | | | 教育经费占GDP比例 | 4.40% | 10 | 2 |
| | | | 农村改水率 | 52.00% | 26 | 3 |
| | 协调程度 | 生态、资源、环境协调度 | 工业固体废物综合利用率 | 39.69% | 28 | 4 |
| | | | 工业污水达标排放率 | 92.98% | 15 | 2 |
| | | | 城市生活垃圾无害化率 | 79.71% | 10 | 2 |
| | | 生态、环境、资源与经济协调度 | 环境污染治理投资占GDP比重 | 0.60% | 28 | 4 |
| | | | 单位GDP能耗 | 0.93吨标准煤/万元 | 8 | 2 |
| | | | 单位GDP水耗 | 184.79立方米/万元 | 24 | 3 |
| | | | 单位GDP二氧化硫排放量 | 0.0090吨/万元 | 20 | 2 |

率为10.88%，居全国第16位。需要说明的是，环境质量退步主要是由农药施用强度和地表水体质量这两项指标所导致的。

2007~2008年，江西的总进步率为3.91%，全国排名第15位。其中，生态活力的进步率为6.23%，居全国第1位；环境质量的进步率为－2.31%，居全国第25位；社会发展的进步率为5.35%，居全国第13位；协调程度的进步率为6.36%，居全国第23位。环境质量的退步是由农药施用强度与空气质量达到二级以上天数占全年比重两项指标的退步所导致的；而生态活力的大幅度提高则得益于自然保护区占辖区面积比重增幅达到11%。

综合2005~2008年的数据来看，江西省生态文明建设的总进步率一直保持平稳上升态势。在二级指标的进步率方面，生态活力的进步率增长快速，三个年度分列全国第14位、第3位和第1位；但环境质量退步明显，三个年度分列全国第8位、第19位和第25位；社会发展与协调程度的进步率都能够保持正值，虽然不同年份进步率的数值有大有小，相对位置也时升时降，但保持了持续进步的总体态势，其中社会发展进步率三个年度分列全国第 20 位、第 10 位和第 13 位；协调程度进步率三个年度分列全国第 13 位、第 16 位和第 23 位。如图 7－22、7－23、7－24、7－25、7－26 所示。

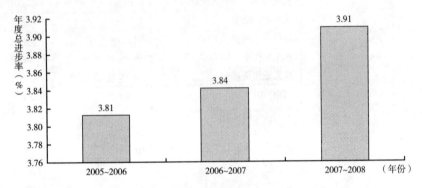

图 7－22　江西省 2005～2008 年度总进步率

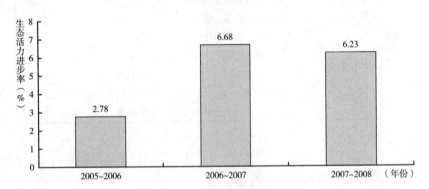

图 7－23　江西省 2005～2008 年生态活力进步率

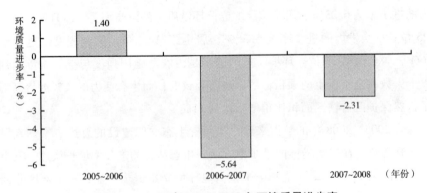

图 7－24　江西省 2005～2008 年环境质量进步率

288

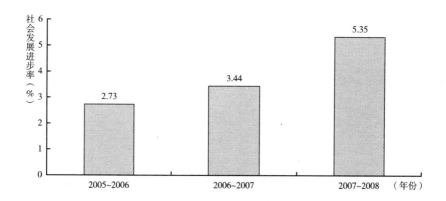

图 7 - 25　江西省 2005～2008 年社会发展进步率

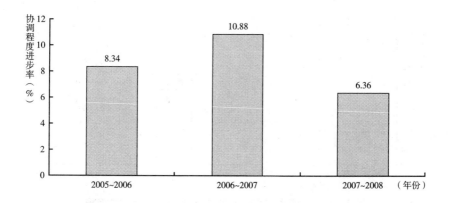

图 7 - 26　江西省 2005～2008 年协调程度进步率

对年度进步率产生较大影响的部分三级指标的变动情况，如表 7 - 6 和图 7 - 27、7 - 28、7 - 29、7 - 30、7 - 31 所示。

表 7 - 6　江西省 2005～2008 年部分指标变动情况

|  | 2005 年 | 2006 年 | 2007 年 | 2008 年 |
|---|---|---|---|---|
| 建成区绿化覆盖率(%) | 32. 62 | 34. 56 | 39. 05 | 41. 80 |
| 自然保护区的有效保护(%) | 5. 40 | 5. 53 | 5. 92 | 6. 61 |
| 农药施用强度(吨/千公顷) | 25. 16 | 25. 16 | 31. 43 | 34. 19 |
| 服务业产值占 GDP 比例(%) | 34. 8 | 33. 5 | 31. 9 | 30. 9 |
| 工业固体废物综合利用率(%) | 27. 10 | 35. 67 | 36. 40 | 39. 69 |

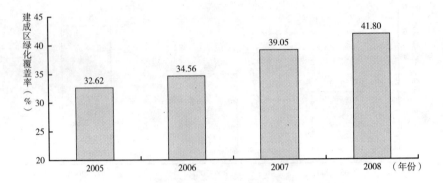

图 7 - 27　江西省 2005~2008 年建成区绿化覆盖率

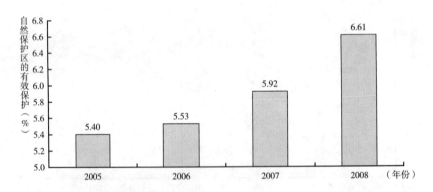

图 7 - 28　江西省 2005~2008 年自然保护区的有效保护

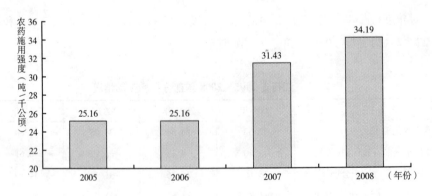

图 7 - 29　江西省 2005~2008 年农药施用强度

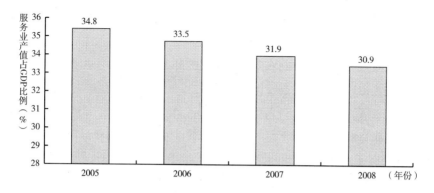

图 7−30　江西省 2005～2008 年服务业产值占 GDP 比例

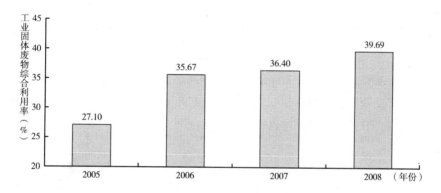

图 7−31　江西省 2005～2008 年工业固体废物综合利用率

## （三）江西省生态文明建设的政策建议

江西生态文明建设的整体状况良好，在生态活力方面的整体优势突出。通过具体指标的分析可以发现，江西省共有在全国处于第一等级的指标 2 个，都集中在生态活力领域；处于第二等级的指标有 8 个；处于第三等级的指标有 7 个，第四等级的指标有 3 个。处于后两个等级的指标具体有：自然保护区占辖区面积比重、农药施用强度、人均 GDP、服务业产值占 GDP 比例、城镇化率、人均预期寿命、农村改水率、工业固体废物综合利用率、环境污染治理投资占 GDP 比重、单位 GDP 水耗。这些指标所处的领域是江西省需要重点建设的领域。其中的一些指标，尤其是处于第四等级的农药施用强度、工业固体废物综合利用率、环境污染治理投资占 GDP 比重这 3 项指标，需要重点加强建设。

针对上述情况，建议江西省生态文明建设应在以下几个方面做出努力。

在生态活力方面，应保持目前各项指标稳步增长的势头，强化自己的生态优势。

在环境质量方面，除控制农药的施用强度外，还要进一步加大河流水污染和城市空气质量治理，切实提高整体环境质量。

在社会发展方面，在提高人均 GDP 和城镇化率的同时，要进一步调整产业结构，遏制服务业比重不断下滑的趋势，农村改水率虽然不断提高，但目前仅达到 52%，还有很大的提升空间。

在协调程度方面，目前仍有两个指标处于第四等级，因此应切实提高工业固体废物综合利用率，加大生态建设和污染治理投资，使江西省在生态、环境、资源、经济之间实现更好的协调。

近年来，江西省明确提出了"建设创新创业江西、绿色生态江西、和谐平安江西"的发展方向，将以"绿色生态江西"为目标的生态文明建设作为今后工作的三个重点之一。江西省今后要继续保持生态优势，在弱势方面迎头赶上。江西省生态文明建设如果在生态基础良好的基础上，加大对社会发展和协调程度的建设力度，其总体发展趋势将会进入可持续的良性循环。

# 第八章
# 相对均衡型

相对均衡型的省份包括云南、安徽、辽宁、陕西、湖南、湖北、黑龙江、河南和山东9个省份。这些省份的生态文明建设总体情况适中,多数指标处于中游水平,但各省份不乏自己的建设优势。这些地区具有不错的生态活力基础,但考虑到一些省份在全国生态功能中的重要地位等情况,生态保护的力度仍然有待提升;这些省份环境质量建设水平总体而言还不够令人满意,个别省份在该领域处于全国下游水平,面临着较大的建设压力。如何在促进社会经济发展的同时,充分合理地利用自身的自然资源,协调好生态环境建设与经济发展的关系,将是这些地区较长一段时间内需要思考的问题。

## 一 辽宁

辽宁省简称"辽",位于中国东北地区的南部,南临黄海和渤海。省会为沈阳。辽宁地势大致为自北向南、自东西两侧向中部倾斜,山地丘陵分列东西两厢,向中部平原下降,呈马蹄形向渤海倾斜。全省陆地面积14.63万平方公里,其中山地面积占59.8%,平地面积占33.4%,水域面积占6.8%。海域(大陆架)面积为15.02万平方公里。城市建成区面积为1955.5平方公里。辽宁属温带大陆性季风气候区,四季分明。辽宁全年平均气温7℃~11℃。辽宁省是东北地区降水量最多的省份,年降水量600~1100毫米。2008年,辽宁省总人口4315万,人口密度295人/平方公里,地区生产总值13461.57亿元。

### (一)辽宁省2008年生态文明建设状况

2008年,辽宁省生态文明指数综合得分为72.43,排名全国第14位。其中生态活力得分为24.00(总分为36分),属于第二等级;环境质量得分为12.00(总分为24分),属于第三等级;社会发展得分为15.06(总分为24分),属于第二等级；协调程度得分为 21.37（总分为 36 分），属于第二等级。其基本特征是，生态活力、社会发展和协调程度居全国中上游水平，环境质量居全国中下游水平。在生态文明建设的类型上，属于相对均衡型。如图 8 - 1 所示。

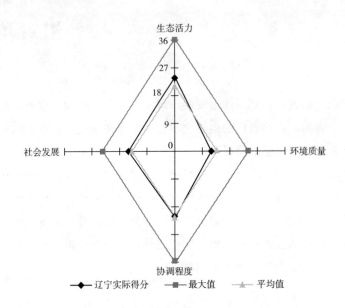

**图 8 - 1　2008 年辽宁省生态文明建设评价雷达图**

具体来看，在生态活力方面，森林覆盖率为 32.97%，位居全国第 11 位；建成区绿化覆盖率为 38.06%，排在全国第 9 位；自然保护区占辖区面积比重为 10.36%，在各省中排第 12 位。

在环境质量方面，地表水体质量得分为 3.0 分，在全国各省中列第 25 位；空气质量达到二级以上天数占全年比重为 88.49%，在全国排名第 15 位；水土流失率为 31.35%，列全国第 20 位（排名越靠后流失率越高）；农药施用强度为 12.84 吨/千公顷，在全国的位次为第 16 名（排名越靠后强度越高）。

社会发展方面，人均 GDP 为 31259 元，位居全国第 9 位；服务业产值占 GDP 比例为 34.5%，在各省中排 21 位；城镇化率为 60.05%，在全国排名第 5 位；人均预期寿命为 73.34 岁，在全国列第 7 位；教育经费占 GDP 比例为 3.06%，排全国第 24 位；农村改水率为 57.90%，为全国第 21 位。

在协调程度方面，工业固体废物综合利用率为 47.86%，在全国排名第 25 位。工业污水达标排放率为 88.53%，在全国排第 20 位；城市生活垃圾无害化率为59.78%，列全国第19位；环境污染治理投资占GDP比重为1.22%，排在全国第13位；单位GDP能耗为1.62吨标准煤/万元，为全国第22位（排名越靠后能耗越大）；单位GDP水耗为68.25立方米/万元，在各省中排名第9位（排名越靠后水耗越大）；单位GDP二氧化硫排放量为0.0084吨/万元，在各省中列第18位（排名越靠后排放量越大）。如表8-1所示。

表8-1 辽宁省2008年生态文明建设评价结果

| 一级指标 | 二级指标 | 三级指标 | 指标数据 | 排名 | 等级 |
|---|---|---|---|---|---|
| 生态文明指数（ECI） | 生态活力 | 森林覆盖率 | 32.97% | 11 | 2 |
| | | 建成区绿化覆盖率 | 38.06% | 9 | 2 |
| | | 自然保护区的有效保护 | 10.36% | 12 | 2 |
| | 环境质量 | 地表水体质量 | 3.0分 | 25 | 3 |
| | | 环境空气质量 | 88.49% | 15 | 2 |
| | | 水土流失率 | 31.35% | 20 | 3 |
| | | 农药施用强度 | 12.84吨/千公顷 | 16 | 2 |
| | 社会发展 | 人均GDP | 31259元 | 9 | 2 |
| | | 服务业产值占GDP比例 | 34.5% | 21 | 3 |
| | | 城镇化率 | 60.05% | 5 | 2 |
| | | 人均预期寿命 | 73.34岁 | 7 | 2 |
| | | 教育经费占GDP比例 | 3.06% | 24 | 3 |
| | | 农村改水率 | 57.90% | 21 | 3 |
| | 协调程度 | 生态、资源、环境协调度 | 工业固体废物综合利用率 | 47.86% | 25 | 3 |
| | | | 工业污水达标排放率 | 88.53% | 20 | 3 |
| | | | 城市生活垃圾无害化率 | 59.78% | 19 | 3 |
| | | 生态、环境、资源与经济协调度 | 环境污染治理投资占GDP比重 | 1.22% | 13 | 2 |
| | | | 单位GDP能耗 | 1.62吨标准煤/万元 | 22 | 3 |
| | | | 单位GDP水耗 | 68.25立方米/万元 | 9 | 2 |
| | | | 单位GDP二氧化硫排放量 | 0.0084吨/万元 | 18 | 2 |

## （二）辽宁省生态文明建设年度进步率分析

进步率分析显示，辽宁省在2005～2006年度的总进步率为0.88%，排名全国进步率榜第23位。其中，生态活力的进步率为-0.52%，居全国第27位；环境质量的进步率为0.32%，居全国第13位；社会发展的进步率为1.29%，居全国第28位；协调程度的进步率为2.43%，居全国第21位。生态活力进步率为负值，这是自然保护区占辖区面积比重下降造成的。

2006～2007年度，辽宁省的总进步率略有上升，为1.36%，在全国进步率榜上的排名有所下滑，降到第28位。其中，生态活力的进步率为 - 0.99%，居全国第27位；环境质量的进步率为2.39%，居全国第10位；社会发展的进步率为0.95%，居全国第23位；协调程度的进步率为3.10%，居全国倒数第2位。自然保护区面积比例的继续缩小影响了生态活力的整体提高。

2007～2008年度，辽宁省的总进步率上升明显，为4.17%，在全国进步率榜上的排名也上升至第13位。其中，生态活力的进步率为0.32%，居全国第19位；环境质量的进步率为 - 1.01%，居全国第18位；社会发展的进步率为4.68%，居全国第15位；协调程度的进步率最显著，为12.70%，居全国第7位。生态活力方面，自然保护区面积比例仍然略有下滑，不过建成区绿化覆盖率有所提升，两者均衡使得生态活力整体水平没有退步。环境质量方面的退步与农药施用强度的加大有关，其他方面都保持在2007年原有水平。社会发展方面，仅有服务业产值占GDP比例有所下降。协调程度的提升体现在该领域的大部分三级指标的进步上，如工业固体废物综合利用率、城市生活垃圾无害化率等。值得注意的是，工业污水排放量2008年低于2007年，从95197万吨减少至83073万吨，达标排放率也持续下降（如图8 - 10所示）。此外，虽然工业固体废物综合利用率提高了8个百分点，但整体水平仍有相当大的提升空间。

综合2005～2008年的数据来看，辽宁省生态文明建设的总进步率一直在提高，在全国总进步率排名榜上分别排第23位、第28位和第13位。二级指标的进步率方面，生态活力经历2005～2007年的退步后，2007～2008年有了真正的进步，排名分别列全国第27位、第27位、第19位。在环境质量领域，前两个年度都有进步，第三个年度出现了退步，需要引起更多的关注。该领域排名分别列全国第13位、第10位、第18位。社会发展进步率三个年度都为正值，一直有进步，排名分别列全国第28位、第23位、第15位。协调程度整体保持进步，2007～2008年进步幅度很大，排名分别列全国第21位、第30位、第7位。就三级指标而言，不够稳定的是服务业对GDP增长的贡献率，以及教育经费占GDP比例。从比例上看，2008年两者相对2005年都退步了。工业污水达标排放率一直下降，而协调程度的整体进步率持续提高。环境污染治理投资占GDP比例2008年也低于2005年。如图8 - 2、8 - 3、8 - 4、8 - 5、8 - 6所示。

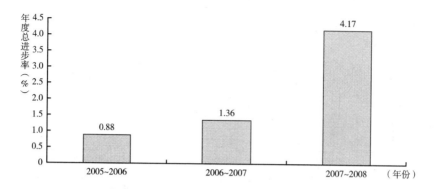

图 8 – 2　辽宁省 2005 ~ 2008 年度总进步率

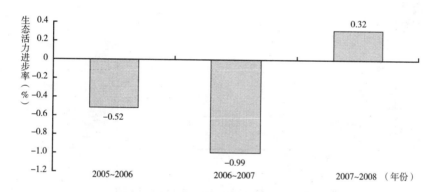

图 8 – 3　辽宁省 2005 ~ 2008 年生态活力进步率

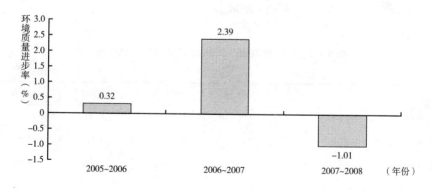

图 8 – 4　辽宁省 2005 ~ 2008 年环境质量进步率

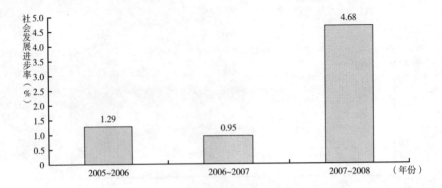

图 8 – 5　辽宁省 2005～2008 年社会发展进步率

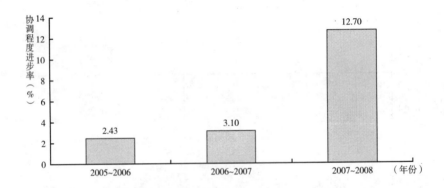

图 8 – 6　辽宁省 2005～2008 年协调程度进步率

对年度进步率产生较大影响的部分三级指标的变动情况，如表 8 – 2 和图 8 – 7、8 – 8、8 – 9、8 – 10、8 – 11 所示。

表 8 – 2　辽宁省 2005～2008 年部分指标变动情况

单位：%

|  | 2005 年 | 2006 年 | 2007 年 | 2008 年 |
|---|---|---|---|---|
| 自然保护区的有效保护 | 11. 2 | 10. 91 | 10. 41 | 10. 36 |
| 服务业产值占 GDP 比例 | 39. 6 | 38. 3 | 36. 6 | 34. 5 |
| 教育经费占 GDP 比例 | 3. 37 | 3. 42 | 2. 98 | 3. 06 |
| 工业污水达标排放率 | 95. 09 | 92. 91 | 92. 41 | 88. 53 |
| 环境污染治理投资占 GDP 比重 | 1. 61 | 1. 58 | 1. 14 | 1. 22 |

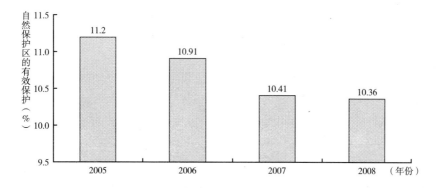

图 8 - 7 辽宁省 2005 ~ 2008 年自然保护区的有效保护

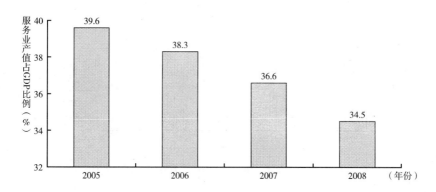

图 8 - 8 辽宁省 2005 ~ 2008 年服务业产值占 GDP 比例

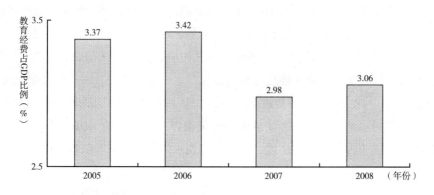

图 8 - 9 辽宁省 2005 ~ 2008 年教育经费占 GDP 比例

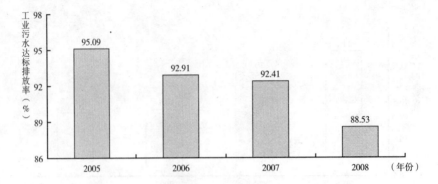

图 8 – 10　辽宁省 2005～2008 年工业污水达标排放率

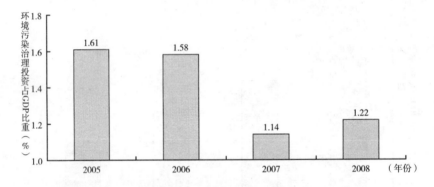

图 8 –11　辽宁省 2005～2008 年环境污染治理投资占 GDP 比重

### （三）辽宁省生态文明建设的政策建议

与全国水平相比，2008 年辽宁省生态文明建设没有特别突出的全国领先优势，但也没有特别落后的领域，整体水平较好。通过具体指标分析可以发现，辽宁省所有的指标水平都处在第二等级和第三等级，其中第二等级指标有 11 个，第三等级指标有 9 个。处于第三等级的指标有地表水体质量、水土流失率、服务业产值占 GDP 比例、教育经费占 GDP 比例、农村改水率、工业固体废物综合利用率、工业污水达标排放率、城市生活垃圾无害化率和单位 GDP 能耗。上述这些方面需要辽宁省重点加强建设，尤其是地表水体质量方面，亟待改进提高。工业固体废物综合利用率还不到 50%，也有很大进步潜力。

针对上述情况，建议辽宁省生态文明建设应在以下几个方面做出努力。

在生态活力方面，要加强自然保护区的有效保护力度，扭转自然保护区面积比例下降的趋势，促进生态活力进步。

在环境质量方面，在遏制农药施用强度不断加大的同时，加大水土流失治理力度，将河流水污染治理作为重中之重。

在社会发展方面，加快产业结构调整，促进服务业产值占 GDP 比例的提升，扭转该指标比重逐年降低的趋势，提高教育经费占 GDP 比例，扩大农村改水受益范围。

在协调程度方面，9 个第三等级的指标中的 4 个都属于该领域，应引起足够的重视。需切实提高工业固体废物综合利用率、工业污水达标排放率；进一步降低单位 GDP 能耗；推进城市垃圾无害化处理相关硬件设施的建设，提高处理率。

作为一个以重工业为主的老工业基地，辽宁在经济发展的过程中给生态环境带来许多压力，而环境污染反过来也会造成较高比例的经济损失。建设生态文明，转变经济增长方式，对辽宁省来说有非常重要的意义。2007 年，辽宁省被列入国家生态省建设试点，开始进行生态省建设。近年来，辽宁省积极探索社会经济发展与生态环境建设双赢的道路，是全国第一个循环经济试点省。辽宁省在建设生态文明的过程中，非常重视城市和乡村建设的统筹，已规划建立以沈阳为中心的辽中七城市"国家环境保护模范城市群"；同时辽宁也是"国家农村小康环保行动计划"试点省份。辽宁省在巩固已有的生态文明建设成效的基础上，积极推进现代生态文明建设的四大方面均衡发展，将会取得更大进步。

# 二　黑龙江

黑龙江简称"黑"，省会为哈尔滨。黑龙江省的地势大致是西北部、北部和东南部高，东北部、西南部低；主要由山地、台地、平原和水面构成。全省总面积 45.26 万平方公里，城市建成区面积为 1524.2 平方公里。黑龙江属寒温带—温带湿润—半湿润季风气候。冬季长而寒冷，夏季短而凉爽，南北温差大，北部甚至长冬无夏。全省年平均气温多在 −5℃ ~ 5℃，年平均降水量 300 ~ 700 毫米。2008 年，黑龙江总人口 3825 万，人口密度为 85 人/平方公里，地区生产总值 8310.00 亿元。

## （一）黑龙江省 2008 年生态文明建设状况

2008 年，黑龙江省生态文明指数综合得分为 72.31，排名全国第 15 位。其中生态活力得分为 26.31（总分为 36 分），属于第一等级；环境质量得分为

12.80（总分为 24 分），属于第三等级；社会发展得分为 13.88（总分为 24 分），属于第三等级；协调程度得分为 19.32（总分为 36 分），属于第三等级。其基本特征是，生态活力居全国上游，环境质量、社会发展和协调程度居全国中下游。在生态文明建设的类型上，属于相对均衡型。如图 8 - 12 所示。

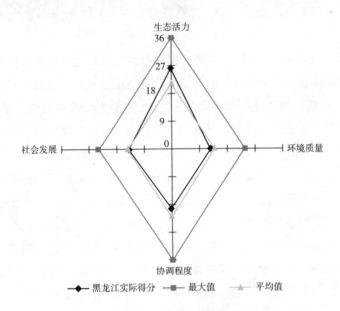

**图 8 - 12　2008 年黑龙江省生态文明建设评价雷达图**

具体来看，在生态活力方面，森林覆盖率为 39.54%，排名全国第 9 位；建成区绿化覆盖率为 31.39%，排在全国第 24 位；自然保护区占辖区面积比重为 13.59%，为全国第 7 位。

在环境质量方面，地表水体质量得分为 4.0 分，在全国列第 21 位；空气质量达到二级以上天数占全年比重为 84.38%，在全国排名第 19 位；在水土流失的有效治理方面，水土流失率为 21.98%，居全国第 16 位（排名越靠后流失率越大）；农药施用强度为 5.28 吨/千公顷，为全国第 8 位（排名越靠后强度越高）。

社会发展方面，人均 GDP 为 21727 元，排在各省第 13 位；服务业产值占 GDP 比例为 34.4%，排名全国第 22 位；城镇化率为 55.40%，列全国第 7 名；人均预期寿命为 72.37 岁，位居全国第 13 名；教育经费占年 GDP 比例为 3.29%，排名全国第 19 位；农村改水率为 61.50%，在全国排名第 15 位。

在协调程度方面，工业固体废物综合利用率为73.77%，在全国排名第13位；工业污水达标排放率为86.78%，排全国第23名；城市生活垃圾无害化率为26.42%，在全国排最末位（西藏无数据）；环境污染治理投资占GDP比重为1.19%，列全国第14位；单位GDP能耗为1.29吨标准煤/万元，排名全国第17位（排名越靠后能耗越大）；单位GDP水耗为184.91立方米/万元，居全国第25位（排名越靠后水耗越大）；单位GDP二氧化硫排放量为0.0061吨/万元，为全国第13位（排名越靠后排放量越大）。如表8-3所示。

表8-3　黑龙江省2008年生态文明建设评价结果

| 一级指标 | 二级指标 | 三级指标 | 指标数据 | 排名 | 等级 |
|---|---|---|---|---|---|
| 生态文明指数（ECI） | 生态活力 | 森林覆盖率 | 39.54% | 9 | 2 |
| | | 建成区绿化覆盖率 | 31.39% | 24 | 3 |
| | | 自然保护区的有效保护 | 13.59% | 7 | 2 |
| | 环境质量 | 地表水体质量 | 4.0分 | 21 | 3 |
| | | 环境空气质量 | 84.38% | 19 | 3 |
| | | 水土流失率 | 21.98% | 16 | 2 |
| | | 农药施用强度 | 5.28吨/千公顷 | 8 | 2 |
| | 社会发展 | 人均GDP | 21727元 | 13 | 3 |
| | | 服务业产值占GDP比例 | 34.4% | 22 | 3 |
| | | 城镇化率 | 55.40% | 7 | 2 |
| | | 人均预期寿命 | 72.37岁 | 13 | 2 |
| | | 教育经费占GDP比例 | 3.29% | 19 | 3 |
| | | 农村改水率 | 61.50% | 15 | 3 |
| | 生态、资源、环境协调度 | 工业固体废物综合利用率 | 73.77% | 13 | 2 |
| | | 工业污水达标排放率 | 86.78% | 23 | 3 |
| | | 城市生活垃圾无害化率 | 26.42% | 30 | 4 |
| | 生态、环境、资源与经济协调度 | 环境污染治理投资占GDP比重 | 1.19% | 14 | 2 |
| | | 单位GDP能耗 | 1.29吨标准煤/万元 | 17 | 2 |
| | | 单位GDP水耗 | 184.91立方米/万元 | 25 | 3 |
| | | 单位GDP二氧化硫排放量 | 0.0061吨/万元 | 13 | 2 |

（注：协调程度 为 一级指标对应"协调程度"）

## （二）黑龙江省生态文明建设年度进步率分析

进步率分析显示，黑龙江省2005～2006年度的总进步率为0.44%，排名全国进步率榜第25位。其中，生态活力的进步率为7.81%，居全国第5位；环境

质量的进步率为 -6.56%，居全国第 30 位；社会发展的进步率为 2.06%，居全国第 25 位；协调程度的进步率为 -1.56%，居全国第 27 位。在协调程度方面，工业固体废物综合利用率、工业污水达标排放率和城市生活垃圾无害化率都出现了退步，其中生活垃圾的处理率下降了 8.9 个百分点。环境质量的退步主要体现在地表水体质量的下降上。如表 8 -4 所示。

2006~2007 年度，黑龙江省的总进步率略有上升，为 2.86%，在全国进步率榜上的排名上升至第 23 位。其中，生态活力的进步率为 3.27%，居全国第 7 位；环境质量的进步率为 4.61%，居全国第 8 位；社会发展的进步率为 0.54%，为全国第 24 位；协调程度的进步率为 3.02%，居全国末位。地表水体质量在 2005~2006 年度下滑后得到了控制，上升到优于 2005 年的水平，并一直保持。如表 8 -4 所示。

2007~2008 年度，黑龙江省的总进步率上升幅度较大，为 7.76%，在全国进步率榜上的排名跃居第 2 位。其中，生态活力的进步率为 4.39%，居全国第 3 位；环境质量的进步率为 7.70%，居全国首位；社会发展的进步率为 4.33%，为全国第 21 位；协调程度的进步率为 14.61%，上升至全国第 5 位。环境质量方面，本年度整体水平显著提高，与农药施用强度的下降有关。2008 年（62422 吨）农药施用总量比 2007 年（81706 吨）少了 19284 吨，这使得 2008 年的农药施用强度仅为 2007 年的 77%，但仍然没有恢复到 2005 年的施用强度水平，因为 2007 年农药的施用总量达到了 2005 年总量（47478 吨）的 1.7 倍以上，短时间内难以完全恢复。工业污水达标排放率虽然在 2006~2007 年连续退步，但 2008 年已经超过了 2007 年的水平，有待回升到 2005 年的水平。如表 8 -4 所示。

综合 2005~2008 年的数据来看，黑龙江省生态文明建设的总进步率上升势头明显，在全国总进步率排名榜上分别位列第 25 位、第 23 位和第 2 位。在二级指标的进步率方面，生态活力的进步率始终稳居全国前列，三个年度分列全国第 5 位、第 7 位和第 3 位。在环境质量方面更是表现突出，仅用一年时间就从全国第 30 位提升至第 8 位，并于 2007~2008 年跃居全国第 1 位。黑龙江省的社会发展与协调程度的进步率虽然在全国排名较为靠后，但基本保持正值，相对位置稳中有升，显示了持续进步的总体态势。其社会发展进步率三个年度分列全国第 25 位、第 24 位和第 21 位。该领域中，服务业产值占 GDP 比例、城镇化率、农村改水率等一直在提高，在进步幅度上还可继续保持。协调程度进步率在经历了 2005~2006 年的负值进步（全国第 27 位）后，2006~2007 年开始走上了正值进

步（全国第 31 位）的轨道，并于 2007～2008 年跃居全国第 5 位。如图 8－13、
8－14、8－15、8－16、8－17 所示。

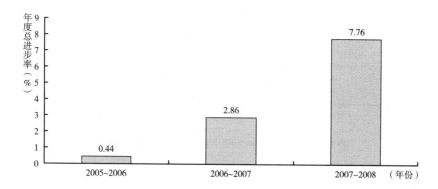

图 8－13 黑龙江省 2005～2008 年度总进步率

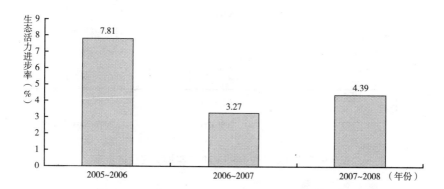

图 8－14 黑龙江省 2005～2008 年生态活力进步率

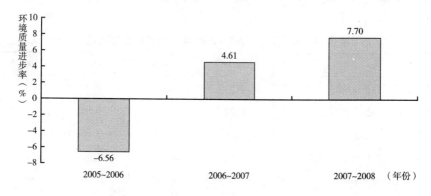

图 8－15 黑龙江省 2005～2008 年环境质量进步率

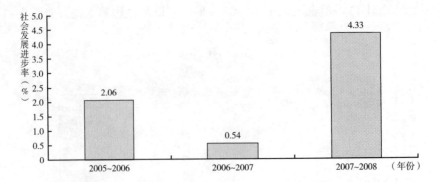

图 8 – 16　黑龙江省 2005～2008 年社会发展进步率

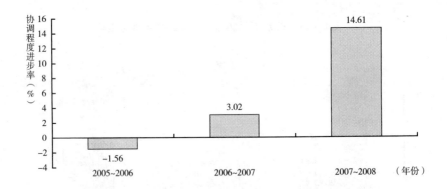

图 8 – 17　黑龙江省 2005～2008 年协调程度进步率

　　对年度进步率产生较大影响的部分三级指标的变动情况，如表 8 – 4 和图 8 – 18、8 – 19、8 – 20、8 – 21、8 – 22、8 – 23 所示。

表 8 – 4　黑龙江省 2005～2008 年部分指标变动情况

|  | 2005 年 | 2006 年 | 2007 年 | 2008 年 |
| --- | --- | --- | --- | --- |
| 地表水体质量（分） | 3.5 | 2.5 | 4.0 | 4.0 |
| 农药施用强度（吨/千公顷） | 4.03 | 4.03 | 6.90 | 5.28 |
| 教育经费占 GDP 比例（%） | 3.84 | 3.78 | 3.16 | 3.29 |
| 工业固体废物综合利用率（%） | 74.80 | 72.84 | 71.71 | 73.77 |
| 工业污水达标排放率（%） | 92.47 | 87.82 | 85.39 | 86.78 |
| 城市生活垃圾无害化率（%） | 32.27 | 23.34 | 22.97 | 26.42 |

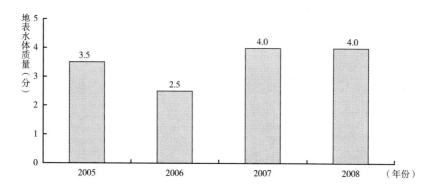

**图 8-18 黑龙江省 2005~2008 年地表水体质量**

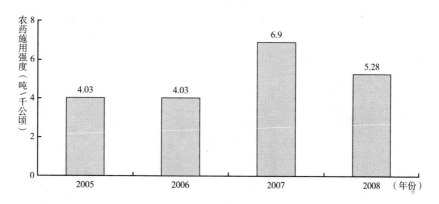

**图 8-19 黑龙江省 2005~2008 年农药施用强度**

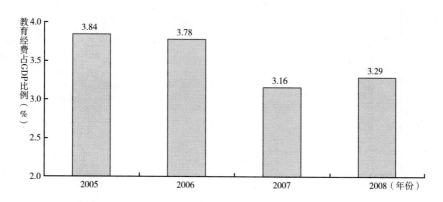

**图 8-20 黑龙江省 2005~2008 年教育经费占 GDP 比例**

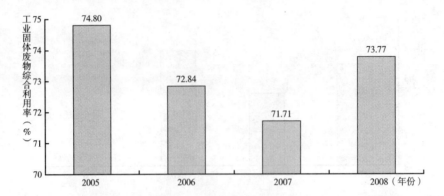

图 8-21　黑龙江省 2005～2008 年工业固体废物综合利用率

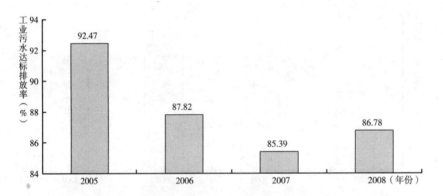

图 8-22　黑龙江省 2005～2008 年工业污水达标排放率

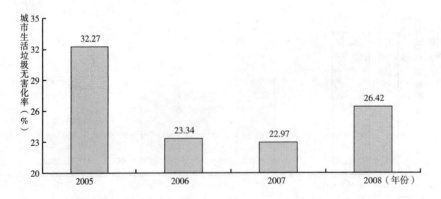

图 8-23　黑龙江省 2005～2008 年城市生活垃圾无害化率

### （三）黑龙江省生态文明建设的政策建议

黑龙江省生态文明建设整体状态适中，体现出进步的趋势。通过具体指标的分析可以发现，2008年黑龙江省除城市生活垃圾无害化率这个三级指标处于第四等级外，其他指标都处于第二等级和第三等级。其中第二等级的指标10个，第三等级的指标9个。处于第三等级的指标有：建成区绿化覆盖率、地表水体质量、环境空气质量、人均GDP、服务业产值占GDP比例、教育经费占GDP比例、农村改水率、工业污水达标排放率、单位GDP水耗。城市生活垃圾无害化率以及这些第三等级指标所在的领域，是黑龙江需要重点建设的领域。这些相关领域近年来多呈现进步势头，如建成区绿化覆盖率一直都在提高，但与高水平仍有一定距离。

针对上述情况，建议黑龙江省生态文明建设应在以下几个方面做出努力。

在生态活力方面，继续提高建成区绿化覆盖率，保持生态活力领域建设的进步态势。

在环境质量方面，促进河流水质的持续改善，防止水质退化；在稳定环境空气质量水平的基础上进一步提高二级以上天数比例；注意控制农药施用强度的进一步升高，保持该指标的相对优势。

在社会发展方面，在加快经济发展的同时促进产业转型，促进服务业发展；加大教育投资力度，使该比例稳中有升；稳步提升农村改水率。

在协调程度方面，针对城市生活垃圾无害化率，在加大城市垃圾收集力度的基础上，兴建垃圾处理场（厂），推进环境基础设施建设。此外，还需要稳定并提高工业污水达标排放率，降低单位GDP水耗。

黑龙江省的生态文明建设已经全面展开。2000年，黑龙江省被中国国家环保总局批准为全国第三个生态省建设试点，计划建成从省到村的生态示范区体系网络。至2009年，各类生态示范区及生态示范区建设试点总数已达320个。在实施东北老工业基地振兴战略的同时，黑龙江省还启动实施了天然林资源保护、退耕还林、野生动物与自然保护区建设、节能减排等一批重点生态工程，在经济发展的同时不放松生态环境的保护，并努力加大相关法规制度的规范力度。这些举措都取得了实际的效果，显示了黑龙江省在生态文明建设方面的实力。

# 三　湖南

湖南省简称"湘"，位于中国中南部长江中游以南，大部分位于洞庭湖以南。省会为长沙。湖南东、南、西三面山地环绕，中部和北部地势低平，呈马蹄形的丘陵型盆地。湖南辖区面积 21.18 万平方公里，城市建成区面积为 1195.3 平方公里。辖区内中、低山与丘陵占 70.2%，岗地与平原占 24.5%，河流湖泊水域占 5.3%。湖南气候为具有大陆性特点的亚热带季风湿润气候，既有大陆性气候的光温丰富特点，又有海洋性气候的雨水充沛、空气湿润特征，气候温暖，四季分明，热量充足，雨水集中，春温多变，夏秋多旱，严寒期短，暑热期长。各地年平均气温一般为 16℃~18℃，冬寒冷而夏酷热，春温多变，秋温陡降。年平均降雨量 1200~1700 毫米，但时空分布很不均匀，4~10 月集中了全年降雨量的 68%~84%。2008 年，湖南省总人口 6380 万人，人口密度 301 人/平方公里，地区生产总值 11156.64 亿元。

## （一）湖南省 2008 年生态文明建设状况

2008 年，湖南省生态文明指数综合得分为 70.47，排名全国第 16 位。其中生态活力得分为 24.46（总分为 36 分），属于第二等级；环境质量得分为 12.80（总分为 24 分），属于第三等级；社会发展得分为 12.00（总分为 24 分），属于第四等级；协调程度得分为 21.21（总分为 36 分），属于第二等级。其基本特征是，生态活力和协调程度居全国中上游，环境质量居全国中下游，社会发展居全国下游。在生态文明建设的类型上，属于相对均衡型。如图 8-24 所示。

具体来看，在生态活力方面，森林覆盖率为 40.63%，排在全国第 8 名；建成区绿化覆盖率为 35.83%，位居全国第 16 位；自然保护区占辖区面积比重为 5.29%，全国排名第 23 位。

在环境质量方面，地表水体质量得分为 7.0 分，在全国列第 11 位；空气质量达到二级以上天数占全年比重为 90.14%，排在全国第 12 名；水土流失率为 19.12%，列全国第 14 名（排名越靠后流失率越大）；农药施用强度为 29.75 吨/千公顷，居全国第 25 位（排名越靠后强度越高）。

社会发展方面，人均 GDP 为 17521 元，在全国各省中排第 21 位；服务业产值占 GDP 比例为 37.8%，排在全国第 16 位；城镇化率为 42.15%，排在全国第

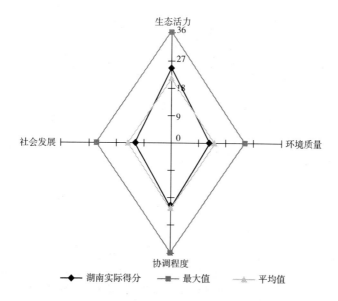

图 8 - 24　2008 年湖南省生态文明建设评价雷达图

18 位；人均预期寿命为 70.66 岁，列全国第 21 位；教育经费占 GDP 比例为 3.76%，排在全国第 17 位；农村改水率为 58.10%，在全国列第 20 位。

在协调程度方面，工业固体废物综合利用率为 80.38%，全国排名第 9 位；工业污水达标排放率为 92.11%，位居全国第 17 名；城市生活垃圾无害化率为 59.52%，在国内排名第 20 位；环境污染治理投资占 GDP 比重为 0.82%，为全国第 22 位；单位 GDP 能耗为 1.23 吨标准煤/万元，在各省中排名第 14 位（排名越靠后能耗越大）；单位 GDP 水耗为 121.52 立方米/万元，列全国第 18 位（排名越靠后水耗越大）；单位 GDP 二氧化硫排放量为 0.0075 吨/万元，排名全国第 15 位（排名越靠后排放量越大）。如表 8 - 5 所示。

## （二）湖南省生态文明建设年度进步率分析

进步率分析显示，湖南省 2005～2006 年度的总进步率为 3.47%，排名全国进步率榜第 15 位。其中，生态活力的进步率为 1.78%，居全国第 17 位；环境质量的进步率为 - 2.68%，居全国第 23 位；社会发展的进步率为 2.44%，居全国第 22 位；协调程度的进步率为 12.35%，居全国第 6 位。环境质量出现了退步，原因在于地表水体质量的退化，得分从 8.0 分下降至 6.0 分。如表 8 - 6 所示。

表 8 – 5  湖南省 2008 年生态文明建设评价结果

| 一级指标 | 二级指标 | | 三级指标 | 指标数据 | 排名 | 等级 |
|---|---|---|---|---|---|---|
| 生态文明指数（ECI） | 生态活力 | | 森林覆盖率 | 40.63% | 8 | 2 |
| | | | 建成区绿化覆盖率 | 35.83% | 16 | 2 |
| | | | 自然保护区的有效保护 | 5.29% | 23 | 3 |
| | 环境质量 | | 地表水体质量 | 7.0 分 | 11 | 2 |
| | | | 环境空气质量 | 90.14% | 12 | 2 |
| | | | 水土流失率 | 19.12% | 14 | 2 |
| | | | 农药施用强度 | 29.75 吨/千公顷 | 25 | 4 |
| | 社会发展 | | 人均 GDP | 17521 元 | 21 | 3 |
| | | | 服务业产值占 GDP 比例 | 37.8% | 16 | 3 |
| | | | 城镇化率 | 42.15% | 18 | 3 |
| | | | 人均预期寿命 | 70.66 岁 | 21 | 3 |
| | | | 教育经费占 GDP 比例 | 3.76% | 17 | 3 |
| | | | 农村改水率 | 58.10% | 20 | 3 |
| | 协调程度 | 生态、资源、环境协调度 | 工业固体废物综合利用率 | 80.38% | 9 | 2 |
| | | | 工业污水达标排放率 | 92.11% | 17 | 2 |
| | | | 城市生活垃圾无害化率 | 59.52% | 20 | 3 |
| | | 生态、环境、资源与经济协调度 | 环境污染治理投资占 GDP 比重 | 0.82% | 22 | 3 |
| | | | 单位 GDP 能耗 | 1.23 吨标准煤/万元 | 14 | 2 |
| | | | 单位 GDP 水耗 | 121.52 立方米/万元 | 18 | 3 |
| | | | 单位 GDP 二氧化硫排放量 | 0.0075 吨/万元 | 15 | 2 |

2006～2007 年度，湖南省的总进步率有所上升，为 4.25%，在全国进步率榜上的排名也上升至第 10 位。其中，生态活力的进步率为 0.93%，居全国第 17 位；环境质量的进步为 6.00%，居全国第 5 位；社会发展的进步率为 2.07%，为全国第 18 位；协调程度的进步率为 8.01%，居全国第 26 位。地表水体质量得到了控制，空气质量达到二级以上天数占全年比重得到提高，抵消了农药施用强度加大带来的退步。但在协调程度的大部分三级指标进步的同时，工业固体废物综合利用率和工业污水达标排放率略有下降。

2007～2008 年度，湖南省的总进步率进一步提高，为 5.38%，在全国进步率榜上的排名继续上升，排名第 7 位。其中，生态活力的进步率为 0.55%，居全国第 18 位；环境质量的进步率为 1.44%，保持在全国第 5 位；社会发展的进步率为 4.49%，也保持在全国第 18 位；协调程度的进步率最大，为 15.04%，居全国第 4 位。环境质量从 2006 年到 2008 年一直保持进步态势。空气质量达到二级以上天数的比例占到了 2008 年的 80% 以上。不足的是，农药施用强度一直在增加，这也是绝大多数省份共同面临的问题。社会发展方面，总体的发展趋势是进步的，但可以看到服务业产值占 GDP 比例已经两年持续下降。湖南省总进步率的持续提升，与协调程度方面建设的不断进步分不开。就 2007~2008 年来说，各项正指标数值均有不同程度的增长，各项逆指标数值都有不同程度的缩减。

综合 2005~2008 年的数据来看，湖南省生态文明建设的总进步率一直保持平稳上升的态势，全国排名分别为第 15 位、第 10 位和第 7 位。在二级指标的进步率方面，生态活力的进步率处于全国中游水平，三个年度分列全国第 17 位、第 17 位和第 18 位；环境质量明显改善，进步率由负值转向正值进步，三个年度分列全国第 23 位、第 5 位和第 5 位；社会发展与协调程度的进步率都能够保持正值，虽然不同年份进步率的数值有大有小，但保持了持续进步的总体态势，其中社会发展进步率三个年度分列全国第 22 位、第 18 位和第 18 位；湖南省的协调程度进步率三个年度分列全国第 6 位、第 26 位和第 4 位，虽然相对排名大起大落，但进步趋势稳定。如图 8-25、8-26、8-27、8-28、8-29 所示。

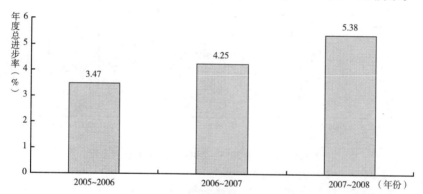

**图 8-25　湖南省 2005~2008 年度总进步率**

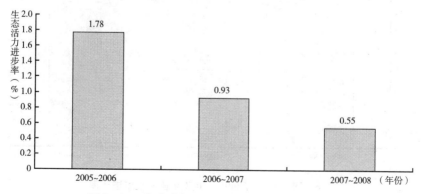

**图 8-26　湖南省 2005~2008 年生态活力进步率**

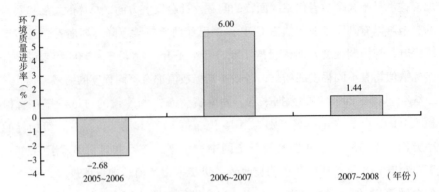

图 8 - 27　湖南省 2005～2008 年环境质量进步率

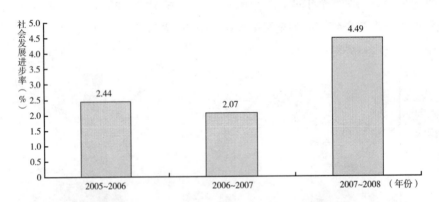

图 8 - 28　湖南省 2005～2008 年社会发展进步率

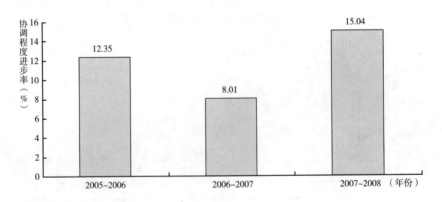

图 8 - 29　湖南省 2005～2008 年协调程度进步率

对年度进步率产生较大影响的部分三级指标的变动情况，如表 8 - 6 和图 8 - 30、8 - 31、8 - 32、8 - 33、8 - 34 所示。

表 8 - 6　湖南省 2005 ~ 2008 年部分指标变动情况

|  | 2005 年 | 2006 年 | 2007 年 | 2008 年 |
|---|---|---|---|---|
| 地表水体质量(分) | 8.0 | 6.0 | 7.0 | 7.0 |
| 环境空气质量(%) | 67.12 | 76.71 | 82.74 | 90.14 |
| 服务业产值占 GDP 比例(%) | 40.5 | 40.8 | 39.8 | 37.8 |
| 教育经费占 GDP 比例(%) | 4.18 | 4.27 | 3.63 | 3.76 |
| 工业污水达标排放率(%) | 89.74 | 91.60 | 89.83 | 92.11 |

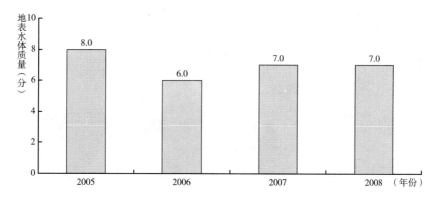

图 8 - 30　湖南省 2005 ~ 2008 年地表水体质量

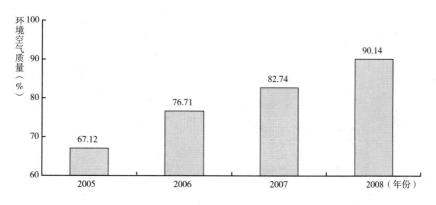

图 8 - 31　湖南省 2005 ~ 2008 年环境空气质量

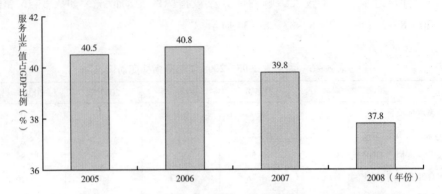

图 8 – 32　湖南省 2005～2008 年服务业产值占 GDP 比例

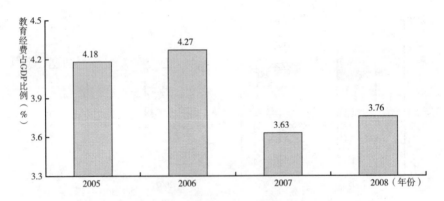

图 8 – 33　湖南省 2005～2008 年教育经费占 GDP 比例

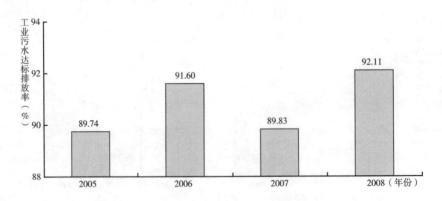

图 8 – 34　湖南省 2005～2008 年工业污水达标排放率

### （三）湖南省生态文明建设的政策建议

与全国水平相比，2008 年湖南省的生态文明建设总体态势良好。通过具体指标的分析可以发现，2008 年湖南省处于第二等级的指标有 9 个，第三等级的指标有 10 个，第四等级的指标有 1 个，绝大部分指标处于第二等级和第三等级。处于第三等级的指标有：自然保护区的有效保护、人均 GDP、服务业产值占GDP 比例、城镇化率、人均预期寿命、教育经费占 GDP 比例、农村改水率、城市生活垃圾无害化率、环境污染治理投资占 GDP 比重、单位 GDP 水耗。这些相关指标都是湖南省需要加强和重点建设的，需要在已有成绩的基础上进一步推进。此外，尤其需要重视的是农药施用强度，目前该指标处于第四等级。生态文明建设的各个方面是相互联系的整体，所以应仔细分析自身存在的不足，以促进生态文明建设总体水平的提高。

针对上述情况，建议湖南省生态文明建设应在以下几个方面做出努力。

在生态活力方面，在城镇化建设不断推进的同时，加快城区绿化建设的步伐，进一步提高自然保护区的有效保护力度。

在环境质量方面，该领域指标除农药施用强度外均处于第二等级，应采取有效措施切实降低农药施用强度；并将该领域其他指标的显著进步态势保持下去，继续保持空气质量达到二级以上天数占全年比重进步的趋势，力争地表水体质量恢复至 2005 年的水平。

在社会发展方面，该领域指标均处在第三等级，均有待继续加强建设。其中，尤其应遏制服务业产值占 GDP 比重下滑的趋势，加快产业结构调整。其他领域则在不断进步的基础上继续提高。

在协调程度方面，城市生活垃圾无害化率近年来已有明显提高，但还需继续提升才能更接近先进水平；单位 GDP 水耗也是如此。工业固体废物综合利用率有相对的领先优势，应继续保持。此外，应稳步提高工业污水达标排放率。

湖南省在经济社会发展的过程中，已经明确意识到建设资源节约型、环境友好型社会在工业化、现代化发展中的重要战略地位。2006 年，湖南省提出了建设"生态湖南"的战略设想，并全面展开生态文明建设。与此同时，湖南省大力发展循环经济，转变经济发展方式；注重节约资源和能源，狠抓节能减排工作；全面实施生态工程，推进生态环境保护和治理。例如，展开洞庭湖治污计划、湘江流域综合治理行动；推进政府重点林业工程，实施农村能源建设，加强生态旅游建设等。目前，湖南省已完成 25 个国家级环境优美乡镇建设，55 个国家级生态村的省级验收，现正在申报省级环境优美乡镇（70 个）、省级生态村（172 个）。湖南的生态文明建设正朝着良性发展的方向前进。

# 四　云南

云南省简称"云"或"滇"，位于中国西南边陲，属青藏高原南延部分，地形极为复杂，大体上，西北部是高山深谷的横断山区，东部和南部是云贵高原。省会为昆明。云南总面积 38.31 万平方公里，城市建成区面积为 623.8 平方公里。辖区面积中，山地约占 84%，高原、丘陵约占 10%，盆地、河谷约占 6%。云南受地理位置、地形地貌，以及南孟加拉高压气流影响，形成高原季风气候，大部分地区冬暖夏凉，四季如春。全省气候类型丰富多样，有北热带、南亚热带、中亚热带、北亚热带、南温带、中温带和高原气候区共 7 个气候类型。云南各地的年平均温度 5℃~24℃，由北向南递增，南北气温相差达 19℃左右。全省大部分地区年降水量在 1100 毫米，但降水的季节、地域分配极不均匀。降水量最多的是 6~8 月，约占全年降水量的 60%。2008 年，云南总人口 4543 万，人口密度 119 人/平方公里，地区生产总值 5700.10 亿元。

## （一）云南省 2008 年生态文明建设状况

2008 年，云南省生态文明指数综合得分为 70.45，排名全国第 17 位。其中生态活力得分为 22.62（总分为 36 分），属于第二等级；环境质量得分为 15.2（总分为 24 分），属于第二等级；社会发展得分为 12.94（总分为 24 分），属于第三等级；协调程度得分为 19.69（总分为 36 分），属于第三等级。其基本特征是，生态活力和环境质量处于全国中上游水平，社会发展和协调程度处于全国中下游水平。在生态文明建设的类型上，属于相对均衡型。如图 8 - 35 所示。

具体来看，在生态活力方面，森林覆盖率为 40.77%，排在全国第 7 位；建成区绿化覆盖率为 32.04%，排名全国第 21 位；自然保护区占辖区面积比重为 7.21%，位居全国第 16 名。

在环境质量方面，地表水体质量得分为 6.5 分，在全国各省中列第 14 位；空气质量达到二级以上天数占全年比重为 100%，与海南同居全国首位；水土流

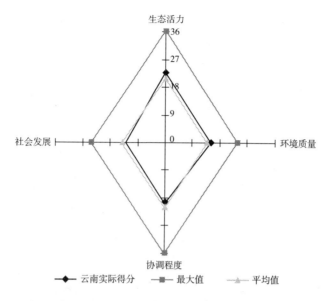

图8-35　2008年云南省生态文明建设评价雷达图

失率为36.15%，居全国第23位（排名越靠后流失率越大）；农药施用强度为7.06吨/千公顷，列全国第10位（排名越靠后强度越大）。

社会发展方面，人均GDP为12587元，排在全国第29位；服务业产值占GDP比例为39.1%，居全国第11位；城镇化率为33.0%，位列全国第28位；人均预期寿命为65.49岁，在全国排第30位；教育经费占GDP比例为4.84%，排全国第6名；农村改水率为59.20%，排在全国第18位。

在协调程度方面，工业固体废物综合利用率为47.92%，位列全国第24名；工业污水达标排放率为92.66%，排在全国第16名；城市生活垃圾无害化率为79.96%，在全国排名第9名；环境污染治理投资占GDP比重为0.77%，与福建在各省中并列第25位；单位GDP能耗为1.56吨标准煤/万元，列全国第21名（排名越靠后能耗越大）；单位GDP水耗为156.45立方米/万元，列全国第22名（排名越靠后水耗越大）；单位GDP二氧化硫排放量为0.0088吨/万元，列全国第19位（排名越靠后排放量越大）。如表8-7所示。

## （二）云南省生态文明建设年度进步率分析

进步率分析显示，云南省在2005～2006年度的总进步率为-0.39%，排名全国进步率榜第28位。其中，生态活力的进步率为1.72%，居全国第19位；环

表 8 – 7　云南省 2008 年生态文明建设评价结果

| 一级指标 | 二级指标 | 三级指标 | 指标数据 | 排名 | 等级 |
|---|---|---|---|---|---|
| 生态文明指数（ECI） | 生态活力 | 森林覆盖率 | 40.77% | 7 | 2 |
| | | 建成区绿化覆盖率 | 32.04% | 21 | 3 |
| | | 自然保护区的有效保护 | 7.21% | 16 | 3 |
| | 环境质量 | 地表水体质量 | 6.5 分 | 14 | 2 |
| | | 环境空气质量 | 100% | 1 | 1 |
| | | 水土流失率 | 36.15% | 23 | 3 |
| | | 农药施用强度 | 7.06 吨/千公顷 | 10 | 2 |
| | 社会发展 | 人均 GDP | 12587 元 | 29 | 3 |
| | | 服务业产值占 GDP 比例 | 39.1% | 11 | 2 |
| | | 城镇化率 | 33.0% | 28 | 4 |
| | | 人均预期寿命 | 65.49 岁 | 30 | 4 |
| | | 教育经费占 GDP 比例 | 4.84% | 6 | 2 |
| | | 农村改水率 | 59.20% | 18 | 3 |
| | 协调程度 | 生态、资源、环境协调度 | 工业固体废物综合利用率 | 47.92% | 24 | 3 |
| | | | 工业污水达标排放率 | 92.66% | 16 | 2 |
| | | | 城市生活垃圾无害化率 | 79.96% | 9 | 2 |
| | | 生态、环境、资源与经济协调度 | 环境污染治理投资占 GDP 比重 | 0.77% | 25 | 3 |
| | | | 单位 GDP 能耗 | 1.56 吨标准煤/万元 | 21 | 3 |
| | | | 单位 GDP 水耗 | 156.45 立方米/万元 | 22 | 3 |
| | | | 单位 GDP 二氧化硫排放量 | 0.0088 吨/万元 | 19 | 2 |

境质量的进步率为 – 1.56%，居全国第 20 位；社会发展的进步率为 0.47%，居全国第 30 位；协调程度的进步率为 – 2.19%，居全国第 28 位。环境质量的下降主要是地表水体质量下降造成的。协调程度的退步与城市生活垃圾无害化率的大幅度下降有关，本年度直线下降了 47.96 个百分点。如表 8 – 8 所示。

2006～2007 年度，云南省的总进步率从负转正，为 6.67%，在全国进步率榜上的排名，也上升到第 5 位。其中，生态活力的进步率为 6.61%，居全国第 4 位；环境质量的进步率为 – 7.66%，居全国第 28 位；社会发展的进步率为 3.89%，居全国第 7 位；协调程度的进步率为 23.85%，也居全国第 4 位。环境质量受到地表水体质量下降、农药施用强度上升的影响，退步速度加快。协调程度方面，生活垃圾无害化率上升了 46.15 个百分点，接近 2005 年的水平。

2007～2008 年度，云南省的总进步率为 0.62%，进步的速度放慢，位列全国进步率榜第 29 名。其中，生态活力的进步率为 −9.77%，居全国各省末位；环境质量的进步率为 −4.40%，居全国第 29 位；社会发展的进步率为 4.34%，居全国第 20 位；协调程度的进步率为 12.29%，居全国第 8 位。在生态活力方面，本年度云南自然保护区占辖区面积比重下降了 3.52 个百分点，使得该指标数值跌落到 10% 以内。环境质量方面，农药施用强度伴随着农药施用总量的上升和耕地面积的缩小继续上升。社会发展方面，与之类似，教育经费占 GDP 比例有所下降，但幅度很小。从协调程度看，除城市生活垃圾无害化率有微小的下降外，其他方面均有不同程度的进步。

综合 2005～2008 年的数据来看，云南省生态文明建设的总进步率变动明显，呈现为两头低中间高。三个年度的总进步率排名分别是第 28 位、第 5 位和第 29 位。在二级指标的进步率方面，生态活力的进步率退步明显，2007～2008 年变动至全国最末位，三个年度分列全国第 19 位、第 4 位和第 31 位；而环境质量方面表现不够令人满意，三个年度的进步率全是负值，分列全国第 20 位、第 28 位和第 29 位；社会发展与协调程度的进步率基本保持正值，虽然不同年份进步率的数值有大有小、相对位置也时升时降，但保持了持续进步的总体态势，其中社会发展进步率三个年度分列全国第 30 位、第 7 位和第 20 位；协调程度进步势头明显，三个年度的进步率分列全国第 28 位、第 4 位和第 8 位。如图 8–36、8–37、8–38、8–39、8–40 所示。

对年度进步率产生较大影响的部分三级指标的变动情况，如表 8–8 和图 8–41、8–42、8–43、8–44、8–45 所示。

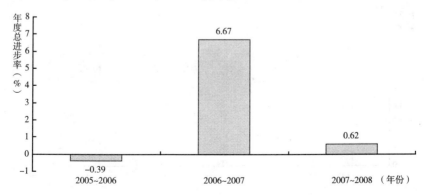

**图 8–36 云南省 2005～2008 年度总进步率**

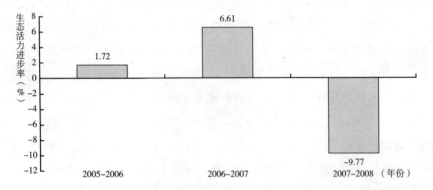

图 8 - 37　云南省 2005 ~ 2008 年生态活力进步率

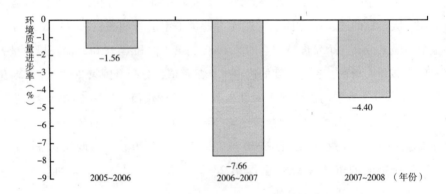

图 8 - 38　云南省 2005 ~ 2008 年环境质量进步率

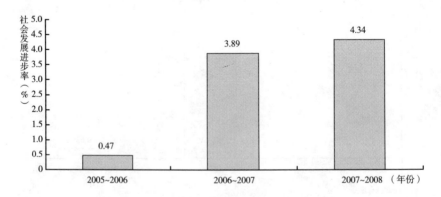

图 8 - 39　云南省 2005 ~ 2008 年社会发展进步率

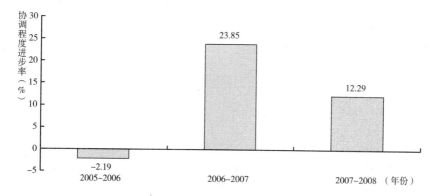

图 8-40 云南省 2005～2008 年协调程度进步率

表 8-8 云南省 2005～2008 年部分指标变动情况

| | 2005 年 | 2006 年 | 2007 年 | 2008 年 |
|---|---|---|---|---|
| 自然保护区的有效保护(%) | 10.70 | 10.73 | 10.73 | 7.21 |
| 地表水体质量(分) | 8.0 | 7.5 | 6.5 | 6.5 |
| 服务业产值占 GDP 比例(%) | 39.5 | 38.5 | 39.1 | 39.1 |
| 农村改水率(%) | 63.02 | 56.20 | 57.50 | 59.20 |
| 城市生活垃圾无害化率(%) | 82.24 | 34.28 | 80.43 | 79.96 |

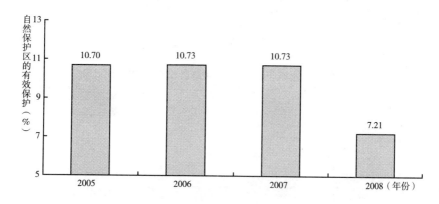

图 8-41 云南省 2005～2008 年自然保护区的有效保护

## (三) 云南省生态文明建设的政策建议

与全国水平相比，云南省生态文明建设状况良好，并且在环境质量方面有自己的建设亮点。通过具体指标的分析可以看到，2008 年云南省处在第一等级的

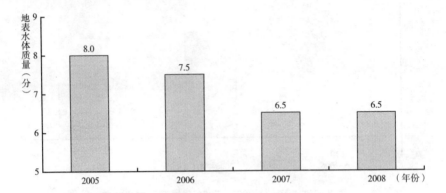

图 8 – 42　云南省 2005～2008 年地表水体质量

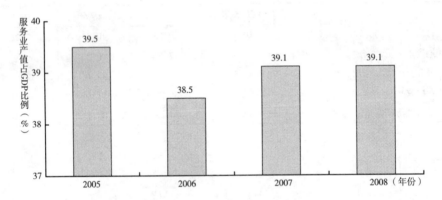

图 8 – 43　云南省 2005～2008 年服务业产值占 GDP 比例

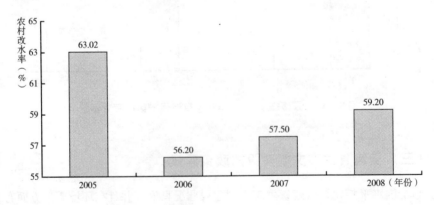

图 8 – 44　云南省 2005～2008 年农村改水率

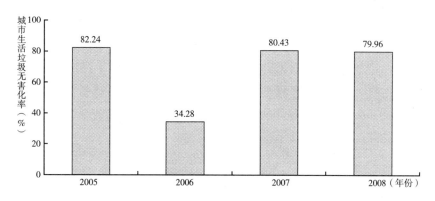

图 8 - 45　云南省 2005～2008 年城市生活垃圾无害化率

指标有 1 个，处在第二等级的指标有 8 个，第三等级的指标有 9 个，第四等级的指标有 2 个。可见，云南省近年来生态文明建设已经取得了一定成绩，但接下来的建设任务也是十分艰巨的，尤其需要提高城镇化率和人均预期寿命。

针对上述情况，建议云南省生态文明建设应在以下几个方面做出努力。

在生态活力方面，近年来云南省已经加大了对物种多样性的保护力度，但与之相关的自然保护区保护力度还有待加强，应提高已有自然保护区的质量，防止保护区面积的萎缩。此外，应当加强建成区绿化建设，提高绿化覆盖率。

在环境质量方面，应保持环境空气质量水平的全国领先优势，同时加大对水土流失的治理力度。此外，农药施用强度增幅较大，应注意控制；主要河流水质不断下降的趋势也需要得到遏制。

在社会发展方面，有约 3/5 的指标处于第三和第四等级，建设任务繁重。需要通过发展社会经济，提高人均 GDP 水平，提高人均预期寿命；加快城镇化建设，促使服务业产值占 GDP 比例和农村改水率突破 2005 年的水平。

在协调程度方面，工业固体废物综合利用率的进步空间较大，仍可继续大力提高；针对生态环境问题，加大环境污染治理投资力度，使之稳步提升；继续降低单位 GDP 水耗和单位 GDP 能耗。

云南省有丰富的生物资源、能源资源，有特殊的地理气候环境，但也存在时空分布不均、生态系统脆弱、生态环境亟待保护的问题。为解决影响云南省经济社会发展的突出环境问题，增强全社会的环境意识，优化生态环境，使经济社会与环境协调发展，云南省采取了诸多实际行动。近年来，云南省确立了"生态立省、环境优先"的发展战略。2007 年云南省开始启动实施"七彩云南"保护行动，展开环境法治、环境治理、环境阳光、生态保护、绿色创建、绿色传播、节能降耗"七大行动"，已经获得初步成效。2009 年 2 月，云南省通过了《中共云南省委、云南省人民政府关于加强生态文明建设的决定》，提出构建生态文明产业支撑体系、生态文明环境安全体系、生态文明道德文化体系、生态文明保障体系等 4 大体系，争当全国生态文明建设排头兵。通过云南省全省的上下通力合作，云南省将会逐步实现其生态文明建设目标。

# 五　山东

山东省简称"鲁"，位于中国东部沿海、黄河下游、京杭大运河中北段。省会为济南。山东地形中部突起，为鲁中南山地丘陵区；东部半岛大都是起伏和缓的波状丘陵区；西部、北部是黄河冲积而成的鲁西北平原区，是华北大平原的一部分。山东陆地面积 15.71 万平方公里，近海域面积 17 万平方公里，城市建成区面积为 3261 平方公里。山东境内山地约占陆地总面积的 15.5%，丘陵占 13.2%，洼地占 4.1%，湖沼平原占 4.4%，平原占 55%，其他占 7.8%。山东的海岸线全长 3024.4 公里，大陆海岸线占全国海岸线的 1/6，居全国第 2 位。山东的气候属暖温带季风气候类型，降水集中，雨热同季，春秋短暂，冬夏较长。年平均气温 11℃~14℃，全省气温地区差异东西大于南北。年平均降水量一般在 550~950 毫米，由东南向西北递减，降水量 60% 以上集中于夏季。2008 年，山东省总人口 9417.23 万人，人口密度 599 人/平方公里，地区生产总值 31072.06 亿元。

## （一）山东省 2008 年生态文明建设情况

2008 年，山东省生态文明指数综合得分为 69.71，排名全国第 19 位。其中生态活力得分为 19.85（总分为 36 分），属于第三等级；环境质量得分为 11.20（总分为 24 分），属于第四等级；社会发展得分为 14.12（总分为 24 分），属于第三等级；协调程度得分为 24.55（总分为 36 分），属于第一等级。其基本特征是，生态活力居全国中下游水平，环境质量居全国下游水平，社会发展居全国中游水平，协调程度居全国上游水平。在生态文明建设的类型上，属于相对均衡型。如图 8 - 46 所示。

具体来看，在生态活力方面，森林覆盖率为 13.44%，名列全国第 22 位；建

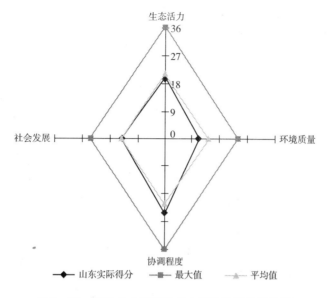

图8-46　2008年山东省生态文明建设评价雷达图

成区绿化覆盖率为39.80%，位居全国第5位；自然保护区占辖区面积比重为6.63%，列全国第17位。

在环境质量方面，地表水体质量得分为3.0分，在全国列第26位；空气质量达到二级以上天数占全年比重为80.82%，排在全国第26名；水土流失率为18.92%，位列全国第13位（排名越靠后流失率越大）；农药施用强度为23.08吨/千公顷，排名全国第23位（排名越靠后强度越大）。

社会发展方面，人均GDP为33083元，居全国第7名；服务业产值占GDP比例为33.4%，排名全国第26位；城镇化率为47.60%，排名全国第14位；人均预期寿命为73.92岁，位列全国第5位；教育经费占GDP比例为2.19%，排名在全国最靠后；农村改水率为85.30%，在全国排第6位。

在协调程度方面，工业固体废物综合利用率为93.72%，排名全国第4位，仅次于天津、江苏、上海；工业污水达标排放率为98.86%，居全国第2名，仅次于天津；城市生活垃圾无害化率为79.37%，居全国第11位；环境污染治理投资占GDP比重为1.39%，排名全国第8位；单位GDP能耗为1.10吨标准煤/万元，居全国第11名（排名越靠后能耗越大）；单位GDP水耗为46.76立方米/万元，位列全国第4位（排名越靠后水耗越大）；单位GDP二氧化硫排放量为0.0054吨/万元，居全国第10名（排名越靠后排放量越大）。如表8-9所示。

表 8-9　山东省 2008 年生态文明建设评价结果

| 一级指标 | 二级指标 | 三级指标 | 指标数据 | 排名 | 等级 |
|---|---|---|---|---|---|
| 生态文明指数（ECI） | 生态活力 | 森林覆盖率 | 13.44% | 22 | 3 |
| | | 建成区绿化覆盖率 | 39.80% | 5 | 2 |
| | | 自然保护区的有效保护 | 6.63% | 17 | 3 |
| | 环境质量 | 地表水体质量 | 3.0 分 | 26 | 3 |
| | | 环境空气质量 | 80.82% | 26 | 3 |
| | | 水土流失率 | 18.92% | 13 | 2 |
| | | 农药施用强度 | 23.08 吨/千公顷 | 23 | 3 |
| | 社会发展 | 人均 GDP | 33083 元 | 7 | 2 |
| | | 服务业产值占 GDP 比例 | 33.4% | 26 | 3 |
| | | 城镇化率 | 47.60% | 14 | 3 |
| | | 人均预期寿命 | 73.92 岁 | 5 | 2 |
| | | 教育经费占 GDP 比例 | 2.19% | 31 | 4 |
| | | 农村改水率 | 85.30% | 6 | 2 |
| | 协调程度 | 生态、资源、环境协调度 | 工业固体废物综合利用率 | 93.72% | 4 | 1 |
| | | 工业污水达标排放率 | 98.86% | 2 | 1 |
| | | 城市生活垃圾无害化率 | 79.37% | 11 | 2 |
| | 生态、环境、资源与经济协调度 | 环境污染治理投资占 GDP 比重 | 1.39% | 8 | 2 |
| | | 单位 GDP 能耗 | 1.10 吨标准煤/万元 | 11 | 2 |
| | | 单位 GDP 水耗 | 46.76 立方米/万元 | 4 | 2 |
| | | 单位 GDP 二氧化硫排放量 | 0.0054 吨/万元 | 10 | 2 |

## （二）山东省生态文明建设年度进步率分析

进步率分析显示，山东省在 2005～2006 年度的总进步率为 7.39%，排名全国进步率榜第 4 位。其中，生态活力的进步率为 0.58%，居全国第 25 位；环境质量的进步率为 16.79%，居全国第 2 位；社会发展的进步率为 5.62%，也居全国第 2 位；协调程度的进步率为 6.57%，居全国第 14 位。除生态活力方面进步幅度较小外，其他三个领域都有显著进步。

2006～2007 年度，山东省的总进步率有所上升，为 9.67%，在全国进步率榜上的排名上升 1 位，居全国第 3 位。其中，生态活力的进步率为 1.03%，居全国第 16 位；环境质量的进步率为 23.24%，居全国首位；社会发展的进步率为 3.72%，居全国第 8 位；协调程度的进步率为 10.67%，居全国第 18 位。2005～2007 年，山东省的环境质量进步率一直在全国名列前茅，主要是通过地表水体

质量和环境空气质量的提高实现的。山东省地表水体质量得分 2005 年仅为 1.0
分，通过建设，到 2007 年该得分为 3.0 分。如表 8－10 所示。

2007～2008 年度，山东省生态文明建设速度减慢，总进步率为 3.04%，在
全国进步率榜上的排名下降，为全国第 18 位。其中，生态活力的进步率为
1.03%，居全国第 13 位；环境质量的进步率为－2.38%，退至全国第 26 位；社
会发展的进步率为 4.64%，为全国第 16 位；协调程度的进步率为 8.85%，居全
国第 16 位。生态活力方面，建成区绿化覆盖率的不断提高保证了该领域的整体
进步。环境质量方面，空气质量达到二级以上天数的比例，2008 年比 2007 年下
降了近 5 个百分点。山东省耕地面积 2008 年（7515 千公顷）要大于 2007 年
（7507 千公顷），但农药施用量的增长速度更快，从 165721 吨上升至 173461 吨。
之前虽然农药施用强度也一直上升，但退步率被环境质量其他方面的进步所抵
消，所以影响没有显现出来。

综合 2005～2008 年的数据来看，山东省生态文明建设的总进步率趋于稳
定，在三个年度的全国总进步率排名中分列第 4 位、第 3 位和第 18 位。在二
级指标的进步率方面，生态活力的进步率稳中有升，三个年度分列全国第 25
位、第 16 位和第 13 位；但环境质量退步明显，三个年度分列全国第 2 位、第
1 位和第 26 位；社会发展与协调程度的进步率都能够保持正值，虽然不同年
份进步率的数值有大有小，但保持了持续进步的总体态势，其中社会发展进步
率三个年度分列全国第 2 位、第 8 位和第 16 位；协调程度进步率相对稳定，
三个年度分列全国第 14 位、第 18 位和第 16 位。如图 8－47、8－48、8－49、
8－50、8－51 所示。

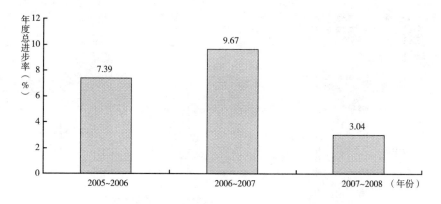

**图 8－47　山东省 2005～2008 年度总进步率**

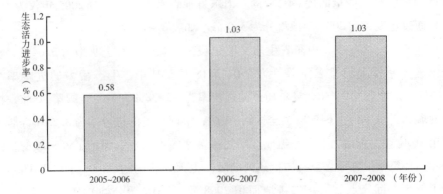

图 8-48　山东省 2005~2008 年生态活力进步率

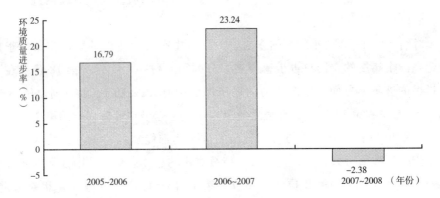

图 8-49　山东省 2005~2008 年环境质量进步率

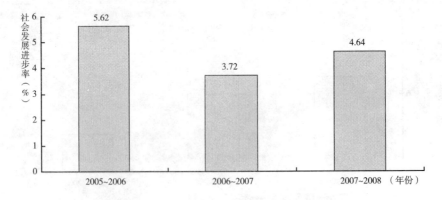

图 8-50　山东省 2005~2008 年社会发展进步率

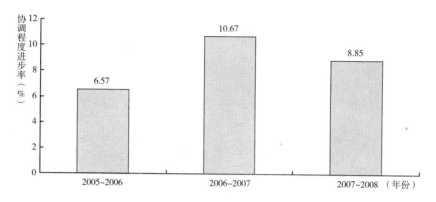

图 8-51　山东省 2005～2008 年协调程度进步率

对年度进步率产生较大影响的部分三级指标的变动情况，如表 8-10 和图 8-52、8-53、8-54 所示。

表 8-10　山东省 2005～2008 年部分指标变动情况

|  | 2005 年 | 2006 年 | 2007 年 | 2008 年 |
| --- | --- | --- | --- | --- |
| 地表水体质量(分) | 1.0 | 1.5 | 3.0 | 3.0 |
| 环境空气质量(%) | 71.78 | 84.11 | 85.21 | 80.82 |
| 农村改水率(%) | 67.58 | 76.32 | 82.70 | 85.30 |

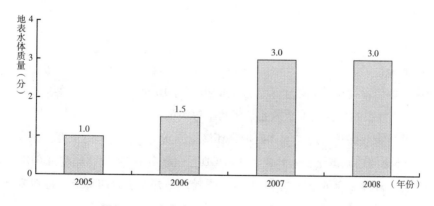

图 8-52　山东省 2005～2008 年地表水体质量

## （三）山东省生态文明建设的政策建议

山东省生态文明建设发展势头良好，在协调程度方面整体优势明显。通过具

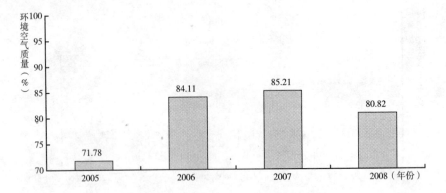

图 8－53　山东省 2005～2008 年环境空气质量

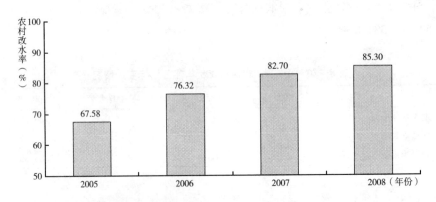

图 8－54　山东省 2005～2008 年农村改水率

体指标的分析可以发现，2008 年山东省共有在全国处于第一等级的指标 2 个，都集中在协调程度领域；处于第二等级的指标有 10 个；处于第三等级的指标有 7 个；第四等级的指标有 1 个。处于后两个等级的指标具体有：森林覆盖率、自然保护区的有效保护、地表水体质量、环境空气质量、农药施用强度、服务业产值占 GDP 比例、城镇化率、教育经费占 GDP 比例。山东省教育经费占 GDP 比例全国最低，连续 4 年处于全国第 31 名的位置，得分处于第四等级，特别需要加强建设。不过从教育经费总额看，山东并不低，2008 年排在全国第 4 位，但占 GDP 比例一直未突破 2.26%。在建设过程中，在继续保持自身优势的同时加强劣势方面的建设，对山东省是非常必要的。

针对上述情况，建议山东省生态文明建设应在以下几个方面做出努力。

在生态活力方面，加快林业建设步伐，提高森林覆盖率；保持建成区绿化覆盖率不断提高的良好态势；进一步促进自然保护区的有效保护。

在环境质量方面，需要扭转环境质量增长率变成负值的情况，实现整体进步。河流进一步污染的状况虽然已经得到遏制，但水体质量仍然需要大力改善；将空气质量达到二级以上天数占全年比重稳定在较高水平；农药施用强度不断增大，且强度较高，应得到相应控制。

在社会发展方面，服务业产值占 GDP 比例、城镇化率有待提高，可调整产业结构，加速城市化建设；在经济总量不断加大的同时，使教育投资与经济发展同步提升。

在协调程度方面，该领域的指标均处在第一等级和第二等级，应继续保持领先优势。工业固体废物综合利用率有退步迹象，需要警惕。

山东省在生态文明建设的道路上已经进行了不少实践和探索。2003 年 8 月 20 日，中国国家环保总局将山东省列为全国生态省建设试点。至此，山东成为中国第六个生态省建设试点省份。在不断推进生态文明建设的过程中，山东省重视理论研究，坚持以理论为实践提供指导，并积极在全社会弘扬生态文化，树立公民生态意识。2009 年，山东省健全了"三级五个方面"环境自动监控体系，严格执行"先算、后审、再批"的环评审批程序和建设项目环评审批原则，进一步提高环境监管水平。随着时间的推移，山东省对生态文明建设的积极推进将会取得进一步的成果。

# 六 陕西

陕西省简称"陕"，位于中国内陆腹地，处于黄河中上游和长江上游。省会为西安。陕西地域狭长，地势南北高、中间低，有高原、山地、平原和盆地等多种地形。从北到南可以分为陕北高原、关中平原、秦巴山地三个地貌区。陕西辖区面积 20.57 万平方公里，城市建成区面积为 659.7 平方公里。辖区内高原面积占 45%，山地面积占 36%，平原面积占 19%。陕西横跨三个气候带，南北气候差异较大。陕南属北亚热带气候，关中及陕北大部属暖温带气候，陕北北部长城沿线属中温带气候。其总特点是：春暖干燥，降水较少，气温回升快而不稳定，多风沙天气；夏季炎热多雨，间有伏旱；秋季凉爽较湿润，气温下降快；冬季寒冷干燥，气温低，雨雪稀少。全省年平均气温 13.7℃，自南向北、自东向西递减。年平均降水量 340 ~ 1240 毫米，降水南多北少。2008 年，陕西总人口 3762 万人，人口密度 183 人/平方公里，地区生产总值 6851.32 亿元。

### （一）陕西省2008年生态文明建设状况

2008 年，陕西省生态文明指数综合得分为 69.06，排名全国第 20 位。其中生态活力得分为 22.15（总分为 36 分），属于第二等级；环境质量得分为 12.00（总分为 24 分），属于第三等级；社会发展得分为 12.94（总分为 24 分），属于第三等级；协调程度得分为 21.97（总分为 36 分），属于第二等级。其基本特征是，生态活力和协调程度处于全国中上游水平，环境质量和社会发展处于全国中下游水平。在生态文明建设的类型上，属于相对均衡型。如图 8－55 所示。

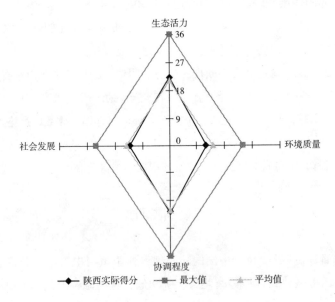

**图 8－55　2008 年陕西省生态文明建设评价雷达图**

具体来看，在生态活力方面，森林覆盖率为 32.55%，位居全国第 12 位；建成区绿化覆盖率为 38.72%，在全国排第 7 位；自然保护区占辖区面积比重为 5.08%，排名全国第 25 位。

在环境质量方面，地表水体质量得分为 4.0 分，在全国列第 22 位；空气质量达到二级以上天数占全年比重为 82.47%，与河北、浙江并列全国第 21 位；水土流失率为 61.46%，在各省中列第 27 位（排名越靠后流失率越高）；农药施用强度为 2.70 吨/千公顷，在全国排第 3 位（排名越靠后强度越大），仅次于宁夏和内蒙古，强度较小。

社会发展方面，人均 GDP 为 18246 元，居全国第 18 位；服务业产值占 GDP 比例为 32.9%，排名全国第 29 位；城镇化率为 42.10%，全国排名第 19 位；人均预期寿命为 70.07 岁，在各省中列第 23 位；教育经费占 GDP 比例为 4.17%，列全国第 11 位；农村改水率为 51.30%，排在全国第 27 名。

在协调程度方面，工业固体废物综合利用率为 40.29%，位居全国第 26 名；工业污水达标排放率为 97.23%，列全国第 7 位；城市生活垃圾无害化率为 68.52%，排在全国第 15 位；环境污染治理投资占 GDP 比重为 1.10%，居全国第 17 位；单位 GDP 能耗为 1.28 吨标准煤/万元，排在全国第 16 位（排名越靠后能耗越大）；单位 GDP 水耗为 73.36 立方米/万元，全国排名为第 11 位（排名越靠后水耗越大）；单位 GDP 二氧化硫排放量为 0.013 吨/万元，排在全国第 23 位（排名越靠后排放量越大）。如表 8 - 11 所示。

表 8 - 11　陕西省 2008 年生态文明建设评价结果

| 一级指标 | 二级指标 | 三级指标 | 指标数据 | 排名 | 等级 |
|---|---|---|---|---|---|
| 生态文明指数（ECI） | 生态活力 | 森林覆盖率 | 32.55% | 12 | 2 |
| | | 建成区绿化覆盖率 | 38.72% | 7 | 2 |
| | | 自然保护区的有效保护 | 5.08% | 25 | 3 |
| | 环境质量 | 地表水体质量 | 4.0 分 | 22 | 3 |
| | | 环境空气质量 | 82.47% | 21 | 3 |
| | | 水土流失率 | 61.46% | 27 | 4 |
| | | 农药施用强度 | 2.70 吨/千公顷 | 3 | 1 |
| | 社会发展 | 人均 GDP | 18246 元 | 18 | 3 |
| | | 服务业产值占 GDP 比例 | 32.9% | 29 | 3 |
| | | 城镇化率 | 42.10% | 19 | 3 |
| | | 人均预期寿命 | 70.07 岁 | 23 | 3 |
| | | 教育经费占 GDP 比例 | 4.17% | 11 | 2 |
| | | 农村改水率 | 51.30% | 27 | 3 |
| | 协调程度 | 生态、资源、环境协调度 | 工业固体废物综合利用率 | 40.29% | 26 | 4 |
| | | | 工业污水达标排放率 | 97.23% | 7 | 2 |
| | | | 城市生活垃圾无害化率 | 68.52% | 15 | 2 |
| | | 生态、环境、资源与经济协调度 | 环境污染治理投资占 GDP 比重 | 1.10% | 17 | 3 |
| | | | 单位 GDP 能耗 | 1.28 吨标准煤/万元 | 16 | 2 |
| | | | 单位 GDP 水耗 | 73.36 立方米/万元 | 11 | 2 |
| | | | 单位 GDP 二氧化硫排放量 | 0.0130 吨/万元 | 23 | 3 |

## （二）陕西省生态文明建设年度进步率分析

进步率分析显示，陕西省在 2005～2006 年度的总进步率为 10.00%，排名全国进步率榜首位。其中，生态活力的进步率为 8.58%；环境质量的进步率为 8.16%；社会发展的进步率为 4.86%，前面这三个方面都居全国第 4 位；协调程度的进步率为 18.41%，居全国第 2 位。其中，建成区绿化覆盖率提高了 6.01 个百分点，从 30.21% 提高至 36.22%；城市生活垃圾无害化率提高了 20.4 个百分点，进步幅度较大。其他三级指标中，服务业产值占 GDP 比例、教育经费占 GDP 比例和环境污染治理投资占 GDP 比重有所下降。

2006～2007 年度，陕西省的总进步率下降，为 2.33%，在全国进步率榜上的排名也降到第 25 位。其中，生态活力的进步率为 1.32%，居全国第 13 位；环境质量的进步率为 −6.37%，居全国第 25 位；社会发展的进步率为 0.95%，居全国第 22 位；协调程度的进步率为 13.44%，居全国第 12 位。2007 年的农药施用强度为 2006 年的 1.37 倍，妨碍了环境质量的提高。

2007～2008 年度，陕西省的总进步率有所回升，为 5.68%，在全国进步率榜上的排名也回升到第 5 位。其中，生态活力的进步率为 0.94%，居全国第 14 位；环境质量的进步率为 0.02%，居全国第 10 位；社会发展的进步率为 10.29%，居全国第 2 位；协调程度的进步率为 11.45%，居全国第 11 位；生态活力方面，建成区绿化覆盖率提高，促成整体水平的进步。环境质量建设方面的微小进步，是空气质量达到二级以上天数占全年比重的提高促成的，如果农药施用强度没有继续增加，进步会更显著。社会发展方面，农村改水率比 2007 年提高了 14.5 个百分点，进步显著；人均 GDP、城镇化率也有提高。但服务业产值占 GDP 比例下降，教育经费占 GDP 比例有微小回落。协调程度方面，城市生活垃圾无害化率比 2007 年提高了 16 个百分点，进步明显。但环境污染治理投资比重略有下降，工业固体废物综合利用率也下降了。

综合 2005～2008 年的数据来看，陕西省生态文明建设的总进步率总体上处于上升态势，三个年度分列全国总进步率的第 1 位、第 25 位和第 5 位。在二级指标的进步率方面，生态活力的进步率呈现下降趋势，三个年度分列全国第 4 位、第 13 位和第 14 位；环境质量方面退步明显，并于 2006～2007 年度进步率变为负值，三个年度分列第 4 位、第 25 位和第 10 位；社会发展与协调程度的进步率都能够保持正值，虽然不同年份进步率的数值有大有小、相对位置也时升时降，但保持了持续进步的总体态势，其中社会发展进步率三个年度分列全国第4位、第22位和第2位；协调程度进步率总体平稳，三个年度分列全国第2位、第12位和第11位。如图8－56、8－57、8－58、8－59、8－60所示。

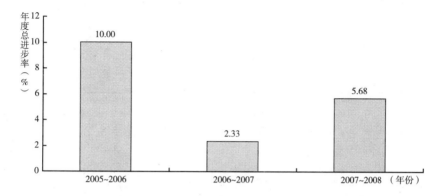

**图8－56 陕西省2005～2008年度总进步率**

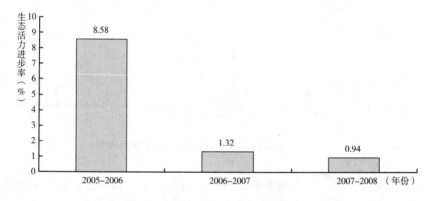

**图8－57 陕西省2005～2008年生态活力进步率**

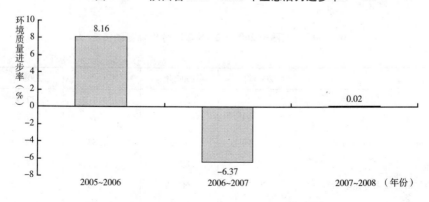

**图8－58 陕西省2005～2008年环境质量进步率**

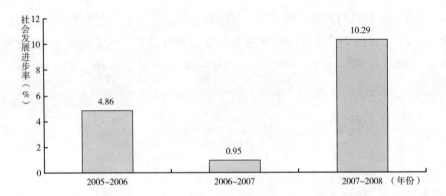

图 8 - 59　陕西省 2005 ~ 2008 年社会发展进步率

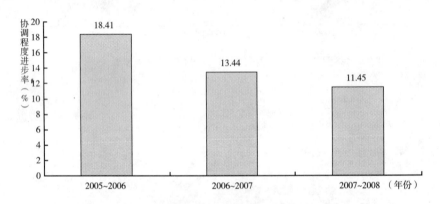

图 8 - 60　陕西省 2005 ~ 2008 年协调程度进步率

对年度进步率产生较大影响的部分三级指标的变动情况,如表 8 - 12 和图 8 - 61、8 - 62、8 - 63、8 - 64、8 - 65、8 - 66 所示。

表 8 - 12　陕西省 2005 ~ 2008 年部分指标变动情况

单位: %

|  | 2005 年 | 2006 年 | 2007 年 | 2008 年 |
|---|---|---|---|---|
| 服务业产值占 GDP 比例 | 37.8 | 35.3 | 34.9 | 32.9 |
| 教育经费占 GDP 比例 | 5.57 | 5.15 | 4.19 | 4.17 |
| 工业固体废物综合利用率 | 24.04 | 38.07 | 41.83 | 40.29 |
| 工业污水达标排放率 | 92.73 | 89.23 | 96.14 | 97.23 |
| 城市生活垃圾无害化率 | 39.78 | 60.18 | 52.43 | 68.52 |
| 环境污染治理投资占 GDP 比重 | 0.99 | 0.91 | 1.17 | 1.10 |

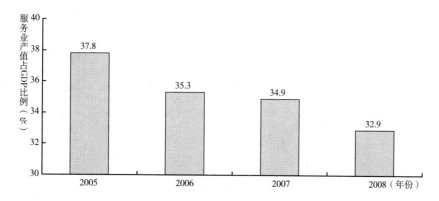

图 8 −61　陕西省 2005 ～ 2008 年服务业产值占 GDP 比例

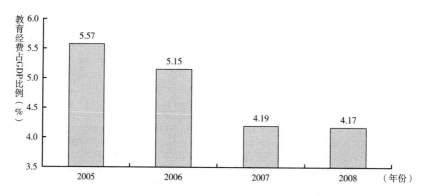

图 8 −62　陕西省 2005 ～ 2008 年教育经费占 GDP 比例

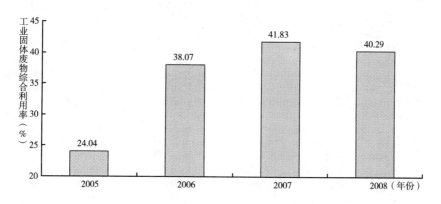

图 8 −63　陕西省 2005 ～ 2008 年工业固体废物综合利用率

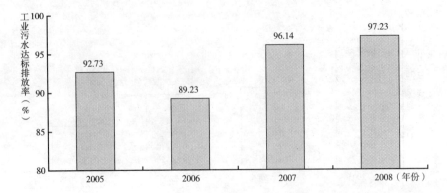

图 8 - 64  陕西省 2005 ~ 2008 年工业污水达标排放率

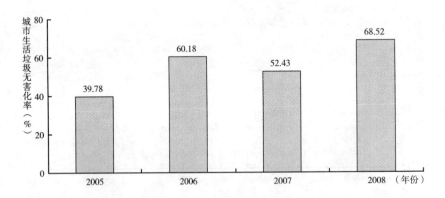

图 8 - 65  陕西省 2005 ~ 2008 年城市生活垃圾无害化率

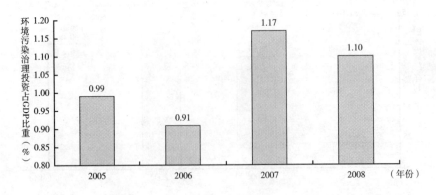

图 8 - 66  陕西省 2005 ~ 2008 年环境污染治理投资占 GDP 比重

## （三）陕西省生态文明建设的政策建议

陕西省生态文明建设处于全国中等水平，整体态势平稳。通过具体指标的分析可以发现，陕西省共有在全国处于第一等级的指标1个，处于第二等级的指标7个，处于第三等级的指标10个，处于第四等级的指标2个。处于后两个等级的指标具体有：自然保护区的有效保护、地表水体质量、环境空气质量、水土流失率、人均GDP、服务业产值占GDP比例、城镇化率、人均预期寿命、农村改水率、工业固体废物综合利用率、环境污染治理投资占GDP比重、单位GDP二氧化硫排放量。这些指标所处的领域，需要陕西省重点建设。尤其是水土流失率和工业固体废物综合利用率，这两个指标均为第四等级，处于全国下游水平，而前者的建设任务无疑十分艰巨。要提升陕西省的生态文明建设整体水平，还有许多工作要做。

针对上述情况，建议陕西省生态文明建设应在以下几个方面做出努力。

在生态活力方面，继续推进整体稳步增长，加强自然保护区的有效保护。

在环境质量方面，农药施用强度指标是其优势，处于第一等级，为全国上游水平，值得保持和发扬。虽然2005年仅为1.92吨/千公顷，而2008年已经达到2.7吨，但仍然属于全国农药施用强度最低的三个省份之一。建议通过改善地表水体质量，增加空气质量达到二级以上天数促进该领域的进步。

在社会发展方面，该领域除教育经费占GDP比例属于第二等级，其他指标都属于第三等级，都需要加强建设。尤其是需要调整产业结构，增加服务业产值占GDP比例，使之回到并超越2005年的水平。农村改水率刚刚超过50%，进步显著，仍有较大提升空间，应继续努力。

在协调程度方面，在工业发展的过程中，应加强工业固体废物综合利用率，减少工业固体废物给环境和生态带来的不良影响；同时提高环境污染治理资金投入力度；降低工业和生活废气排放。

陕西省近年来十分重视生态文明建设。2005年，陕西实施了五大环保工程：城市"创模"工程、生态保护工程、工业污染源治理工程、水污染防治工程、能力提升工程。2006年，陕西启动了渭河流域水污染防治工程。陕西省深刻意识到环境承载能力有限是其经济发展的一大制约因素，为此明确了自身的低碳经济发展道路。强力推进节能减排工作，加快发展循环经济，力争实现绿色增长，而不是以恶化和破坏生态环境作为经济发展的代价。2010年，陕西省启动了"十百千"生态创建工程,即创建 10 个生态县(市、区)、100 个环境优美乡镇和 1000 个生态村,并开展"千企联千村"的"一对一"帮扶创建活动,以此为基础打造绿色陕西、人文陕西、生态陕西,推进陕西生态文明建设。在有效解决重点领域的现存问题后,陕西省的生态文明建设水平将会迈上新的台阶。

# 七　安徽

安徽省简称"皖",位于华东腹地,是我国东部襟江近海的内陆省份,跨长江、淮河中下游。省会为合肥。安徽省地形地貌呈现多样性,长江和淮河自西向东横贯全境,全省大致可分为五个自然区域:淮北平原、江淮丘陵、皖西大别山区、沿江平原、皖南山区。全省总面积 14.02 万平方公里,城市建成区面积为 1310.9 平方公里。安徽属暖温带向亚热带的过渡型气候,淮河以北属温带半湿润季风气候,淮河以南属亚热带湿润季风气候。主要的气候特点是:季风明显、四季分明,气候温和、雨量适中,春温多变、秋高气爽,梅雨显著、夏雨集中。全省年平均气温 14℃~17℃,平均降水量 750~1700 毫米,南多北少,山区多、平原丘陵少。2008 年,安徽总人口 6135 万,人口密度 438 人/平方公里,地区生产总值 8874.17 亿元。

## (一) 安徽省 2008 年生态文明建设状况

2008 年,安徽省生态文明指数综合得分为 68.59,排名全国第 21 位。其中生态活力得分为 22.15(总分为 36 分),属于第二等级;环境质量得分为 10.4(总分为 24 分),属于第四等级;社会发展得分为 13.18(总分为 24 分),属于第三等级;协调程度得分为 22.86(总分为 36 分),属于第二等级。其基本特征是,生态活力居全国中上游水平,环境质量居全国下游水平,社会发展居全国中下游水平,协调程度居全国中上游水平。在生态文明建设的类型上,属于相对均衡型。如图 8-67 所示。

具体分析来看,在生态活力方面,森林覆盖率为 24.03%,居全国第 15 位;建成区绿化覆盖率为 35.97%,在全国排名第 14 位;自然保护区占辖区面积比重为 4.05%,为全国第 28 名。

在环境质量方面,地表水体质量得分为 4.5 分,在全国各省中列第 20 位;

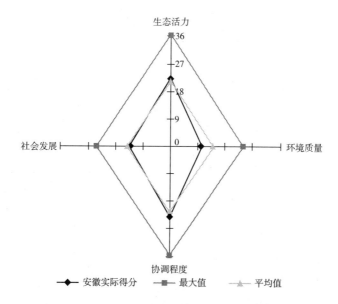

图 8-67　2008 年安徽省生态文明建设评价雷达图

空气质量达到二级以上天数占全年比重为 70.41%，排在各省最末位；水土流失率为 12.12%，排在全国第 9 位（排名越靠后流失率越大）；农药施用强度为 19.46 吨/千公顷，排在全国在第 21 位（排名越靠后强度越大）。

社会发展方面，人均 GDP 为 14485 元，列全国第 27 位；服务业产值占 GDP 比例为 37.4%，排名全国第 17 位；城镇化率为 40.50%，排在全国第 23 位；人均预期寿命为 71.85 岁，列全国第 14 位；教育经费占 GDP 比例为 3.89%，排在全国第 13 位；农村改水率为 39.10%，名列全国第 29 位。

在协调程度方面，工业固体废物综合利用率为 83.58%，排在全国第 8 位；工业污水达标排放率为 96.17%，也排在全国第 8 位；城市生活垃圾无害化率为 53.95%，排在全国第 24 位；环境污染治理投资占 GDP 比重为 1.57%，列全国第 6 名；单位 GDP 能耗为 1.08 吨标准煤/万元，位居全国第 10 位（排名越靠后能耗越大）；单位 GDP 水耗为 158.6 立方米/万元，排在全国第 23 位（排名越靠后水耗越大）；单位 GDP 二氧化硫排放量为 0.0063 吨/万元，排在全国第 14 位（排名越靠后排放量越大）。如表 8-13 所示。

## （二）安徽省生态文明建设年度进步率分析

进步率分析显示，安徽省在 2005~2006 年度的总进步率为 7.77%，排名全

表8–13　安徽省2008年生态文明建设评价结果

| 一级指标 | 二级指标 | | 三级指标 | 指标数据 | 排名 | 等级 |
|---|---|---|---|---|---|---|
| 生态文明指数（ECI） | 生态活力 | | 森林覆盖率 | 24.03% | 15 | 3 |
| | | | 建成区绿化覆盖率 | 35.97% | 14 | 2 |
| | | | 自然保护区的有效保护 | 4.05% | 28 | 3 |
| | 环境质量 | | 地表水体质量 | 4.5分 | 20 | 3 |
| | | | 环境空气质量 | 70.41% | 31 | 4 |
| | | | 水土流失率 | 12.12% | 9 | 2 |
| | | | 农药施用强度 | 19.46吨/千公顷 | 21 | 3 |
| | 社会发展 | | 人均GDP | 14485元 | 27 | 3 |
| | | | 服务业产值占GDP比例 | 37.4% | 17 | 3 |
| | | | 城镇化率 | 40.50% | 23 | 3 |
| | | | 人均预期寿命 | 71.85岁 | 14 | 2 |
| | | | 教育经费占GDP比例 | 3.89% | 13 | 3 |
| | | | 农村改水率 | 39.10% | 29 | 4 |
| | 协调程度 | 生态、资源、环境协调度 | 工业固体废物综合利用率 | 83.58% | 8 | 2 |
| | | | 工业污水达标排放率 | 96.17% | 8 | 2 |
| | | | 城市生活垃圾无害化率 | 53.95% | 24 | 3 |
| | | 生态、环境、资源与经济协调度 | 环境污染治理投资占GDP比重 | 1.57% | 6 | 2 |
| | | | 单位GDP能耗 | 1.08吨标准煤/万元 | 10 | 2 |
| | | | 单位GDP水耗 | 158.6立方米/万元 | 23 | 3 |
| | | | 单位GDP二氧化硫排放量 | 0.0063吨/万元 | 14 | 2 |

国进步率榜第3位。其中，生态活力的进步率为8.71%，居全国第3位；环境质量的进步率为6.17%，居全国第5位；社会发展的进步率为3.94%，居全国第8位；协调程度的进步率为12.23%，居全国第7位。4个二级指标都有较高的进步率。生态活力中城市建成区绿化覆盖率有较大提高，增加了5个百分点，由27.52%上升至32.58%。环境质量的进步主要得益于地表水体质量的提升。

　　2006～2007年度，安徽省的总进步率有所下降，为6.37%，在全国进步率榜上的排名也降到第6位。其中，生态活力的进步率为11.08%，居全国第2位；环境质量的进步率为–6.69%，居全国第26位；社会发展的进步率为0.34%，居全国第27位；协调程度的进步率为20.75%，居全国第5位。建成区绿化覆盖率和自然保护区面积比例的提高使得生态活力进步率提高。地表水体质量、环境空气质量和农药施用强度三个指标的同时退步使得环境质量呈现负值。

2007～2008年度，安徽省的总进步率为2.66%，进步的速度继续放慢，位列全国进步率榜第21名。其中，生态活力的进步率为 - 0.44%，居全国第26位；环境质量的进步率为 - 6.35%，为全国最后一位；社会发展的进步率为5.84%，居全国第10位；协调程度的进步率为11.60%，居全国第10位。生态活力方面，因为建成区绿化速度未能与城市建设保持一致，绿化比例比2007年下降了一些。同时，自然保护区占辖区面积比重也略有下降。环境质量方面的退步与环境空气质量的下降与农药施用量的增大有关。2008年，空气质量达到二级以上天数占全年比重下降超过十个百分点。另外，虽然耕地面积有所增加，但农药施用量增加的速度更快，造成农药施用强度增大。社会发展方面，只有服务业产值占GDP比例有所下降。协调程度方面，虽然整体进步明显，单位GDP水耗略有上升，还需要进一步努力减少消耗。

综合2005～2008年的数据来看，安徽省生态文明建设的总进步率呈下降趋势，三个年度的全国进步率排名分列第3位、第6位和第21位。在二级指标的进步率方面，生态活力的进步率降幅明显，从正值发展退步至负值发展，三个年度分列全国第3位、第2位和第26位；同时，环境质量进步率大幅下跌，三个年度分列全国第5位、第26位和第31位；但社会发展与协调程度的进步率都能够保持正值，虽然不同年份进步率的数值有大有小、相对位置也时升时降，但保持了持续进步的总体态势，其中社会发展进步率三个年度分列全国第8位、第27位和第10位；安徽省的协调程度进步率相对突出，三个年度分列全国第7位、第5位和第10位，居全国上游水平。如图8－68、8－69、8－70、8－71、8－72所示。

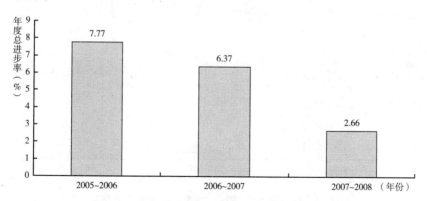

**图8－68　安徽省2005～2008年度总进步率**

345

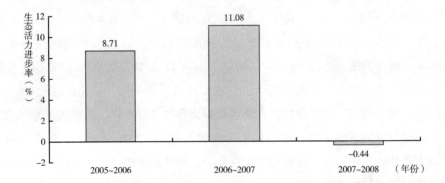

图 8 - 69　安徽省 2005 ~ 2008 年生态活力进步率

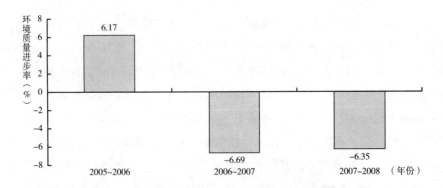

图 8 - 70　安徽省 2005 ~ 2008 年环境质量进步率

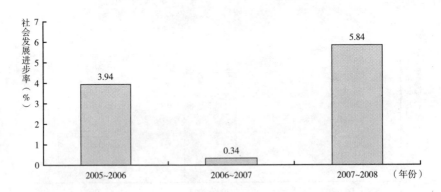

图 8 - 71　安徽省 2005 ~ 2008 年社会发展进步率

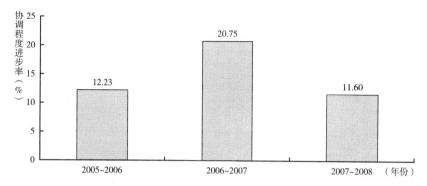

图 8－72 安徽省 2005～2008 年协调程度进步率

对年度进步率产生较大影响的部分三级指标的变动情况，如表 8－14 和图 8－73、8－74、8－75、8－76、8－77 所示。

表 8－14 安徽省 2005～2008 年部分指标变动情况

|  | 2005 年 | 2006 年 | 2007 年 | 2008 年 |
|---|---|---|---|---|
| 地表水体质量(分) | 4.0 | 5.0 | 4.5 | 4.5 |
| 环境空气质量(%) | 90.14 | 89.86 | 82.19 | 70.41 |
| 服务业产值占 GDP 比例(%) | 40.7 | 40.2 | 39.0 | 37.4 |
| 农村改水率(%) | 37.65 | 39.49 | 35.20 | 39.10 |
| 城市生活垃圾无害化率(%) | 17.60 | 31.41 | 49.07 | 53.95 |

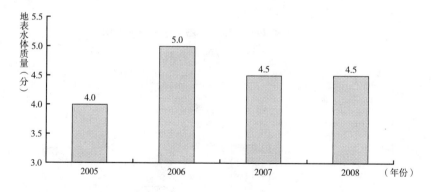

图 8－73 安徽省 2005～2008 年地表水体质量

## （三）安徽省生态文明建设的政策建议

安徽省生态文明建设整体状况适中，有进一步发展的较好基础。通过具体指

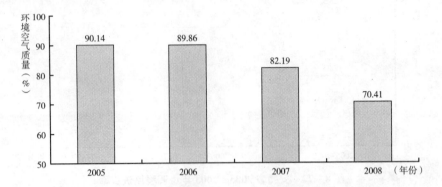

图 8 - 74　安徽省 2005 ~ 2008 年环境空气质量

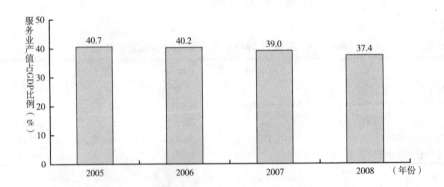

图 8 - 75　安徽省 2005 ~ 2008 年服务业产值占 GDP 比例

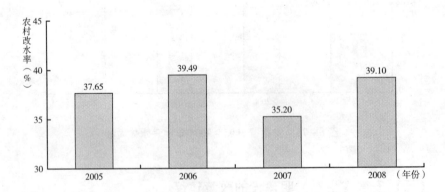

图 8 - 76　安徽省 2005 ~ 2008 年农村改水率

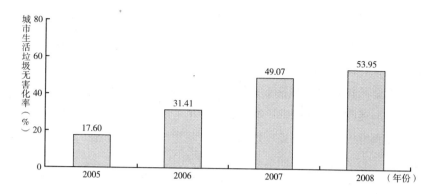

图 8 - 77　安徽省 2005～2008 年城市生活垃圾无害化率

标的分析可以发现，安徽省共有处于第二等级的指标 8 个，处于第三等级的指标
10 个，第四等级的指标 2 个。位于第二等级的相关领域指标，是安徽省需要继
续保持并加强的，而其他指标对应的领域，则需要安徽省加强建设，包括第三等
级的指标：森林覆盖率、自然保护区的有效保护、地表水体质量、农药施用强
度、人均 GDP、服务业产值占 GDP 比例、城镇化率、教育经费占 GDP 比例、城
市生活垃圾无害化率、单位 GDP 水耗，以及处于第四等级的环境空气质量和农
村改水率，其建设水平有很大的提升空间，需要进一步努力。

　　针对上述情况，建议安徽省生态文明建设应在以下几个方面做出努力。

　　在生态活力方面，建议提高森林覆盖率，继续提高自然保护区占辖区面积比
例。

　　在环境质量方面，针对环境空气质量不高并且逐年下滑的现状，要加大空气
污染防治力度，增加二级以上天气数；应控制农药施用总量，控制农药施用强度
继续增大的趋势；改善地表水体质量。

　　在社会发展方面，保持人均预期寿命水平的相对优势，促进经济发展，进一
步提高服务业产值占 GDP 比例，切实推进城镇化建设，加大教育投资，大力推
进农村自来水改造工程。

　　在协调程度方面，除城市生活垃圾无害化率和单位 GDP 水耗外，其他方面
均处在第二等级水平。应保持环境污染治理投资不断增长的优势，在保持工业
生产各个环节环保达标率的基础上，继续降低水耗，推进城市环境基础设施建
设。

　　应当看到，安徽省已经行进在生态文明建设的道路上。2003 年，安徽省作

出了"建设生态安徽"的战略决策。同年，安徽被国家环保总局批准为生态省建设试点。在生态省建设实施过程中，安徽省注重从不同的生态区划入手进行规划，因地制宜，探索不同生态功能区的发展模式；严格控制高耗能、高污染、低资源利用行业的扩张，并加强环境保护的执法力度；大力推进循环经济，转变经济发展模式。近年来，安徽省还制定、修订了一批配套法律文件，为其生态文明建设提供了良好保障。如何处理好社会经济发展与生态环境保护之间的关系，将是安徽省在生态文明建设中面临的重要课题。

# 八　湖北

湖北省简称"鄂"，位于中国长江中游、洞庭湖之北。省会为武汉。湖北地势大致为东、西、北三面环山，中间低平，略呈向南敞开的不完整盆地形。辖区东西长约 740 公里，南北宽约 470 公里，面积 18.60 万平方公里，城市建成区面积为 1564.6 平方公里。湖北境内山地占 56%，丘陵占 24%，平原湖区占 20%。湖北大部分为亚热带季风性湿润气候，光照充足，热量丰富，无霜期长，降水充沛，雨热同季。全省年平均气温 15℃～17℃，大部分地区冬冷、夏热，春季温度多变，秋季温度下降迅速。湖北各地平均降水量 800～1600 毫米，一般是夏季最多，冬季最少，6 月中旬至 7 月中旬雨最多，强度最大，为湖北的梅雨期。2008 年，湖北省总人口 5711 万人，人口密度 307 人/平方公里，地区生产总值 11330.38 亿元。

## (一) 湖北省 2008 年生态文明建设状况

2008 年，湖北省生态文明指数综合得分为 67.50，排名全国第 22 位。其中生态活力得分为 22.15（总分为 36 分），属于第二等级；环境质量得分为 11.20（总分为 24 分），属于第四等级；社会发展得分为 12.94（总分为 24 分），属于第三等级；协调程度得分为 21.21（总分为 36 分），属于第二等级。其基本特征是，生态活力和协调程度居全国中上游水平，环境质量处于全国下游水平，社会发展处于全国中下游水平。在生态文明建设的类型上，属于相对均衡型。如图 8-78 所示。

具体分析来看，在生态活力方面，森林覆盖率为 26.77%，排名全国第 14 位；建成区绿化覆盖率为 37.63%，排名全国第 12 位；自然保护区占辖区比重为

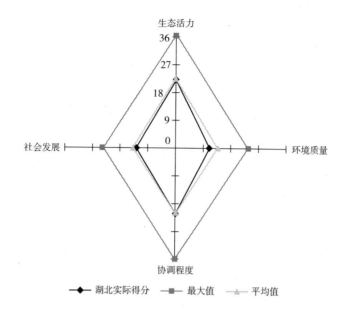

图 8 - 78 2008 年湖北省生态文明建设评价雷达图

5.34%，排在全国第 22 名。

在环境质量方面，地表水体质量得分为 8.0 分，在全国列第 10 位；空气质量达到二级以上天数占全年比重为 80.55%，列全国第 27 位；水土流失率为 32.30%，在各省中排名第 21 位（排名越靠后流失率越大）；农药施用强度为 29.68 吨/千公顷，在全国排名第 24 位（排名越靠后强度越大）。

社会发展方面，人均 GDP 为 19860 元，列全国第 16 位；服务业产值占 GDP 比例为 40.5%，排在全国第 8 位；城镇化率为 45.20%，排在全国第 15 位；人均预期寿命为 71.08 岁，在全国排名第 20 位；教育经费占 GDP 比例为 3.26%，排名第 21 位；农村改水率为 60.70%，居全国第 16 位。

在协调程度方面，工业固体废物综合利用率为 76.84%，位居全国第 11 位；工业污水达标排放率为 93.67%，在全国排第 13 位；城市生活垃圾无害化率为 52.98%，排名在全国为第 25 位；环境污染治理投资占 GDP 比重为 0.80%，列全国第 24 位；单位 GDP 能耗为 1.31 吨标准煤/万元，在全国排第 18 位（排名越靠后能耗越大）；单位 GDP 水耗为 111.99 立方米/万元，居全国第 17 位（排名越靠后水耗越大）；单位 GDP 二氧化硫排放量为 0.0059 吨/万元，列全国第 12 位（排名越靠后排放量越大）。如表 8 - 15 所示。

表 8 – 15　湖北省 2008 年生态文明建设评价结果

| 一级指标 | 二级指标 | 三级指标 | 指标数据 | 排名 | 等级 |
|---|---|---|---|---|---|
| 生态文明指数（ECI） | 生态活力 | 森林覆盖率 | 26.77% | 14 | 2 |
| | | 建成区绿化覆盖率 | 37.63% | 12 | 2 |
| | | 自然保护区的有效保护 | 5.34% | 22 | 3 |
| | 环境质量 | 地表水体质量 | 8.0 分 | 10 | 2 |
| | | 环境空气质量 | 80.55% | 27 | 3 |
| | | 水土流失率 | 32.30% | 21 | 3 |
| | | 农药施用强度 | 29.68 吨/千公顷 | 24 | 4 |
| | 社会发展 | 人均 GDP | 19860 元 | 16 | 3 |
| | | 服务业产值占 GDP 比例 | 40.5% | 8 | 2 |
| | | 城镇化率 | 45.20% | 15 | 3 |
| | | 人均预期寿命 | 71.08 岁 | 20 | 3 |
| | | 教育经费占 GDP 比例 | 3.26% | 21 | 3 |
| | | 农村改水率 | 60.70% | 16 | 3 |
| | 协调程度 | 生态、资源、环境协调度 | 工业固体废物综合利用率 76.84% | 11 | 2 |
| | | | 工业污水达标排放率 93.67% | 13 | 2 |
| | | | 城市生活垃圾无害化率 52.98% | 25 | 3 |
| | | 生态、环境、资源与经济协调度 | 环境污染治理投资占 GDP 比重 0.80% | 24 | 3 |
| | | | 单位 GDP 能耗 1.31 吨标准煤/万元 | 18 | 2 |
| | | | 单位 GDP 水耗 111.99 立方米/万元 | 17 | 3 |
| | | | 单位 GDP 二氧化硫排放量 0.0059 吨/万元 | 12 | 2 |

## （二）生态文明建设年度进步率分析

进步率分析显示，湖北省在 2005～2006 年度的总进步率为 - 1.03%，排全国进步率榜第 30 位。其中，生态活力的进步率为 1.96%，居全国第 16 位；环境质量的进步率为 - 6.07%，居全国第 28 位；社会发展的进步率为 2.78%，居全国第 19 位；协调程度的进步率为 - 2.78%，位居全国第 29 位。在 2005～2006 年度，湖北省的环境质量和协调程度都退步了，总进步率出现负值。地表水体质量的下降影响了环境质量的进步。同时，协调程度中有一些指标出现了退步，变动最大的是城市生活垃圾无害化率，从原来的 61.05% 直接下降到 34.83%。

2006～2007年度，除生态活力外，其他方面都有所进步，使得湖北省的进步率呈现正值。总进步率为3.11%，在全国进步率榜上的排名上升至第19位。其中，生态活力的进步率为-0.26%，居全国第24位；环境质量的进步率为2.75%，居全国第9位；社会发展的进步率为0.38%，为全国第25位；协调程度的进步率为9.58%，居全国第23位。生态活力的退步与自然保护区的有效保护水平下降有关。工业固体废物综合利用率经历2006年的下降后，重新提高并超过2005年的水平。

2007～2008年度，湖北省的总进步率继续提高，升至5.02%，在全国进步率榜上的排名前进至第8位。其中，生态活力的进步率为0.06%，居全国第21位；环境质量的进步率为1.12%，居全国第6位；社会发展的进步率为5.63%，为全国第12位；协调程度的进步率为13.25%，同环境质量一样排在第6位。生态活力方面，建成区绿化覆盖率稍有上升。环境质量的进步得益于空气质量达到二级以上天数占全年比重的提高。但不能忽略的是，农药施用量仍有一定程度的上升，使得农药施用强度增大。社会发展方面，服务业产值在GDP中的贡献率有所下降，但城镇化率和教育经费占GDP比例都有所提高，使得社会发展领域整体水平提高。协调程度进步明显，主要体现在城市生活垃圾无害化率、环境污染治理投资比例的提升，单位GDP能耗、单位GDP水耗和单位GDP二氧化硫排放量的下降上，工业污水达标排放率也有所提高，但进步幅度较小。但在协调程度中，工业固体废物综合利用率有所下降。

综合2005～2008年的数据来看，湖北省生态文明建设的总进步率上升态势明显，曾经有短暂的退步，在扭转了这种趋势后保持着进步态势，三个年度分别排名第30位、第19位和第8位。在二级指标的进步率方面，生态活力的进步率相对停滞，三个年度分列全国第16位、第24位和第21位；但环境质量进步明显，三个年度分列全国第28位、第9位和第6位；社会发展与协调程度的进步率基本能够保持正值，虽然不同年份进步率的数值有大有小、相对位置也时升时降，但保持了持续进步的总体态势，其中社会发展进步率三个年度分列全国第19位、第25位和第12位；湖北省协调程度进步率相对于自身发展来说进步是突出的，增幅成倍增长，反映在三个年度的全国排名上，分别是第29位、第23位和第6位。如图8-79、8-80、8-81、8-82、8-83所示。

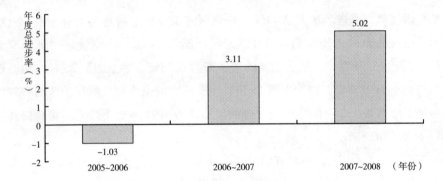

图8－79　湖北省2005～2008年度总进步率

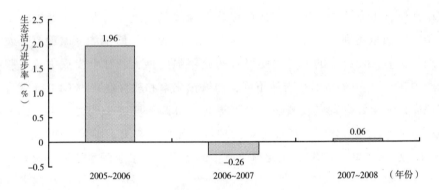

图8－80　湖北省2005～2008年生态活力进步率

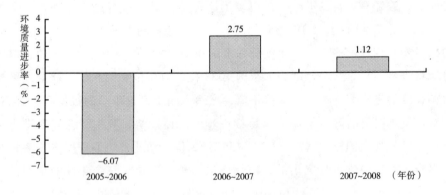

图8－81　湖北省2005～2008年环境质量进步率

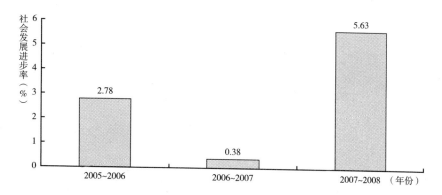

图 8 - 82 湖北省 2005 ~ 2008 年社会发展进步率

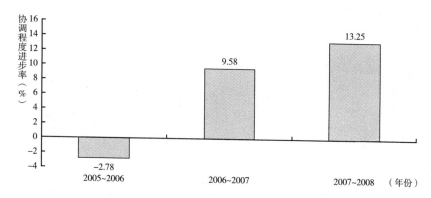

图 8 - 83 湖北省 2005 ~ 2008 年协调程度进步率

对年度进步率产生较大影响的部分三级指标的变动情况，如表 8 - 16 和图 8 - 84、8 - 85、8 - 86、8 - 87、8 - 88、8 - 89 所示。

表 8 - 16 湖北省 2005 ~ 2008 年部分指标变动情况

单位：%

|  | 2005 年 | 2006 年 | 2007 年 | 2008 年 |
| --- | --- | --- | --- | --- |
| 自然保护区的有效保护 | 5.50 | 5.45 | 5.34 | 5.34 |
| 服务业产值占 GDP 比例 | 40.3 | 40.6 | 42.1 | 40.5 |
| 教育经费占 GDP 比例 | 4.58 | 4.47 | 3.15 | 3.26 |
| 工业固体废物综合利用率 | 74.43 | 73.00 | 77.31 | 76.84 |
| 城市生活垃圾无害化率 | 61.05 | 34.83 | 41.88 | 52.98 |
| 环境污染治理投资占 GDP 比重 | 0.95 | 0.89 | 0.70 | 0.80 |

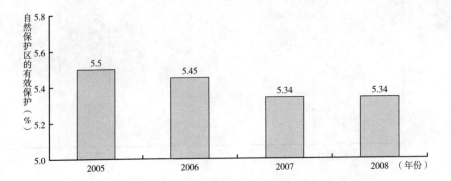

图 8 – 84  湖北省 2005 ~ 2008 年自然保护区的有效保护

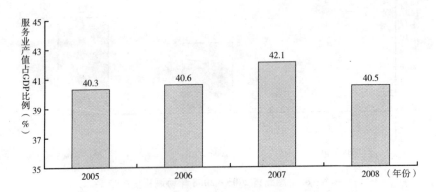

图 8 – 85  湖北省 2005 ~ 2008 年服务业产值占 GDP 比例

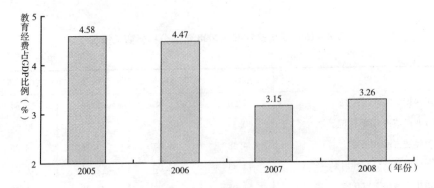

图 8 – 86  湖北省 2005 ~ 2008 年教育经费占 GDP 比例

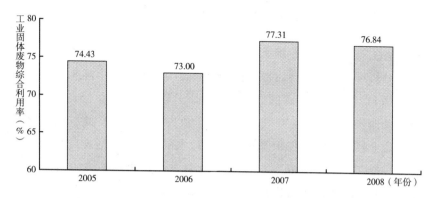

**图 8 - 87 湖北省 2005 ~ 2008 年工业固体废物综合利用率**

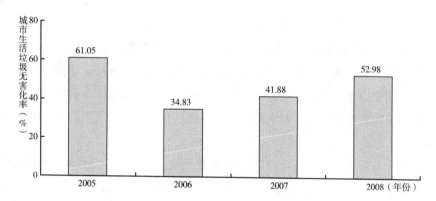

**图 8 - 88 湖北省 2005 ~ 2008 年城市生活垃圾无害化率**

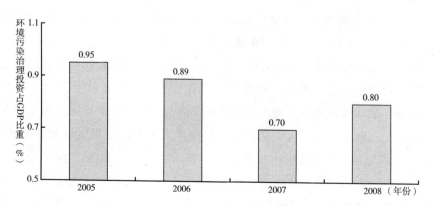

**图 8 - 89 湖北省 2005 ~ 2008 年环境污染治理投资占 GDP 比重**

### （三）湖北省生态文明建设的政策建议

湖北省生态文明建设的状况较好，已呈现出向前稳步发展的态势。通过具体指标的分析可以发现，湖北省共有处于全国第二等级的指标 8 个，处于第三等级的指标 11 个，第四等级的指标 1 个。处于第三等级的指标具体为：自然保护区占辖区面积比重、环境空气质量、水土流失率、人均 GDP、城镇化率、人均预期寿命、教育经费占 GDP 比例、农村改水率、城市生活垃圾无害化率、环境污染治理投资占 GDP 比重、单位 GDP 水耗。处在第四等级的指标为农药施用强度。湖北省的生态文明建设仍然需要坚持不懈地努力，并投入更多的关注。

针对上述情况，建议湖北省生态文明建设应在以下几个方面做出努力。

在生态活力方面，近年来，湖北省自然保护区占辖区面积比重呈下降趋势，2008 年水平低于 2005 年，需要加大保护力度，恢复原有水平。

在环境质量方面，地表水体质量的相对领先优势值得保持，环境空气质量一直在提高的势头也应保持下去。农药施用强度偏高是湖北生态文明建设的一个瓶颈，需要予以高度重视，抑制农药施用强度继续升高。水土流失的有效治理也应加强。

在社会发展方面，服务业产值占 GDP 比例有一定优势，值得继续巩固加强。该领域其他三级指标都处于第三等级水平，均需要加强建设。教育经费占 GDP 比例在四年间一直在下降，需要遏制这种趋势的继续发展。

在协调程度方面，几年来环境污染治理投资占 GDP 比重还不够稳定，并且 2008 年水平低于 2005 年，需要加大投入。城市生活垃圾无害化率也有很大建设空间。此外，应继续降低单位 GDP 水耗。

湖北省在生态文明建设方面已经做了不少工作。首先是较早认识到林业在生态文明建设中的核心地位，将林业现代化作为全省经济社会发展的战略重点，并确立了"建设资源大省、产业强省"的奋斗目标。2005 年，湖北省开始实施森林生态效益补偿制度，实现由木材生产为主转向生态建设为主的转变。2009 年是湖北生态文明建设快速推进的一年，全省树立了构建"生态湖北"的目标、生态立省的战略和林业改革发展目标。同年，湖北省成为全国 5 个发展低碳经济地方试点之一。随着湖北省生态文明建设的深入，会有更多成果涌现出来。

# 九 河南

河南简称"豫",位于中国中部偏东、黄河中下游,省会为郑州。河南地势西高东低,北、西、南三面由群山沿省界呈半环形分布;中东部为平原;西南部为盆地。河南辖区面积 16.56 万平方公里,城市建成区面积为 1857.2 平方公里。境内平原和盆地、山地、丘陵分别占总面积的 55.7%、26.6%、17.7%。河南属暖温带—亚热带、湿润—半湿润季风气候,冬季寒冷雨雪少,春季干旱风沙多,夏季炎热雨丰沛,秋季晴和日照足。全省年平均气温一般 12℃ ~ 16℃,气温年较差、日较差均较大,大体东高西低,南高北低,山地与平原间差异比较明显。年平均降水量约为 500 ~ 900 毫米,降水的 50% 集中在夏季。2008 年,河南省总人口 9429 万人,人口密度 569 人/平方公里,地区生产总值 18407.78 亿元。

## (一) 河南省 2008 年生态文明建设状况

2008 年,河南省生态文明指数综合得分为 65.71,排名全国第 23 位。其中生态活力得分为 19.85,属于第三等级;环境质量得分为 13.6,属于第二等级;社会发展得分为 11.53,属于第四等级;协调程度得分为 20.74,属于第三等级。其基本特征是,生态活力居全国中下游水平,环境质量居全国中上游水平,社会发展居全国下游水平,协调程度居全国中下游水平。在生态文明建设的类型上,属于相对均衡型。如图 8 - 90 所示。

具体来看,在生态活力方面,森林覆盖率为 16.19%,排名全国第 21 位;建成区绿化覆盖率为 35.38%,位居全国第 17 名;自然保护区占辖区面积比重为 4.51%,居全国第 27 位。

在环境质量方面,地表水体质量得分为 3.0 分,在全国列第 27 位;空气质量达到二级以上天数占全年比重为 89.04%,为全国第 14 名;水土流失率为 18.00%,排名全国第 12 名(排名越靠后流失率越大);农药施用强度为 15.03 吨/千公顷,为全国第 19 名(排名越靠后强度越大)。

社会发展方面,人均 GDP 为 19593 元,排在全国第 17 位;服务业产值占 GDP 比例为 28.6%,在全国排名最靠后;城镇化率为 36.03%,为全国第 27 位;

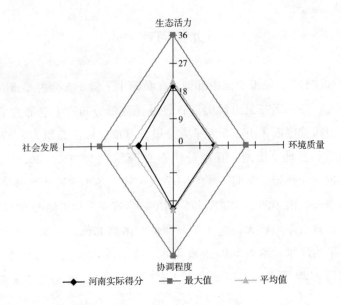

图 8 - 90　2008 年河南省生态文明建设评价雷达图

人均预期寿命为 71.54 岁，居全国第 17 名；教育经费占 GDP 比例为 2.98%，排在全国第 26 名；农村改水率为 54.80%，在全国列第 24 位。

在协调程度方面，工业固体废物综合利用率为 74.54%，为全国第 12 名；工业污水达标排放率为 94.87%，列全国第 11 名；城市生活垃圾无害化率为 67.29%，排名全国第 16 位；环境污染治理投资占 GDP 比重为 0.60%，与江西并列第 28 位；单位 GDP 能耗为 1.22 吨标准煤/万元，全国排名第 13 位（排名越靠后能耗越大）；单位 GDP 水耗为 72.24 立方米/万元，位居全国第 10 位（排名越靠后水耗越大）；单位 GDP 二氧化硫排放量为 0.0079 吨/万元，处于全国第 16 位（排名越靠后排放量越大）。如表 8 - 17 所示。

## （二）河南省生态文明建设年度进步率分析

进步率分析显示，河南省在 2005～2006 年度的总进步率为 2.48%，排名全国进步率榜第 18 位。其中，生态活力的进步率为 0.62%，排全国第 24 位；环境质量的进步率为 4.67%，居全国第 6 位；社会发展的进步率为 4.15%，居全国第 7 位；协调程度的进步率为 0.48%，居全国第 24 位。在 4 个领域均有进步，相比而言环境质量和社会发展的进步更为明显。

表 8-17 河南省 2008 年生态文明建设评价结果

| 一级指标 | 二级指标 | 三级指标 | 指标数据 | 排名 | 等级 |
|---|---|---|---|---|---|
| 生态文明指数（ECI） | 生态活力 | 森林覆盖率 | 16.19% | 21 | 3 |
| | | 建成区绿化覆盖率 | 35.38% | 17 | 2 |
| | | 自然保护区的有效保护 | 4.51% | 27 | 3 |
| | 环境质量 | 地表水体质量 | 3.0 分 | 27 | 3 |
| | | 环境空气质量 | 89.04% | 14 | 2 |
| | | 水土流失率 | 18.00% | 12 | 2 |
| | | 农药施用强度 | 15.03 吨/千公顷 | 19 | 2 |
| | 社会发展 | 人均 GDP | 19593 元 | 17 | 3 |
| | | 服务业产值占 GDP 比例 | 28.6% | 31 | 4 |
| | | 城镇化率 | 36.03% | 27 | 3 |
| | | 人均预期寿命 | 71.54 岁 | 17 | 2 |
| | | 教育经费占 GDP 比例 | 2.98% | 26 | 3 |
| | | 农村改水率 | 54.80% | 24 | 3 |
| | 协调程度 | 生态、资源、环境协调度 | 工业固体废物综合利用率 | 74.54% | 12 | 2 |
| | | | 工业污水达标排放率 | 94.87% | 11 | 2 |
| | | | 城市生活垃圾无害化率 | 67.29% | 16 | 2 |
| | | 生态、环境、资源与经济协调度 | 环境污染治理投资占 GDP 比重 | 0.60% | 28 | 4 |
| | | | 单位 GDP 能耗 | 1.22 吨标准煤/万元 | 13 | 2 |
| | | | 单位 GDP 水耗 | 72.24 立方米/万元 | 10 | 2 |
| | | | 单位 GDP 二氧化硫排放量 | 0.0079 吨/万元 | 16 | 2 |

2006~2007 年度，河南省的总进步率有小幅上升，为 2.98%，但在全国进步率榜上的排名下滑至第 21 位。其中，生态活力的进步率为 2.24%，居全国第 8 位；环境质量的进步率为 -6.25%，居全国第 24 位；社会发展的进步率为 4.46%，为全国首位；协调程度的进步率为 11.44%，居全国第 14 位。环境质量的退步是地表水体质量下降造成的，该指标 2005 年和 2006 年得分分别为 3.0 分和 3.5 分，2007 年后又退回到 2005 年水平；同时农药施用强度的加大也加重了退步态势。

2007~2008 年度，河南省的总进步率继续上升，为 3.90%，在全国进步率榜上的排名上升至第 16 位。其中，生态活力的进步率为 0.29%，居全国第 20 位；环境质量的进步率为 0.72%，居全国第 7 位；社会发展的进步率为 5.78%，居全国第 11 位；协调程度的进步率为 8.82%，居全国第 17 位。生态活力方面的进步是建成区绿化覆盖率提高促成的，但与此同时，自然保护区占辖区面积比例下降，退回至略高于 2005 年的水平。环境质量方面，农药施用强度仍然在增大，但空气质量达到二级以上天数占全年比重上升，使得环境质量整体呈现进步态势。社会发展方面，与其他相对均衡型的省份类似，河南省的服务业产值占 GDP 比例在 2008 年也降低了，但人均 GDP、城镇化率、教育经费占 GDP 比例和农村改水率均有提高。协调程度方面，2006～2007 年度退步的工业固体废物综合利用率在 2007～2008 年度有所提高，并高于 2006 年的水平。协调程度其他方面均有不同程度的进步，其中，城市生活垃圾无害化率进步十分显著，2008 年比上一年提高了 12.39 个百分点。只有环境污染治理投资占 GDP 比重略有下降。

综合 2005～2008 年的数据来看，河南省生态文明建设的总进步率一直保持平稳上升的态势，在全国排名相对稳定，分别位于第 18 位、第 21 位和第 16 位。在二级指标的进步率方面，生态活力的进步率增长较慢，三个年度分列全国第24 位、第 8 位和第 20 位；但环境质量略有退步，三个年度分列全国第 6 位、第24 位和第 7 位；社会发展与协调程度的进步率都能够保持正值，虽然不同年份进步率的数值有大有小、相对位置也时升时降，但保持了持续进步的总体态势，其中社会发展进步率三个年度分列全国第 7 位、第 1 位和第 11 位；协调程度进步率趋于上升，列全国第 24 位、第 14 位和第 17 位。如图 8 - 91、8 - 92、8 -93、8 - 94、8 - 95 所示。

对年度进步率产生较大影响的部分三级指标的变动情况，如表 8 - 18 和图8 - 96、8 - 97、8 - 98、8 - 99 所示。

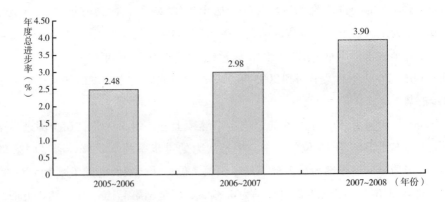

图 8 - 91　河南省 2005～2008 年度总进步率

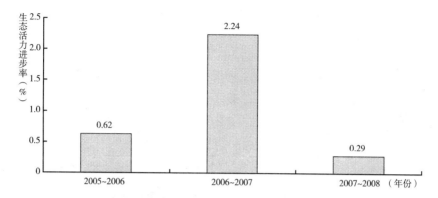

图 8 – 92　河南省 2005～2008 年生态活力进步率

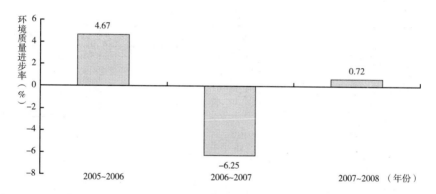

图 8 – 93　河南省 2005～2008 年环境质量进步率

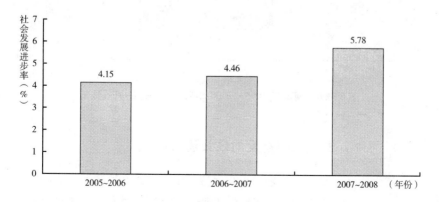

图 8 – 94　河南省 2005～2008 年社会发展进步率

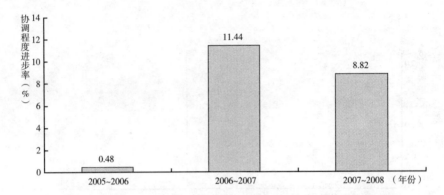

图 8 - 95　河南省 2005～2008 年协调程度进步率

表 8 - 18　河南省 2005～2008 年部分指标变动情况

单位：%

| | 2005 年 | 2006 年 | 2007 年 | 2008 年 |
|---|---|---|---|---|
| 自然保护区的有效保护 | 4.50 | 4.52 | 4.61 | 4.51 |
| 服务业产值占 GDP 比例 | 30.0 | 29.8 | 30.1 | 28.6 |
| 工业固体废物综合利用率 | 68.70 | 70.58 | 68.34 | 74.54 |
| 城市生活垃圾无害化率 | 57.88 | 46.28 | 54.90 | 67.29 |

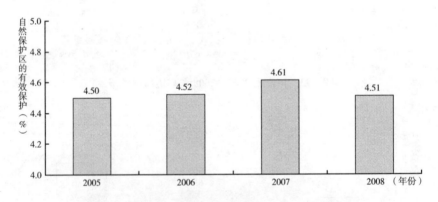

图 8 - 96　河南省 2005～2008 年自然保护区的有效保护

## （三）河南省生态文明建设的政策建议

河南省生态文明建设近年来一直在保持进步，整体水平适中。通过具体指标的分析可以发现，河南省大部分指标的水平处于全国中游水平，共有处于第二等级的指标 10 个，处于第三等级的指标 8 个，第四等级的指标 2 个。处于后两个

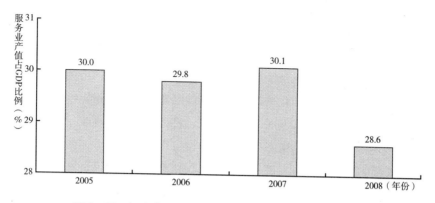

图 8 – 97　河南省 2005～2008 年服务业产值占 GDP 比例

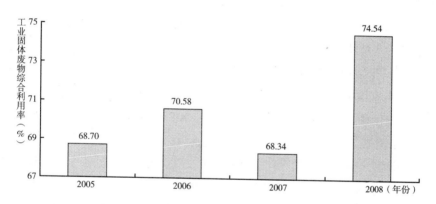

图 8 – 98　河南省 2005～2008 年工业固体废物综合利用率

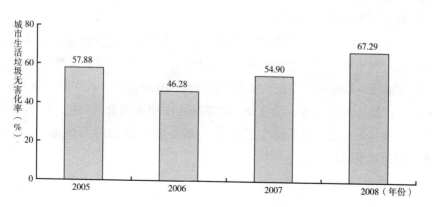

图 8 – 99　河南省 2005～2008 年城市生活垃圾无害化率

等级的指标具体为：森林覆盖率、自然保护区的有效保护、地表水体质量、人均GDP、服务业产值占 GDP 比重、城镇化率、教育经费占 GDP 比例、农村改水率、城市生活垃圾无害化率、环境污染治理投资占 GDP 比重。从这些指标可以看到，河南省在社会发展过程中重视经济增长与生态环境保护之间的协调，也能看出目前社会发展是其生态文明建设的短板，需要加强建设。这些指标相关领域都具有较强的建设性，随着河南省发展速度的加快，将会不断取得进步。

针对上述情况，建议河南省生态文明建设应在以下几个方面做出努力。

在生态活力方面，大力发展林业，提高森林覆盖率；加强自然保护区的有效保护，遏制保护区面积缩小的趋势。

在环境质量方面，地表水体质量一直在较低水平徘徊，保护江河水体质量是不容忽视的工作；农药施用强度也应得到控制。

在社会发展方面，河南的相对优势体现在人均预期寿命上，应保持这方面的优势；相对劣势体现在服务业产值占 GDP 比重一直处于全国同等水平末端，应尽量加快产业结构调整，不断加强服务业的建设。城镇化水平、教育经费占 GDP 比例一直停留在全国靠后水平范围，应加强建设。实际上，河南的教育经费总量在全国排名中一直不断上升，已经从 2005 年的第 9 位上升至 2008 年的第 5 位，只是需要与经济发展保持同步。

在协调程度方面，除加大环境污染治理投资、改变排位处于全国较靠后的水平外，还应进一步提高城市垃圾无害化处理能力。

河南已经着力从林业生态、经济转型等角度，加快建设河南省生态文明，努力创建资源节约型、环境友好型社会。2005 年河南省明确提出要加快经济转型步伐，推进生态文明建设。2007 年河南省通过了《河南林业生态省建设规划》(2008～2012 年)，为林业生态省建设提出了具体目标。河南省逐步认识到自身经济增长过程中所付出的过高资源、环境代价，也认识到节能减排任务的艰巨性。近年来，在淘汰落后产能、加大垃圾和污水处理设施建设方面加强了监管、投资力度。2010 年河南省环境自动监控系统将全部建成投入运行，使之成为全国最早开始环境自动监控系统建设的省份。随着这些举措的实际推进，河南省的生态文明建设也将取得更大进步。

# 第九章
# 环境优势型

环境优势型的省份包括广西、西藏、青海三个省（自治区）。这些省份的优势是环境质量总体较好，水、气、土壤状况优良，在全国居第一等级的指标多集中于环境质量领域。受环境和生态相互支撑的影响，虽然这些省份多处于高原地区，但生态活力处于全国的中等水平。然而作为西部省份，这些地区的经济总量和社会发展程度相对落后，由此也导致了协调程度相对偏低。如何在保持环境优势的基础上，增强生态活力，提升社会发展的水平，实现经济社会与生态环境的协调发展，是这类地区建设生态文明的关键所在。

## 一　广西

广西壮族自治区简称"桂"，地处我国南疆，南临北部湾，面向东南亚，背靠大西南。首府为南宁。广西地势由西北向东南倾斜。四周多被山地、高原环绕，呈盆地状。全区总面积23.67万平方公里。广西河流众多，总长约3.4万公里；水域面积约8026平方公里，流域面积占全自治区陆地面积的10.7%，分属珠江、长江、红河、滨海四大流域的五大水系。大陆海岸线长约1959公里。广西地处低纬，北回归线横贯中部，南濒热带海洋，北接南岭山地，西延云贵高原。形成了热量丰富、雨热同季，降水丰沛、干湿分明，日照适中、冬少夏多，灾害频繁、旱涝突出的气候特征。各地年平均气温16.5℃~23.1℃。2008年，广西总人口5049万人，人口密度190人/平方公里，地区生产总值7171.58亿元。

### （一）广西壮族自治区2008年生态文明建设状况

根据本指标体系的测算，2005~2008年，广西壮族自治区的生态文明指数分布在69分至74分之间，排名在10至15名之间，比较稳定地居中游偏上的地位。2008 年，广西生态文明指数为 73.38，排名全国第 13 位。其中生态活力得分为 22.62（总分为 36 分），属于第二等级；环境质量得分为 16.80（总分为 24 分），属于第一等级；社会发展得分为 13.41（总分为 24 分），属于第三等级；协调程度得分为 20.56（总分为 36 分），属于第三等级。广西生态建设的基本特征是，环境质量居全国上游水平，生态活力居全国中游水平，社会发展和协调程度居全国中下游水平。在生态文明建设的类型上，属于环境优势型。如图 9 - 1 所示。

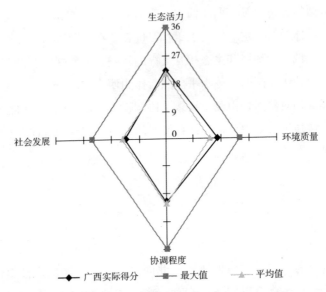

图 9 - 1　2008 年广西壮族自治区生态文明建设评价雷达图

具体分析来看，在生态活力方面，森林覆盖率为 41.41%，居全国第 6 位；建成区绿化覆盖率为 32.67%，居全国第 21 位；自然保护区占辖区面积比重为 5.90%，居全国第 19 位。

在环境质量方面，地表水体质量得分是 7.0 分，排名第 13 位；空气质量达到二级以上天数占全年比重为 96.44%，居全国第 5 位；水土流失率为 4.41%，位居全国第 5 位（排名越靠后流失率越大）；农药施用强度为 14.70 吨/千公顷，居全国第 18 位（排名越靠后强度越大）。

在社会发展方面，人均 GDP 为 14966 元，居全国第 25 位；服务业产值占 GDP 比例为 37.4%，居全国第 18 位；城镇化率为 38.16%，居全国第 25 位；人均预期寿命为 71.29 岁，居全国第 18 位；教育经费占 GDP 比例为 3.85%，居全国第 15 位；农村改水率为 56.10%，居全国第 22 位。

在协调程度方面，工业固体废物综合利用率为 62.41%，居全国第 18 位；工业污水达标排放率为 85.68%，居全国第 24 位；城市生活垃圾无害化率为 82.30%，居全国第 7 位；环境污染治理投资占 GDP 比重为 1.30%，居全国第 11 位；单位 GDP 能耗为 1.11 吨标准煤/万元，居全国第 12 位（排名越靠后能耗越大）；单位 GDP 水耗为 189.08 立方米/万元，居全国第 26 位（排名越靠后水耗越大）；单位 GDP 二氧化硫排放量为 0.0129 吨/万元，居全国第 22 位（排名越靠后排放量越大）。如表 9-1 所示。

表 9-1　广西壮族自治区 2008 年生态文明建设评价结果

| 一级指标 | 二级指标 | | 三级指标 | 指标数据 | 排名 | 等级 |
|---|---|---|---|---|---|---|
| 生态文明指数（ECI） | 生态活力 | | 森林覆盖率 | 41.41% | 6 | 2 |
| | | | 建成区绿化覆盖率 | 32.67% | 21 | 3 |
| | | | 自然保护区的有效保护 | 5.90% | 19 | 3 |
| | 环境质量 | | 地表水体质量 | 7.0 分 | 13 | 2 |
| | | | 环境空气质量 | 96.44% | 5 | 1 |
| | | | 水土流失率 | 4.41% | 5 | 1 |
| | | | 农药施用强度 | 14.70 吨/千公顷 | 18 | 2 |
| | 社会发展 | | 人均 GDP | 14966 元 | 25 | 3 |
| | | | 服务业产值占 GDP 比例 | 37.4% | 18 | 3 |
| | | | 城镇化率 | 38.16% | 25 | 3 |
| | | | 人均预期寿命 | 71.29 岁 | 18 | 2 |
| | | | 教育经费占 GDP 比例 | 3.85% | 15 | 2 |
| | | | 农村改水率 | 56.10% | 22 | 3 |
| 协调程度 | 生态、资源、环境协调度 | | 工业固体废物综合利用率 | 62.41% | 18 | 3 |
| | | | 工业污水达标排放率 | 85.68% | 24 | 3 |
| | | | 城市生活垃圾无害化率 | 82.30% | 7 | 2 |
| | 生态、环境、资源与经济协调度 | | 环境污染治理投资占 GDP 比重 | 1.30% | 11 | 2 |
| | | | 单位 GDP 能耗 | 1.11 吨标准煤/万元 | 12 | 2 |
| | | | 单位 GDP 水耗 | 189.08 立方米/万元 | 26 | 3 |
| | | | 单位 GDP 二氧化硫排放量 | 0.0129 吨/万元 | 22 | 3 |

## （二）广西壮族自治区生态文明建设年度进步率分析

进步率分析显示，广西在 2005~2006 年度的总进步率为 1.37%，排名全国第 22 位。其中，协调程度的进步率为 3.40%，居全国第 19 位；社会发展的进步率为 - 3.46%，居全国第 31 位；而生态活力的进步率为 1.75%，居全国第 18 位；环境质量的进步率为 3.78%，居全国第 7 位。本年度广西环境质量的进步率处于全国的上游水平，其他三个二级指标的进步率都居全国的下游。

2006 ~ 2007 年度，广西的总进步率为 3.48%，在全国进步率榜上的排名为第 16 位。其中，环境质量的进步率为 - 5.52%，居全国第 18 位；协调程度的进步率为 16.61%，居全国第 7 位；而社会发展的进步率为 4.25%，居全国第 2 位；生态活力的进步率为 - 1.40%，居全国第 28 位。需要说明的是，生态活力的退步是由建成区绿化覆盖率和自然保护区占辖区面积比重的下降所导致的；环境质量的退步，主要是由于农药施用强度的大幅度增大以及地表水体质量下降。

2007 ~ 2008 年度，广西的总进步率为 4.27%，在全国进步率榜上的排名为第 11 位。其中，环境质量的进步率为 - 0.79%，居全国第 16 位；协调程度的进步率为 10.49%，居全国第 13 位；而社会发展的进步率为 6.08%，居全国第 9 位；生态活力的进步率为 1.27%，居全国第 11 位。社会发展的进步主要是由于该年度的人均 GDP 增长比较快；环境质量的退步主要是由于农药施用强度的增加所导致。

综合 2005 ~ 2008 年的数据来看，广西的总进步率绝对值以及相对排名均逐年增长，保持了良好的增长态势。在二级指标的进步率方面，生态活力除了在 2006 ~ 2007 年度出现了稍微的退步，其他两个年度都是进步的，三个年度分列全国第 18 位、第 28 位和第 11 位；环境质量有所下滑，从进步变为稍微退步，三个年度分列全国第 7 位、第 18 位和第 16 位；社会发展由退步变为进步，且进步速度不断加快，三个年度分列全国第 31 位、第 2 位和第 9 位；协调程度的进步速度表现突出，逐年加快，且后两个年度都保持了 10% 以上的年进步率，三个年度分列全国第 19 位、第 7 位和第 13 位。如图 9 - 2、9 - 3、9 - 4、9 - 5、9 - 6 所示。

对年度进步率产生较大影响的部分三级指标的变动情况，如表 9 - 2 和图 9 - 7、9 - 8、9 - 9 所示。

## （三）广西壮族自治区生态文明建设的政策建议

广西壮族自治区生态文明建设的发展状况良好，近年来在社会发展和协调程

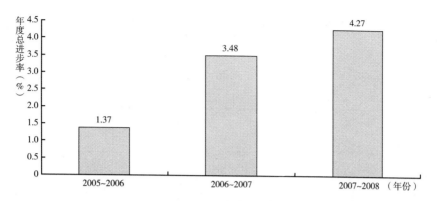

图 9-2　广西壮族自治区 2005～2008 年度总进步率

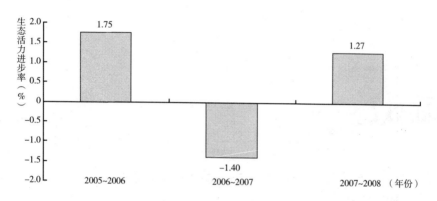

图 9-3　广西壮族自治区 2005～2008 年生态活力进步率

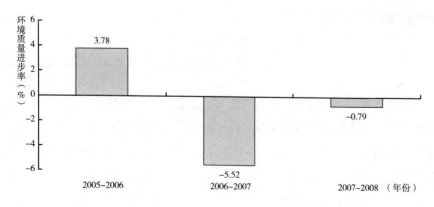

图 9-4　广西壮族自治区 2005～2008 年环境质量进步率

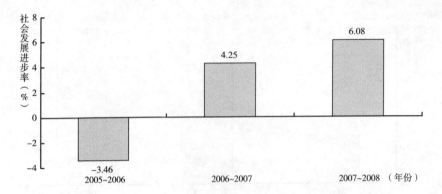

图 9-5　广西壮族自治区 2005～2008 年社会发展进步率

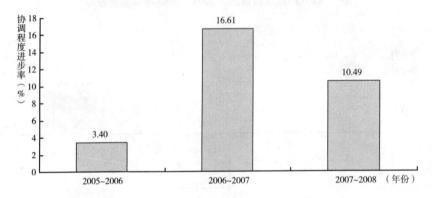

图 9-6　广西壮族自治区 2005～2008 年协调程度进步率

表 9-2　广西壮族自治区 2005～2008 年部分指标变动情况

|  | 2005 年 | 2006 年 | 2007 年 | 2008 年 |
|---|---|---|---|---|
| 农药施用强度(吨/千公顷) | 12.08 | 12.08 | 14.24 | 14.70 |
| 人均 GDP(元) | 8788 | 10296 | 12555 | 14966 |
| 城市生活垃圾无害化率(%) | 61.83 | 57.48 | 68.38 | 82.30 |

度方面的进步可谓突飞猛进。通过分析可以发现，广西共有在全国处于第一等级的指标 2 个，集中在环境质量领域；处于第二等级的指标 7 个；处于第三等级的指标 11 个，包括：建成区绿化覆盖率、自然保护区占辖区面积比重、人均 GDP、服务业产值占 GDP 比例、城镇化率、教育经费占 GDP 比例、农村改水率、工业固体废物综合利用率、工业污水达标排放率、单位 GDP 水耗、单位 GDP 二氧化硫排放量。这些指标所处的领域，是广西壮族自治区需要重点建设的领域。

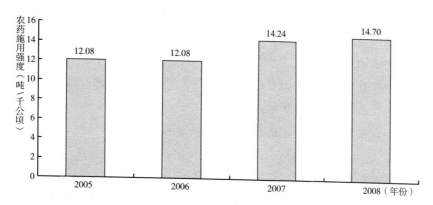

图 9 – 7 广西壮族自治区 2005～2008 年农药施用强度

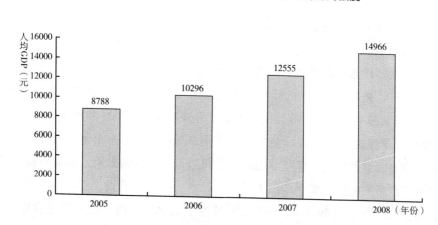

图 9 – 8 广西壮族自治区 2005～2008 年人均 GDP

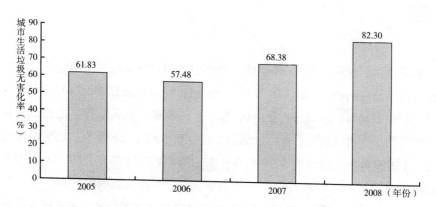

图 9 – 9 广西壮族自治区 2005～2008 年城市生活垃圾无害化率

针对上述情况，建议广西壮族自治区生态文明建设应在以下几个方面做出努力。

在生态活力方面，一方面，广西森林覆盖率比较高的优势需要继续保持；另一方面，需要加强城镇地区的生态建设。

在环境质量方面，广西没有在全国居第三、四等级的指标，城市空气质量高与土地保护效果好的优势需要继续保持。

在社会发展方面，近年来进步迅速，下一步应继续提升经济总量，加快城镇化建设的步伐，优化产业结构，提高服务业产值占 GDP 比例。

在协调程度方面，多数指标的全国排名处于中下游水平，尤其是处于第三等级的工业固体废物综合利用率、工业污水达标排放率、单位 GDP 水耗、单位 GDP 二氧化硫排放量四项指标。这些指标多与工业行业有关，这可能和整个产业结构布局有关，应当结合社会发展类指标中的服务业产值占 GDP 比例等指标，着力加以解决。

近年来，广西明确提出了推进以"富裕广西、文化广西、生态广西、平安广西"为中心内容的建设构想，国务院也批准实施《广西北部湾经济区发展规划》，广西北部湾经济区开放开发正式上升为国家战略，2009 年国务院又通过了《关于进一步促进广西经济社会发展的若干意见》。在经济社会高速发展之际，协调程度也大幅度提高，各项节能减排措施取得了良好的效果，值得一提的是，近年来广西所实施的"城乡清洁工程"以及农村沼气池建设工程，使得 2007 年农村沼气入户率达到 39.2%，居全国第 1 位。总之，广西生态文明建设在发展态势良好的基础上，总体水平有待进一步提高，达到全国上游水平。

# 二　西藏

西藏自治区简称"藏"，位于中国的西南边疆，青藏高原的西南部。首府为拉萨。西藏全区面积为 120.223 万多平方公里，约占全国总面积的 12.8%。地势由西北向东南倾斜，平均海拔在 4000 米以上，素有"世界屋脊"之称。地貌基本上可分为极高山、高山、中山、低山、丘陵和平原等六种类型。辖区内流域面积大于 1 万平方公里的河流有 20 余条，湖泊面积约 250 多万公顷，占全国湖泊面积的 30%，冰川面积约 2.74 万平方公里，占全国冰川总面积的 46.7%。西藏气候呈现西北严寒干燥，东南温暖湿润的总趋向，还有多种多样的区域气候和明显的垂直气候带。西藏的空气稀薄，日照充足，气温较低，降水较少。年降水量自东南低地的 5000 毫米，逐渐向西北递减到 50 毫米。2008 年，西藏总人口 287 万人，人口密度 2.4 人/平方公里，地区生产总值 395.91 亿元。

## （一）西藏自治区 2008 年生态文明建设状况

根据本指标体系的测算，2005～2008 年，西藏自治区的生态文明指数分布在 68 至 73 分之间，排名在 11 至 19 名之间，比较稳定地居中游地位。2008 年，西藏自治区生态文明指数为 70.24，排名全国第 18 位。其中生态活力得分为 19.85（总分为 36 分），属于第三等级；环境质量得分为 18.4（总分为 24 分），属于第一等级；社会发展得分为 15.65（总分为 24 分），属于第二等级；协调程度得分为 16.34（总分为 36 分），属于第四等级。西藏自治区生态文明建设的基本特征是：环境质量居全国上游水平，生态活力居全国中下游水平，社会发展居全国中上游水平，协调程度居全国下游水平。在生态文明建设的类型上，属于环境优势型。如图 9－10 所示。

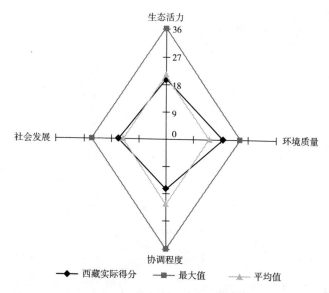

**图 9－10 2008 年西藏自治区生态文明建设评价雷达图**

具体来看，在生态活力方面，自然保护区占辖区面积比重为 34.51%，居全国首位；森林覆盖率为 11.31%，居第 24 位；建成区绿化覆盖率为 25.13%，居第 29 位。

在环境质量方面，地表水体质量得分是 10.0 分，排名第 1 位；空气质量达到二级以上天数占全年比重为96.71%，居第4位；水土流失率为9.37%，居全国第7位（排名越靠后流失率越大）；农药施用强度为3.28吨/千公顷，居第5位（排名越靠后强度越大）。环境质量的各个指标在全国都居上游位置。

社会发展方面，教育经费占GDP比例为10.62%，为全国首位；服务业产值占GDP比例为55.5%，仅次于北京，居全国第2名；人均GDP为13861元，居第28位；人均预期寿命为64.37岁，居第30位；城镇化率为22.61%，居第31位；农村改水率数据暂缺。

在协调程度方面，单位GDP二氧化硫排放量为0.0005吨/万元，在全国各省市中排放量是最小的，位居第1名（排名越靠后排放量越大）；工业污水达标排放率为29.65%，居第31位；环境污染治理投资占GDP比重为0.05%，居第31位；单位GDP水耗为777.95立方米/万元，居第30位（排名越靠后水耗越大）；城市生活垃圾无害化率、工业固体废物综合利用率和单位GDP能耗数据暂缺。如表9-3所示。

表9-3 西藏自治区2008年生态文明建设评价结果

| 一级指标 | 二级指标 | 三级指标 | 指标数据 | 排名 | 等级 |
|---|---|---|---|---|---|
| 生态文明指数（ECI） | 生态活力 | 森林覆盖率 | 11.31% | 24 | 3 |
| | | 建成区绿化覆盖率 | 25.13% | 29 | 4 |
| | | 自然保护区的有效保护 | 34.51% | 1 | 1 |
| | 环境质量 | 地表水体质量 | 10.0分 | 1 | 1 |
| | | 环境空气质量 | 96.71% | 4 | 1 |
| | | 水土流失率 | 9.37% | 7 | 2 |
| | | 农药施用强度 | 3.28吨/千公顷 | 5 | 2 |
| | 社会发展 | 人均GDP | 13861元 | 28 | 3 |
| | | 服务业产值占GDP比例 | 55.5% | 2 | 1 |
| | | 城镇化率 | 22.61% | 31 | 4 |
| | | 人均预期寿命 | 64.37岁 | 31 | 4 |
| | | 教育经费占GDP比例 | 10.62% | 1 | 1 |
| | | 农村改水率 | — | — | — |
| 协调程度 | 生态、资源、环境协调度 | 工业固体废物综合利用率 | — | — | — |
| | | 工业污水达标排放率 | 29.65% | 31 | 4 |
| | | 城市生活垃圾无害化率 | — | — | — |
| | 生态、环境、资源与经济协调度 | 环境污染治理投资占GDP比重 | 0.05% | 31 | 4 |
| | | 单位GDP能耗 | — | — | — |
| | | 单位GDP水耗 | 777.95立方米/万元 | 30 | 4 |
| | | 单位GDP二氧化硫排放量 | 0.0005吨/万元 | 1 | 1 |

### （二）西藏自治区生态文明建设年度进步率分析

进步率分析显示，西藏自治区在 2005～2006 年度的总进步率为 9.97%，排名全国第 2 位。其中，协调程度的进步率为 33.78%，高居全国首位；社会发展的进步率为 5.05%，居全国第 3 位；环境质量的进步率为 0.35%，居全国第 12 位。生态活力的进步率为 0.69%，居全国第 23 位。协调程度进步率的突出表现是因为环境污染治理投资占 GDP 比重指标的大幅度提高。

2006～2007 年度，西藏自治区的总进步率有较大幅度上升，为 18.79%，在全国进步率榜上的排名上升 1 位，为全国首位。其中，环境质量的进步率为 -7.32%，居全国第 27 位；社会发展的进步率为 -0.86%，居全国第 29 位；生态活力的进步率为 4.67%，居全国第 6 位；协调程度的进步率为 78.68%，高居全国首位。环境质量的退步主要是由农药施用强度的增大所导致；协调程度的大幅度提高与城市生活垃圾无害化率的多倍速提高有密切的关系。

2007～2008 年度，西藏自治区的总进步率大幅下滑，为 -1.13%，在全国进步率榜上的排名也退至最后 1 位。其中，生态活力的进步率为 1.34%，居全国第 10 位；社会发展的进步率为 4.36%，为全国第 19 位；环境质量的进步率为 -4.22%，居全国第 28 位；协调程度的进步率为 -6.00%，为全国第 31 位。协调程度类指标没有如上年度一枝独秀般的突出表现，反而出现了退步状况，这是因为环境污染治理投资占 GDP 比重大幅度下跌至上一年度的三分之一；环境质量的退步又是因为农药施用强度的增大。

综合 2005～2008 年的数据来看，西藏自治区的总进步率 2005～2007 年都居全国前列，但在 2007～2008 年度总进步率出现了负值。在二级指标的进步率方面，生态活力在三个年度保持了持续的进步，三个年度分列全国第 23 位、第 6 位和第 10 位；环境质量后两个年度持续退步，三个年度分列全国第 12 位、第 27 位和第 28 位；社会发展则起伏不定，三个年度分列全国第 3 位、第 29 位和第 19 位；协调程度从进步跌至退步，由正值转变为负值，三个年度分列全国第 1 位、第 1 位和第 31 位。如图 9-11、9-12、9-13、9-14、9-15 所示。

对年度进步率产生较大影响的部分三级指标的变动情况，如表 9-4 和图 9-16、9-17、9-18、9-19、9-20 所示。

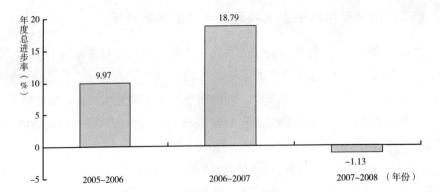

图 9 – 11    西藏自治区 2005 ~ 2008 年度总进步率

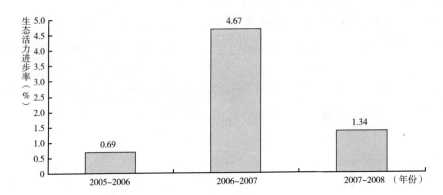

图 9 – 12    西藏自治区 2005 ~ 2008 年生态活力进步率

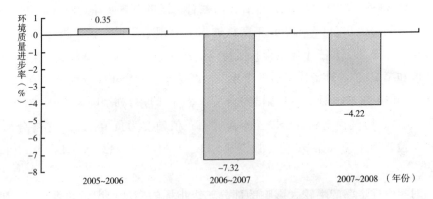

图 9 – 13    西藏自治区 2005 ~ 2008 年环境质量进步率

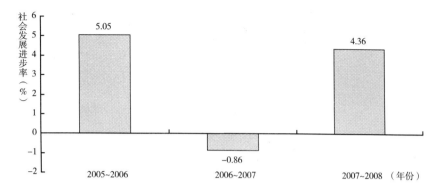

图 9 – 14 西藏自治区 2005～2008 年社会发展进步率

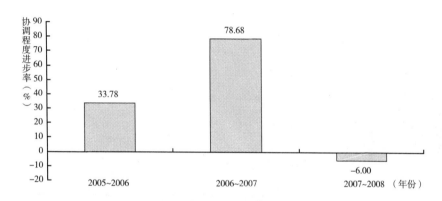

图 9 – 15 西藏自治区 2005～2008 年协调程度进步率

表 9 – 4 西藏自治区 2005～2008 年部分指标变动情况

|  | 2005 年 | 2006 年 | 2007 年 | 2008 年 |
|---|---|---|---|---|
| 建成区绿化覆盖率(%) | 0.21 | 21.41 | 24.40 | 25.13 |
| 农药施用强度(吨/千公顷) | 2.00 | 2.00 | 2.77 | 3.28 |
| 城镇化率(%) | 26.65 | 28.21 | 28.30 | 22.61 |
| 城市生活垃圾无害化率(%) | — | 9.73 | 66.70 | — |
| 环境污染治理投资占 GDP 比重(%) | 0.19 | 0.59 | 0.15 | 0.05 |

## （三）西藏自治区生态文明建设的政策建议

通过分析可以发现，西藏自治区生态文明建设水平呈现出优势项目非常突出，同时不足之处也比较明显的总体特征，共有在全国处于第一等级的指标 6

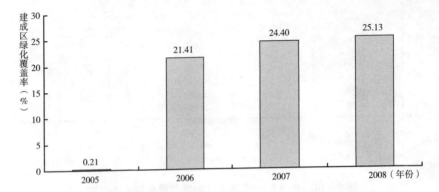

图 9 – 16　西藏自治区 2005~2008 年建成区绿化覆盖率

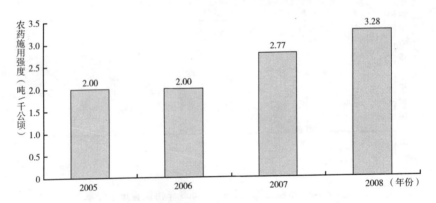

图 9 – 17　西藏自治区 2005~2008 年农药施用强度

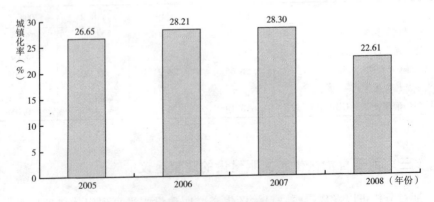

图 9 – 18　西藏自治区 2005~2008 年城镇化率

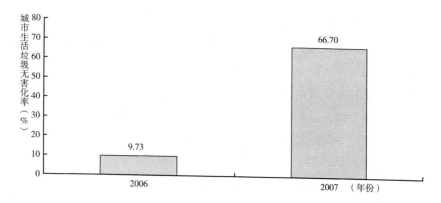

图 9－19 西藏自治区 2006～2007 年城市生活垃圾无害化率

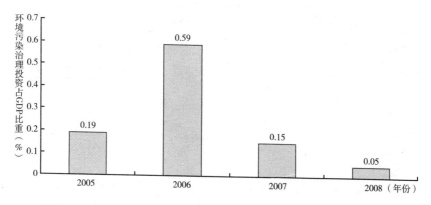

图 9－20 西藏自治区 2005～2008 年环境污染治理投资占 GDP 比重

个，第二等级的指标 2 个，第三等级的指标 2 个，第四等级的指标 6 个，缺失值 4 个。处于第三、四等级的 8 个指标是西藏自治区生态文明建设的重点，特别是处于第四等级的建成区绿化覆盖率、城镇化率、人均预期寿命、工业污水达标排放率、环境污染治理投资占 GDP 比重、单位 GDP 水耗，需要重点加强建设。

针对上述情况，建议西藏自治区生态文明建设应在以下几个方面做出努力。

在生态活力方面，西藏自治区的优势在于自然保护区占辖区面积的比重很高，居全国首位，而且生态活力保持了逐年的正进步率。优势需要继续保持，但在城镇绿化方面处于全国下游水平，需要加大建设力度。

在环境质量方面，西藏具有得天独厚的优势，是公认的世界上环境质量最好的地区之一，地表水体质量与环境空气质量都属于全国第一等级。这一优势需要继续保持，但近年来出现的农药施用强度攀升的趋势需要加以防范。

在社会发展方面，由于特殊的地理环境和历史原因，西藏仍属于欠发达地区，经济社会发展与全国平均发展水平还有较大差距，可以着重发展生态旅游等绿色产业，推动社会发展整体水平的提升。

在协调程度方面，工业废气排放量低的优势需要保持。同时应当加大环境污染治理投资力度，并保持其稳定性和可预期性。

近年来，西藏的生态文明建设迎来了宝贵的发展契机。国务院通过了《西藏生态安全屏障保护与建设规划（2008～2030年）》，自治区政府也提出了明确的生态建设目标：让人民群众喝上干净的水，呼吸清洁的空气，吃上放心的食物，在良好的环境中生产生活。西藏的生态文明建设具有巨大的提升潜力，拥有许多全国领先的优势，尤其是在环境质量建设方面，在生态活力、社会发展和协调程度方面也颇具亮点。虽然社会发展水平的绝对值离全国先进水平还有一定的差距，但前两个年度的高进步率体现了西藏在生态文明建设上的潜力。

## 三　青海

青海省简称"青"，青海地处青藏高原东北部。省会为西宁。青海省总面积72.23万平方公里，地势西高东低，西北高中间低。境内山脉高耸，地形多样，河流纵横，湖泊棋布，平均海拔在3000米以上，是中国三大江河——黄河、长江和澜沧江的发源地，被誉为"中华水塔"。青海整体上属于高原大陆性气候，气温日差较大，年温差较小；冬季漫长，夏季凉爽，降水分布地区差异显著，季节变化大；东部地区雨水较多，西部及南部地区干燥多风。主要地区年均温度−6℃～4℃。2008年，青海省常住人口554万人，人口密度7.2人/平方公里，地区生产总值961.53亿元。

### （一）青海省2008年生态文明建设状况

2005～2008年，青海省的生态文明指数分布在62～65分，排名在22～25名，比较稳定地居中游偏上的地位。2008年，青海省生态文明指数为65.13，排名全国第25位。其中生态活力得分为19.38（总分为36分），属于第三等级；环境质量得分为16（总分为24分），属于第一等级；社会发展得分为12.71（总分为 24 分），属于第四等级；协调程度得分为 17.04（总分为 36 分），属于第四等级。其基本特征是，环境质量居全国上游水平，生态活力居全国中下游水平，社会发展和协调程度居全国下游水平。在生态文明建设的类型上，属于环境优势型。如图 9 - 21 所示。

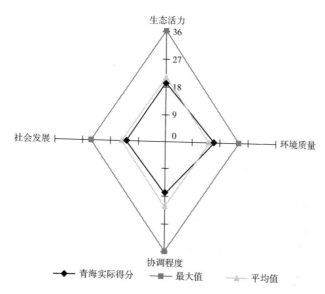

**图 9 - 21　2008 年青海省生态文明建设评价雷达图**

具体来看，在生态活力方面，自然保护区占辖区面积比重为 30.28%，居全国第 2 位，仅次于西藏；森林覆盖率为 4.40%，仅高于上海和新疆，居全国倒数第 3 位；建成区绿化覆盖率为 28.17%，居各省市第 27 位。

在环境质量方面，地表水体质量得分是 9.0 分，排名第 6 位；农药施用强度为 3.60 吨/千公顷，位列各省第 6 位（排名越靠后强度越大）；空气质量达到二级以上天数占全年比重为 81.10%，居第 25 位；水土流失率为 28.41%，居全国第 18 位（排名越靠后流失率越大）。

社会发展方面，教育经费占 GDP 比例为 4.77%，位列各省第 5 位；农村改水率为 76.60%，居全国第 11 位；人均 GDP 为 17389 元，居第 22 位；服务业产值占 GDP 比例为 34.0%，居第 24 位；城镇化率为 40.86%，居第 22 位；人均预期寿命为 66.03 岁，居第 28 位。

在协调程度方面，环境污染治理投资占 GDP 比重为 1.88%，居各省第 4

名；城市生活垃圾无害化率为 75.22%，居各省第 13 名。除此之外，协调程度的其他指标均居全国下游水平。工业固体废物综合利用率为 31.11%，居各省第 30 名；工业污水达标排放率为 53.07%，居各省第 30 名；单位 GDP 能耗为 2.94 吨标准煤/万元，居各省第 29 名（排名越靠后能耗越大）；单位 GDP 水耗为 210.29 立方米/万元，居各省第 27 名（排名越靠后水耗越大）；单位 GDP 二氧化硫排放量为 0.0140 吨/万元，居各省第 25 名（排名越靠后排放量越大）。

表 9－5　青海省 2008 年生态文明建设评价结果

| 一级指标 | 二级指标 | 三级指标 | 指标数据 | 排名 | 等级 |
|---|---|---|---|---|---|
| 生态文明指数（ECI） | 生态活力 | 森林覆盖率 | 4.40% | 29 | 4 |
| | | 建成区绿化覆盖率 | 28.17% | 27 | 4 |
| | | 自然保护区的有效保护 | 30.28% | 2 | 1 |
| | 环境质量 | 地表水体质量 | 9.0 分 | 6 | 1 |
| | | 环境空气质量 | 81.10% | 25 | 3 |
| | | 水土流失率 | 28.41% | 18 | 2 |
| | | 农药施用强度 | 3.60 吨/千公顷 | 6 | 2 |
| | 社会发展 | 人均 GDP | 17389 元 | 22 | 3 |
| | | 服务业产值占 GDP 比例 | 34.0% | 24 | 3 |
| | | 城镇化率 | 40.86% | 22 | 3 |
| | | 人均预期寿命 | 66.03 岁 | 28 | 4 |
| | | 教育经费占 GDP 比例 | 4.77% | 5 | 2 |
| | | 农村改水率 | 76.60% | 11 | 2 |
| | 协调程度 生态、资源、环境协调度 | 工业固体废物综合利用率 | 31.11% | 30 | 4 |
| | | 工业污水达标排放率 | 53.07% | 30 | 4 |
| | | 城市生活垃圾无害化率 | 75.22% | 13 | 2 |
| | 生态、环境、资源与经济协调度 | 环境污染治理投资占 GDP 比重 | 1.88% | 4 | 1 |
| | | 单位 GDP 能耗 | 2.94 吨标准煤/万元 | 29 | 4 |
| | | 单位 GDP 水耗 | 210.29 立方米/万元 | 27 | 3 |
| | | 单位 GDP 二氧化硫排放量 | 0.0140 吨/万元 | 25 | 3 |

## （二）青海省生态文明建设年度进步率分析

进步率分析显示，青海省在 2005～2006 年度的总进步率为 4.23%，排名全国进步率榜第 10 位。其中，生态活力的进步率为 5.13%，居全国第 9 位；协调程度的进步率为 8.77% ，居全国第 12 位；环境质量的进步率为 0.08% ，居全国第 16 位；社会发展的进步率为 2.94% ，居全国第 16 位。本年度青海省各个二级指标的表现都不错，四个领域的进步率都居全国的中上游。

2006 ~ 2007 年度，青海省的总进步率略有下滑，为 3.21% ，在全国进步率榜上的排名为第 18 位。其中，社会发展的进步率为 4.07% ，为全国第 4 位；协调程度的进步率为 13.94% ，居全国第 10 位；生态活力的进步率为 1.03% ，居全国第 15 位；环境质量的进步率为 - 6.20% ，居全国第 23 位。本年度各个二级指标的表现参差不齐，社会发展的进步率进入全国前五强，但环境质量却出现了负增长。社会发展方面，与一些省市相比，虽然青海在教育经费占 GDP 比例上有所上升，但在服务业产值占 GDP 比例和农村改水率上却有小幅下降。协调程度的各项指标均有进步，使这方面的整体水平得到提高。生态活力方面，2005 ~ 2007 年的进步率主要是建成区绿化覆盖率的提高促成的。环境质量出现退步，归结于农药施用强度的增大，2007 年农药的施用总量增加，同时耕地面积缩减到不足 2006 年的 80% 。

2007 ~ 2008 年度，青海省的总进步率继续下滑，为 2.92% ，在全国进步率榜上的排名下滑至第 19 位。其中，环境质量的进步率为 - 0.77% ，居全国第 14 位；生态活力的进步率为 0.84% ，居全国第 16 位；协调程度的进步率为 7.98% ，居全国第 21 位；社会发展的进步率为 3.65% ，居全国第 25 位。生态活力的进步率减缓是由于建成区绿化面积的增速较上一年有所减缓，同时自然保护区占辖区面积比重与上一年度相比没有增加；环境质量退步的原因是农药施用强度有所增大，而其他各项都与上一年度持平，最终导致本年度的环境质量出现负增长。

综合 2005 ~ 2008 年的数据来看，青海省总进步率逐年有所下降。在二级指标的进步率方面，生态活力的进步率保持了正增长的势头，但进步率逐年降低，三个年度分列全国第 9 位、第 15 位和第 16 位；环境质量后两个年度持续退步，三个年度分列全国第 16 位、第 23 位和第 14 位；社会发展进步率保持了持续的正增长，三个年度分列全国第 16 位、第 4 位和第 25 位；协调程度保持了比较高的进步率，三个年度分列全国第 12 位、第 10 位和第 21 位。如图 9 - 22、9 - 23、9 - 24、9 - 25、9 - 26 所示。

对年度进步率产生较大影响的部分三级指标的变动情况，如表 9 - 6 和图 9 - 27、9 - 28、9 - 29、9 - 30、9 - 31 所示。

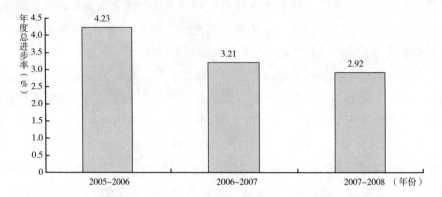

**图 9-22　青海省 2005～2008 年度总进步率**

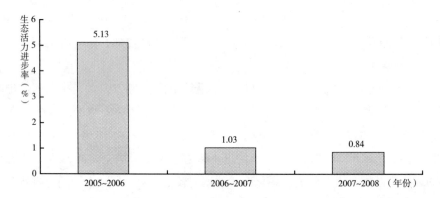

**图 9-23　青海省 2005～2008 年生态活力进步率**

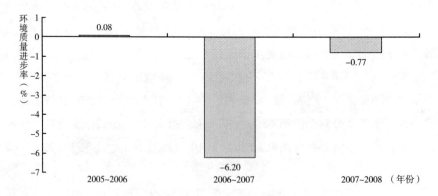

**图 9-24　青海省 2005～2008 年环境质量进步率**

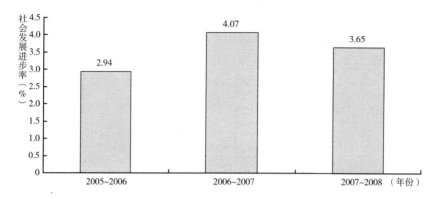

图 9 - 25　青海省 2005～2008 年社会发展进步率

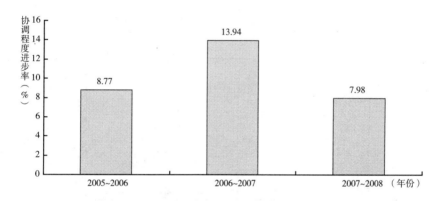

图 9 - 26　青海省 2005～2008 年协调程度进步率

表 9 - 6　青海省 2005～2008 年部分指标变动情况

| | 2005 年 | 2006 年 | 2007 年 | 2008 年 |
|---|---|---|---|---|
| 建成区绿化覆盖率(%) | 24.02 | 26.72 | 27.47 | 28.17 |
| 农药施用强度(吨/千公顷) | 2.54 | 2.54 | 3.49 | 3.60 |
| 服务业产值占 GDP 比例(%) | 39.3 | 37.5 | 36.0 | 34.0 |
| 城市生活垃圾无害化率(%) | 100.00 | 94.59 | 94.88 | 75.22 |
| 环境污染治理投资占 GDP 比重(%) | 0.97 | 0.94 | 1.35 | 1.88 |

## （三）青海省生态文明建设的政策建议

通过分析可以发现，青海省生态文明建设除了在环境质量方面有较大的优势外，其他方面还比较薄弱，共有在全国处于第一等级的指标 3 个，第二等级的指

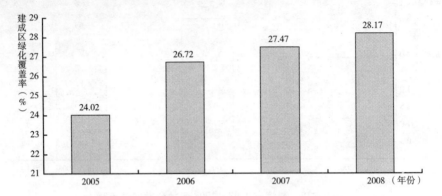

图 9 - 27　青海省 2005 ～ 2008 年建成区绿化覆盖率

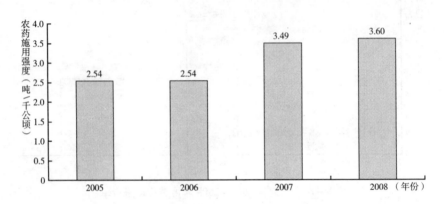

图 9 - 28　青海省 2005 ～ 2008 年农药施用强度

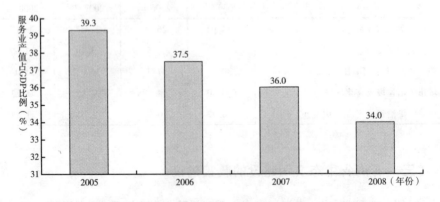

图 9 - 29　青海省 2005 ～ 2008 年服务业产值占 GDP 比例

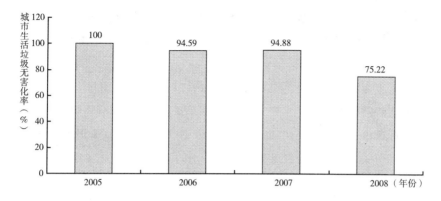

图 9 – 30　青海省 2005 ~ 2008 年城市生活垃圾无害化率

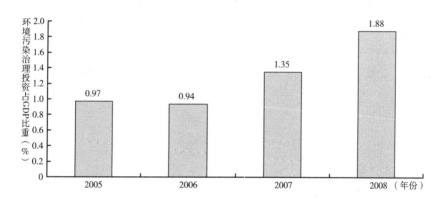

图 9 – 31　青海省 2005 ~ 2008 年环境污染治理投资占 GDP 比重

标 5 个，第三等级的指标 6 个，第四等级的指标 6 个。处于第三、四等级的 12 个指标是青海省生态文明建设的重点，特别是处于第四等级的森林覆盖率、建成区绿化覆盖率、人均预期寿命、工业固体废物综合利用率、工业污水达标排放率、单位 GDP 能耗，需要重点加强建设。

针对上述情况，建议青海省生态文明建设应在以下几个方面做出努力。

在生态活力方面，自然保护区占辖区面积比重居全国第二，这一优势需要保持。森林覆盖率、建成区绿化覆盖率都处于第四等级，可见在城乡的生态建设领域，都需要进一步加强。

在环境质量方面，青海省的地表水体质量、农药施用强度排名比较靠前，这一优势地位需要继续保持。但环境质量面临退步的挑战比较大，应该重点防范水土流失的加剧，同时加大城市空气质量改善的建设力度。

在社会发展方面，多数指标处于全国第三、四等级。下一步需要大力发展具有区域经济特色的服务业、提升服务业产值占 GDP 比例，在保护生态环境的基础上发展经济。

在协调程度方面，环境污染治理投资占 GDP 比重在全国排名第 4 位，资金保障上的优势需要继续保持。处于全国第四等级的工业固体废物综合利用率、工业污水达标排放率和单位 GDP 能耗三项指标主要与工业有关，这可能和整个产业结构布局有关，应当结合社会发展类指标中的服务业产值占 GDP 比例等指标，通过深层次的产业结构变革着力加以解决。

同时也应看到，青海省进行生态文明建设具有得天独厚的优势：作为三江发源之地和全国最大的内陆高原湖泊青海湖的所在地，从 20 世纪 90 年代中期开始，中央政府就加大资金投入支持青海实施大规模的生态保护与建设计划，青海省成为建立西部生态屏障的重点省份。青海省也提出了生态立省战略，全面推进生态保护、生态经济和生态文化。青海省在生态文明建设方面既面临挑战，又恰逢机遇。

# 第十章
# 低度均衡型

低度均衡型的省份包括我国中北部的内蒙古、河北和山西，西北部的宁夏、新疆和甘肃以及西南部的贵州省。这些省份大多气候干燥、少雨、多沙，森林覆盖率偏低，生态脆弱，生态活力相对较弱。这些省份，有的是农业大省，有的是能源大省，单位 GDP 能耗较大，生产方式相对较为粗放，经济和社会发展水平偏低，生态环境和经济发展之间的协调程度也较弱。这些地区在今后的发展中，需要在保护生态安全、提高生态活力的基础上，尽快转变生产方式，实现产业转型和升级，以实现协调发展。

## 一　内蒙古

内蒙古自治区简称"内蒙古"或"蒙"，位于我国北部边疆，地跨我国东北、华北和西北地区。首府为呼和浩特。总面积 114.33 万平方公里。全境以高原为主，多数地区在海拔 1000 米以上。东部草原辽阔，西部沙漠广布，黄河流经西南部。内蒙古自治区属温带大陆性季风气候；因地域辽阔，各地差异较大；多数地区四季分明，夏短冬长，较为干冷，年均气温 -1℃ ~ 10℃。2008 年，内蒙古自治区总人口 2414 万人，人口密度 21 人/平方公里，地区生产总值 7761.80 亿元。

### （一）内蒙古自治区生态文明建设概况

2008 年，内蒙古自治区生态文明指数为 65.47，排名全国第 24 位。其中生态活力得分为 19.85（总分为 36 分），属于第三等级；环境质量得分为 12.80（总分为 24 分），属于第三等级；社会发展得分为 13.41（总分为 24 分），属于第三等级；协调程度得分为 19.41（总分为 36 分），属于第三等级。其基本特点是，环境质量和社会发展居全国中游水平，生态活力和协调程度均居全国中下游水平。在生态文明建设的类型上，属于低度均衡型。如图 10 - 1 所示。

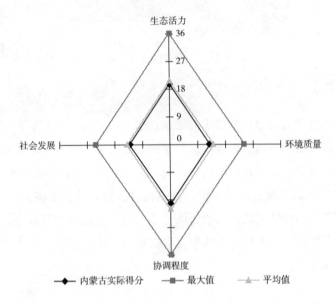

图 10 - 1　2008 年内蒙古自治区生态文明建设评价雷达图

在生态活力方面，自然保护区占辖区面积比重为 11. 69% ，居全国第 10 位；森林覆盖率为 17. 70% ，居全国第 19 位；建成区绿化覆盖率为 30. 55% ，居全国第 25 位。

在环境质量方面，农药施用强度为 2. 68 吨/千公顷，居全国第 2 位（排名越靠后强度越大）；空气质量达到二级以上天数占全年比重为 93. 15% ，居全国第 10 位，这两项指标处于全国上游；地表水体质量得分为 4. 5 分，居全国第 19 位；水土流失率为 67. 31% ，居全国倒数第 2 位（排名越靠后流失率越大）。

在社会发展方面，人均 GDP 为 32214 元，跃升全国第 8 位；城镇化率为 51. 71% ，居全国第 10 位，这两项指标处于全国上游水平；服务业产值占 GDP 比例为 33. 3% ，人均预期寿命为 69. 87 岁，教育经费占 GDP 比例为 2. 60% ；农村改水率为 37. 50% ，这四项指标均居全国下游水平，特别是教育经费占 GDP 比例和农村改水率居全国倒数第 2 位。

在协调程度方面，环境污染治理投资占 GDP 比重为 1. 74% ，居全国第 5 位；工业固体废物综合利用率为 49. 35% ，城市生活垃圾无害化率为 54. 99% ，单位 GDP 水耗为 148. 19 立方米/万元（排名越靠后水耗越大），这三项指标都处于全国中下游水平；单位 GDP 能耗为 2. 16 吨标准煤/万元（排名越靠后能耗越大），工业污水达标排放率为 82. 60%，单位 GDP 二氧化硫排放量为 0. 0184 吨/万元（排名越靠后排放量越大），这三项指标均居全国下游水平。如表 10 - 1 所示。

表 10 - 1　内蒙古自治区 2008 年生态文明建设评价结果

| 一级指标 | 二级指标 | 三级指标 | 指标数据 | 排名 | 等级 |
|---|---|---|---|---|---|
| 生态文明指数（ECI） | 生态活力 | 森林覆盖率 | 17. 7% | 19 | 3 |
| | | 建成区绿化覆盖率 | 30. 55% | 25 | 4 |
| | | 自然保护区的有效保护 | 11. 69% | 10 | 2 |
| | 环境质量 | 地表水体质量 | 4. 5 分 | 19 | 3 |
| | | 环境空气质量 | 93. 15% | 10 | 2 |
| | | 水土流失率 | 67. 31% | 30 | 4 |
| | | 农药施用强度 | 2. 68 吨/千公顷 | 2 | 1 |
| | 社会发展 | 人均 GDP | 32214 元 | 8 | 2 |
| | | 服务业产值占 GDP 比例 | 33. 3% | 27 | 3 |
| | | 城镇化率 | 51. 71% | 10 | 2 |
| | | 人均预期寿命 | 69. 87 岁 | 24 | 3 |
| | | 教育经费占 GDP 比例 | 2. 60% | 30 | 3 |
| | | 农村改水率 | 37. 50% | 30 | 4 |
| | 协调程度 | 生态、资源、环境协调度 | 工业固体废物综合利用率 | 49. 35% | 22 | 3 |
| | | 工业污水达标排放率 | 82. 60% | 26 | 3 |
| | | 城市生活垃圾无害化率 | 54. 99% | 23 | 3 |
| | | 生态、环境、资源与经济协调度 | 环境污染治理投资占 GDP 比重 | 1. 74% | 5 | 2 |
| | | 单位 GDP 能耗 | 2. 16 吨标准煤/万元 | 26 | 3 |
| | | 单位 GDP 水耗 | 148. 19 立方米/万元 | 21 | 3 |
| | | 单位 GDP 二氧化硫排放量 | 0. 0184 吨/万元 | 28 | 4 |

## （二）内蒙古自治区生态文明建设年度进步率分析

进步率分析显示，内蒙古自治区在 2005 ~ 2006 年的总进步率为 6. 59%，排名全国进步率榜第 6 位。其中，环境质量的进步率为 8. 41%，居全国第 3 位；协调程度的进步率为 14. 16%，居全国第 4 位；生态活力的进步率为 3. 01%，居全国第 12 位；社会发展的进步率为 0. 77%，居全国第 29 位。地表水体质量、工业污水达标排放率、环境污染治理投资占 GDP 比重这几个指标的显著进步，是环境质量和协调程度进步率较高的主要原因。

2006~2007 年，内蒙古自治区的总进步率为 3.41%，在全国进步率榜上的排名到了第 17 位。其中，生态活力的进步率为 2.08%，社会发展的进步率为 3.62%，两者均居全国第 9 位；而环境质量的进步率为 - 2.03%，居全国第 17 位；协调程度的进步率为 9.98%，居全国第 21 位。

2007~2008 年，内蒙古自治区的总进步率为 5.42%，在全国进步率榜上的排名有了很大提升，居全国第 6 位。其中，生态活力的进步率为 3.58%，居全国第 5 位；社会发展的进步率为 7.38%，居全国第 4 位；协调程度的进步率为 12.20%，居全国第 9 位，这三项指标的进步率都居全国上游水平；环境质量的进步率为 - 1.46%，居全国第 20 位。

可以看出，2005~2008 年度，内蒙古自治区整体的生态文明进步率呈现较好的持续增长态势，总进步率分别为 6.59%、3.41%、5.42%，分别居全国进步率排名榜的第 6 位、第 17 位、第 6 位。从各二级指标来看，生态活力保持着 2%~4% 的持续进步率，分列全国第 12 位、第 9 位、第 5 位；环境质量在 2005~2006 年度有较大提高，随后几年呈现逐年退步状态，进步率分列全国第 3 位、第 17 位、第 20 位；社会发展进步率逐年成倍增长，分列全国第 29 位、第 9 位、第 4 位；协调程度进步较大，分列全国第 4 位、第 21 位、第 9 位。如图 10 - 2、10 - 3、10 - 4、10 - 5、10 - 6 所示。

对年度进步率产生较大影响的部分三级指标的变动情况，如表 10 - 2 和图 10 - 7、10 - 8 所示。

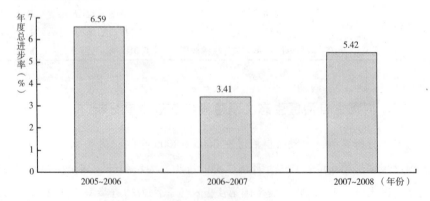

图 10 - 2　内蒙古自治区 2005~2008 年度总进步率

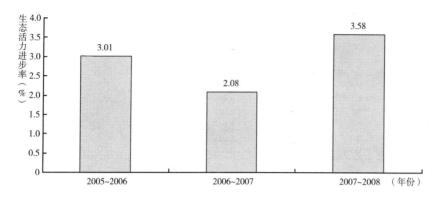

**图 10 – 3　内蒙古自治区 2005～2008 年生态活力进步率**

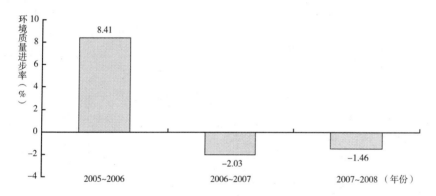

**图 10 – 4　内蒙古自治区 2005～2008 年环境质量进步率**

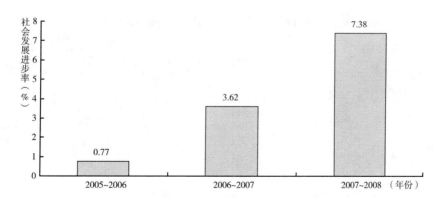

**图 10 – 5　内蒙古自治区 2005～2008 年社会发展进步率**

395

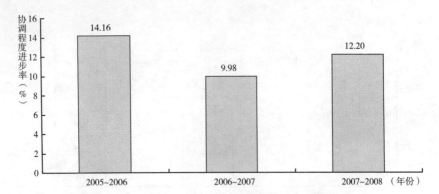

图 10 - 6 内蒙古自治区 2005～2008 年协调程度进步率

表 10 - 2 内蒙古自治区 2005～2008 年部分指标变动情况

|  | 2005 年 | 2006 年 | 2007 年 | 2008 年 |
| --- | --- | --- | --- | --- |
| 建成区绿化覆盖率(%) | 23.31 | 26.58 | 28.07 | 30.55 |
| 人均 GDP(元) | 16331 | 20053 | 25393 | 32214 |

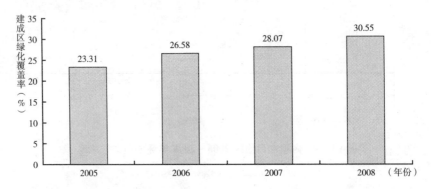

图 10 - 7 内蒙古自治区 2005～2008 年建成区绿化覆盖率

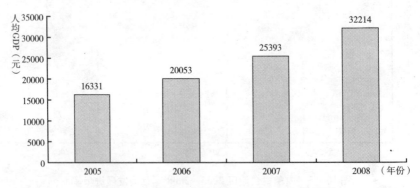

图 10 - 8 内蒙古自治区 2005～2008 年人均 GDP

### （三）内蒙古自治区生态文明建设的政策建议

作为我国新兴的能源大省，近年来内蒙古自治区经济发展很快，也加大了生态文明建设的力度。但由于气候、地理条件、历史因素等方面的原因，从目前来看，内蒙古的生态文明建设整体状况仍处于低度均衡状态，特别是生态活力和协调程度方面相对薄弱。在具体指标方面，与全国水平相比，内蒙古自治区生态文明建设指标在四个等级都有，但大多数分布在第三和第四等级。第一等级的指标有 1 个，为农药施用强度，在全国排名第 2 位；第二等级的指标有 5 个，分别为人均 GDP、环境污染治理投资占 GDP 比重、城镇化率、环境空气质量、自然保护区占辖区面积比重；第三等级的指标有 10 个，第四等级的指标有 4 个，这 14 个指标是内蒙古自治区生态文明建设的重点，特别是处于第四等级的建成区绿化覆盖率、水土流失率、农村改水率、单位 GDP 二氧化硫排放量，需要重点加强建设。

针对上述情况，建议内蒙古自治区生态文明建设应在以下几个方面做出努力。

在生态活力方面，三个指标中，建成区绿化覆盖率处于相对劣势，只要重视建成区的绿化建设，该指标提升起来相对较为容易；但森林或草原覆盖率的提高、自然保护区的有效保护，则需要有步骤地长期进行；要进一步加大生态基础建设投入，在森林生态区通过退耕还林等方式，提高森林覆盖率，在草原生态区通过退牧还草、轮牧等方式，提高草原自我修复能力。

在环境质量方面，对处于第四等级的水土流失率的治理，要制定专门制度，建立生态补偿基金，持之以恒地进行防沙治沙建设；针对地表水体质量较差的情况，要通过节能减排、重点流域水污染治理等手段来改善；虽然农药施用强度在全国排名第 2 位，但进步率显示，近几年增长较快，农牧业的发展不能依赖增加化肥、农药施用，要注意发展现代农牧业。

在社会发展方面，在巩固和发展优势特色产业的同时，优化工业经济结构，加强高新技术利用，加快发展风电等非资源型产业；对于处于第三等级的教育经费占 GDP 比例、第四等级的服务业产值占 GDP 比例和农村改水率这三项指标，要加强建设，以实现社会全面发展。

在协调程度方面，在继续保持较高的环境污染治理投资占 GDP 比重的同时，狠抓节能减排，从根本上改善协调发展的各项三级指标，特别是要进一步降低单位 GDP 能耗、生活和工业废气排放量，增加工业污水达标排放率。

在 2009 年内蒙古自治区政府工作报告中，已对节能减排、加强生态环境建设、优化工业经济结构等方面作了详细部署。2010 年的内蒙古自治区政府工作报告，更是把"深入推进生态文明建设，提高可持续发展水平"作为需要重点抓好的八大工作之一。因此，虽然目前内蒙古自治区生态文明建设属于低度均衡型，但总体发展趋势良好，相信内蒙古自治区的生态文明建设能迈上新的征程。

# 二 河北

河北省简称"冀"，位于华北平原，兼跨内蒙古高原。全省内环京津，东临渤海。省会为石家庄。河北省地势由西北向东南倾斜。西北部为山区、丘陵和高原，其间分布有盆地和谷地，中部和东南部为广阔的平原，河北省面积为 18.79 万平方公里。全省属温带大陆性季风气候，水资源短缺。除了张家口地区属于西部干旱区外，其他地区都属于东部季风区。2008 年，河北省常住人口 6989 万人，人口密度 372 人／平方公里，地区生产总值 16188.61 亿元。

## （一）河北省 2008 年生态文明建设状况分析

2008 年，河北省生态文明指数为 63.51，排名全国第 26 位。其中生态活力得分为 18.00（总分为 36 分），属于第四等级；环境质量得分为 11.20（总分为 24 分），属于第四等级；社会发展得分为 12.94（总分为 24 分），属于第三等级；协调程度得分为 21.37（总分为 36 分），属于第二等级。该省协调程度水平居全国中游，生态活力、环境质量和社会发展程度居全国下游水平。在生态文明建设的类型上，属于低度均衡型。如图 10-9 所示。

在生态活力方面，建成区绿化覆盖率为 38.71%，居全国第 8 位；森林覆盖率为 17.69%，居全国中下游水平；自然保护区占辖区面积比重为 3.02%，在全国排名倒数第 2 位。

在环境质量方面，农药施用强度为 13.47 吨／千公顷，居全国第 17 位（排名越靠后强度越高）；水土流失率为 32.37%（排名越靠后流失率越大），空气质量达到二级以上天数占全年比重为 82.47%，地表水体质量得分 3.5 分，这三项指标均居全国中下游水平。

在社会发展方面，农村改水率为 83.10%，居全国上游；人均预期寿命为 72.54 岁，人均 GDP 为 23239 元，这两项指标居全国中上游；城镇化率为

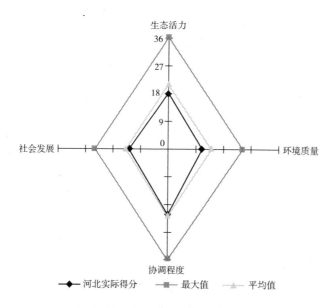

图 10 - 9　2008 年河北省生态文明建设评价雷达图

41.90%，居全国中下游；但教育经费占 GDP 比例为 2.72%，服务业产值占 GDP 比例为 33.2%，这两项指标居全国下游。

在协调程度方面，工业污水达标排放率为 95.48%，排名第 9 位；环境污染治理投资占 GDP 比重为 1.29%，居全国第 12 位，单位 GDP 水耗为 88.70 立方米/万元，排名第 15 位（排名越靠后水耗越大），工业固体废物综合利用率为 64.53%，排名第 16 位，单位 GDP 二氧化硫排放量为 0.0083 吨/万元，排名第 17 位（排名越靠后排放量越大），这四项指标均居全国中游水平；而单位 GDP 能耗为 1.73 吨标准煤/万元，排名第 23 位（排名越靠后能耗越大），城市生活垃圾无害化率为 57.15%，排名第 21 位，这两项指标居全国中下游水平。

## （二）河北省生态文明建设年度进步率分析

进步率分析显示，河北省在 2005～2006 年的总进步率为 1.63%，排名全国进步率榜第 21 位。其中，社会发展的进步率为 3.91%，居全国第 9 位；协调程度的进步率为 6.44%，生态活力的进步率为 2.62%，两者均居全国第 15 位，而环境质量的进步率为 -6.46%，居全国倒数第 3 位，大幅度退步的原因主要是地表水体质量下降所致，地表水体质量得分从上年的 5.5 分下降为 4.0 分。

表 10 - 3　河北省 2008 年生态文明建设评价结果

| 一级指标 | 二级指标 | 三级指标 | 指标数据 | 排名 | 等级 |
|---|---|---|---|---|---|
| 生态文明指数（ECI） | 生态活力 | 森林覆盖率 | 17.69% | 20 | 3 |
| | | 建成区绿化覆盖率 | 38.71% | 8 | 2 |
| | | 自然保护区的有效保护 | 3.02% | 30 | 3 |
| | 环境质量 | 地表水体质量 | 3.5 分 | 24 | 3 |
| | | 环境空气质量 | 82.47% | 21 | 3 |
| | | 水土流失率 | 32.37% | 22 | 3 |
| | | 农药施用强度 | 13.47 吨/千公顷 | 17 | 2 |
| | 社会发展 | 人均 GDP | 23239 元 | 12 | 3 |
| | | 服务业产值占 GDP 比例 | 33.2% | 28 | 3 |
| | | 城镇化率 | 41.90% | 20 | 3 |
| | | 人均预期寿命 | 72.54 岁 | 12 | 2 |
| | | 教育经费占 GDP 比例 | 2.72% | 28 | 3 |
| | | 农村改水率 | 83.10% | 7 | 2 |
| | 协调程度 — 生态、资源、环境协调度 | 工业固体废物综合利用率 | 64.53% | 16 | 3 |
| | | 工业污水达标排放率 | 95.48% | 9 | 2 |
| | | 城市生活垃圾无害化率 | 57.15% | 21 | 3 |
| | 生态、环境、资源与经济协调度 | 环境污染治理投资占 GDP 比重 | 1.29% | 12 | 2 |
| | | 单位 GDP 能耗 | 1.73 吨标准煤/万元 | 23 | 3 |
| | | 单位 GDP 水耗 | 88.70 立方米/万元 | 15 | 2 |
| | | 单位 GDP 二氧化硫排放量 | 0.0083 吨/万元 | 17 | 2 |

2006～2007 年，河北省的总进步率为 1.38%，在全国进步率榜上的排名下降到了第 27 位。其中，社会发展的进步率为 2.67%，居全国第 12 位；环境质量的进步率为 -5.77%，居全国第 20 位，本年度退步的原因在于地表水体质量的持续下降，另外是农药施用强度的增大；协调程度的进步率为 9.54%，居全国第 24 位；生态活力的进步率为 -0.9%，居全国第 26 位。

2007～2008 年，河北省的总进步率为 4.46%，在全国进步率榜上的排名上升到了第 10 位。其中，生态活力的进步率为 2.01%，居全国第 8 位；环境质量的进步率为 0.59%，居全国第 8 位；社会发展的进步率为 4.05%，居全国第 22 位；协调程度的进步率为 11.17%，居全国第 12 位。

可以看到，2005～2008 年度，河北省整体的生态文明进步率虽然幅度不大，但呈现持续增长态势，三个年度的总进步率分别为 1.63%、1.38%、4.46%，分别居全国进步率排名榜的第 21 位、第 27 位、第 10 位。从各二级指标来看，生态活力在持续进步，虽然 2006～2007 年略有退步，进步率分列全国第 15 位、第 26 位、第 8 位；环境质量在 2005～2007 年持续退步，2007～2008 年遏制住退步势头，略有进步，进步率分列全国第 29 位、第 20 位、第 8 位，社会发展持续进步，进步率分列全国的第 9 位、第 12 位、第 22 位；协调程度进步较大，且进步率在逐年提高，分列全国第 15 位、第 24 位、第 12 位。如图 10－10、10－11、10－12、10－13、10－14 所示。

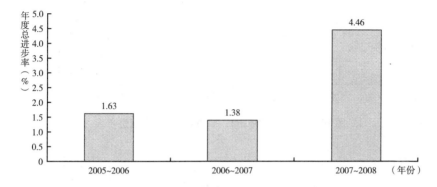

图 10－10　河北省 2005～2008 年度总进步率

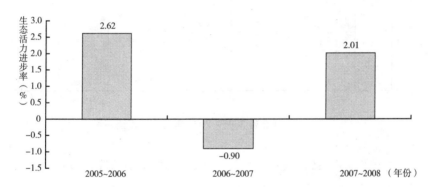

图 10－11　河北省 2005～2008 年生态活力进步率

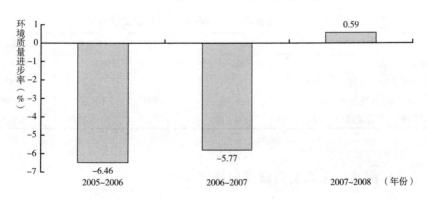

图 10－12　河北省 2005～2008 年环境质量进步率

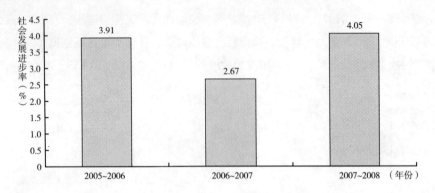

图 10 – 13　河北省 2005～2008 年社会发展进步率

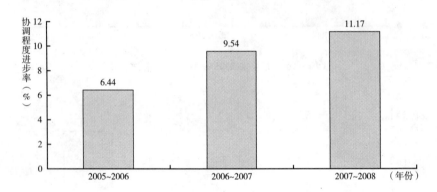

图 10 – 14　河北省 2005～2008 年协调程度进步率

对年度进步率产生较大影响的部分三级指标的变动情况，如表 10 – 4 和图 10 – 15、10 – 16、10 – 17、10 – 18 所示。

表 10 – 4　河北省 2005～2008 年部分指标变动情况

|  | 2005 年 | 2006 年 | 2007 年 | 2008 年 |
| --- | --- | --- | --- | --- |
| 人均 GDP(元) | 14782 | 16962 | 19877 | 23239 |
| 工业固体废物综合利用率(%) | 51.44 | 62.2 | 62.2 | 64.53 |
| 单位 GDP 水耗(立方米/万元) | 149.86 | 128.93 | 108.37 | 88.70 |
| 单位 GDP 二氧化硫排放量(吨/万元) | 0.0148 | 0.0133 | 0.0109 | 0.0083 |

### （三）河北省生态文明建设的政策建议

总体来看，河北省生态文明建设的整体状况仍处于低度均衡状态，特别是生

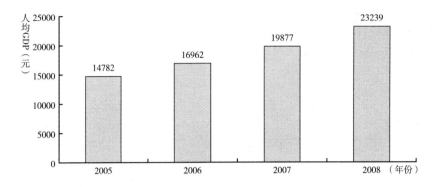

**图 10 - 15  河北省 2005 ~ 2008 年人均 GDP**

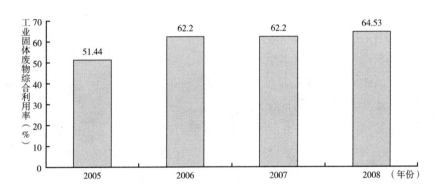

**图 10 - 16  河北省 2005 ~ 2008 年工业固体废物综合利用率**

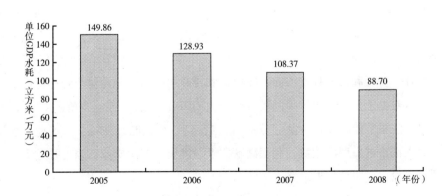

**图 10 - 17  河北省 2005 ~ 2008 年单位 GDP 水耗**

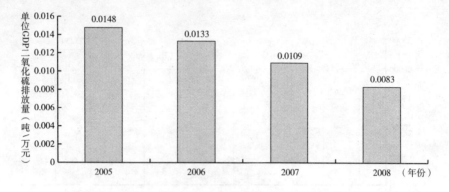

图 10 – 18   河北省 2005～2008 年单位 GDP 二氧化硫排放量

态活力和环境质量方面，要加大建设力度。在具体指标方面，与全国水平相比，河北省生态文明建设指标集中在第二和第三等级，第二等级的指标有 8 个，第三等级的指标有 12 个。第二等级的指标主要有：建成区绿化覆盖率、农药施用强度、人均预期寿命、农村改水率、工业污水达标排放率、单位 GDP 水耗、环境污染治理投资占 GDP 比重、单位 GDP 二氧化硫排放量。第三等级的 12 个指标是河北省今后生态文明建设的重点。

针对上述情况，建议河北省生态文明建设应在以下几个方面做出努力。

在生态活力方面，三个指标中，自然保护区占辖区面积比重相对处于劣势。建议建立长效生态活力建设机制，建立生态补偿资金制度，在草原、森林生态区有步骤地进行退耕还草（林）、重点林业工程建设，提高自然保护区的有效保护。

在环境质量方面，建议一方面采取长效机制遏制水土流失，另一方面，狠抓节能减排，针对地表水体质量和空气质量较差的情况，进行重点流域、重点区域污染治理。

在社会发展和协调程度方面，在保持农村改水率这一相对优势指标建设的同时，注重对处于全国下游水平的教育经费占 GDP 比例、服务业产值占 GDP 比例的建设；注重节能减排，淘汰“三高”（高污染、高耗能、高耗水）产业。抓住京津冀大都市群发展的契机，利用高新技术，发展新能源产业，强力推进重点工程项目建设，走绿色发展道路。

近年来，河北省已认识到生态文明建设的重要性和艰巨性，开始致力于生态文明建设。正如河北省委七届三次全会上所强调的：“要按照建设生态文明的要求，大力发展循环经济，加强河流、湖泊、森林、草原、水土保持等生态环境治理，加快资源节约型和环境友好型社会建设。要广泛宣传保护环境，为自己、为亲人、为大家，动员每个社会成员自觉加入到改善环境中来，共同建设蓝天白云、山清水秀的美好家园。"河北省的生态文明建设具有良好的总体发展趋势，相信在不久的将来会迈上新的台阶。

# 三 贵州

贵州省简称"黔"或"贵"，位于我国西南的东南部，云贵高原东部。省会为贵阳。全省总面积为 17.61 万平方公里，境内地势西高东低，自中部向北、东、南三面倾斜，平均海拔 1100 米左右。全省地貌可概括分为高原山地、丘陵和盆地三种基本类型，其中 92.5% 的面积为山地和丘陵。贵州省气候温暖湿润，属东部季风生态大区中的亚热带湿润季风气候区，主要属于森林生态系统，是我国重要的生态调节功能区，对水源涵养、土壤保持起着重要的调节作用，也是生物多样性保护的重点区域。2008 年，贵州省总人口 3793 万，人口密度 215 人/平方公里，地区生产总值 3333.40 亿元。

## （一）贵州省 2008 年生态文明建设状况分析

2008 年，贵州省生态文明指数为 62.85，排名全国第 27 位。其中生态活力得分为 18.46，属于第四等级；环境质量得分为 15.20，属于第二等级；社会发展得分为 13.88，属于第三等级；协调程度得分为 15.30，属于第四等级。其基本特征是，环境质量处于全国上游水平，社会发展处于全国中游水平，而生态活力和协调程度处于全国下游水平。在生态文明建设的类型上，属于低度均衡型。如图 10-19 所示。

具体来看，在生态活力方面，森林覆盖率为 23.83%，居全国中游水平；自然保护区占辖区面积比重为 5.42%，居全国中下游水平；而建成区绿化覆盖率为 29.83%，居全国下游水平。

在环境质量方面，农药施用强度为 2.88 吨/千公顷，在全国居第 4 位（排名越靠后强度越大），强度仅高于内蒙古、宁夏和陕西；空气质量达到二级以上天数占全年比重为 95.07%，居全国第 6 位；地表水体质量得分 6.0 分，居全国中游水平；水土流失的有效治理方面，水土流失率为 41.40%，居全国第 24 位

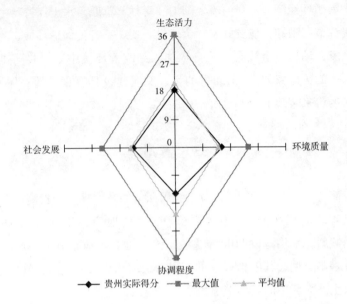

**图 10 – 19　2008 年贵州省生态文明建设评价雷达图**

（排名越靠后流失率越大）。

社会发展方面，各指标水平呈现两极分化现象。教育经费占 GDP 比例为 6.21%，仅次于西藏，居全国第 2 位；服务业产值占 GDP 比例为 41.3%，也居全国上游水平；农村改水率为 55.90%，居全国中下游水平；而人均 GDP 为 8824 元，城镇化率为 29.11%，人均预期寿命为 65.96 岁，这三项指标均居全国下游水平，其中人均 GDP 和城镇化率排位都处于全国末端。

在协调程度方面，城市生活垃圾无害化率为 76.80%，单位 GDP 水耗为 137.37 立方米/万元（排名越靠后水耗越大），这两项指标居全国中游水平；工业污水达标排放率为 71.71%，环境污染治理投资占 GDP 比重为 0.70%，工业固体废物综合利用率为 40.02%，单位 GDP 能耗为 2.88 吨标准煤/万元（排名越靠后能耗越大），单位 GDP 二氧化硫排放量为 0.0371 吨/万元（排名越靠后排放量越大），这五项指标均居全国下游水平，特别是单位 GDP 二氧化硫排放量为全国最高。

## （二）贵州省生态文明建设年度进步率分析

进步率分析显示，贵州省在 2005 ~ 2006 年的总进步为 3.34%，排名全国进步率榜第 17 位。其中，生态活力的进步率为 5.16%，居全国第 7 位；协调程

表 10 - 5　贵州省 2008 年生态文明建设评价结果

| 一级指标 | 二级指标 | | 三级指标 | 指标数据 | 排名 | 等级 |
|---|---|---|---|---|---|---|
| 生态文明指数（ECI） | 生态活力 | | 森林覆盖率 | 23.83% | 16 | 3 |
| | | | 建成区绿化覆盖率 | 29.83% | 26 | 4 |
| | | | 自然保护区的有效保护 | 5.42% | 21 | 3 |
| | 环境质量 | | 地表水体质量 | 6.0 分 | 16 | 2 |
| | | | 环境空气质量 | 95.07% | 6 | 2 |
| | | | 水土流失率 | 41.40% | 24 | 3 |
| | | | 农药施用强度 | 2.88 吨/千公顷 | 4 | 1 |
| | 社会发展 | | 人均 GDP | 8824 元 | 31 | 4 |
| | | | 服务业产值占 GDP 比例 | 41.3% | 5 | 2 |
| | | | 城镇化率 | 29.11% | 30 | 4 |
| | | | 人均预期寿命 | 65.96 岁 | 29 | 4 |
| | | | 教育经费占 GDP 比例 | 6.21% | 2 | 1 |
| | | | 农村改水率 | 55.90% | 23 | 3 |
| | 协调程度 | 生态、资源、环境协调度 | 工业固体废物综合利用率 | 40.02% | 27 | 4 |
| | | | 工业污水达标排放率 | 71.71% | 27 | 4 |
| | | | 城市生活垃圾无害化率 | 76.80% | 12 | 2 |
| | | 生态、环境、资源与经济协调度 | 环境污染治理投资占 GDP 比重 | 0.70% | 27 | 3 |
| | | | 单位 GDP 能耗 | 2.88 吨标准煤/万元 | 28 | 4 |
| | | | 单位 GDP 水耗 | 137.37 立方米/万元 | 19 | 3 |
| | | | 单位 GDP 二氧化硫排放量 | 0.0371 吨/万元 | 31 | 4 |

度的进步率为 9.77%，居全国第 10 位；社会发展的进步率为 3.12%，居全国第 13 位；环境质量的进步率为 -4.69%，居全国第 27 位。建成区绿化覆盖率和自然保护区的有效保护都在提高，这是生态活力显著进步的原因。而环境质量的下降与地表水体质量的骤然下降有关，从 2005 年的 80% 骤降到了 2006 年的 65%。

2006～2007 年，贵州省的总进步率略有下滑，为 2.32%，在全国进步率榜上的排名为第 26 位。其中，社会发展的进步率为 4.00%，为全国第 6 位；生态活力的进步率为 1.52%，居全国第 11 位；环境质量的进步率为 -5.87%，居全国第 21 位；协调程度的进步率为 9.64%，居全国第 22 位。环境质量继续退步的原因还是地表水体质量的下降，由上年的 65% 下降到了 60%，另外农药施用强度也在增大。

2007～2008 年，贵州省的总进步率略有回升，为 2.61%，在全国进步率榜上的排名前进 4 位，居第 22 位。其中，社会发展的进步率为 7.41%，为全国第

3 位；协调程度的进步率为 8.11%，居全国第 20 位；生态活力的进步率为 -0.89%，居全国第 27 位；环境质量的进步率为 -4.19%，居全国第 27 位，退步的主要原因在于农药施用强度的继续增大。

综合 2005 ~ 2008 年的数据来看，贵州省的总进步率一直保持在 2.32% ~ 3.34%，在全国的排名分别为第 17 位、第 26 位、第 22 位。虽然进步幅度不大，但一直保持着增长的态势。二级指标方面，生态活力总体上在进步，但 2007 ~ 2008 年略有退步，进步率分列全国第 7 位、第 11 位、第 27 位；环境质量保持着 4% ~ 6% 的持续退步率，分列全国第 27 位、第 21 位、第 27 位；社会发展进步很大，分列全国第 13 位、第 6 位、第 3 位；协调程度保持着 8% ~ 10% 的持续进步率，进步率分列全国第 10 位、第 22 位、第 20 位。如图 10 - 20、10 - 21、10 - 22、10 - 23、10 - 24 所示。

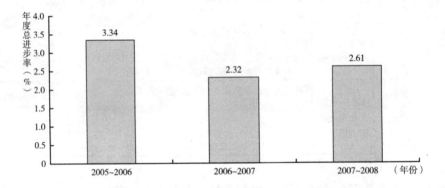

图 10 - 20　贵州省 2005 ~ 2008 年度总进步率

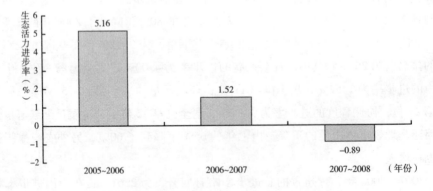

图 10 - 21　贵州省 2005 ~ 2008 年生态活力进步率

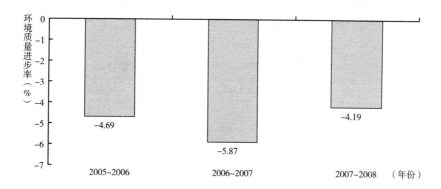

图 10－22 贵州省 2005～2008 年环境质量进步率

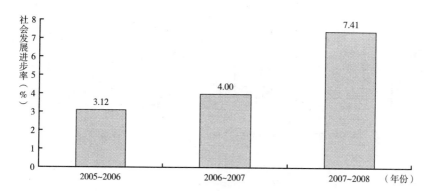

图 10－23 贵州省 2005～2008 年社会发展进步率

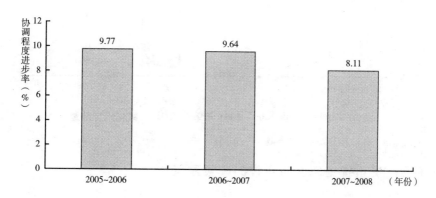

图 10－24 贵州省 2005～2008 年协调程度进步率

对年度进步率产生较大影响的部分三级指标的变动情况，如表 10 - 6 和图
10 - 25、10 - 26、10 - 27 所示。

表 10 - 6　贵州省 2005 ~ 2008 年部分指标变动情况

|  | 2005 年 | 2006 年 | 2007 年 | 2008 年 |
|---|---|---|---|---|
| 城市生活垃圾无害化率(%) | 57.85 | 68.02 | 71.15 | 76.8 |
| 单位 GDP 二氧化硫排放量(吨/万元) | 0.0686 | 0.0642 | 0.0502 | 0.0371 |
| 人均 GDP(元) | 5052 | 5787 | 6915 | 8824 |

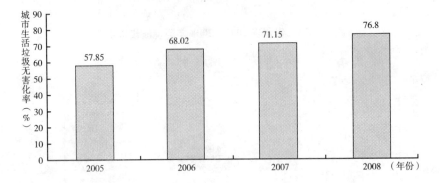

图 10 - 25　贵州省 2005 ~ 2008 年城市生活垃圾无害化率

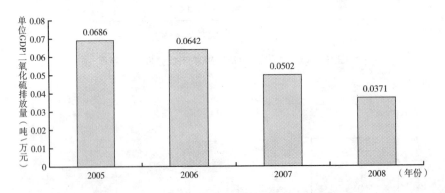

图 10 - 26　贵州省 2005 ~ 2008 年单位 GDP 二氧化硫排放量

## （三）贵州省生态文明建设的政策建议

贵州省作为我国重要的水源涵养、土壤保持及生物多样性保护的生态功能
区，目前正处于工业现代化起步阶段。虽然环境质量较好，但生态文明建设的整

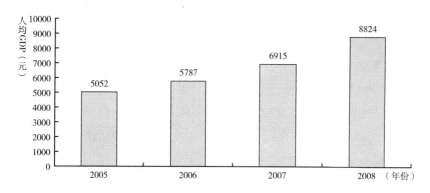

图 10－27 贵州省 2005～2008 年人均 GDP

体状况仍属于低度均衡型。如何走生态转型的道路，实现经济、社会、政治、文化、环境和个人行为模式向生态现代化转型，是贵州省相当长时期内建设任务的核心。

与全国水平相比，贵州省生态文明建设指标在四个等级都有分布，大多数指标集中在第三和第四等级。第一等级的指标有 2 个，分别为教育经费占 GDP 比例、农药施用强度；第二等级的指标有 4 个，分别为服务业产值占 GDP 比例、环境空气质量、城市生活垃圾无害化率、地表水体质量；第三等级的指标有 6 个，第四等级的指标有 8 个，这 14 个指标是贵州省生态文明建设的重点，特别是第四等级的指标需要加强建设，这些指标分别是建成区绿化覆盖率、人均 GDP、城镇化率、人均预期寿命、工业固体废物综合利用率、工业污水达标排放率、单位 GDP 能耗、单位 GDP 二氧化硫排放量。

针对上述情况，建议贵州省生态文明建设应在以下几个方面做出努力。

在生态活力方面，三个指标中，自然保护区占辖区面积比重为第三等级指标，建成区绿化覆盖率为第四等级指标。建议加大定期生态补偿力度，促进退耕还林，扩大自然保护区的有效保护面积，加大建成区绿化覆盖建设力度，以促进生态恢复。

在环境质量方面，虽然农药施用强度在全国排名第 4 位，但进步率显示，近几年增长很快。建议走特色农业发展道路，不能靠大幅度增加化肥、农药施用强度来发展农业；采取有效措施，持之以恒，长远规划，进行水土流失治理，降低水土流失率；通过重点流域水污染治理、节能减排等手段，提高地表水体质量。

在社会发展方面，在保持教育经费占 GDP 比例和服务业产值占 GDP 比例优势的同时，利用高新技术，调整产业结构，进一步加大服务业产值占 GDP 比例，提高城镇化率，走生态产业发展道路。

在协调程度方面，加大节能减排力度，加快淘汰高耗能、高污染、低效益的落后生产力，切莫"先污染后治理"。目前来看，工业污水达标排放率、环境污染治理投资占 GDP 比重、工业固体废物综合利用率、单位 GDP 能耗和单位 GDP 二氧化硫排放量，以上协调程度的 5 个三级指标在全国的排名都居下游水平。

可贵的是，近年来，贵州省抓住自身生态、环境优势，把建设生态文明和生态现代化看做实现经济社会发展历史性跨越的根本途径。2007 年，贵州省贵阳市在全国率先提出了建设生态文明城市的发展思路，并于 2008 年发布了贵阳市建设生态文明城市指标体系。2010 年，贵州省政府工作报告提出，要"从制度安排入手，以节能减排、生态环境保护和资源综合利用为突破口，大力推进经济发展方式转变"。这一系列大的举措表明，贵州省已经大力迈开了生态文明建设的步伐。

## 四　新疆

新疆维吾尔自治区简称"新"，位于我国西北部，地处欧亚大陆中心。首府为乌鲁木齐。新疆全区总面积 164.00 万平方公里，总面积占全国陆地面积的 1/6，是我国陆地面积最大的省级行政区。横贯中部的天山山脉将新疆分为南疆和北疆，山地（包括丘陵和高原）约占全区面积的 50%，另外 50% 为平原（包括塔里木盆地、准噶尔盆地和山间盆地）。土壤质量差且沙化、盐渍化和盐碱化严重。大沙漠占全国沙漠面积的 2/3。新疆气候为典型的温带大陆性气候。气温变化大，日照时间长，降水量少，空气干燥。冬季气温北疆高于南疆，夏季气温南疆高于北疆。除极少数地区为青藏高寒生态区外，其他地区都属西部干旱生态区。新疆年平均降水量为 150 毫米左右，但各地降水量相差很大。2008 年，新疆常住人口 2131 万，人口密度 13 人/平方公里，地区生产总值 4203.41 亿元。

### （一）新疆维吾尔自治区 2008 年生态文明建设状况分析

2008 年，新疆维吾尔自治区生态文明指数为 62.67，排名全国第 28 位。其中生态活力得分为 19.38（总分为 36 分）属于第三等级；环境质量得分为

13.6（总分为 24 分），属于第二等级；社会发展得分为 12.47（总分为 24 分），属于第三等级；协调程度得分为 17.22（总分为 36 分），属于第四等级。其基本特点是，环境质量居全国中游水平，生态活力、社会发展和协调程度居全国下游水平。在生态文明建设的类型上，属于低度均衡型。如图 10－28 所示。

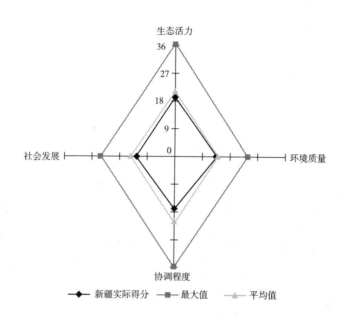

图 10－28　2008 年新疆维吾尔自治区生态文明建设评价雷达图

在生态活力方面，新疆维吾尔自治区自然保护区占辖区面积比重为 13.43%，居全国第 8 位；建成区绿化覆盖率为 31.86%，居全国第 22 位；森林覆盖率为 2.94%，居全国倒数第 1 位。

环境质量方面，地表水体质量得分为 9.5 分，农药施用强度为 4.45 吨/千公顷（排名越靠后强度越大），两者均居全国上游水平；水土流失率为 62.89%（排名越靠后流失率越大），空气质量达到二级以上天数占全年比重为 71.51%，两者均居全国下游水平。

在社会发展方面，教育经费占 GDP 比例为 4.56%，居全国第 8 位；人均 GDP 为 19893 元，农村改水率为 65.40%，这两项指标均居全国中游水平；服务业产值占 GDP 比例为 33.9%，城镇化率为 39.64%，人均预期寿命为 67.41 岁，此三项指标均居全国下游水平。

在协调程度方面，环境污染治理投资占 GDP 比重为 1.13%，居全国第 15
位；工业固体废物综合利用率为 47.95%，居全国第 23 位；工业污水达标排放率
为 65.91%，城市生活垃圾无害化率为 52.00%，单位 GDP 能耗为 1.96 吨标准
煤/万元（排名越靠后能耗越大），单位 GDP 水耗为 852.81 立方米/万元（排名
越靠后水耗越大），单位 GDP 二氧化硫排放量为 0.0139 吨/万元（排名越靠后排
放量越大），这五项指标均居全国下游水平，特别是单位 GDP 水耗为全国最高。
如表 10 - 7 所示。

表 10 - 7　新疆维吾尔自治区 2008 年生态文明建设评价结果

| 一级指标 | 二级指标 | 三级指标 | 指标数据 | 排名 | 等级 |
|---|---|---|---|---|---|
| 生态<br>文明<br>指数<br>（ECI） | 生态活力 | 森林覆盖率 | 2.94% | 31 | 4 |
| | | 建成区绿化覆盖率 | 31.86% | 22 | 3 |
| | | 自然保护区的有效保护 | 13.43% | 8 | 2 |
| | 环境质量 | 地表水体质量 | 9.5 分 | 4 | 1 |
| | | 环境空气质量 | 71.51% | 29 | 4 |
| | | 水土流失率 | 62.89% | 28 | 4 |
| | | 农药施用强度 | 4.45 吨/千公顷 | 7 | 2 |
| | 社会发展 | 人均 GDP | 19893 元 | 15 | 3 |
| | | 服务业产值占 GDP 比例 | 33.9% | 25 | 3 |
| | | 城镇化率 | 39.64% | 24 | 3 |
| | | 人均预期寿命 | 67.41 岁 | 27 | 4 |
| | | 教育经费占 GDP 比例 | 4.56% | 8 | 2 |
| | | 农村改水率 | 65.40% | 13 | 3 |
| | 协调程度 | 生态、资源、环境协调度 | 工业固体废物综合利用率 | 47.95% | 23 | 3 |
| | | | 工业污水达标排放率 | 65.91% | 28 | 4 |
| | | | 城市生活垃圾无害化率 | 52.00% | 26 | 3 |
| | | 生态、环境、资源与经济协调度 | 环境污染治理投资占 GDP 比重 | 1.13% | 15 | 3 |
| | | | 单位 GDP 能耗 | 1.96 吨标准煤/万元 | 24 | 3 |
| | | | 单位 GDP 水耗 | 852.81 立方米/万元 | 31 | 4 |
| | | | 单位 GDP 二氧化硫排放量 | 0.0139 吨/万元 | 25 | 3 |

## （二）新疆维吾尔自治区生态文明建设年度进步率分析

进步率分析显示，新疆维吾尔自治区在 2005 ~ 2006 年度的总进步率为
- 1.43%，排名全国进步率榜第 31 位。其中，环境质量的进步率为 - 0.98%，

居全国第 19 位；社会发展的进步率为 3.44%，居全国第 12 位；而生态活力的进步率为 -2.04%，协调程度的进步率为 -6.13%，这两项指标的进步率均居全国下游水平。生态活力退步的主要原因是建成区绿化覆盖率的退步，原因在于城镇化率提高，而绿化覆盖率没有同期跟上。而协调程度的大幅度退步，在于几个指标的同时退步，如城市生活垃圾无害化率由 35.91% 降低到了 26.96%，环境污染治理投资占 GDP 比重由 1.28% 降低到了 0.77%（如表 10 - 8 所示）。与此同时，单位 GDP 二氧化硫排放量在增加，工业固体废物综合利用率在下降。

在 2006 ~ 2007 年度，新疆维吾尔自治区的总进步率有了提高，为 3.79%，在全国进步率榜上的排名上升到了第 15 位。其中，生态活力的进步率为 1.89%，居全国第 10 位；环境质量的进步率为 1.23%，居全国第 12 位；社会发展的进步率为 1.99%，居全国第 19 位；协调程度的进步率为 10.05%，居全国第 20 位，虽然在全国排名不靠前，但协调程度的 7 个三级指标中，有 6 个指标在同时进步，说明新疆维吾尔自治区节能减排已有一定成效。

在 2007 ~ 2008 年度，新疆维吾尔自治区的总进步率进一步有了提高，为 5.00%，在全国进步率榜上的排名上升到了第 9 位。其中，生态活力的进步率为 -0.07%，居全国第 24 位；环境质量的进步率为 -1.47%，居全国第 21 位；社会发展的进步率为 1.66%，居全国倒数第 1 位，虽然人均 GDP 增长较快，但农村改水率、服务业产值占 GDP 比例这两项指标在退步；协调程度的进步率为 19.89%，上升至全国第 2 位，各三级指标都在进步，特别是城市生活垃圾无害化率，上升率高达 84.66%。

2005 ~ 2008 年，新疆维吾尔自治区的生态文明建设总进步率整体保持进步，进步率分别为 -1.43%、3.79%、5.00%，分别居全国进步率排名榜的第 31 位、第 15 位、第 9 位。在二级指标进步率方面，生态活力略有退步，三个年度排名分列全国第 30 位、第 10 位、第 24 位；环境质量略有退步，排名分列全国第 19 位、第 12 位、第 21 位；虽然自身纵向比较，社会发展进步较大，但排名并不靠前，分列全国第 12 位、第 19 位、第 31 位；协调程度方面，无论从自身纵向还是全国横向来比较，进步都较大，排名分列全国第 31 位、第 20 位、第 2 位。如图 10 - 29、10 - 30、10 - 31、10 - 32、10 - 33 所示。

对年度进步率产生较大影响的部分三级指标的变动情况，如表 10 - 8 和图 10 - 34、10 - 35 所示。

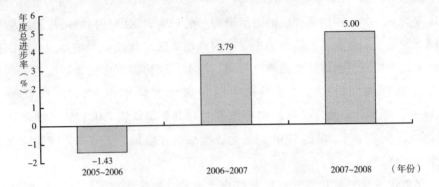

图 10 - 29　新疆维吾尔自治区 2005 ~ 2008 年度总进步率

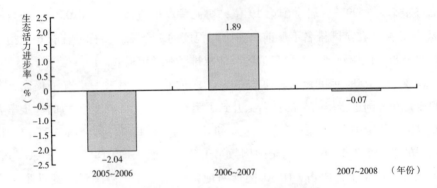

图 10 - 30　新疆维吾尔自治区 2005 ~ 2008 年生态活力进步率

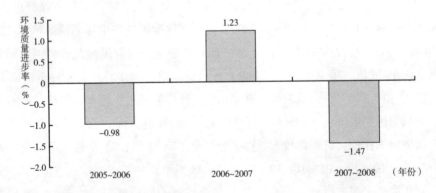

图 10 - 31　新疆维吾尔自治区 2005 ~ 2008 年环境质量进步率

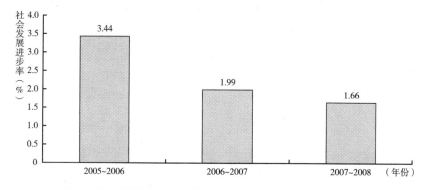

图 10 − 32 新疆维吾尔自治区 2005～2008 年社会发展进步率

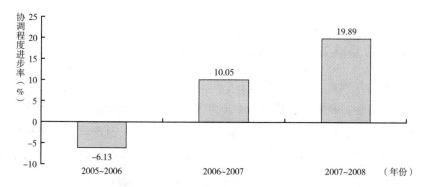

图 10 − 33 新疆维吾尔自治区 2005～2008 年协调程度进步率

表 10 − 8 新疆维吾尔自治区 2005～2008 年部分指标变动情况

单位：%

|  | 2005 年 | 2006 年 | 2007 年 | 2008 年 |
|---|---|---|---|---|
| 城市生活垃圾无害化率 | 35.91 | 26.96 | 28.16 | 52.0 |
| 环境污染治理投资占 GDP 比重 | 1.28 | 0.77 | 1 | 1.13 |

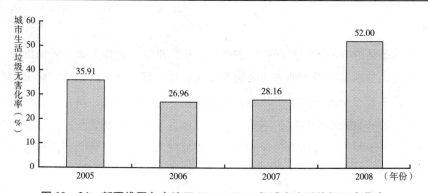

图 10 − 34 新疆维吾尔自治区 2005～2008 年城市生活垃圾无害化率

417

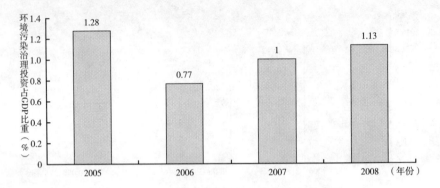

图 10 - 35　新疆维吾尔自治区 2005~2008 年环境污染治理投资占 GDP 比重

### (三) 新疆维吾尔自治区生态文明建设的政策建议

通过分析发现, 自然生态较为脆弱的新疆, 已明显加大了生态文明建设的力度。但总体来看, 新疆目前仍处于生态文明建设的低度均衡状态。在具体指标方面, 与全国水平相比, 2008 年新疆维吾尔自治区生态文明建设的三级指标在四个等级都有分布, 但大多数指标分布在第三等级和第四等级。第一等级的指标有 1 个, 为地表水体质量; 第二等级的指标有 3 个, 分别为自然保护区占辖区面积比重、教育经费占 GDP 比例、农药施用强度; 第三等级的指标有 10 个, 第四等级的指标有 6 个, 这 16 个指标是新疆维吾尔自治区生态文明建设的重点, 特别是第四等级的指标, 如森林覆盖率、人均预期寿命、空气质量达到二级以上天数占全年比重、水土流失率、工业污水达标排放率、单位 GDP 水耗等, 需要加大建设力度。

针对上述情况, 建议新疆维吾尔自治区生态文明建设应在以下几个方面做出努力。

在生态活力方面, 自然保护区占辖区面积比重这一指标为第二等级指标, 地处西北边疆的新疆, 很多地方为限制开发区或禁止开发区。建成区绿化覆盖率和森林覆盖率处于全国下游水平, 建议在城镇化率提高的同时, 绿化覆盖率要同期跟上; 而森林覆盖率的提高, 则要有长远规划, 形成完善的生态补偿机制, 采取退耕还牧、退耕还林等措施, 逐步推进天然林保护、平原绿化、荒漠植被保护等工程。

在环境质量方面, 在保持地表水体质量、农药施用强度这两个指标相对优势的同时，要采取有效措施提高空气质量达到二级以上天数占全年比重；特别是要采取重大措施，结合生态补偿，遏制并降低水土流失率。

在社会发展方面，在保持教育经费占 GDP 比例相对优势的同时，加大服务业产值占 GDP 比重，提高城镇化率。利用西部大开发的机遇，实施优势资源转换，走大企业大集团战略，调整产业结构，走低能源、低消耗的循环经济发展道路。

在协调程度方面，应狠抓节能减排，淘汰高耗能、高污染工艺和设备，改善协调程度各三级指标。7 个三级指标都为第三或第四等级指标，其中 GDP 水耗排在全国末端。

实际上，在近几年的新疆维吾尔自治区政府工作报告中，生态文明建设一直是自治区的重点工作领域，从上文的进步率分析中也可以看出其生态文明建设的力度。国家也将出台一系列扶持政策，促进新疆的生态环境建设和经济社会发展，新疆生态文明建设的向好趋势将得到加强。

# 五 山西

山西省简称"晋"，地处华北西部的黄土高原东翼。省会为太原。山西地形较为复杂，境内有山地、丘陵、高原、盆地、台地等多种地貌类型。山区、丘陵占总面积的 70% 以上，河流众多。全省总面积 15.66 万平方公里。山西是温带大陆性气候。冬季长而寒冷干燥；夏季短而炎热多雨；春季日温差大，风沙多；秋季短暂，气候温和。年平均气温 3℃ ~ 14℃，昼夜温差大，南北温差也大。全省年降水量在 400 ~ 650 毫米，但季节分布不均匀，6 ~ 8 月降水高度集中且多暴雨，降水量约占全年的 60% 以上。2008 年，山西省总人口 3411 万人，人口密度 218 人/平方公里，地区生产总值 6938.73 亿元。

## （一）山西省生态文明建设概况

2008 年，山西省生态文明指数为 62.06，排名全国第 29 位。其中生态活力得分为 18.00（总分为 36 分），属于第四等级；环境质量得分为 11.20（总分为 24 分），属于第四等级；社会发展得分为 13.65（总分为 24 分），属于第三等级；协调程度得分为 19.21（总分为 36 分），属于第三等级。作为我国能源大省，山西省社会发展居全国中游水平，生态活力、环境质量和协调程度水平居全国下游。在生态文明建设的类型上，属于低度均衡型。如图 10 - 36 所示。

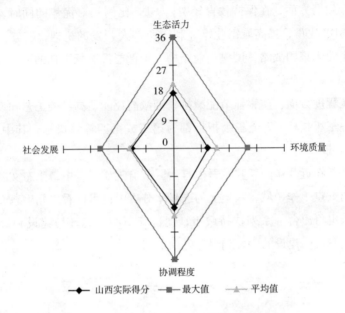

图 10 - 36　2008 年山西省生态文明建设评价雷达图

在生态活力方面，建成区绿化覆盖率为 35.16%，居全国第 19 位，自然保护区占辖区面积比重为 7.29%，居全国第 15 位，这两项指标均居全国中游。森林覆盖率为 13.29%，排位第 23 位，在全国居下游水平。

在环境质量方面，农药施用强度为 5.91 吨/千公顷，居上游水平（排名越靠后强度越大）；空气质量达到二级以上天数占全年比重为 83.01%，居全国中游；水土流失率为 59.53%（排名越靠后流失率越大），地表水体质量得分为 3.0 分，两者均居全国下游水平。

在社会发展方面，农村改水率为 78.50%，居全国第 9 位；教育经费占 GDP 比例为 3.82%，人均预期寿命为 71.65 岁，人均 GDP 为 20398 元，城镇化率为 45.11%，这四项指标均居全国中游；而服务业产值占 GDP 比例为 34.2%，居全国第 23 位。

在协调程度方面，环境污染治理投资占 GDP 比重为 2.03%，居全国第 3 位，仅次于宁夏和浙江；单位 GDP 水耗为 61.75 立方米/万元（排名越靠后水耗越大），居全国第 7 位；工业污水达标排放率为 85.61%，工业固体废物综合利用率为 56.83%，这两项指标均居全国中游偏下水平；单位 GDP 能耗为 2.55 吨标准煤/万元（排名越靠后能耗越大），单位 GDP 二氧化硫排放量为 0.0189 吨/万元（排名越靠后排放量越大），城市生活垃圾无害化率为 47.47%，这三项指标均居全国下游水平。

表 10-9 山西省 2008 年生态文明建设评价结果

| 一级指标 | 二级指标 | 三级指标 | 指标数据 | 排名 | 等级 |
|---|---|---|---|---|---|
| 生态文明指数（ECI） | 生态活力 | 森林覆盖率 | 13.29% | 23 | 3 |
| | | 建成区绿化覆盖率 | 35.16% | 19 | 3 |
| | | 自然保护区的有效保护 | 7.29% | 15 | 3 |
| | 环境质量 | 地表水体质量 | 3.0 分 | 28 | 3 |
| | | 环境空气质量 | 83.01% | 20 | 3 |
| | | 水土流失率 | 59.53% | 26 | 4 |
| | | 农药施用强度 | 5.91 吨/千公顷 | 9 | 2 |
| | 社会发展 | 人均 GDP | 20398 元 | 14 | 3 |
| | | 服务业产值占 GDP 比例 | 34.2% | 23 | 3 |
| | | 城镇化率 | 45.11% | 16 | 3 |
| | | 人均预期寿命 | 71.65 岁 | 16 | 2 |
| | | 教育经费占 GDP 比例 | 3.82% | 16 | 3 |
| | | 农村改水率 | 78.50% | 9 | 2 |
| | 协调程度 | 生态、资源、环境协调度 | 工业固体废物综合利用率 | 56.83% | 21 | 3 |
| | | | 工业污水达标排放率 | 85.61% | 25 | 3 |
| | | | 城市生活垃圾无害化率 | 47.47% | 27 | 4 |
| | | 生态、环境、资源与经济协调度 | 环境污染治理投资占 GDP 比重 | 2.03% | 3 | 1 |
| | | | 单位 GDP 能耗 | 2.55 吨标准煤/万元 | 27 | 4 |
| | | | 单位 GDP 水耗 | 61.75 立方米/万元 | 7 | 2 |
| | | | 单位 GDP 二氧化硫排放量 | 0.0189 吨/万元 | 29 | 4 |

## （二）山西省生态文明建设年度进步率分析

进步率分析显示，山西省在 2005～2006 年的总进步率为 3.48%，排名全国进步率榜第 14 位。其中，协调程度的进步率为 13.33%，居全国第 5 位；社会发展的进步率 3.75%，居全国第 10 位；生态活力的进步率为 1.48%，居全国第 21位；而环境质量的进步率为 -4.62%，居全国第 26 位。地表水体质量恶化是环境质量明显下降的主要原因。

2006～2007 年，山西省的总进步率提高幅度较大，为 13.02%，在全国进步率榜上的排名飞跃式提升，居全国第 2 位。其中，协调程度和环境质量显著进步，协调程度的进步率为 26.46%，环境质量的进步率为 22.43%，两者均居全国第 2 位；社会发展的进步率为 2.13%，居全国第 17 位；生态活力的进步率为 1.05%，居全国第 14 位。地表水体质量、环境空气质量有很大改善，协调程度的各三级指标都在进步，特别是工业污水达标排放率、城市生活垃圾无害化率、单位 GDP 水耗和单位 GDP 二氧化硫排放量，有很大改善。

2007～2008 年，山西省的总进步率仍提高较快，为 6.39%，居全国进步率榜第 3 位。其中，协调程度进步显著，进步率为 17.03%，居第 3 位；环境质量进步率虽然不大，为 2.4%，但仍居全国第 2 位，主要在于很多其他省市环境质量出现退步；生态活力的进步率为 2.64%，居全国第 6 位；社会发展的进步率为 3.5%，居全国第 26 位。

可以看到，2005～2008 年度，山西省的生态文明建设进步率保持着较快的增长速度，进步率分别为 3.48%、13.02%、6.39%，分别居全国进步率排名榜的第 14 位、第 2 位、第 3 位。从各二级指标来看，生态活力、社会发展在持续进步，生态活力进步率分列全国第 21 位、第 14 位、第 6 位，社会发展进步率分列全国第 10 位、第 17 位、第 26 位；环境质量 2005～2006 年度呈退步状态，其他年度持续进步，特别是 2006～2007 年度呈飞跃式发展，进步率达 22.43%，三个年度分列全国第 26 位、第 2 位、第 2 位；协调程度进步率保持着大幅度提高，三个年度分别呈现 13.33%、26.46%、17.03% 的高进步率，分列全国第 5 位、第 2 位、第 3 位。如图 10-37、10-38、10-39、10-40、10-41 所示。

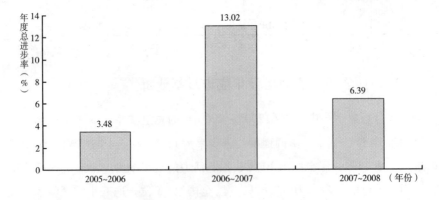

图 10-37　山西省 2005～2008 年度总进步率

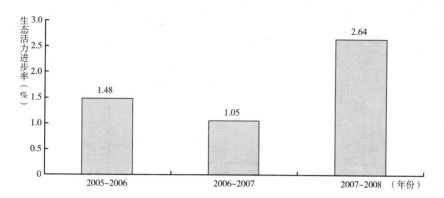

图 10 – 38　山西省 2005～2008 年生态活力进步率

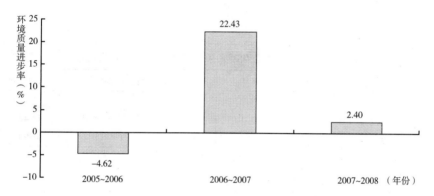

图 10 – 39　山西省 2005～2008 年环境质量进步率

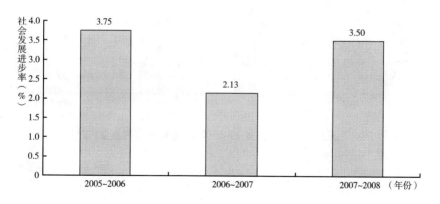

图 10 – 40　山西省 2005～2008 年社会发展进步率

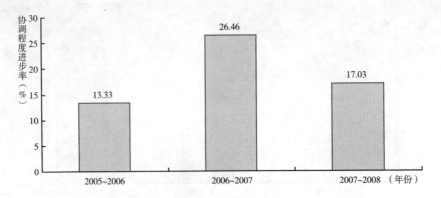

图 10-41　山西省 2005~2008 年协调程度进步率

对年度进步率产生较大影响的部分三级指标的变动情况，如表 10-10 和图 10-42、10-43、10-44 所示。

表 10-10　山西省 2005~2008 年部分指标变动情况

|  | 2005 年 | 2006 年 | 2007 年 | 2008 年 |
|---|---|---|---|---|
| 环境空气质量(%) | 67.12 | 71.51 | 73.70 | 83.01 |
| 城市生活垃圾无害化率(%) | 13.12 | 23.08 | 38.15 | 47.47 |
| 人均 GDP(元) | 12495 | 14123 | 16945 | 20398 |

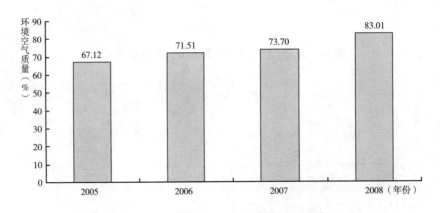

图 10-42　山西省 2005~2008 年环境空气质量

## （三）山西省生态文明建设的政策建议

作为资源型经济特征明显的省份，山西省经济结构调整的任务很重。虽然近

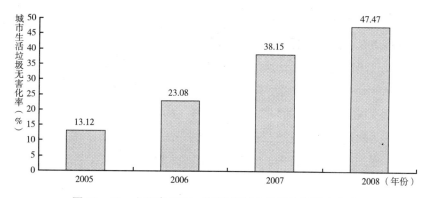

图 10 - 43 山西省 2005 ~ 2008 年城市生活垃圾无害化率

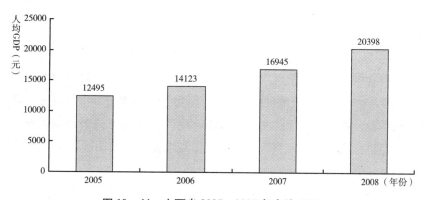

图 10 - 44 山西省 2005 ~ 2008 年人均 GDP

年来生态文明建设取得了一定成效，但总体来看，山西省生态文明建设的整体状况仍处于低度均衡状态，特别是生态活力和环境质量相对薄弱，还需花大力气建设。在具体指标上，与全国水平相比，山西省生态文明建设指标分布在第一至第四等级之间，但大多数指标集中在第三、第四等级。属于第一等级的指标有 1 个，为环境污染治理投资占 GDP 比重，在全国排第 3 位；属于第二等级的指标有 4 个，分别是农药施用强度、农村改水率、单位 GDP 水耗、人均预期寿命；属于第三等级的指标有 11 个，属于第四等级的指标有 4 个，这些指标的改善应是后期建设的重点，特别是属于第四等级的水土流失率、城市生活垃圾无害化率、单位 GDP 能耗、单位 GDP 二氧化硫排放量，要加强建设力度。

针对上述情况，建议山西省生态文明建设应在以下几个方面做出努力。

在生态活力方面，目前来看，三个指标都属于第三等级，但森林覆盖率在全国排名更靠后，需要有步骤地长期进行建设，建成区绿化覆盖率和自然保护区的有效保护也不能忽视。

在环境质量方面，在保持"农药施用强度"优势的前提下，要加大空气污染治理力度，提高空气质量；通过重点流域、区域的重点环境治理，改善地表水体质量；尤其要采取长效措施，降低水土流失率。

在社会发展方面，在保持"农村改水率"的优势前提下，提高各三级指标水平，尤其是要加大服务业产值占 GDP 比例，优化产业结构，通过开发和使用节能降耗、保护环境的新技术，实现社会全面发展。

在协调程度方面，环境污染治理投资占 GDP 比重属第一等级指标，单位 GDP 水耗属第二等级指标，其他 5 个指标都处于第三、第四等级。作为我国重要的能源大省，要强化节能减排政策，加快淘汰落后产能，尽快降低单位 GDP 能耗、生活和工业废气排放量，提高城市生活垃圾无害化率。

最近几年，山西省一直把生态文明建设作为重点来抓。从上文的进步率分析中也可以看到该省生态文明建设的决心和力度。2010 年的山西省政府工作报告中共有九项重点工作，其中的两项就是，"坚定不移地推进经济发展方式转变和经济结构调整，着力提高经济发展质量和效益"，"大力推进节能减排和生态建设，促进经济社会可持续发展"。虽然目前山西省生态文明建设属于低度均衡型，但总体发展趋势良好。

# 六　宁夏

宁夏回族自治区简称"宁"，地处我国西部黄河上游地区。首府为银川。宁夏南北长、东西短，面积 5.17 万平方公里。山地高原占 60% 多。地处我国东部季风区、西北干旱区和青藏高原区三大自然区域的交汇地带，黄河干流自南而北穿行于宁夏中北部。宁夏回族自治区远离海洋，深居内陆，南端（固原地区南半部）属南温带半干旱区，中部（固原地区的北部至盐池、同心一带）属中温带半干旱区，北部（银川平原）则为中温带干旱区，南北气候悬殊较大，是典型的大陆型气候。全年平均气温 5℃ ~ 9℃。2008 年，宁夏总人口 618 万人，人口密度 119 人/平方公里，地区生产总值 1098.51 亿元。

## （一）宁夏回族自治区 2008 年生态文明建设状况分析

2008 年，宁夏回族自治区生态文明指数为 59.29，排名全国第 30 位。其中生态活力得分为 19.38（总分为 36 分），属于第三等级；环境质量得分为 9.6（总分为 24 分），属于等四等级；社会发展得分为 13.88（总分为 24 分），属于第三等级；协调程度得分为 16.43（总分为 36 分），属于第四等级。其基本特点是，社会发展程度居全国中游水平，生态活力、环境质量和协调程度水平在全国居下游。在生态文明建设的类型上，属于低度均衡型。如图 10-45 所示。

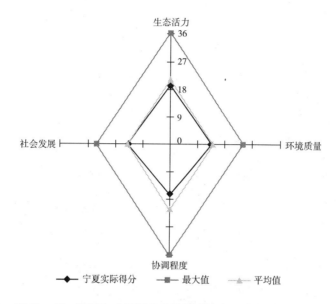

**图 10-45 2008 年宁夏回族自治区生态文明建设评价雷达图**

在生态活力方面，自然保护区占辖区面积比重为 9.78%，居全国第 13 位，建成区绿化覆盖率为 37.81%，居全国第 10 位，这两项指标均居全国上中游；但森林覆盖率为 6.08%，居全国第 28 位。

在环境质量方面，农药施用强度为 2.15 吨/千公顷，居全国第 1 位（排名越靠后强度越大）；空气质量达到二级以上天数占全年比重为 90.41%，居全国第 11 位；水土流失率为 71.6%（排名越靠后流失率越大），地表水体质量得分为 0 分，这两项指标均居全国倒数第一。

在社会发展方面，教育经费占 GDP 比例为 5.80%，居全国第 3 位，仅次于西藏和贵州；城镇化率为 44.98%，服务业产值占 GDP 比例为 36.2%，农村改水率为 59.00%，这三项指标均居全国中游；人均 GDP 为 17892 元，人均预期寿命为 70.17 岁，这两项指标居全国中下游水平。

在协调程度方面,环境污染治理投资占 GDP 比重为 2.81%,居全国第 1 位;工业固体废物综合利用率为 62.73%,居全国中游;城市生活垃圾无害化率为 56.45%,工业污水达标排放率为 87.46%,这两项指标居全国中下游水平;单位 GDP 水耗为 274.01 立方米/万元(排名越靠后水耗越大),单位 GDP 二氧化硫排放量为 0.0317 吨/万元(排名越靠后排放量越大),单位 GDP 能耗为 3.69 吨标准煤/万元(排名越靠后能耗越大),这三项指标均居全国下游,其中单位 GDP 能耗值为全国最高。如表 10 - 11 所示。

表 10 - 11　宁夏回族自治区 2008 年生态文明建设评价结果

| 一级指标 | 二级指标 | 三级指标 | 指标数据 | 排名 | 等级 |
|---|---|---|---|---|---|
| 生态<br>文明<br>指数<br>(ECI) | 生态活力 | 森林覆盖率 | 6.08% | 28 | 4 |
| | | 建成区绿化覆盖率 | 37.81% | 10 | 2 |
| | | 自然保护区的有效保护 | 9.78% | 13 | 3 |
| | 环境质量 | 地表水体质量 | 0.0 分 | 31 | 4 |
| | | 环境空气质量 | 90.41% | 11 | 2 |
| | | 水土流失率 | 71.60% | 31 | 4 |
| | | 农药施用强度 | 2.15 吨/千公顷 | 1 | 1 |
| | 社会发展 | 人均 GDP | 17892 元 | 20 | 3 |
| | | 服务业产值占 GDP 比例 | 36.2% | 19 | 3 |
| | | 城镇化率 | 44.98% | 17 | 3 |
| | | 人均预期寿命 | 70.17 岁 | 22 | 3 |
| | | 教育经费占 GDP 比例 | 5.80% | 3 | 1 |
| | | 农村改水率 | 59.00% | 19 | 3 |
| 协调<br>程度 | 生态、资源、<br>环境协调度 | 工业固体废物综合利用率 | 62.73% | 17 | 3 |
| | | 工业污水达标排放率 | 87.46% | 21 | 3 |
| | | 城市生活垃圾无害化率 | 56.45% | 22 | 3 |
| | 生态、环境、<br>资源与经济<br>协调度 | 环境污染治理投资占 GDP 比重 | 2.81% | 1 | 1 |
| | | 单位 GDP 能耗 | 3.69 吨标准煤/万元 | 31 | 4 |
| | | 单位 GDP 水耗 | 274.01 立方米/万元 | 29 | 3 |
| | | 单位 GDP 二氧化硫排放量 | 0.0317 吨/万元 | 30 | 4 |

## (二) 宁夏生态文明建设年度进步率分析

进步率分析显示,宁夏回族自治区在 2005～2006 年的总进步率为 5.55%,排名全国进步率榜第 8 位。其中,生态活力的进步率为 8.75%,居全国第 2 位;

协调程度的进步率为11.5%，居全国第9位；社会发展的进步率2.80%，居全国第17位；而环境质量的进步率为 – 0.85%，居全国第18位。

2006～2007年，宁夏回族自治区的总进步率为3.89%，在全国进步率榜上的排名到了第13位，比2005～2006年退后了5位。生态活力的进步率为5.23%，社会发展的进步率为4.06%，两项均居全国第5位；协调程度进步率为15.22%，居全国第8位；而环境质量的进步率为 – 8.96%，居全国倒数第2位，农药施用强度的增大是环境质量退步的主要原因，是上年的1.60倍。

2007～2008年，宁夏回族自治区的总进步率为6.27%，在全国进步率榜上的排名上升到了第4位，比前两个年度的进步率都要大。社会发展的进步率为12.82%，生态活力的进步率为4.26%，这两项指标的进步率都在全国名列前茅，生态活力的进步率居全国第4位，社会发展的进步率居全国第1位；环境质量的进步率为 – 0.61%，居全国第13位；协调程度的进步率为8.62%，居全国第18位。

可以看到，2005～2008年度，宁夏回族自治区生态文明建设总体保持着良好的进步态势，三个年度的总进步率分别为5.55%、3.89%、6.27%，分别居全国进步率排名榜的第8位、第13位、第4位。在二级指标进步率方面，生态活力进步很大，三个年度排名分列全国第2位、第5位、第4位；社会发展飞跃式发展，排名分列全国第17位、第5位、第1位；协调程度平稳提高，分列全国第9位、第8位、第18位；但环境质量在持续退步，其中2006～2007年度退步较大，进步率分列全国第18位、第30位、第13位。如图10 – 46、10 – 47、10 – 48、10 – 49、10 – 50所示。

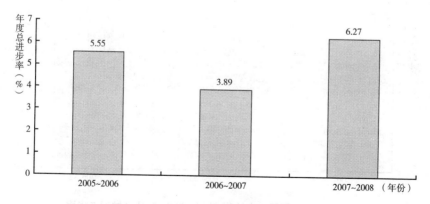

图10 – 46　宁夏回族自治区2005～2008年度总进步率

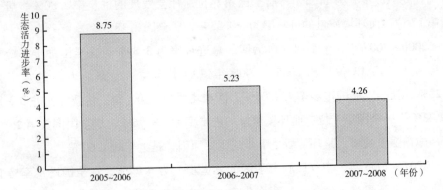

图 10 - 47  宁夏回族自治区 2005 ~ 2008 年生态活力进步率

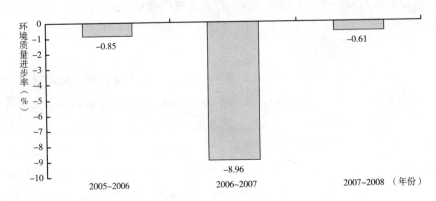

图 10 - 48  宁夏回族自治区 2005 ~ 2008 年环境质量进步率

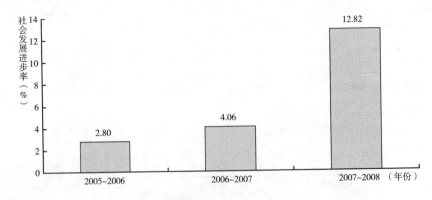

图 10 - 49  宁夏回族自治区 2005 ~ 2008 年社会发展进步率

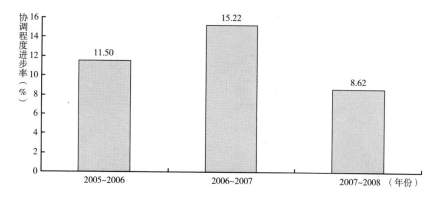

图 10-50　宁夏回族自治区 2005~2008 年协调程度进步率

对年度进步率产生较大影响的部分三级指标的变动情况，如表 10-12 和图
10-51、10-52、10-53 所示。

表 10-12　宁夏回族自治区 2005~2008 年部分指标变动情况

单位：%

|  | 2005 年 | 2006 年 | 2007 年 | 2008 年 |
| --- | --- | --- | --- | --- |
| 建成区绿化覆盖率 | 22.92 | 28.98 | 33.53 | 37.81 |
| 环境污染治理投资占 GDP 比重 | 2 | 3 | 3.76 | 2.81 |
| 工业污水达标排放率 | 67.75 | 64.75 | 69.69 | 87.46 |

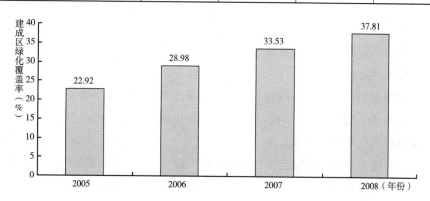

图 10-51　宁夏回族自治区 2005~2008 年建成区绿化覆盖率

## （三）宁夏回族自治区生态文明建设的政策建议

总体来看，作为我国荒漠化和沙化重点防治区，宁夏回族自治区生态较为脆

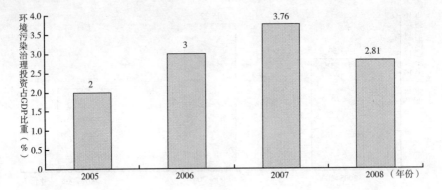

图 10-52　宁夏回族自治区 2005~2008 年环境污染治理投资占 GDP 比重

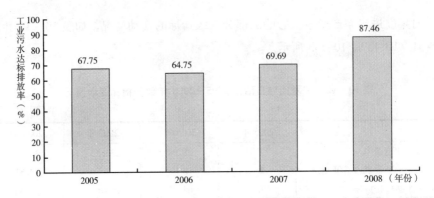

图 10-53　宁夏回族自治区 2005~2008 年工业污水达标排放率变化

弱,很多地区都属限制开发区或禁止开发区。虽然近几年社会发展较快,但还处于现代化发展起步阶段。综合来看,宁夏整体生态文明建设状况仍处于低度均衡状态,特别是生态活力、环境质量和协调发展方面要进行重点建设。

与全国水平相比,宁夏生态文明建设指标在四个等级都有分布,但大多数指标都集中在第三和第四等级。第一等级的指标有 3 个,分别为教育经费占 GDP 比例、农药施用强度、环境污染治理投资占 GDP 比重;第二等级的指标有 2 个,分别为建成区绿化覆盖率、环境空气质量;第三等级的指标有 10 个,第四等级的指标有 5 个,这 15 个指标是宁夏生态文明建设的重点,特别是第四等级的 5 个指标需要加强建设力度,这 5 个指标分别是森林覆盖率、地表水体质量、水土流失率、单位 GDP 能耗、单位 GDP 二氧化硫排放量。

针对上述情况,建议宁夏回族自治区生态文明建设应在以下几个方面做出努力。

在生态活力方面，三个指标中，森林覆盖率居第四等级，需加强建设，建议制定长远规划，设立专门资金，进行重点林业工程建设，加强自然保护区的有效保护，有步骤地、长期地进行水源涵养、防沙治沙，以期建立生态堡垒。

在环境质量方面，虽然农药施用强度在全国排名第1位，但进步率显示，近几年增长很快。建议一方面走特色农业发展道路，不能靠大幅度增加化肥、农药施用强度来发展农业；另一方面，提高地表水体质量，尤其是要争取更大的生态补偿资金，专款专用，持之以恒地进行防沙治沙建设，降低水土流失率。

在社会发展方面，应保持"教育经费占GDP比例"的领先优势，加强高新技术利用，转变生产方式，促进产业结构的调整和转变，加大服务业产值占GDP比例，加快农村改水率建设。

在协调程度方面，在继续保持较高的环境污染治理投资占GDP比重的同时，狠抓节能减排，淘汰"三高"（高污染、高耗能、高耗水）产业。目前来看，在7个三级指标中，有5个指标居全国下游水平。

近年来，宁夏抓住我国高度重视生态建设的历史机遇，以"六大基地、六个示范区、一个目的地"（即国家重要的煤炭基地、煤化工产业基地及"西电东送"火电基地，世界重要钽铌铍、碳基材料制品生产研发基地，国内重要的镁硅及其深加工产品基地、特色农产品生产加工基地；全国节水型社会建设示范区，全国防沙治沙综合示范区，宁东国家循环经济示范区，引黄灌区现代农业示范区，中部干旱带旱作节水农业示范区，南部黄土丘陵区生态农业示范区；西部独具特色的旅游目的地）为战略定位，正扎实稳步推进各项生态文明建设。宁夏回族自治区在2010年的政府工作报告中强调，2010年的工作重点之一是，"大力调整结构，在发展现代农业、新型工业和现代服务业上狠下工夫，促进三次产业优化升级，实现经济社会可持续发展"。相信宁夏在突出自身特色的同时，能够实现跨越式发展，并最终形成西部绿色生态屏障。

# 七 甘肃

甘肃省简称"甘"或"陇"，位于我国西部，地处黄土高原、内蒙古高原和青藏高原的交汇处。省会为兰州。甘肃省地域辽阔，地势自西南向东北倾斜，地形狭长而复杂，山脉纵横交错，海拔相差悬殊，高山、盆地、平川、沙漠和戈壁等兼而有之，是山地型高原地貌。总面积40.46万平方公里。甘肃气候类型多样，从东南到西北包括了北亚热带湿润区到高寒区、干旱区的各种气候类型，但大多数地区属西部干旱生态区。2008 年，甘肃省总人口 2628 万人，人口密度 65 人/平方公里。2008 年地区生产总值达到 3176.11 亿元。

## （一）甘肃省 2008 年生态文明建设状况分析

2008 年，甘肃省生态文明指数为 57.07，排名全国第 31 位。其中生态活力得分为 17.54（总分为 36 分），属于第四等级；环境质量得分为 12.00（总分为 24 分），属于第三等级；社会发展得分为 12.94（总分为 24 分），属于第三等级；协调程度得分为 14.59（总分为 36 分），属于第四等级。由于地处高原，甘肃干燥、少雨、多沙，环境质量和社会发展程度居全国中下游水平，生态活力和协调程度水平居全国下游水平。在生态文明建设的类型上，属于低度均衡型。如图 10－54 所示。

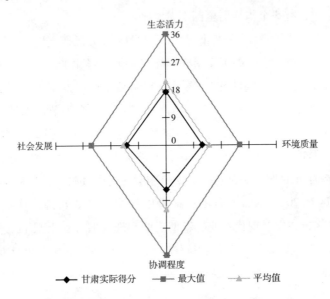

图 10－54　2008 年甘肃省生态文明建设评价雷达图

在生态活力方面，自然保护区占辖区面积比重为 16.54%，在全国排名靠前，居第 4 位，仅次于西藏、青海和四川。森林覆盖率为 6.66%，建成区绿化覆盖率为 25.88%，这两项指标居全国下游水平。

在环境质量方面，地表水体质量得分为 6.0 分，在全国居中游水平；农药施用强度为 7.84 吨/千公顷，居中游水平（排名越靠后强度越大）；空气质量达到二级以上天数占全年比重为 73.42%，水土流失率为 64.05%（排名越靠后流失率越大），两者均居全国第 29 位。

在社会发展方面，教育经费占 GDP 比例为 5.27%，居全国第 4 位，仅次于西藏、贵州和宁夏；服务业产值占 GDP 比例为 39.1%，居全国第 11 位；人均预期寿命为 67.47 岁，农村改水率为 53.80%，这两项指标居全国下中游水平；人均 GDP 为 12110 元，城镇化率 32.15%，这两项指标处于全国下游。

在协调程度方面，环境污染治理投资占 GDP 比重为 0.98%，居全国中游水平；单位 GDP 能耗为 2.01 吨标准煤/万元（排名越靠后能耗越大），工业污水达标排放率 58.95%，单位 GDP 水耗为 254.02 立方米/万元（排名越靠后水耗越大），单位 GDP 二氧化硫排放量为 0.0158 吨/万元（排名越靠后排放量越大），工业固体废物综合利用率为 35.14%，城市生活垃圾无害化率为 32.28%，这六项指标均处于全国下游水平。如表 10 – 13 所示。

表 10 – 13　甘肃省 2008 年生态文明建设评价结果

| 一级指标 | 二级指标 | 三级指标 | 指标数据 | 排名 | 等级 |
|---|---|---|---|---|---|
| 生态文明指数（ECI） | 生态活力 | 森林覆盖率 | 6.66% | 27 | 4 |
| | | 建成区绿化覆盖率 | 25.88% | 28 | 4 |
| | | 自然保护区的有效保护 | 16.54% | 4 | 2 |
| | 环境质量 | 地表水体质量 | 6.0 分 | 15 | 2 |
| | | 环境空气质量 | 73.42% | 29 | 4 |
| | | 水土流失率 | 64.05% | 29 | 4 |
| | | 农药施用强度 | 7.84 吨/千公顷 | 12 | 2 |
| | 社会发展 | 人均 GDP | 12110 元 | 30 | 3 |
| | | 服务业产值占 GDP 比例 | 39.1% | 11 | 2 |
| | | 城镇化率 | 32.15% | 29 | 4 |
| | | 人均预期寿命 | 67.47 岁 | 26 | 4 |
| | | 教育经费占 GDP 比例 | 5.27% | 4 | 2 |
| | | 农村改水率 | 53.80% | 25 | 3 |
| | 协调程度 | 生态、资源、环境协调度 | 工业固体废物综合利用率 | 35.14% | 29 | 4 |
| | | | 工业污水达标排放率 | 58.95% | 29 | 4 |
| | | | 城市生活垃圾无害化率 | 32.28% | 29 | 4 |
| | | 生态、环境、资源与经济协调度 | 环境污染治理投资占 GDP 比重 | 0.98% | 19 | 3 |
| | | | 单位 GDP 能耗 | 2.01 吨标准煤/万元 | 25 | 3 |
| | | | 单位 GDP 水耗 | 254.02 立方米/万元 | 28 | 3 |
| | | | 单位 GDP 二氧化硫排放量 | 0.0158 吨/万元 | 27 | 3 |

### （二）甘肃省生态文明建设年度进步率分析

进步率分析显示，甘肃省在 2005～2006 年的总进步率为 1.82%，排名全国进步率榜第 20 位。其中，协调程度的进步率为 9.36%，居全国第 11 位；生态活力的进步率为 4.98%，居全国第 10 位；社会发展的进步率 3.09%，居全国第 14 位；环境质量的进步率为 −10.13%，居全国第 31 位。地表水体质量、环境空气质量的退化，是环境质量明显下降的主要原因。

2006～2007 年，甘肃省的总进步率为 4.09%，在全国进步率榜上的排名提高到了第 11 位。其中，协调程度进步显著，进步率为 20.19%，居全国第 6 位；社会发展的进步率为 2.41%，居全国第 14 位；而环境质量的进步率为 −1.03%，居全国第 16 位；生态活力的进步率为 −5.2%，居全国第 30 位，其退步的原因主要是建成区绿化覆盖率的减少。

2007～2008 年，甘肃省的总进步率略有进步，为 0.28%，居全国第 30 位。其中，社会发展的进步率上升较快，为 7.17%，居全国第 5 位；协调程度进步较小，进步率为 0.53%，居全国第 30 位；环境质量的进步率为 −1.10%，居全国第 19 位；生态活力的进步率为 −5.49%，居全国第 30 位，退步的原因在于自然保护区占辖区面积的骤降。

可以看到，2005～2008 年度，甘肃省整体的生态文明进步率呈现持续增长，但进步率不大，总进步率分别为 1.82%、4.09%、0.28%，分别居全国进步率排名的第 20 位、第 11 位、第 30 位。在二级指标的进步率方面，生态活力在 2005～2006 年度有较大进步，但 2006～2008 年出现退步，并且退步幅度还较大，三个年度的进步率分列全国第 10 位、第 30 位、第 30 位；环境质量在 2005～2006 年退步率达 10.13%，2006～2008 年持续较小退步，三个年度的进步率分列全国第 31 位、第 16 位、第 19 位；社会发展持续进步，2007～2008 年进步率达 7.17%，三个年度分列全国第 14 位、第 14 位、第 5 位；协调程度前两个年度进步较大，2007～2008 年略有进步，三个年度分列全国第 11 位、第 6 位、第 30 位。如图 10−55、10−56、10−57、10−58、10−59 所示。

对年度进步率产生较大影响的部分三级指标的变动情况，如表 10−14 和图 10−60、10−61、10−62、10−63、10−64 所示。

### （三）甘肃省生态文明建设的政策建议

甘肃省干旱少雨，生态脆弱。作为新中国石化工业的奠基地，传统产业生产

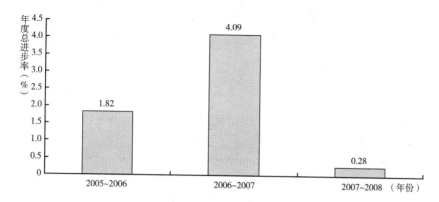

图 10 – 55　甘肃省 2005～2008 年度总进步率

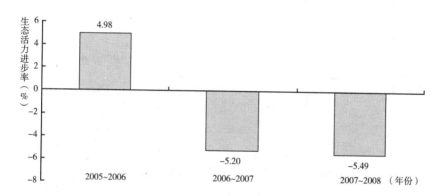

图 10 – 56　甘肃省 2005～2008 年生态活力进步率

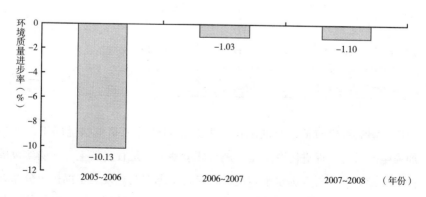

图 10 – 57　甘肃省 2005～2008 年环境质量进步率

437

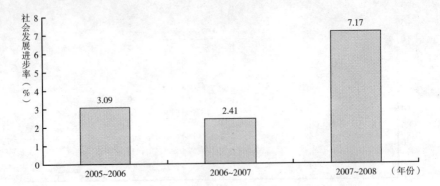

**图 10 - 58  甘肃省 2005 ~ 2008 年社会发展进步率**

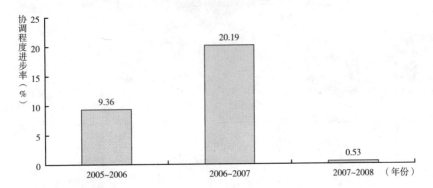

**图 10 - 59  甘肃省 2005 ~ 2008 年协调程度进步率**

**表 10 - 14  甘肃省 2005 ~ 2008 年部分指标变动情况**

|  | 2005 年 | 2006 年 | 2007 年 | 2008 年 |
| --- | --- | --- | --- | --- |
| 自然保护区的有效保护 | 20. 3 | 21. 68 | 21. 67 | 16. 54 |
| 人均 GDP(元) | 7477 | 8757 | 10346 | 12110 |
| 城市生活垃圾无害化率(%) | 17. 23 | 18. 28 | 26. 32 | 32. 28 |
| 工业污水达标排放率(%) | 73. 23 | 79. 08 | 80. 96 | 58. 95 |
| 环境污染治理投资占 GDP 比重(%) | 1. 05 | 1. 22 | 1. 41 | 0. 98 |

方式粗放，协调程度较低。总的来说，生态文明建设的整体状况属于低度均衡型。加强生态活力，促进协调发展，进行环境整治，是甘肃省生态文明建设的重点。在具体指标上，与全国水平相比，甘肃省生态文明建设的指标排位分布在第二、三、四等级之间，但大多数指标分布在第三和第四等级。属于第二等级的指标有 5 个，分别是自然保护区占辖区面积比重、教育经费占 GDP 比例、主要河

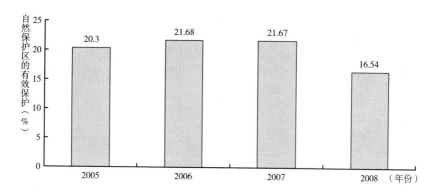

图 10 – 60　甘肃省 2005～2008 年自然保护区的有效保护

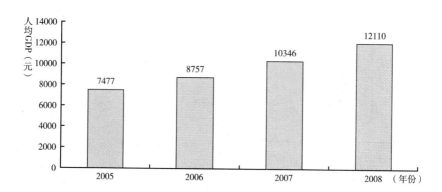

图 10 – 61　甘肃省 2005～2008 年人均 GDP

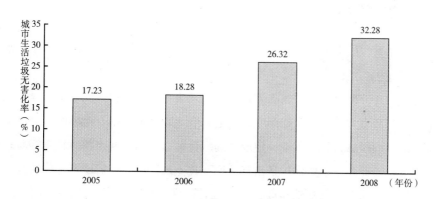

图 10 – 62　甘肃省 2005～2008 年城市生活垃圾无害化率

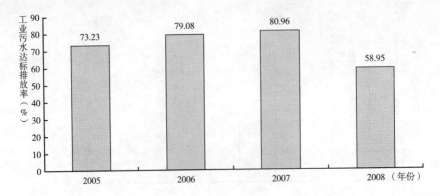

图 10 - 63　甘肃省 2005 ~ 2008 年工业污水达标排放率

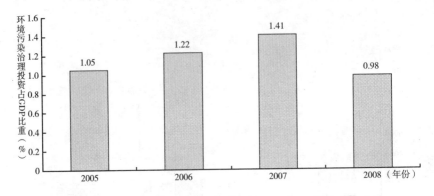

图 10 - 64　甘肃省 2005 ~ 2008 年环境污染治理投资占 GDP 比重

流三类以上水河长占评价河长的比例、农药施用强度、服务业产值占 GDP 比例；属于第三等级的指标有 6 个，属于第四等级的指标有 9 个，这些指标的改善应是后期建设的重点，特别是属于第四等级的水土流失率、空气质量达到二级以上天数占全年比重、城市生活垃圾无害化率、工业固体废物综合利用率、工业污水达标排放率等 9 个指标，要加强建设力度。

　　针对上述情况，建议甘肃省生态文明建设应在以下几个方面做出努力。

　　在生态活力方面，三个指标中，目前来看，森林覆盖率、建成区绿化覆盖率属于第四等级指标，只要重视，建成区的绿化覆盖率提升起来相对较为容易；但森林覆盖率的提高、自然保护区占辖区面积比重的提高，则需要有步骤地长期进行。要进一步加大生态基础建设投入，通过退耕还林等方式，提高森林覆盖率；加强自然保护区的有效保护，不能侵占自然保护区的数量或面积，像 2007 ~

2008 年度自然保护区占辖区面积比重骤降的事情不能再发生。

在环境质量方面，属于第二等级的指标有农药施用强度、地表水体质量，这两项建设不能忽视；另外，要加大空气污染治理力度，提高环境空气质量；尤其要采取长效机制，加大定期生态补偿，建立起长久建设机制，降低水土流失率，进行持之以恒的防沙治沙建设。

在社会发展方面，在保持"教育经费占 GDP 比例"这一优势的前提下，提高农村改水率，加强城镇化建设。优化产业结构，加强高新技术利用，加快发展风电等非资源型产业，实现社会全面发展。

在协调程度方面，各具体指标都处于第三和第四等级，要狠抓节能减排，加快淘汰、改造落后产能，开发和使用节能降耗、保护环境的新技术。从根本上改善协调程度的各项三级指标，力争建立起高起点、少污染的高新发展模式。

实际上，在 2009 年甘肃省政府工作报告中，已"把结构调整和自主创新作为转变发展方式的根本途径"，要"坚持用高新技术和先进适用技术改造提升传统产业，大力发展循环经济"，要"加大重大水利工程和生态保护建设力度"。2009 年 6 月，国务院批准《关中—天水经济区发展规划》，2009 年 12 月，国务院批准实施第一个地区性循环经济发展规划——《甘肃省循环经济总体规划》。有如此历史性的发展契机，加上正确的政策导向，相信甘肃省能够实现跨越式发展，使生态文明建设迈上新的台阶。

# 参考文献

胡锦涛：《高举中国特色社会主义伟大旗帜，为夺取全面建设小康社会新胜利而奋斗——在中国共产党第十七次全国代表大会上的报告》，人民出版社，2007。

江泽民：《在庆祝中国共产党成立八十周年大会上的讲话》，人民出版社，2001。

中共中央文献研究室编《毛泽东邓小平江泽民论科学发展》，中央文献出版社、党建读物出版社，2008。

中共中央文献研究室编《科学发展观重要论述摘编》，中央文献出版社、党建读物出版社，2008。

中共中央宣传部编《科学发展观学习读本》，学习出版社，2008。

中共中央宣传部理论局编《中国特色社会主义理论体系学习读本》，学习出版社，2008。

〔美〕蕾切尔·卡逊著《寂静的春天》，吕瑞兰、李长生译，吉林人民出版社，1997。

〔美〕丹尼斯·米都斯等著《增长的极限》，李宝恒译，吉林人民出版社，1997。

世界环境与发展委员会：《我们共同的未来》，王之佳、柯金良等译，吉林人民出版社，2004。

《21世纪议程》，国家环境保护局译，中国环境科学出版社，1993。

〔美〕赫尔曼·E.戴利、肯尼思·N.汤森编《珍惜地球》，马杰、钟斌、朱又红译，商务印书馆，2001。

〔美〕约翰·贝拉米·福斯特著《生态危机与资本主义》，耿建新、宋兴无译，上海译文出版社，2006。

〔美〕霍尔姆斯·罗尔斯顿著《环境伦理学：大自然的价值以及人对大自然的义务》，杨通进译，中国社会科学出版社，2000。

〔美〕巴里·康芒纳著《封闭的循环》，侯文蕙译，吉林人民出版社，1997。

〔英〕罗宾·柯林伍德著《自然的观念》，吴国盛、柯映红译，华夏出版社，1990。

〔英〕阿诺德·汤因比著《人类与大地母亲》，徐波等译，上海人民出版社，2001。

〔英〕马凌诺斯基著《文化论》，费孝通译，华夏出版社，2002。

〔美〕David Freedman 等著《统计学》，魏宗舒、施锡铨等译，中国统计出版社，1997。

薛晓源、李惠斌主编《生态文明研究前沿报告》，华东师范大学出版社，2007。

迟福林著《第二次改革——中国未来30年的强国之路》，中国经济出版社，2010。

中国科学院可持续发展战略研究组：《2009 中国可持续发展战略报告：探索中国特色的低碳道路》，科学出版社，2009。

中国现代化战略研究课题组、中国科学院中国现代化研究中心：《中国现代化报告2007：生态现代化研究》，北京大学出版社，2007。

严耕、杨志华著《生态文明的理论与系统建构》，中央编译出版社，2009。

姬振海主编《生态文明论》，人民出版社，2007。

沈国明著《21 世纪生态文明：环境保护》，上海人民出版社，2005。

王治河主编《后现代主义辞典》，中央编译出版社，2003。

庄锡昌等编《多维视角中的文化理论》，浙江人民出版社，1987。

王正平著《环境哲学——环境伦理的跨学科研究》，上海人民出版社，2004。

余谋昌：《生态哲学》，陕西人民教育出版社，2000。

北京大学中国持续发展研究中心、东京大学生产技术研究所：《可持续发展：理论与实践》，中央编译出版社，1997。

许启贤主编《世界文明论研究》，山东人民出版社，2001。

罗荣渠主编《从"西化"到现代化》，北京大学出版社，1990。

廖福霖：《生态文明建设理论与实践》，中国林业出版社，2003。

王玉梅编著《可持续发展评价》，中国标准出版社，2008。

周海林著《可持续发展原理》，商务印书馆，2004。

孙瑛、刘吴庆主编《可持续发展管理导论》，科学出版社，2005。

韩英编著《可持续发展的理论与测度方法》，中国建筑工业出版社，2007。

严立冬、刘新勇、孟慧君、罗昆著《绿色农业生态发展论》，人民出版社，2008。

《生态文明建设学习读本》，中共中央党校出版社，2007。

江泽慧等著《中国现代林业》，中国林业出版社，2008。

诸大建主编《生态文明与绿色发展》，上海人民出版社，2008。

严耕、林震、杨志华主编《生态文明理论构建与文化资源》，中央编译出版社，2009。

张慕萍、贺庆棠、严耕主编《中国生态文明建设的理论与实践》，清华大学出版社，2008。

吴风章主编《生态文明构建——理论与实践》，中央编译出版社，2008。

叶裕民主编《中国城市化与可持续发展》，科学出版社，2007。

卢风著《人类的家园》，湖南大学出版社，1996。

卢风著《启蒙之后》，湖南大学出版社，2003。

卢风著《从现代文明到生态文明》，中央编译出版社，2009。

杨通进、高予远编《现代文明的生态转向》，重庆出版社，2007。

国家林业局宣传办公室、广州市林业局编《生态文明建设理论与实践》，中国农业出版社，2008。

左其亭、王丽、高军省著《资源节约型社会评价——指标·方法·应用》，科学出版社，2009。

中华人民共和国国家统计局编《中国统计年鉴 - 2009》，中国统计出版社，2009。

中华人民共和国国家统计局编《中国统计年鉴 - 2008》，中国统计出版社，2008。

中华人民共和国国家统计局编《中国统计年鉴 - 2007》，中国统计出版社，2007。

中华人民共和国国家统计局编《中国统计年鉴 - 2006》，中国统计出版社，2006。

国家统计局、环境保护部编《中国环境统计年鉴 - 2009》，中国统计出版社，2009。

国家统计局、环境保护部编《中国环境统计年鉴－2008》，中国统计出版社，2008。

国家统计局、环境保护部编《中国环境统计年鉴－2007》，中国统计出版社，2007。

国家统计局、环境保护部编《中国环境统计年鉴－2006》，中国统计出版社，2006。

中华人民共和国水利部：《2008 年中国水质量资源年报》，http：//www. mwr. gov. cn/zwzc/hygb/szyzlnb/201001/t20100106_ 166849. html。

中华人民共和国水利部：《2007 年中国水质量资源年报》，http：//www. hydroinfo. gov. cn/gb/szyzlnb/2007/index. htm。

中华人民共和国水利部：《2006 年中国水质量资源年报》，http：//www. hydroinfo. gov. cn/gb/szyzlnb/2006/index. htm。

中华人民共和国水利部：《2005 年中国水质量资源年报》，http：//www. hydroinfo. gov. cn/gb/szyzlnb/2005/index. htm。

Australian Bureau of Statistics：*Solid Waste in Australia*, http：//www. abs. gov. au/, 2006.

ECLAC：*Statistical Yearbook for Latin America and the Caribbean*, 2007.

FAO：*FAO Statistical Yearbook 2007－2008*, Food and Agriculture Organization of the United Nations, http：//www. fao. org/economic/ess/publications － studies/statistical － yearbook/fao － statistical － yearbook － 2007 － 2008/en/, 2008.

IMF：*International Financial Statistics*, International Monetary Fund, 2008.

OECD：Environmental Performance of Agriculture in OECD Countries since 1990, www. oecd. org/tad/env/indicators , 2008.

OECD：OECD *Environmental Data compendium 2006 － 2008*, Organization for Economic Co-Operation and Development, 2008.

U. S. Census Bureau：*Statistical Abstract of United States：2007*, Washington, DC, 2008.

U. S. Environmental Protection Agency：*Report on the Environment：Sulfur Dioxide Emissions*, http：//cfpub. epa. gov/, 2009.

UNFCCC：*Emissions of SO2 － Total（National Reports, UN Framework Convention on Climate Change）*, http：//unfccc. int, 2008.

国家林业局:《2005 年中国林业基本情况》,http://www. forestry. gov. cn/,2006。

国家林业局:《第七次全国森林资源清查结果》,http://www. forestry. gov. cn/portal/main/s/65/content - 326341. html,2010。

国家林业局:《中国林业与生态建设状况公报》,http://www. forestry. gov. cn/,2008。

国家林业局:《中国森林资源报告》,中国林业出版社,2005。

环境保护部:《2007 年中国环境状况公报》,http://www. zhb. gov. cn/plan/zkgb/2007zkgb/,2008。

联合国开发计划署驻华代表处,中国(海南)改革发展研究院:《中国人类发展报告(2007~2008)》,中国对外翻译出版公司,2008。

联合国粮农组织:《2007 年世界森林状况》,罗马,2007。

联合国粮农组织:《2005 年全球森林资源评估》,罗马,2006。

中国国家统计局:《庆祝新中国成立 60 周年系列报告》,http://www. stats. gov. cn/tjfx/ztfx/qzxzgcl60zn/t200909. htm。

中华人民共和国卫生部:《2009 年中国卫生统计提要》,http://www. moh. gov. cn,2009。

经合组织统计数据(OECD. Stat):http://lysander. sourceoecd. org/vl = 7477418/cl = 16/nw = 1/rpsv/dotstat. htm。

联合国粮农组织统计数据库(FAOSTAT):http://faostat. fao. org。

联合国千年发展目标指标网站:http://unstats. un. org/unsd/mdg/Home. aspx。

联合国数据库(UNdata):http://data. un. org/。

美国中央情报局 -《世界概况》 (The world Factbook)在线:https://www. cia. gov/library/publications/the - world - factbook/。

世界银行数据库:http://go. worldbank. org/SI5SSGAVZ0。

北京林业大学生态文明研究中心:《中国省级生态文明建设评价报告》,《中国行政管理》2009 年第 11 期。

杨志华、左高山:《现代文化批判与生态文化构想》,《现代大学教育》2006 年第 5 期。

蒋小平:《河南省生态文明评价指标体系的构建研究》,《河南农业大学学报》2008 年第 1 期。

关琰珠、郑建华、庄世坚：《生态文明指标体系研究》，《中国发展》2007 年第 2 期。

高秀平、郭沛源：《2006 环境绩效指数（EPI）报告》（上），《世界环境》2006 年第 6 期。

高秀平、郭沛源：《2006 环境绩效指数（EPI）报告》（下），《世界环境》2007 年第 1 期。

浙江省统计局：《浙江省生态文明建设的统计测度与评价》，http：//www. zj. stats. gov. cn/art/2010/1/18/art_ 281_ 38807. html。

浙江省发展计划委员会课题组：《生态省建设评价指标体系研究》，《浙江经济》2003 年第 7 期。

申振东等：《建设贵阳市生态文明城市的指标体系与监测方法》，http：//www. gyjgdj. gov. cn/contents/63/9485. html。

杨开忠：《谁的生态最文明》，《中国经济周刊》2009 年第 32 期。

杜斌、张坤民、彭立颖：《国家环境可持续能力的评价研究：环境可持续性指数 2005》，《中国人口·资源与环境》2006 年第 1 期。

国家林业局：《中国森林可持续经营标准与指标》（中华人民共和国林业行业标准 LY/T1594 – 2002）。

张丽君：《可持续发展指标体系建设的国际进展》，《国土资源情报》2004 年第 4 期。

谢洪礼：《关于可持续发展指标体系的述评》（一），《统计研究》1998 年第 6 期。

谢洪礼：《关于可持续发展指标体系的述评》（二），《统计研究》1999 年第 1 期。

潘岳：《论社会主义生态文明》，《绿叶》2006 年第 10 期。

钟明春：《生态文明研究述评》，《前沿》2008 年第 8 期。

齐联：《致公党中央在提案中建议要建立生态文明指标体系》，2008 年 3 月 6 日第 A01 版《中国绿色时报》。

# 后 记

由于本书是"生态文明建设的评价体系与信息系统技术研究"项目的阶段性成果，书中的全部分析都来源于课题组的研究，所以，课题组的所有成员都是本书的作者，本书的每个章节也都凝聚了集体的智慧。课题组以严耕为组长，林震、杨志华为副组长，课题组成员有刘洋、樊阳程、张秀芹、吴明红、黄军辉、吴守蓉、杨冬梅。在研究过程中，林震、吴守蓉、黄军辉、樊阳程、张秀芹、杨冬梅侧重理论分析；刘洋侧重统计算法和数据分析；吴明红除协助刘洋进行数据分析外，还负责信息平台建设；杨志华不仅在理论分析上投入大量精力，还做了许多数据分析工作。严耕作为课题主持人，统筹理论分析、数据分析和信息平台建设。

本书的撰写采用分工协作方式，执笔分工如下：前言，严耕；总报告（第一部分），严耕、杨志华、吴明红；第一章，杨志华；第二章，林震、杨志华、黄军辉、刘洋、吴明红；第三章，樊阳程；第四章，杨志华、吴明红；第五章，张秀芹；第六章，张秀芹；第七章，黄军辉；第八章，樊阳程；第九章，黄军辉；第十章，杨冬梅。初稿完成后，在严耕主持下，课题组召开了多次统稿会。会上课题组成员集思广益，逐章推敲与重点讨论相结合，形成一致意见后，再交由执笔者分头修改。统稿工作，第二部分由杨志华主持；第三部分由林震主持。全书最后由严耕修改定稿。

北京林业大学人文社会科学学院于延周、于翠霞、王广新、田浩、朱洪强、朱建军、刘祥辉、李莉、李媛辉、吴建平、张宁、陈丽鸿、金鸣娟、周国文、徐平、高兴武、展洪德、阎景娟、訾非、戴秀丽（按姓氏笔画排序）等老师不同程度地参与了课题研究，张秀花、邓志敏等老师为课题组的日常管理做了大量细致的工作。北京林业大学信息中心高显俊老师为信息平台开发付出了诸多辛劳。许多研究生参与了资料收集、数据整理和信息平台建设，他们是：秦小钢、梁志扬、戴凡、颜添增、李婷婷、盛晓薇、许玮、张浩、刘一弘、何平、张晋宁、杜艳冰、熊晓丹、于群、伍朝斌、费衍慧、徐寅杰、毕景媛、王彩云、陈远书、徐丽、王靖楠、李飞、袁婵、李元、周景勇、高刘巍、罗华莉、张文涛、李佳阳、李华东、徐珍、陈慧、刘婷婷、王维、刘伟华、白晓飞、刘雅娇、侯浩、李卉、蔡庆杰、廖海伟、肖轲、姚婧婧、李静、许凌霄、李晓宇、田露、寇艺明、王华荣、何茂桥、卡那·吐尔逊、刘悦、郭晶、黄娟、夏瑜、罗晓娜、卜洁、刘雅静、李明、马静、罗约坡子、林臻珍、谢雯莎、荣杏、张玲、刘宇等。他们为课题研究和本书撰写付出了大量劳动，功不可没。

本书还直接或间接引用、参考了其他研究者的大量研究文献，我们对这些文献的作者表示诚挚的谢意。

社会科学文献出版社的谢寿光社长，以及社会科学图书事业部的王绯主任、责任编辑曹长香，为本书的出版提出了很好的修改意见，付出了辛苦的劳动，在此向他们表示衷心感谢。

图书在版编目（CIP）数据

中国省域生态文明建设评价报告：ECI 2010/严耕等著.
—北京：社会科学文献出版社，2010.5
（生态文明绿皮书）
ISBN 978 – 7 – 5097 – 1510 – 9

Ⅰ. ①中… Ⅱ. ①严… Ⅲ. ①区域环境：生态环境—
建设—研究报告—中国—2010 Ⅳ. ①X321.2

中国版本图书馆 CIP 数据核字（2010）第 077628 号

**生态文明绿皮书**

## 中国省域生态文明建设评价报告（ECI 2010）

北京林业大学生态文明研究中心
著 者/生态文明建设评价（ECCI）课题组
严 耕 林 震 杨志华 等

出 版 人/谢寿光
总 编 辑/邹东涛
出 版 者/社会科学文献出版社
地 址/北京市西城区北三环中路甲 29 号院 3 号楼华龙大厦
邮政编码/100029
网 址/http：//www.ssap.com.cn
网站支持/（010）59367077
责任部门/社会科学图书事业部 （010）59367156
电子信箱/shekebu@ssap.cn
项目经理/王 绯
责任编辑/曹长香
责任校对/张立生
责任印制/郭 妍 岳 阳 吴 波
品牌推广/蔡继辉

总 经 销/社会科学文献出版社发行部
（010）59367080 59367097
经 销/各地书店
读者服务/读者服务中心（010）59367028
排 版/北京中文天地文化艺术有限公司
印 刷/北京季蜂印刷有限公司

开 本/787mm×1092mm 1/16
印 张/29.5
字 数/521 千字
版 次/2010 年 5 月第 1 版
印 次/2010 年 5 月第 1 次印刷

书 号/ISBN 978 – 7 – 5097 – 1510 – 9
定 价/69.00 元

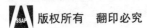

# 盘点年度资讯，预测时代前程

## 从"盘阅读"到全程在线，使用更方便
## 品牌创新又一启程

**· 产品更多样**

从纸书到电子书，再到全程在线网络阅读，皮书系列产品更加多样化。2010年开始，皮书系列随书附赠产品将从原先的电子光盘改为更具价值的皮书数据库阅读卡。纸书的购买者凭借附赠的阅读卡将获得皮书数据库高价值的免费阅读服务。

**· 内容更丰富**

皮书数据库以皮书系列为基础，整合国内外其他相关资讯构建而成，下设六个子库，内容包括建社以来的700余种皮书、近20000篇文章，并且每年以120种皮书、4000篇文章的数量增加。可以为读者提供更加广泛的资讯服务；皮书数据库开创便捷的检索系统，可以实现精确查找与模糊匹配，为读者提供更加准确的资讯服务。

**· 流程更方便**

登录皮书数据库网站www.i-ssdb.cn，注册、登录、充值后，即可实现下载阅读，购买本书赠送您100元充值卡。请按以下方法进行充值。

## 充值卡使用步骤：

**第一步**
· 刮开下面密码涂层
· 登录 www.i-ssdb.cn
点击"注册"进行用户注册

**第二步**
登录后点击"会员中心"
进入会员中心。

**SSDB**
社科文献资源库
SOCIAL SCIENCE
DATABASE

社会科学文献出版社 皮书系列
SOCIAL SCIENCES ACADEMIC PRESS (CHINA)

卡号: 32237382428864
密码:

（本卡为图书内容的一部分，不购书刮卡，视为盗书）

**第三步**
· 点击"在线充值"的"充值卡充值"，
· 输入正确的"卡号"和"密码"，
即可使用。

如果您还有疑问，可以点击网站的"使用帮助"或电话垂询010-59367071。